中等职业教育国家规划教材
全国中等职业教育教材审定委员会审定

无 机 化 学

主　　编　赵　燕
责任主审　戴猷元
审　　稿　张　瑾

·北京·

本书涵盖了教育部颁布的工业分析与检验专业的“无机化学教学基本要求”的全部知识点。介绍了化学的基本概念，物质结构的基础知识，化学反应速率和化学平衡，主要的金属和非金属元素及其化合物，电解质溶液，电化学基础知识等，并对化学能源以及新能源的开发利用做了介绍。

本书偏重于知识的应用，联系日常生活和生产、生活实际，密切关注新知识、新技术以及社会的焦点问题。力求体现新时代的特点。本书供中等职业学校工业分析与检验专业师生使用，也可作为其他专业及关心化学的人士的参考用书。

图书在版编目（CIP）数据

无机化学/赵燕主编. —北京：化学工业出版社，2002.6（2024.10重印）
中等职业教育国家规划教材
ISBN 978-7-5025-3885-9

Ⅰ.无… Ⅱ.赵… Ⅲ.无机化学-专业学校-教材 Ⅳ.O61

中国版本图书馆CIP数据核字（2002）第040380号

责任编辑：杨　菁
责任校对：蒋　宇　　　　装帧设计：于　兵

出版发行：化学工业出版社（北京市东城区青年湖南街13号　邮政编码100011）
印　　装：北京机工印刷厂有限公司
787mm×1092mm　1/16　印张15½　插页1　字数370千字　2024年10月北京第1版第23次印刷

购书咨询：010-64518888　　　　售后服务：010-64518899
网　　址：http://www.cip.com.cn
凡购买本书，如有缺损质量问题，本社销售中心负责调换。

定　　价：33.00元

中等职业教育国家规划教材出版说明

为了贯彻《中共中央国务院关于深化教育改革全面推进素质教育的决定》精神，落实《面向21世纪教育振兴行动计划》中提出的职业教育课程改革和教材建设规划，根据教育部关于《中等职业教育国家规划教材申报、立项及管理意见》(教职成[2001]1号）的精神，我们组织力量对实现中等职业教育培养目标和保证基本教学规格起保障作用的德育课程、文化基础课程、专业技术基础课程和80个重点建设专业主干课程的教材进行了规划和编写，从2001年秋季开学起，国家规划教材将陆续提供给各类中等职业学校选用。

国家规划教材是根据教育部最新颁布的德育课程、文化基础课程、专业技术基础课程和80个重点建设专业主干课程的教学大纲（课程教学基本要求）编写，并经全国中等职业教育教材审定委员会审定。新教材全面贯彻素质教育思想，从社会发展对高素质劳动者和中初级专门人才需要的实际出发，注重对学生的创新精神和实践能力的培养。新教材在理论体系、组织结构和阐述方法等方面均作了一些新的尝试。新教材实行一纲多本，努力为教材选用提供比较和选择，满足不同学制、不同专业和不同办学条件的教学需要。

希望各地、各部门积极推广和选用国家规划教材，并在使用过程中，注意总结经验，及时提出修改意见和建议，使之不断完善和提高。

教育部职业教育与成人教育司

2001年10月

前　言

本书是中等职业学校“工业分析与检验”专业的国家规划教材。是根据教育部颁布的《无机化学教学基本要求》编写的。

《无机化学》作为素质教育的重要基础课，对于培养学生具备全面科学素质具有极其重要的作用。本书在化学基本概念、基础理论、基本分析方法、元素及化合物的结构与性质等的基础上，对人类关心的资源利用、能源开发、环境保护等问题作了介绍性的叙述；在讲解本门课所需知识的同时，注意了与后续课程的衔接，为提高学生的科学文化素养以及继续学习奠定了必要的基础。

全书由14章组成，总教学时数为210学时，其中理论授课时数为118学时，课堂练习31学时，实验40学时，机动21学时。选用部分占总学时数的30%。

本书的前一部分重点介绍化学基本概念和基本理论，力图为学生在微观世界与宏观世界间建筑桥梁，带领学生进入无机化学领域。

本书的中间部分通过对元素及化合物结构、性质、用途的介绍，引领学生进入实践、认识的奇妙旅程。

本书的“科海拾贝”、许多章节的应用部分以及最后一章的内容，有助于学生拓宽视野、了解新技术、提高科学素养。指引学生走向未来化学之路，并初步感受化学无可比拟的魔力。

本书每一章都以“学习指南”作为开篇，从应用或生活实际入手，提出本章的明确学习目标，使学生带着问题进入新知识的学习，有助于培养学生分析、解决问题的能力；章后的“思考与练习”加入社会调查、实验现象观察、趣味实验等题目，力求将研究性学习渗透其中，注重启发学生的创造性思维，鼓励学生主动获取知识、应用知识，对于培养学生理论联系实际的能力以及提高学生的学习兴趣会有一定的帮助。书中加“*”的部分作为选学内容。

全书力求在各部分都能渗透环境保护和绿色生产、绿色化工的内容，注重废弃物的回收和利用，于潜移默化中培养学生良好的环境保护意识及可持续发展的思想，引导学生关注社会。

全书由北京市皮革工业学校赵燕任主编，湖南化工学校林俊杰主审，北京市化工学校潘茂椿参与全书的策划工作。本书绪论、第1、2、4、12、14章及化学实验常识、实验1、2、3、4、6、15由赵燕执笔，第3、5章及实验5、7由广东省化工学校彭慧莲执笔，第6、10章及实验8、13由广东省化工学校赵虹云执笔，第7、8章及实验9、10、11由吉林省化工学校黄桂芝执笔，第9、11、13及实验12、14、16由西北工业学校肖练刚执笔。

教育部职业教育与成人教育司教材处、参编人员所在学校，都对教材编写给予了大力支持，编者在此一并表示真挚的感谢！

由于编者水平有限，时间又非常仓促，尽管力求做得更好，但仍然不能避免一些错误，敬请各位读者提出宝贵意见。本书参考了大量其他专著、杂志、报刊以及网站上的内容（见参考资料），谨在此向其作者致以崇高的敬意并表示深深的感谢！

编　者

2002 年 4 月于北京

目　　录

绪　　论

0.1　化学与社会

仰望太空，星光闪烁，日移月行；俯视大地，山川河流，房屋树木，花草鱼虫；自然界还有风雨霜雪，电闪雷鸣……。这些奇异多彩的自然景象组成了人类生存的美好的物质世界。自然界中的万物，有的大到不可想象，有的小到无法觉察，但是从化学的角度看，它们都是由一些最简单、最基本的物质所组成的。化学是研究物质的组成、结构、性质、变化及其应用的科学。

据历史记载，中国、埃及、印度等国早在公元前就利用了不少化学知识，如金属冶炼、制造玻璃和陶器、印染等技术的应用。化学发展的初级阶段只着眼于探讨一种物质如何转变为其他物质以及如何辨别和检验物质的成分和性质等。古人用炼金、炼丹术有意识的想通过化学反应制造出使人长生不老的仙丹，并梦想着“点石成金”。虽然没有成功，却在此过程中创造了有趣的实验方法和新物质，并积累了许多物质之间相互转化的丰富知识。这些都是对化学及其工艺发展的巨大贡献。化学的发展促进了人类社会的文明与进步。

19 世纪初，化学的发展进入第二阶段。大量积累的化学实验资料有待于理论上的提高，一些科学家感到只知道化学反应是原子的结合、拆散、顶替和交换及化合物中各种元素的质量比例是远远不够的。人类需要对物质的变化和性质有更深入、细致的认识，科学家们开始利用唯物主义的认识方法来解决化学问题。这个阶段先后有质量守恒定律（罗蒙诺索夫）、原子论（道尔顿）、分子论（阿伏加德罗）、盖斯定律、元素周期律（门捷列夫）等理论问世，使化学有了自己强大的武器，并奠定了化学这门科学的理论基础。无机化学从此成为一门独立的学科而开始迅速的发展。在此期间化学家韦勒首次合成了尿素，第一次在历史上证明了有机物可以用普通的化学方法从无机物制得，确立了元素靠化学力结合的概念。这些理论的建立和电解方法的广泛使用，进一步推动了欧洲的工业化革命。

进入 20 世纪，随着工农业生产和科学技术发展的有力推动，化学已进入蓬勃发展的第三阶段——无机化学的“复兴阶段”。人类在各种化学理论的基础上建立了规模庞大的现代化无机化学工业体系，各种化学反应规律相继被总结出来，原子能开始广泛应用于科学实验和生产实践。化学已经成为人类社会不可缺少的重要组成部分。

人类进入到信息化的 21 世纪，不同学科交叉渗透，各个科技领域相互交错，不时爆发出惊人的综合效果。现代科技已经进入相当迅猛的发展期，人类对物质世界的探索也在由点及面、由浅至深的发展。化学正在成为高科技发展的强大支柱，并已经渗入社会、技术和科学的各个领域。

中国的化学工业已经发展成为一个具有一定规模、行业基本齐全的工业部门。化工产品的产量迅速增长；石油化工生产突飞猛进，合成材料工业基地基本建成；用于火箭、导弹、人造地球卫星及核工业等所需的各种特殊材料已经可以独立生产。中国科学工作者在世界上首次完成了具有生物活性的蛋白质——结晶牛胰岛素的人工合成；在世界上第一次观察到DNA变异结构——三链辫态缠绕结构片断，在生命科学领域取得了重大进展。

21世纪，化学、物理学、材料学领域热点课题的碳纳米管技术，在中国取得了重大突破。我国科学家已成功地制备出世界上最细的碳纳米管，这一成果使我国在这一领域的研究进入世界先进行列。一个崭新的纳米世界使我们再一次地感受到，科学技术正以日新月异的速度发展着，远没有终结的时候。

现在人类社会最关心的四大问题是——环境保护、能源开发及利用、材料的研制和对生命过程奥秘的探索，这些都与化学有着密不可分、千丝万缕的联系。

我们也应该看到，化学在给人类带来丰富多彩的生活的同时，也给人类的生存环境带来了污染，对生态造成了不利的影响。化学工业产生的大量废弃物对环境和水质产生了极大的破坏，严重地危害着人类。因此人类必须在发展化学工业的同时，正确合理的使用化学原理和化学物质，减少污染，保护好我们的生态环境。让天更蓝、水更清、气更爽。

0.2 无机化学的地位、作用

随着化学学科本身的飞速发展，化学研究的范围越来越广泛，依据所研究的对象、手段、目的和任务的不同，化学又分成了若干学科。无机化学是化学领域发展最早的一个分支，是化学的基础学科。无机化学是研究碳的化合物以外的所有元素的单质和它们的化合物的学科（少数简单的碳化合物仍属于无机化学讨论的内容）。

无机化学和其他化学分支一样，正从基本上描述性的科学向推理性的科学过渡；从主要是定性的科学向定量的科学发展；从宏观结构向微观结构理论深入。无机化学一方面继续发展本身的学科；另一方面正向其他学科进行渗透交叉。向生物学渗透形成生物无机化学，如我们书中涉及到的氢键与DNA、生物质能的应用等；无机化学与有机化学交叉形成有机金属化学，如本书中涉及到的半导体、超导材料等。这些学科都为无机化学的发展开辟了新的途径。

无机化学是一个具有无限潜力的科学领域，必将有一个更加灿烂的明天。

0.3 无机化学的学习方法

无机化学是一门实验科学，它所研究的是肉眼看不到的粒子。我们必须将这些微观粒子视为真实的物质世界。化学研究的方法是从观察和记述实验现象入手，根据所观测的实验结果进行归纳总结，寻找微观世界与宏观世界之间的桥梁，并以此作为进入化学理论的通道。

当理论成功的对某一领域内的事实给予了合理的解释时，就形成了定律。我们将在今后的学习中，了解许多假说、理论和定律。随着科学技术的发展，这些人类工作的结晶，也将逐步完善。这就是实践、认识、再实践、再认识的辩证唯物主义的研究方法。

21世纪是知识爆炸的时代，新知识、新技术、新材料、新产品给人类生活带来了巨大冲击，社会发展日新月异。通过无机化学的学习，我们可以了解与之相关的科学技术知识、开阔视野丰富知识层面、增强创新思维意识及强化环境保护观念。

学习无机化学，首先要准确、牢固地掌握化学基本概念、基本知识和基本技能；经过课前预习，学会带着问题学习；透过实验现象，认识所学知识的本质；通过理解加深记忆并在此基础上归纳、总结、分析、比较；勇于探索注意培养良好的思维方法和正确的实验习惯。

1. 化学基本量和计算

学习指南 在科学飞速发展的今天，人类已经能够飞向太空踏上月球；已经能用计算机网络组成信息高速公路；已经能够有效的控制和利用原子核能。经过无数的科学家和我们大家的共同努力，我们赖以生存的世界，更加缤纷奇异；人类也逐步进入了微观世界，开始了解组成物质的微观粒子。

物质是由分子、原子或离子等微观粒子构成的。这些肉眼看不到的微观粒子，无法单个称量，又难以计数。在生产实践和科学实验中，我们所取用的物质绝大多数都是能够看到的，并且是可以称量的。连接看不到的微观粒子和可称量的物质的媒介，是物质的量。物质的量是连接微观世界与宏观世界的桥梁。

本章学习要求

掌握物质的量、摩尔质量以及物质的量、气体摩尔体积、物质的量浓度的计算及将上述各量应用于化学方程式的计算。

了解基本单元等概念。

本章中心点：物质的量

1.1 物质的量

在1971年举行的第14届国际计量大会（CGPM）上决定，将物质的量作为基本物理量之一，它的基本单位是摩尔。

1.1.1 物质的量的单位——摩尔（mol）

物质的量与长度、温度、质量和时间等一样，是一种物理量的名称，其意义就是将一定数目的微粒"集合"在一起，表示含有一定数目微粒的集体。物质的量是国际单位（SI）制中七个基本物理量之一，用符号"n"（斜体）表示，基本单位名称是摩尔（mol）。

书写物质的量时，应在"n"的后面括号内用正体写明微观粒子的基本单元。基本单元是指构成物质的微观粒子如：分子、原子、离子、电子等粒子，或是这些粒子的特定组合。

例如：$n(\mathrm{H_2SO_4})$；$n\left(\frac{1}{2}\mathrm{H_2SO_4}\right)$

摩尔是物质的量的单位，每摩尔物质中所包含的基本单元数与0.012kg $^{12}_{6}\mathrm{C}$所含的原子数目相等。

根据实验测定，0.012kg $^{12}\mathrm{C}$中所含的碳原子数目约为6.02×10^{23}，这个数值就是阿伏加德罗常数，用符号N_A表示。当某物质所含的基本单元数为阿伏加德罗常数时，该物质的量就是1mol。

例如：1mol O 中含有6.02×10^{23}个 O；

1mol O_2 中含有6.02×10^{23}个 O_2；

1mol OH^- 中含有6.02×10^{23}个 OH^-；

1mol NaOH 中含有6.02×10^{23}个 NaOH；

1mol $\left(\frac{1}{2}H_2SO_4\right)$中含有 6.02×10^{23} 个$\left(\frac{1}{2}H_2SO_4\right)$基本单元，或含有 3.01×10^{23} 个 H_2SO_4 分子；

2mol O 中含有 $2\times6.02\times10^{23}$ 个 O，或含有 6.02×10^{23} 个 O_2；

2mol NaOH 中含有 $2\times6.02\times10^{23}$ 个 NaOH；

同样：$2\times6.02\times10^{23}$ 个 CO_2 就是 2mol CO_2；

$3\times6.02\times10^{23}$ 个 Cl^- 就是 3mol Cl^-。

理解物质的量的概念时，应该注意以下几个方面：

① 摩尔（简称为摩）是物质的量的单位，不是质量的单位；

② 使用摩尔这个单位时，必须指明基本单元；

③ $^{12}_{6}C$ 是指原子核里有 6 个质子和 6 个中子的碳原子；

④ 物质的量及其单位摩尔，仅用于组成物质的基本单元，不用于描述宏观物体。

物质的量的数学表达式为：

$$n=\frac{N}{N_A}$$

式中 n——物质的量，mol；

N——物质的基本单元数目；

N_A——阿伏加德罗常数，6.02×10^{23}。

物质的量与物质的基本单元数成正比，它们之间相差阿伏加德罗常数倍。因此，要比较物质的基本单元数的多少，只需比较它们的物质的量的大小。

例如：5mol NaOH 中所含有的 NaOH 的数目，一定多于 2mol O_2 中所含有的 O_2 的数目。

阿伏加德罗常数是很大的数值，但摩尔作为物质的量的单位应用极为方便。

1.1.2 摩尔质量

元素的相对原子质量是以$^{12}_{6}C$ 原子质量的 1/12 为标准，其他元素原子的质量与它相比较所得的数值。实验测得，1mol $^{12}_{6}C$ 的质量是 12g，即 6.02×10^{23} 个碳原子的质量为 12g，由此可以推算出 1mol 任何原子的质量。如：1 个碳原子的质量与 1 个氧原子的质量之比为 12∶16。1mol 碳原子与 1mol 氧原子所含有的原子数目是相同的，都是 6.02×10^{23}。1mol 碳原子的质量是 12g，则 1mol 氧原子的质量就是 16g。

同理，1mol 任何原子的质量就是以克为单位，数值上等于该种原子的相对原子质量。

例如：氢的相对原子质量为 1，1mol 氢原子的质量是 1g；

铝的相对原子质量为 26.98，1mol 铝原子的质量是 26.98g；

铁的相对原子质量为 55.85，1mol 铝原子的质量是 55.85g。

同样可以推算，1mol 任何分子的质量就是以克为单位，数值上等于该分子的相对式量。

例如：氢气的相对式量是 2，1mol 氢气分子的质量是 2g；

氧气的相对式量是 32，1mol 氧气分子的质量是 32g；

二氧化碳的相对式量是 44，1mol 二氧化碳分子的质量是 44g。

由于电子的质量很小，原子失去或得到的电子的质量可以忽略不计，所以可以推算出 1mol 任何离子的质量。

例如：1mol 氢离子的质量为 1g；

1mol 氯离子的质量为 35.5g；

1mol 硫酸根的质量为 96g。

1mol 物质的质量通常也叫做该物质的摩尔质量。用符号“M”（斜体）表示，单位是 $g \cdot mol^{-1}$。物质的质量、摩尔质量、物质的量三者之间的关系为：

$$M=\frac{m}{n}$$

式中 n——物质的量，mol；

m——物质的质量，g；

M——摩尔质量，$kg \cdot mol^{-1}$，化学上常用的单位是 $g \cdot mol^{-1}$。

由上述公式可以看出，物质的量将我们肉眼看不见的粒子与可以称量的物质质量联系起来，这就给我们的化学研究带来了极大的方便。

理解摩尔质量的概念时，应该注意以下几个方面。

① 书写“M”时，应该在“M”后面括号内用正体写明物质的基本单元；

例如：$M(H_2SO_4)$；$M\left(\frac{1}{2}H_2SO_4\right)$

② 虽然 1mol 的任何物质中所含的基本单元个数相同，但是由于基本单元本身的质量不同，所以不同物质的摩尔质量也不相同；

例如：$M(H_2SO_4)=98g \cdot mol^{-1}$；$M\left(\frac{1}{2}H_2SO_4\right)=49g \cdot mol^{-1}$；

$M(NaOH)=40g \cdot mol^{-1}$

③ 物质的量与物质质量虽然只一字之差，意义却有本质区别。

1.1.3 有关物质的量的计算

【例 1.1.1】 88g二氧化碳的物质的量是多少？

解： 已知 $M(CO_2)=44g \cdot mol^{-1}$，$m(CO_2)=88g$

$$n(CO_2)=\frac{m}{M}=\frac{88}{44}=2(mol)$$

答：88g 二氧化碳的物质的量是 2mol。

【例 1.1.2】 0.5 mol 氧气的质量是多少？含有多少个氧分子？多少个氧原子？

解： $M(O_2)=32g \cdot mol^{-1}$；$n(O_2)=0.5mol$

(1) $$m(O_2)=nM(O_2)=32\times0.5=16(g)$$

(2) $$N(O_2)=n(O_2)\times N_A=0.5\times6.02\times10^{23}=3.01\times10^{23}$$

(3) $$N(O)=n(O)\times N_A=2\times0.5\times6.02\times10^{23}=6.02\times10^{23}$$

答：0.5mol 氧气的质量是 16g，含有 3.01×10^{23} 个氧气分子或含有 6.02×10^{23} 个氧原子。

【例 1.1.3】 4.9 g 硫酸里含有多少个硫酸分子？含有多少摩尔氧原子？

【解题思路】

$$m(H_2SO_4)\xrightarrow{M}n(H_2SO_4)\xrightarrow{N_A}N(H_2SO_4)\xrightarrow{\text{化学式}}N(O)\xrightarrow{N_A}n(O)$$

解： $M(H_2SO_4)=98g \cdot mol^{-1}$；$m(H_2SO_4)=4.9g$

(1)
$$n(H_2SO_4)=\frac{m}{M}=\frac{4.9}{98}=0.05(mol)$$

(2)
$$N(H_2SO_4)=n\times N_A =0.05\times 6.02\times 10^{23} =3.01\times 10^{22}$$

根据 H_2SO_4 的化学式可知，1mol H_2SO_4 中含有 4mol 氧原子，所以氧原子的物质的量为：

$$n(O)=0.05\times 4=0.2(mol)$$

答：4.9g 硫酸里含有 3.01×10^{22}个硫酸分子，含有 0.2mol 氧原子。

1.2 气体摩尔体积

1mol 任何物质都含有相同数目的基本单元。那么，1mol 任何物质的体积是否相同呢？如图 1.1 所示。

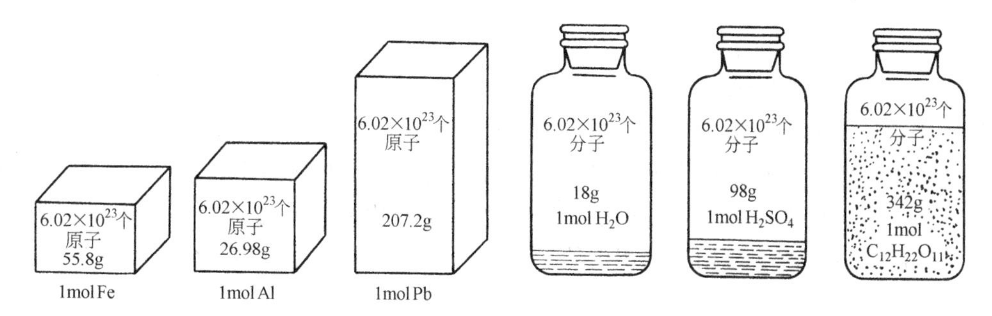

图 1.1 1mol 几种物质的体积示意图

在液态物质或固态物质中，粒子之间的距离非常小，所以物质的体积主要是由粒子的大小决定的。1mol 不同的液态或固态物质中，虽然含有相同的粒子数，但由于粒子的大小不相同，所以它们的体积也不相同。而气体分子间的距离显著大于气体分子本身的大小，气体分子在较大的空间里迅速地运动着，如图 1.4 所示。

在通常情况下，气态物质的体积要比它在液态或固态时大 1000 倍左右，这是因为气体分子之间有着较大的距离。一般情况下，气体的分子直径约为 4×10^{-10}m，分子间的平均距离是 4×10^{-9}m，即平均距离是分子直径的 10 倍左右。如图 1.2 所示。由此可以推论，气体的体积主要决定于分子之间的平均距离。事实证明，在相同温度、相同压力下，不同种类的气体分子之间的平均距离，几乎是相等的。

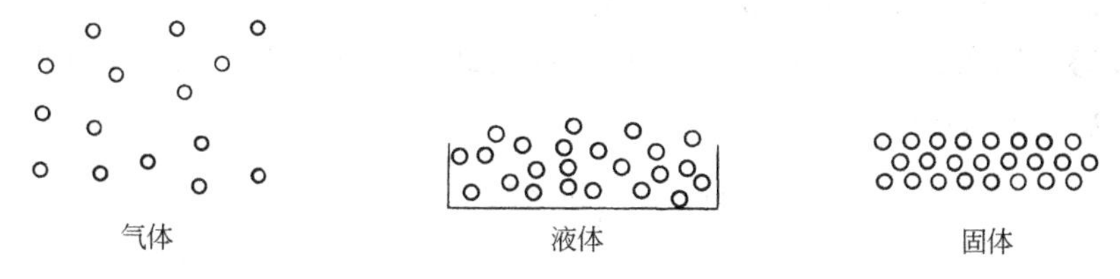

图 1.2 气体、液体、固体在分子水平上的比较示意图

1.2.1 气体摩尔体积

标准状况（273K，101.325kPa）下，以分子为基本单元时，1mol 任何气体的体积，都约为 22.4L，这个体积就是气体摩尔体积，用符号“V_m”（斜体）表示，常用单位为 $L \cdot mol^{-1}$，即 $V_m = 22.4L \cdot mol^{-1}$。如图 1.3 所示。

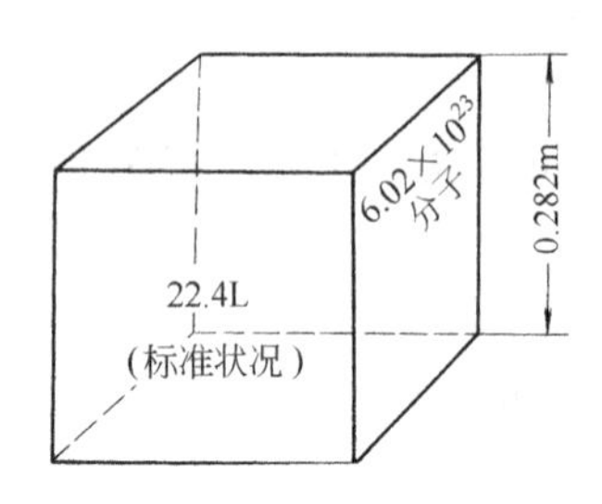

图 1.3 气体摩尔体积

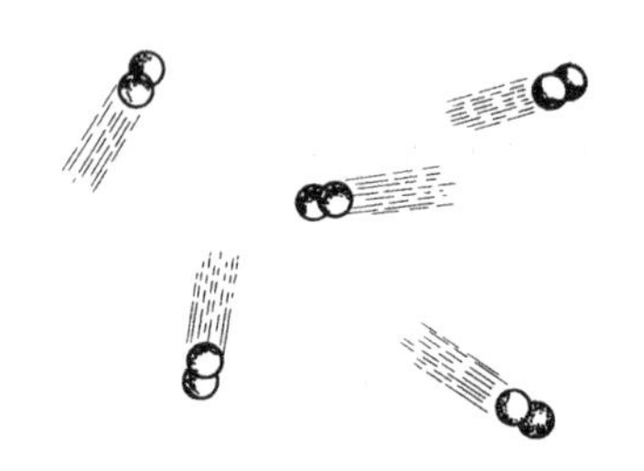

图 1.4 气体分子的运动和距离

气体摩尔体积的数学表达式为：

$$V_m = \frac{V}{n}$$

式中 n——物质的量，mol；

V——气体体积，L；

V_m——气体摩尔体积，$L \cdot mol^{-1}$。

气体体积较大的受到温度和压力的影响。温度升高时，气体分子间的平均距离增大，温度降低时，平均距离减小；压力增大时，气体分子间的平均距离减小，压力减小时，平均距离增大。在一定温度和压力下，各种气体分子之间的平均距离是相等的，气体体积的大小，只随分子数的多少而改变，相同体积气体所含的分子数相同。这是经过生产和科学实验的许多事实证明的。

阿伏加德罗定律 在相同温度、相同压力下，相同体积的任何气体，都含有相同数目的分子。

阿伏加德罗定律不适合于液态和固态物质。因为它们的体积不仅与分子数有关，还与它们分子本身的大小有关。

1.2.2 有关气体摩尔体积的计算

【例 1.2.1】 88g二氧化碳在标准状况下所占体积是多少？

解： 已知 $M(CO_2) = 44g \cdot mol^{-1}$，$m(CO_2) = 88g$

$$n(CO_2) = \frac{m}{M} = \frac{88}{44} = 2(mol)$$

$$V = n \times V_m = 2 \times 22.4 = 44.8(L)$$

答：在标准状况下，88g 二氧化碳所占的体积是 44.8L。

【例 1.2.2】 标准状况下，44.8L 的氧气与标准状况下多少升的氢气质量相等？

解： $m(O_2) = m(H_2)$

$$m(O_2) = \frac{V}{V_m} \times M = \frac{44.8}{22.4} \times 32 = 64(g)$$

$$V(H_2)=n\times V_m=\frac{m}{M}\times V_m$$

$$=\frac{64}{2}\times 22.4=716.8(L)$$

答:标准状况下,716.8L 氢气与 44.8L 氧气质量相等。

【例 1.2.3】 已知在标准状况下，10L 二氧化碳气体的质量为 19.64g，求二氧化碳的摩尔质量。

解：

$$M(CO_2)=\frac{V}{V_m}\times m$$

$$=\frac{22.4}{10}\times 19.64=43.99(g\cdot mol^{-1})$$

答：二氧化碳的摩尔质量为 43.99g·mol^{-1}。

计算时，应该注意以下问题：

① 计算气体体积时，首先要注意条件。即当使用 V_m 时，必须是在标准状况下；

② 做气体体积计算时，使用的基本单元均为分子。

1.3 物质的量浓度

1.3.1 溶液的概念

将一种物质以分子或离子的状态均匀地分布在另一种物质中得到的体系，称之为溶液。在体系中，量少的叫做溶质，量多的叫做溶剂。水是最常用的溶剂，所以通常将水溶液简称为溶液。乙醇、汽油、苯等有机化合物也可以作为溶剂，所得溶液叫做非水溶液。

1.3.2 物质的量浓度

用每升溶液中所含溶质的物质的量来表示的溶液浓度叫做物质的量浓度。用 c 表示，常用单位为 mol·L^{-1}，其数学表达式为：

$$c=\frac{n}{V}$$

式中 n——溶质的物质的量，mol；

V——溶液体积，L；

c——物质的量浓度，mol·L^{-1}。

使用 c 时，也应注明基本单元。

【例 1.3.1】 1mol H_2SO_4 配成 1L 溶液，这种 H_2SO_4 溶液的浓度为多少?

解：

$$c(H_2SO_4)=\frac{n(H_2SO_4)}{V}$$

$$=\frac{1}{1}=1(mol\cdot L^{-1})$$

$$c\left(\frac{1}{2}H_2SO_4\right)=\frac{n\left(\frac{1}{2}H_2SO_4\right)}{V}$$

$$=\frac{2}{1}=2(mol\cdot L^{-1})$$

答：这种硫酸的浓度为：$c(H_2SO_4)=1mol\cdot L^{-1}$；$c\left(\frac{1}{2}H_2SO_4\right)=2mol\cdot L^{-1}$。

浓溶液配制稀溶液，稀释前后，溶质的物质的量不变。其数学表达式为：

$$c_1\cdot V_1=c_2\cdot V_2$$

式中 c_1——浓溶液的物质的量浓度，$mol\cdot L^{-1}$；

c_2——稀溶液的物质的量浓度，$mol\cdot L^{-1}$；

V_1——浓溶液体积，L 或 mL；

V_2——稀溶液体积，L 或 mL。

稀释前后，溶液的浓度和体积单位必须一致。

1.3.3 有关物质的量浓度的计算

【例 1.3.2】 用 4g NaOH 配制成 500mL 溶液，求此 NaOH 溶液的物质的量浓度。

解：

$$n(NaOH)=\frac{m}{M}$$

$$=\frac{4}{40}=0.1(mol)$$

$$c(NaOH)=\frac{n}{V}$$

$$=\frac{0.1}{500\times10^{-3}}=0.2(mol\cdot L^{-1})$$

答：此 NaOH 溶液的物质的量浓度为 $0.2mol\cdot L^{-1}$。

本题计算时，应将体积单位 mL 换算为 L。

【例 1.3.3】 欲配制250 mL $0.8mol\cdot L^{-1}$的 $CaCl_2$ 溶液，需要 $CaCl_2\cdot 2H_2O$ 的质量为多少？若将此 $CaCl_2$ 溶液中的 Ca^{2+}全部转化成 $CaCO_3$，需用 $0.25mol\cdot L^{-1}$的 Na_2CO_3 溶液的体积为多少？

解：(1) 求需要 $CaCl_2\cdot 2H_2O$ 的质量

$$m=n\cdot M=c\cdot V\cdot M$$

$$=0.8\times250\times10^{-3}\times(40+71+2\times18)$$

$$=29.4\ (g)$$

(2) 求所需 Na_2CO_3 溶液的体积

因为 Ca^{2+} 与 CO_3^{2-} 是按物质的量比 1∶1 的比例反应的，它们的物质的量（$c\cdot V$）相等即：

$$c_1\cdot V_1=c_2\cdot V_2$$

$$0.8\times250=0.25\times V(Na_2CO_3)$$

$$V(Na_2CO_3)=800\ (mL)$$

答：需要 $CaCl_2\cdot 2H_2O$ 29.4g；所需 Na_2CO_3 溶液的体积为 800mL。

1.3.4 溶液的配制

配制一定物质的量浓度溶液需要使用容积较为精确的仪器，即容量瓶，如图 1.5 所示。

配制步骤：

(1) 计算——配制溶液所需的溶质的质量或浓溶液的体积；

(2) 称量、量取——根据计算结果在天平上称量固体药品的质量或根据所计算出的浓溶液的体积用量筒量取浓溶液；

说明：使用容量瓶配制溶液时，不应该使用托盘天平称量药品或用量筒量取溶液。此处只是为了强调容量瓶的使用。以后分析化学课中会讲解与容量瓶配套使用的分析天平、移液管等仪器的使用。

(3) 溶解、稀释——将固体药品放入烧杯中，用蒸馏水溶解或在烧杯中将浓溶液稀释；

(4) 转移——将烧杯中的溶液小心的转移至所需体积的容量瓶中，并用蒸馏水将烧杯内壁洗涤 2～3 次，洗液仍转移至容量瓶中；

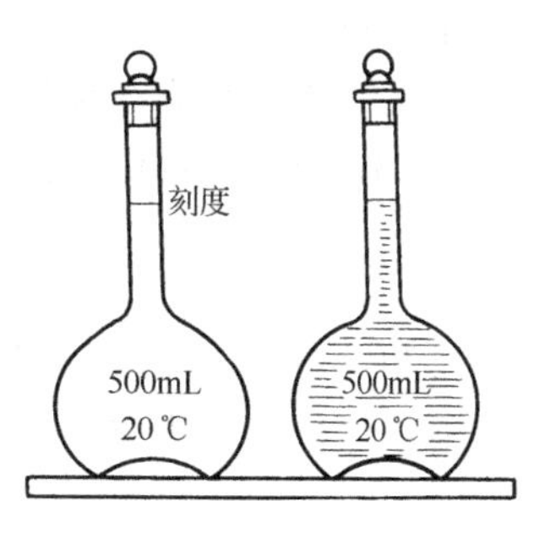

图 1.5　容量瓶示意图

(5) 定容——缓慢地将蒸馏水注入容量瓶中，直到液面接近刻度 2～3cm 处，改用胶头滴管滴加，使液面正好与刻度线相切（浅色溶液看凹面，深色溶液看凸面）；

(6) 摇匀——塞好瓶塞，上下颠倒摇匀，倒入试剂瓶中贴上标签。如图 1.6 所示。

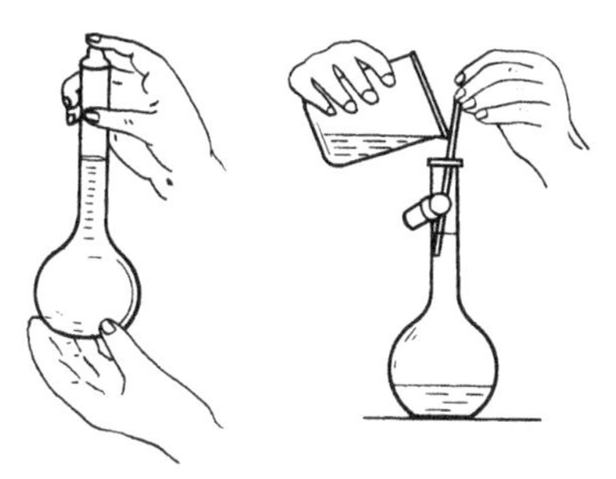

图 1.6　容量瓶的使用

【例 1.3.4】 用 $CuSO_4 \cdot 5H_2O$ 配制 500mL 0.1mol·L^{-1}的 $CuSO_4$ 溶液

解：(1) 计算

$$m(CuSO_4 \cdot 5H_2O) = n \cdot M = c \cdot V \cdot M$$
$$= 0.1 \times 500 \times 10^{-3} \times (64+96+5\times 18)$$
$$= 12.5\ (g)$$

(2) 配制

a. 在托盘天平上准确称量 12.5g $CuSO_4 \cdot 5H_2O$；

b. 放入盛有适量蒸馏水的烧杯中，溶解，可用玻璃棒搅拌；

c. 将溶液转移至 500mL 容量瓶中，并将烧杯、玻璃棒各清洗 3 次，洗液全部转移至容量瓶中；

d. 在容量瓶中加入蒸馏水，至刻度（浅色溶液看凹面、深色溶液看凸面），并振荡；

e. 将配制好的溶液转移至干燥、洁净的试剂瓶中，贴上标签。

按照上述步骤，逐步完成。

按照国际标准，溶液的浓度应以物质的量浓度表示。但是，在实际工作中，往往会使用其他浓度，常用的浓度表示法，还有用质量分数表示的浓度，因此有必要进行浓度之间的换算，以适应实际工作的需要。

浓度换算公式：

$$c = \frac{1000 \times \rho \times w / M}{1}$$

式中　c——溶液的物质的量浓度，mol·L^{-1}；

ρ——溶液的密度，g·cm^{-3}；

w——溶质的质量分数；

M——溶质的摩尔质量，g·mol^{-1}。

配制溶液时应该注意：

(1) 浓硫酸配制稀硫酸时，应将浓硫酸缓慢倒入水中，并不断搅拌，待溶液冷却后，再转移至容量瓶中；

（2）固体药品应在烧杯中溶解后，再转移至容量瓶中。

【例 1.3.5】 用市售浓硫酸，配制 500mL 2mol・L^{-1}的 H_2SO_4 溶液，需要多少浓硫酸？若配制 500mL $c\left(\frac{1}{2}H_2SO_4\right)$=2mol・$L^{-1}$的 H_2SO_4 溶液，需要多少浓硫酸？

已知：市售浓硫酸中 H_2SO_4 的质量分数为 98.0%，密度为 1.84g・cm^{-3}

解：（1）求市售浓 H_2SO_4 的物质的量浓度

$$c(H_2SO_4)_{浓}=\frac{1000\times\rho\times w/M(H_2SO_4)}{1}$$

$$=\frac{1000\times1.84\times98.0\%/98}{1}$$

$$=18.4\ (mol\cdot L^{-1})$$

$$c\left(\frac{1}{2}H_2SO_4\right)_{浓}=\frac{1000\times\rho\times w/M\left(\frac{1}{2}H_2SO_4\right)}{1}$$

$$=\frac{1000\times1.84\times98.0\%/49}{1}$$

$$=36.8\ (mol\cdot L^{-1})$$

或

$$c\left(\frac{1}{2}H_2SO_4\right)_{浓}=2c(H_2SO_4)_{浓}$$

（2）求所需浓硫酸的体积

据稀释公式：

$$c_1\cdot V_1=c_2\cdot V_2$$

a. 配制 $c(H_2SO_4)$=2mol・L^{-1}溶液，所需硫酸的体积

$$V_1=\frac{c(H_2SO_4)\cdot V_2}{c(H_2SO_4)_{浓}}=\frac{2\times500}{18.4}=54.3\ (mL)$$

b. 配制 $c\left(\frac{1}{2}H_2SO_4\right)$=2mol・$L^{-1}$的 H_2SO_4 溶液，所需硫酸的体积

$$V_1=\frac{c\left(\frac{1}{2}H_2SO_4\right)\cdot V_2}{c\left(\frac{1}{2}H_2SO_4\right)_{浓}}=\frac{2\times500}{36.8}=27.2\ (mL)$$

答：配制 $c(H_2SO_4)$=2mol・L^{-1} H_2SO_4 溶液，所需浓硫酸的体积为 54.36mL；配制 $c\left(\frac{1}{2}H_2SO_4\right)$=2mol・$L^{-1}$的 H_2SO_4 溶液，所需浓硫酸的体积为 27.2mL。

1.4 化学方程式及计算

1.4.1 化学方程式

用化学式表示化学反应的式子，叫做化学方程式。它是国际通用的化学用语。化学方程式可以反映化学反应中“质”和“量”两方面的含义。不仅表示反应前后物质的种类，同时也表示了反应时各物质之间量的关系。书写化学方程式时，必须依据客观事实，并遵循质量

守恒定律，反应前后，原子的种类和数目必须相等（氧化还原反应方程式，还必须要求反应前后得失电子数相等）。

化学方程式中各物质之间的计量数比，既表示了基本单元数之比，也表示了物质的量之比。因此，我们可以使用化学方程式，从理论上计算出生产实际中的物质用量和产量。

以合成氨反应为例，进一步了解物质的计量数比与化学方程式之间的关系。

例如：	$3H_2$	+	N_2	$\xrightleftharpoons[\text{催化剂}]{T.P.}$	$2NH_3$
系数比	3		1		2
基本单元数之比(分子)	3		1		2
物质的量比/mol	3		1		2
标准状况下体积比	3		1		2
标准状况下体积/L	3×22.4		1×22.4		2×22.4
质量比/g	3×2		1×28		2×17

1.4.2 根据化学方程式的计算

使用化学反应方程式计算时，应注意单位的统一。竖比单位必须相同；横比单位可以不同，但必须对应。

【例 1.4.1】 用 250g 含 $CaCO_3$ 为 80%的矿石与足量的盐酸反应，生成 $CaCl_2$ 的物质的量为多少？H_2O 的质量为多少？生成的 CO_2（标准状况下）的体积为多少？若所用的盐酸为 $\rho=1.19g\cdot cm^{-3}$，$w=36.5\%$，求需要盐酸的体积为多少？

解：(1) 可以利用化学方程式直接计算各物质的量

$$CaCO_3+2HCl \xlongequal{} CaCl_2+H_2O+CO_2\uparrow$$

$$\frac{1\times100}{250\times80\%}=\frac{2}{X}=\frac{1}{Y}=\frac{1\times18}{L}=\frac{1\times22.4}{Z}$$

$$X=4(mol)$$

$$Y=2(mol)$$

$$L=36(g)$$

$$Z=44.8(L)$$

(2) 计算所需的盐酸的体积

$$V=\frac{n}{c}$$

$$c(HCl)=\frac{1000\times\rho\times w/M}{1}$$

$$V=\frac{4\times36.5}{1000\times1.19\times36.5\%}$$

$$=0.336\ (L)\ =336\ (mL)$$

答：可以生成 2mol 的 $CaCl_2$；（标准状况下）44.8L 的 CO_2；36g 的 H_2O；需用 $\rho=1.19g\cdot cm^{-3}$，$w=36.5\%$的盐酸 336mL。

在化学方程式计算中，物质的系数比在计算式中都视为物质的量比；物质的量后面所乘之数，分别为摩尔质量或气体摩尔体积。

【例 1.4.2】 （选讲）在含有 NaCl 和 NaBr 的混合溶液中，加入 425g 1%的 $AgNO_3$ 溶

液，得到沉淀 3.315g，过滤并向滤液中加入过量的盐酸，又得到沉淀 0.7175g。求原混合溶液中 NaCl 和 NaBr 的质量为多少？

解：(1) 求加入的盐酸所消耗的 $AgNO_3$

设：所消耗的 $AgNO_3$ 为 Xg

$$HCl + AgNO_3 = AgCl\downarrow + HNO_3$$

$$\frac{170}{X} = \frac{143.5}{0.7175}$$

$$X = 0.85\ (g)$$

(2) NaCl 与 NaBr 所消耗硝酸银的质量：

$$425\times1\% - 0.85 = 3.4\ (g)$$

(3) 求 NaCl 和 NaBr 的质量

设：原混合物中含有 NaCl 和 NaBr 分别为 mg 和 ng

$$NaCl + AgNO_3 = AgCl\downarrow + NaNO_3$$

$$\frac{58.5}{m} = \frac{170}{170m/58.5} = \frac{143.5}{143.5m/58.5}$$

$$NaBr + AgNO_3 = AgBr\downarrow + NaNO_3$$

$$\frac{103}{n} = \frac{170}{170n/103} = \frac{188}{188n/103}$$

则

$$170m \div 58.5 + 170n \div 103 = 3.4$$

$$143.5m \div 58.5 + 188n \div 103 = 3.315$$

解得

$$m = 0.58(g)$$

$$n = 1.04(g)$$

答：原混合溶液中含 NaCl 和 NaBr 分别为 0.58g 和 1.04g。

根据上述计算，我们总结出以物质的量为核心的换算关系，如图 1.7 所示。

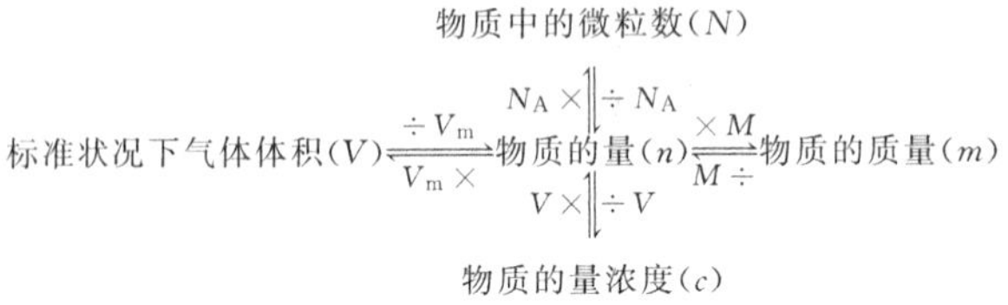

物质中的微粒数(N)

$N_A\times$ ⇅ $\div N_A$

标准状况下气体体积(V) $\underset{V_m\times}{\overset{\div V_m}{\rightleftharpoons}}$ 物质的量(n) $\underset{M\div}{\overset{\times M}{\rightleftharpoons}}$ 物质的质量(m)

$V\times$ ⇅ $\div V$

物质的量浓度(c)

图 1.7　以物质的量为核心的换算关系

科　海　拾　贝

国际单位制简介

在生产、生活和科学实验中，我们要使用一些物理量来表示物质的多少、大小及其运动的强度等。例如，1m 布、2kg 糖和 30s 等。有了米、千克这样的计量单位，就能表达这些东西的数量。但由于世界各国、各个民族的文化发展不同，往往形成各自的单位制，如英国的英制，法国的米制等。而且同一个物理量常用不同的单位表示，如压强有公斤/平方厘米、磅/平方英寸、标准大气压、毫米汞柱、巴、托等多种单位。这对于国际上的科学技术交流和商业交往，都很不方便，换算时又易出差错。因此，便有实行统一标准的必要。

1960 年以来，国际计量会议以米、千克、秒制为基础，制定了国际单位制（代号为 SI，

Système Internationald' Unités)。

SI使用7个基本单位、2个辅助单位、17个带专门名称和符号的导出单位以及16个词冠，通过乘除的关系组合起来，基本上可以将所有物理量表示出来。

下表是7个基本单位的名称和符号。

物理量	单位名称	单位符号	物理量	单位名称	单位符号
长度	米	m	热力学温度	开[尔文]	K
质量	千克(公斤)	kg	物质的量	摩[尔]	mol
时间	秒	s	发光强度	坎[德拉]	cd
电流	安[培]	A			

阿伏加德罗定律的发现

1805年，盖·吕萨克用定量的方法研究气体反应中体积间的关系时，发现了气体反应定律。当压强不变时，参加反应的气体与反应后生成的气体体积间互成简单整数比。

这一定律的发现，引起了当时许多科学家的注意。贝齐利乌斯首先提出一个假定：在同温同压时，同体积的任何气体都含有相同数目的原子。由此可知，如果在同温同压时，把某气体的质量和同体积的氢的质量相比较，便可求出该气体的原子量。但是这种假定不能解决一系列的矛盾。例如，在研究氢气与氯气的反应时，假设同体积的气体含有相同数目的原子，那么，1体积的氢气和1体积的氯气决不可能生成多于1体积的氯化氢。但在实验中却得到2体积的氯化氢。在研究其他反应时，也发生同样的矛盾。

为了解决上述矛盾，1811年，意大利物理学家阿伏加德罗在化学中引入了分子的概念，提出了阿伏加德罗假说：**在同温同压时，同体积的任何气体都含有相同数目的分子。**

根据这个观点，阿伏加德罗完善地解释了盖·吕萨克的气体反应定律。例如：1体积的氢气与1体积的氯气化合，之所以生成2体积的氯化氢，是因为1个氢分子由2个氢原子构成，1个氯分子由2个氯原子构成，它们相互化合生成2个氯化氢分子的缘故。

阿伏加德罗假说不仅圆满地说明了盖·吕萨克的实验结果，并且还确定了气体分子内部含有的原子数目，开辟了确定分子量和原子量的途径。

但是这个假定当时并没有被公认。当时，化学界的权威道尔顿和贝齐利乌斯反对阿伏加德罗假说，他们认为由相同原子组成分子是绝对不可能的。

到19世纪60年代，由于意大利化学家康尼查罗的工作，阿伏加德罗假说才获得公认。现在，阿伏加德罗假说早已被物理学和化学中的许多事实所证实，公认是一条定律了。

思考与练习

一、填空

1. 71g Cl_2、56g N_2、8g H_2，它们所含分子个数比为________，质量之比为________，在同温同压下，体积之比为________。

2. 1mol H_2SO_4 中含________个 H_2SO_4 分子，质量为________g，含________mol 氢原子，是________个氢原子，质量为________g，含________mol SO_4^{2-} 离子，质量为________g。

3. 4g H_2 与 4g O_2 反应后，生成________mol H_2O，是________个 H_2O 分子，这些 H_2O 分子中含________mol 电子。

4. 29.25g NaCl需要溶解在________g H_2O 中，才能使20个 H_2O 分子中，有1个 Na^+。

5. 有 Wg 三价金属 R 与足量盐酸反应，放出 nL H_2（标准状况下），则该三价金属的摩尔质量为________。

6. 用 20g NaOH 配制 500mL 溶液，其物质的量浓度为________ $mol \cdot L^{-1}$，取 5mL 该溶液，其物质的量浓度是________ $mol \cdot L^{-1}$。将 5mL 该溶液加水稀释到 100mL，其物质的量浓度是________ $mol \cdot L^{-1}$，其中含 NaOH ________ g。

7. 标准状况下，5.6L HCl 溶解于水，配制 0.5L 稀盐酸，此酸的物质的量浓度是________ $mol \cdot L^{-1}$，其中含溶质________ g。

二、选择

1. 下列叙述正确的是（　　）。

A. 1mol 的氧化铝中，铝原子和氧原子的物质的量都是 1mol

B. 23g 金属钠全部转化为钠离子时，失去的电子数等于阿伏加德罗常数

C. 1 体积 O_2 和 2 体积 H_2 的质量比一定为 8∶1

D. 取相同体积的 $1mol \cdot L^{-1}$ 的 NaCl 溶液与 $2mol \cdot L^{-1}$ 的 NaCl 溶液混合，得到 $3mol \cdot L^{-1}$ 的 NaCl 溶液

2. 在 A 的氯化物中，A 元素与氯元素的质量比为 1∶1.9，原子个数比为 1∶3，则 A 的原子量为(　　)。

A. 24　　B. 27　　C. 56　　D. 64

3. 在无土培植中，配制 1L 含 0.5mol NH_4Cl、0.16mol KCl、0.24mol K_2SO_4 的营养液，若用 KCl、NH_4Cl、$(NH_4)_2SO_4$ 三种盐配制，需要三种盐的物质的量依次为（　　）。

A. 0.32mol、0.5mol、0.12mol　　B. 0.02mol、0.64mol、0.24mol

C. 0.64mol、0.02mol、0.24mol　　D. 0.16mol、0.5mol、0.36mol

4. 在标准状况下，1L CO 和 1L Cl_2 完全化合，生成 1L 新的气体，这种新气体的化学式可能是(　　)。

A. $COCl_2$　　B. COCl　　C. C_2OCl　　D. CO_2Cl

三、计算

1. 某化工厂生产出来的盐酸，密度为 $1.19g \cdot cm^{-3}$，取此盐酸 0.6mL 放入 100mL 容量瓶中，加水至刻度线，取出稀释后的盐酸 50mL 与 30mL $0.1mol \cdot L^{-1}$ 的 NaOH 溶液恰好完全反应，求

A. 稀释后盐酸的物质的量浓度

B. 原溶液的物质的量浓度

C. 原溶液溶质的质量分数

2. 已知 68.7%硫酸的密度是 $1.6g \cdot cm^{-3}$，若取此硫酸溶液 10mL，加水稀释至 1000mL，稀释后硫酸的物质的量浓度是多少?

3. 科学家测定，一亩森林一个月可以吸收 4kg 污染空气中的二氧化硫有毒气体。问一亩森林每天可以吸收多少个二氧化硫分子（假设为 4 月）?

4. 向 10g 大理石（主要成分 $CaCO_3$）的粉末中倒入足量盐酸，得到（标准状况下）1.904L 的二氧化碳，求此大理石中碳酸钙的含量?

5. 标准状况下，40mL 一氧化碳与 30mL 氧气混合，点燃爆炸，充分反应后，生成二氧化碳气体的体积是多少?

四、趣味实验：测定阿伏加德罗常数

1. 准备一个圆形的水槽、一个 250mL 容量瓶、一个尖嘴胶头滴管、一把直尺、一个小量筒、一个小烧杯

2. 所需药品　100mg 硬脂酸、少量无水苯

3. 操作步骤

A. 用苯溶解硬脂酸，并用容量瓶配制成 250mL 溶液

B. 用胶头滴管测出 1mL 上述溶液是几滴

C. 用直尺测定出水槽面积

D. 在水槽中放入水，用胶头滴管吸苯-硬脂酸溶液，逐滴垂直滴入水槽（待苯全部挥发，看不到油珠时，再滴第二滴）直到苯-硬脂酸不再扩散呈透镜状。记下所滴滴数

E. 将水槽洗净，重复滴3次后计算

$$N_A=\frac{MSV_1}{AmV_2(d-1)}$$

式中 M——硬脂酸的摩尔质量，$284g \cdot mol^{-1}$；

S——水槽中水的表面积，cm^2；

V_1——所配苯-硬脂酸溶液的体积，mL；

A——每个硬脂酸分子的截面积，$2.2 \times 10^{-5} cm^2$；

m——所称硬脂酸的质量，5g；

V_2——1滴苯-硬脂酸溶液的体积；

d——所滴苯-硬脂酸溶液的滴数。

2. 原子结构与化学键

学习指南 经过科学家们的不懈努力，人类在原子结构的认识上有了重大突破，从而对分子、离子以及固体的内部结构有了明确认识。在微观理论的指导下，新化合物的合成逐年迅速增加；特种功能材料的研制日新月异，为航天器、电子计算机、光纤通讯等高科技领域的发展提供众多的原料、材料；同时为人们的日常生活提供更加丰富多彩的新型产品。原子构成了分子，分子是保持物质化学性质的最小微粒。原子之间的键合作用以及化学键的破坏所引起的原子重新组合是最基本的化学现象。因此探索分子的内部结构，对于了解物质性质和化学变化的规律具有非常重要的意义。

本章学习要求

在研究原子结构的基础上，掌握原子核外电子排布的基本规律；讨论化学键的形成，掌握离子键、共价键；通过对分子结构的初步认识，学习分子间作用力及晶体的有关知识；认识元素周期表，理解元素周期律，了解元素周期表的应用。

本章中心点：原子→分子、元素周期律

2.1 原子的构成

英国物理学家卢瑟夫（E. Rutherford）用一束平行的 α 射线射向金箔，发现绝大多数 α 粒子穿过金箔以后的运行方向没有改变，如图 2.1 所示。只有极少数 α 粒子的行进方向发生偏转，甚至有个别 α 粒子反方向折回行进。根据这一反射性实验，并研究了 α 粒子在空气和其他物质中的运动情况之后，卢瑟夫确定了原子核的存在，提出了原子的天体模型。

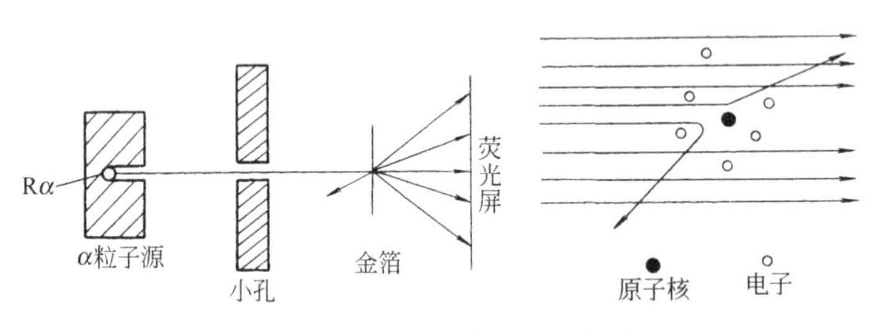

图 2.1 α 粒子散射实验示意图

在每个原子的中心，都有一个带正电荷的原子核，同时原子核外有若干个电子以高速度围绕着原子核旋转，原子核外电子的数目取决于原子核所带的正电荷数。核外电子与原子核保持一定的距离，就像行星围绕着太阳运转一样。原子核的体积很小，原子核和核外电子在整个原子中仅占很小的空间。因此原子中绝大部分是空的。又由于电子的质量极小，所以原子的质量几乎全部集中在原子核上，当 α 粒子行进时，如果正好遇到原子核则折回；擦过原子核边的则产生偏转；穿过空间的则不改变行进方向。

2.1.1 原子的组成

原子可以构成分子，可以形成离子，也可以直接构成物质。科学实验证明，原子是由带正电荷的原子核和带负电荷的电子构成。原子核所带的正电荷数（简称核电荷数）与原子核外电子所带的负电荷数相等。所以，整个原子呈电中性。原子核是由质子和中子构成的，质子带正电荷，中子不显电性，所以原子核的正电荷数由质子数决定。构成原子的质子、中子、电子的基本物理数据如表 2.1 所示。

表 2.1 构成原子的三种粒子的基本物理数据

原子的组成	原子核		电子
	质子	中子	
电性和电量	1 个质子带 1 个单位正电荷	电中性	1 个电子带 1 个单位负电荷
质量/kg	1.6726×10^{-27}	1.6749×10^{-27}	9.109×10^{-31}
相对质量	1.008	1.007	1/1836

通过实验测得，作为原子量标准的 $^{12}_{6}C$ 的质量是 1.9927×10^{-26} kg，它的 1/12 为 1.6606×10^{-27} kg。由此得出表中质子、中子的相对质量。

按照核电荷数由小到大顺序将元素编号，所得的序号称为该元素的原子序数。

原子序数＝核电荷数＝核内质子数＝核外电子数

原子的质量数用 A 表示，质子数用 Z 表示，中子数用 N 表示。构成原子的粒子间的关系可以表示如下：

$$质量数(A)＝质子数(Z)＋中子数(N)$$

例如：氯原子的原子序数为 17，质量数为 35，则中子数为：

氯原子的中子数＝35－17＝18

2.1.2 同位素

具有相同核电荷数的同一类原子叫做元素。

2.1.2.1 同位素

科学研究证明，同一种元素质子数相同，中子数不一定相同。这种具有相同质子数和不同中子数的同一种元素的几种原子，互称同位素。同一种元素的各种同位素，虽然质量数不同，但它们的化学性质几乎是完全相同的。

我们所了解的大多数元素都有同位素。如：碳元素有 $^{12}_{6}C$、$^{13}_{6}C$、$^{14}_{6}C$ 等几种同位素，而 $^{12}_{6}C$ 就是作为相对原子质量基准的那种碳原子，通常也叫 C-12；铀元素有 $^{234}_{92}U$、$^{235}_{92}U$、$^{238}_{92}U$ 等多种同位素，其中 $^{235}_{92}U$ 是制造原子弹的材料和核反应堆的燃料；$^{1}_{1}H$、$^{2}_{1}H$、$^{3}_{1}H$ 是氢元素的三种同位素，其中 $^{2}_{1}H$、$^{3}_{1}H$ 是制造氢弹的材料。

天然存在的各种元素中，无论是以游离态还是以化合态的形式存在，每一种元素的各种同位素所占的质量分数一般是不变的。

*2.1.2.2 放射性同位素

同位素按其稳定性分为稳定性同位素和放射性同位素。例如，氢元素的同位素 $^{1}_{1}H$、$^{2}_{1}H$ 是稳定同位素，而 $^{3}_{1}H$ 则是放射性同位素。目前，用人工方法制造出许多种放射性同位素，这些同位素叫做人造放射性同位素。放射性同位素都能自发的放出各种不可见的射线，如 α、β、γ 射线，这些射线具有一定的穿透能力，同时又能释放出高能量 α、β 射线可在电场内发生偏转。如图 2.2 所示。

*2.1.2.3 放射性同位素的应用

人们可以直接将放射性同位素放出的射线加以利用。例如：荧光表、飞机、坦克等军事

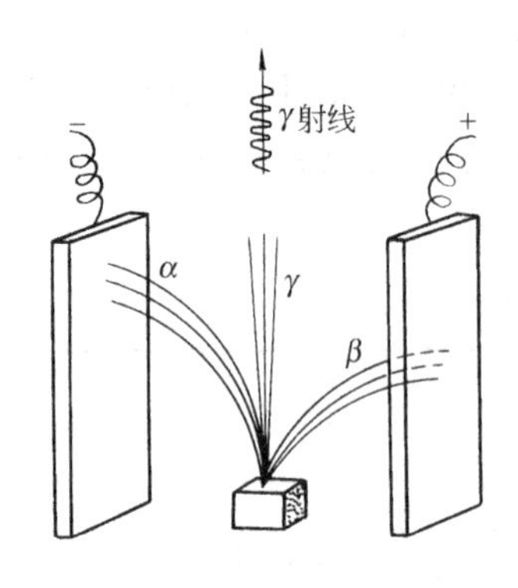

图 2.2　镭的射线在电场内发生偏转

装备用到的荧光粉和放射性同位素电池，就是利用放射性同位素放出的射线的能量转变为光能和电能；利用$^{14}_{6}C$在物质中的含量，测定文物或化石的年龄[每经过(5730±40)年，$^{14}_{6}C$含量减少一半]；$^{60}_{27}Co$的用途更加广泛，可用于探查工业材料的内部结构、裂隙和异物，或利用其射线深入组织，破坏癌细胞，治疗癌肿，同时，$^{60}_{27}Co$探测仪还可以在不开箱的情况下，仅用3min时间检测出集装箱中是否夹带有走私香烟。在科学研究中示踪原子已经被广泛的应用，成为人类洞察自然界秘密的一种不可缺少的工具。例如：农业上为了研究磷肥在棉花增产中的作用，就用$^{32}_{15}P$作示踪原子，进行研究作物营养、生理等科学实验。示踪原子不仅为人们提供了新的研究方法，同时也能揭示通过其他途径不能发现的事实，并澄清一些模糊不清的疑难问题。

2.2　原子核外电子的运动状态

大家都知道，行星（如地球等），都是以固定轨道围绕着太阳运转，而月球、人造地球卫星等都是以固定的轨道绕着地球运转，这些大物体的运动（宏观运动）有着共同的规律，人们可以在任何时间内准确地测量出它们的位置和运行的速度。但是，对于原子核外的电子来说，由于其质量很小、运动的速度极快，但却只能在原子范围内运动，所以电子运动有其特殊性。

2.2.1　电子云

电子的运动和常见的宏观物体运动不同，并不是沿着一定的轨道绕核运动，而是在原子核周围空间区域内飞速的运转，因此，我们不能肯定电子在某一瞬间处于空间的什么位置上。电子在不同的区域内出现的可能性不一样，在一定时间内，有些区域出现的机会（几率）比较大，而在另一些区域出现的机会比较小，其形象就像笼罩在原子核周围的一层带负电的云雾，我们称为电子云。电子云是电子在核外空间各处出现的几率密度大小的形象化描述。

以氢原子为例，氢原子核外只有一个电子，我们用小黑点表示该电子出现过的地方。为了找到氢原子核外的这个电子的位置，假设先给氢原子拍摄五张照片，如图 2.3(a)所示。如果给这个氢原子拍摄上万张照片，并将这些照片叠加起来研究，可以得到这样一个印象，看上去无规则运动的电子，好像形成一团电子云，笼罩着原子核。如图 2.3(b)所示。

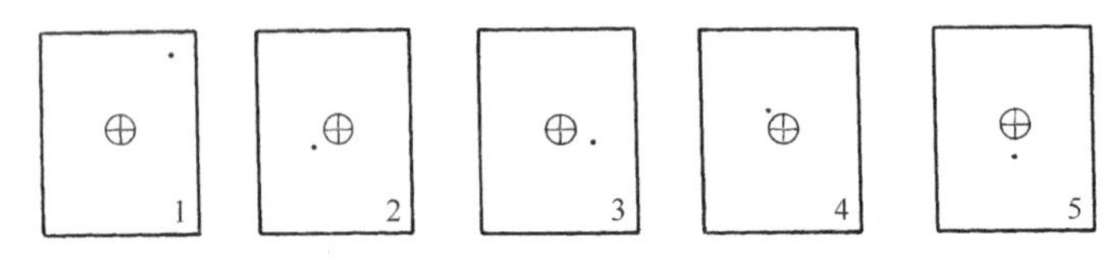

图 2.3(a)　氢原子瞬间照片

这团电子云为球形，离核越远，小黑点的密度越小，单位体积内电子出现的几率就小；离核越近，小黑点的密度越大，离核越近，单位体积内电子出现的几率就大。小黑点的分布就是该电子在核外运动的形象描述。

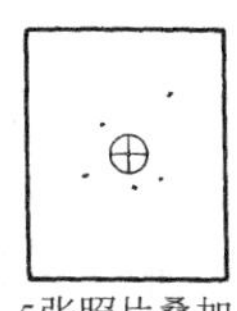
5张照片叠加

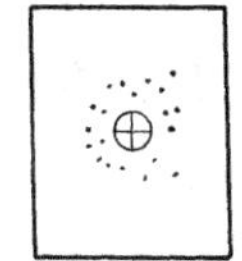
20张照片叠加

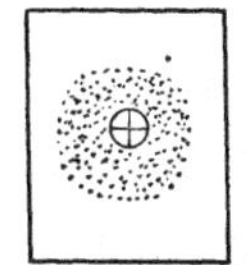
1000张照片叠加

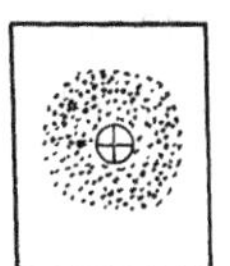
10000张照片叠加

图 2.3(b) 氢原子瞬间照片的叠加

氢原子电子云呈球形对称分布，如图 2.4 所示。此图是氢原子的球形电子云的切面示意图。

我们将电子出现几率相等的地方连结起来，作为电子云界面，这个界面所包括的空间范围，叫做原子轨道。其实，我们几乎不可能遇到一个单独的孤立的原子，因为一个原子总是被许许多多的其他原子所包围，原子在每一秒钟都要受到其他原子几亿次以至几十亿次的作用，因而在原子中运动着的电子也要受到其他原子中原子核或电子所形成的电场的影响，使其离开固定的轨道。不仅如此，在含有多个电子的原子中，某一个电子还要经常受到本原子中其他电子的影响，这一系列的作用，使电子不能严格地沿着固定的轨道运动，一会儿偏向这一方，一会儿又偏向另一方。因此在原子结构中我们所用的“轨道”这一习惯用语与我们日常所说的轨道就有着不同的含义。

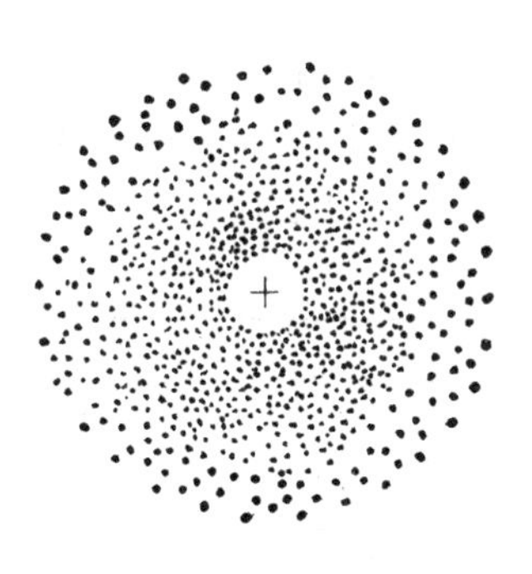
图 2.4 氢原子的电子云图

2.2.2 原子核外电子运动状态

原子中，原子核外的电子围绕着原子核不停地高速运动。在含有多个电子的原子中，各个电子的能量并不相同。在离原子核较近的区域内运动的电子能量较低；在离原子核较远的区域内运动的电子能量较高。

2.2.2.1 电子层

根据电子能量的差异和通常运动的区域离原子核近远的不同，我们可以将原子核外的电子分成不同的电子层，各个电子就在这些不同的电子层上运动着。

电子层按离原子核由近到远的顺序，依次称为第一电子层、第二电子层、第三电子层……习惯上常用 K、L、M、N、O、P、Q……表示；电子层的序数 n 可用 1、2、3、4、5、6、7……表示。

电子层：K、L、M、N、O、P、Q

　　　　1、2、3、4、5、6、7

例如：$n=1$，表示离原子核最近的第一电子层（即 K 层）；$n=2$，表示离原子核稍远的第二电子层（即 L 层）；$n=3$，表示第三电子层（即 M 层）；依此类推。目前已知的最复杂的原子，其电子层不超过 7 层。

n 的数值越小，表示电子离原子核越近，受原子核的引力越大，电子的能量越小；当 n 增大时，电子层数增大，说明电子离原子核的距离变远，受原子核的引力变小，电子的能量也就相应增强。

理解电子层的概念时应该注意。

电子层是指电子在某些地方出现的机会最多，并不是指电子只是固定地在这些地方运动。

2.2.2.2　电子亚层和电子云的形状

科学研究发现，在同一电子层中，电子的能量是稍有差别的，电子云的形状也不相同。根据这些差别，又可以将一个电子层分成一个或几个亚层，分别用 s、p、d、f 等符号表示。第一电子层只包含了一个亚层，即 s 亚层；第二电子层包含了两个亚层，即 s 亚层和 p 亚层；第三电子层包含了三个电子层，即 s、p、d 亚层；第四电子层包含了四个亚层，即 s、p、d、f 亚层。不同亚层的电子云形状各不相同，s 亚层的电子云是以原子核为中心的球形，p 亚层的电子云是哑铃形，d 亚层的电子云呈花瓣形，f 亚层的电子云较为复杂。在同一电子层中，亚层电子所具有的能量是按 s、p、d、f 的顺序增加的，为了表示原子核外电子所处的位置，我们可以将电子层的序数 n 标在电子亚层符号的前面。例：我们将第一电子层的 s 亚层的电子标为 1s，第三电子层的 s 亚层的电子标为 3s，第三电子层的 p 亚层的电子标为 3p，如表 2.2 所示。

表 2.2　电子、电子亚层、原子轨道数关系表

电　子　层	K	L	M	N	……
	1	2	3	4	……
电子亚层	s	s、p	s、p、d	s、p、d、f	
电子排布	1s	2s、2p	3s、3p、3d	4s、4p、4d、4f	
原子轨道数	$1=1^2$	$1+3=4=2^2$	$1+3+5=9=3^2$	$1+3+5+7=16=4^2$	n^2

2.2.2.3　电子云的伸展方向

电子云不仅有其固定的形状，而且有一定的空间伸展方向。s 电子云是球形的，在空间各个方向上的伸展程度均相同，是对称的；p 电子云在空间有三种互相垂直的伸展方向，如图 2.5 所示；d 电子云有五种空间伸展方向；f 电子云有七种空间伸展方向。将在一定电子层上，具有一定形状和空间伸展方向的电子云所占据的空间称为一个原子轨道，s、p、d、f 四个亚层分别占有 1、3、5、7 个原子轨道，这样各个电子层可能占据的最多原子轨道数如表 2.2 所示。

每个电子层可能具有的最多原子轨道数为 n^2 个（目前 $n\leqslant4$）。

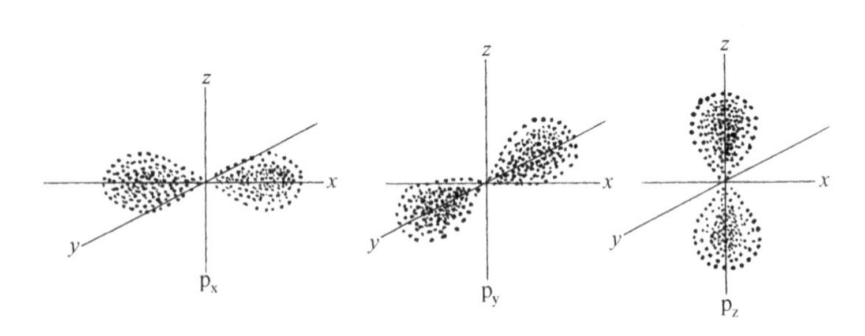

图 2.5　p 电子云的三种空间伸展方向

2.2.2.4　电子的自旋

我们都知道，地球在自转的同时，还沿着一定的轨迹围绕着太阳公转。如果将地球比做电子、将太阳比做原子核就会发现，电子围绕着原子核运动的方式与地球围绕太阳运转的方式非常接近。

电子在围绕着原子核运动的同时，还不断的作自旋运动。电子的自旋有两种状态，相当于顺时针和逆时针两种方向。通常我们用“↑”、“↓”表示不同的自旋状态。实验证明：电子自旋方向相同的两个电子相互排斥，不能在同一个原子轨道内运动。能在同一轨道内运动的电子必须是自旋方向相反的两个电子。

电子在原子核外的运动状态是由以上 4 个方面共同决定的。即：电子层、电子亚层和电子云的形状、电子云的伸展方向及电子的自旋。

2.2.3 原子核外电子排布

我们已经了解了原子核外电子运动状态的 4 个方面，原子核外的电子在排布时，又应遵循何种规律？

2.2.3.1 保利不相容原理

同一个原子里没有运动状态的 4 个方面完全相同的电子存在。即为保利不相容原理。

因为每个电子层可能有的最多原子轨道数为 n^2 个，而每个原子轨道只能容纳 2 个电子。所以，根据保利不相容原理，我们可以推算出各电子层可以容纳的最多电子数为 $2n^2$ 个（目前 $n \leqslant 4$）。

2.2.3.2 能量最低原理

在核外电子排布中，通常情况下，电子总是尽先占据能量最低的原子轨道，当低能量的轨道占满后，电子才依次进入能量较高的原子轨道。这一规律即是能量最低原理。

不同电子层具有不同的能量，每一个电子层中不同亚层的能量也不相同。为了表示出原子中各电子层和亚层电子能量的差别，我们将原子中不同电子层、电子亚层的电子按照能量由低到高的顺序，像台阶一样排列，叫做能级。

原子中，n 越小的电子层，离原子核越近，能量越低。在同一电子层中，各电子亚层的能量都是按照 s、p、d、f 的次序增高的。例如，电子能级 1 s、2 s、2 p，后者的能量高于前者。对于那些原子核外电子数较多的元素的原子来说，情况较为复杂。我们在研究某个外层电子的运动状态的同时，还必须同时考虑原子核对其的吸引力以及其他电子对它的排斥力。因此，多电子原子的电子所处的能级会产生能级交错现象。

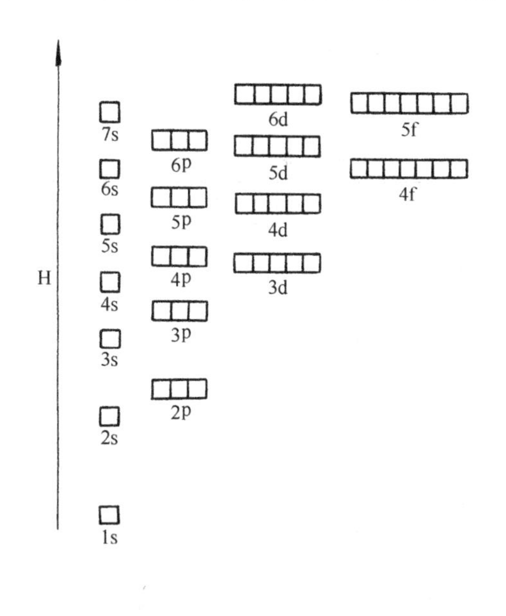

图 2.6 多电子近似能级图

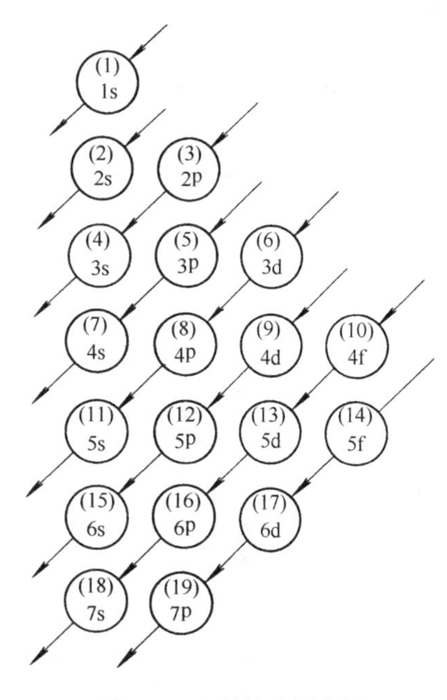

图 2.7 电子填充顺序图

图 2.6 是多电子近似能级图，图中的方框代表一个原子轨道。从第三电子层起，就有能级交错现象发生。如：3d 和 4s 轨道，就是先排 4s 后排 3d。

应用多电子近似能级图，并根据能量最低原理，就可以确定电子进入原子轨道的填充顺序。如图 2.7 所示。

1～36 号元素所用的原子核外电子填充顺序为：

1s、2s、2p、3s、3p、4s、3d、4p。

2.2.3.3 洪特规则

在同一亚层中的各个轨道（如 3 个 p 轨道、5 个 d 轨道、7 个 f 轨道）上，电子的排布尽可能单独分占不同的轨道，而且自旋方向相同，这样排布的原子的能量最低。

因此，C、N、O 三种元素原子的电子层排布应该如图 2.8 所示。

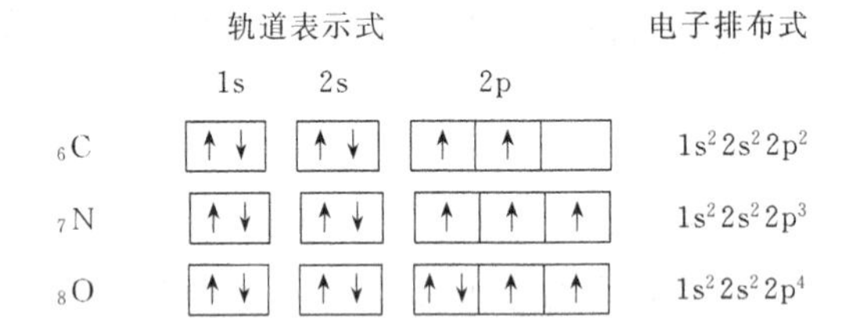

图 2.8 C、N、O 原子的电子排布

图中：

1s 2s 2p

一个方框表示一个原子轨道。这种用原子轨道表示电子排布的式子称为轨道式；图中

$$1s^2 2s^2 2p^2$$

右上角的数字表示该轨道中电子的数目。这种用电子层和电子亚层表示电子排布的式子，叫做电子排布式。

根据上述三个原理和多电子近似能级图，我们将原子序数为 1～20 的元素的原子核外电子排布列入表中，见表 2.3。

表 2.3 原子序数为 1～20 的元素的原子核外电子排布

原子序数	元素名称	元素符号	各电子层的电子数			
			K	L	M	N
1	氢	H	1			
2	氦	He	2			
3	锂	Li	2	1		
4	铍	Be	2	2		
5	硼	B	2	3		
6	碳	C	2	4		
7	氮	N	2	5		
8	氧	O	2	6		
9	氟	F	2	7		
10	氖	Ne	2	8		
11	钠	Na	2	8	1	
12	镁	Mg	2	8	2	
13	铝	Al	2	8	3	
14	硅	Si	2	8	4	

续表

原子序数	元素名称	元素符号	各电子层的电子数			
			K	L	M	N
15	磷	P	2	8	5	
16	硫	S	2	8	6	
17	氯	Cl	2	8	7	
18	氩	Ar	2	8	8	
19	钾	K	2	8	8	1
20	钙	Ca	2	8	8	2

书写电子排布式和轨道式时，应该注意以下两个方面。

① 原子序数为 24 的 Cr 元素和原子序数为 29 的 Cu 元素，原子核外的电子在排布时，没有完全按照前述规律排布。根据它们的特殊情况，人们又归纳出一条规律。即：对于同一电子亚层，当电子排布为全充满、半充满或全空时，相对比较稳定。

全充满　p^6、d^{10}、f^{14}

半充满　p^3、d^5、f^7

全　空　p^0、d^0、f^0

这是洪特规则的一种特例。

例如：Cr 的核外电子排布为：$_{24}Cr$：$1s^2 2s^2 2p^6 3s^2 3p^6 3d^5 4s^1$

Cu 的核外电子排布为：$_{29}Cu$：$1s^2 2s^2 2p^6 3s^2 3p^6 3d^{10} 4s^1$

② 上面三个原理，是从大量事实中概括出来的。核外电子的排布情况是通过光谱实验测定的。

【例 2.2.1】 写出下列原子的核外电子排布式：$_{9}F$、$_{11}Na$、$_{17}Cl$、$_{20}Ca$、$_{36}Kr$。

答：$_{9}F$：$1s^2 2s^2 2p^5$

$_{11}Na$：$1s^2 2s^2 2p^6 3s^1$

$_{17}Cl$：$1s^2 2s^2 2p^6 3s^2 3p^5$

$_{20}Ca$：$1s^2 2s^2 2p^6 3s^2 3p^6 4s^2$

$_{36}Kr$：$1s^2 2s^2 2p^6 3s^2 3p^6 3d^{10} 4s^2 4p^6$

2.3 元素周期律

2.3.1 元素周期律

为了认识元素之间的相互联系和内在规律，我们将原子序数为 3～18 的元素原子的有关数据和性质变化列入表 2.4，通过此表我们可以寻找元素性质的变化规律。

2.3.1.1 原子核外电子排布的周期性

随着原子序数的递增，元素原子的最外层电子排布呈现周期性的变化。从表 2.4 中可以看出，原子序数为 3～10 的元素的原子，即从 Li～Ne，均有 2 个电子层，最外层的电子数由 1 个递增到 8 个，Ne 原子达到了稳定结构；原子序数为 11～18 的元素的原子，即从 Na～Ar，均有 3 个电子层，最外层的电子数亦是由 1 个递增到 8 个，Ar 原子达到了稳定结构；将原子序数为 18 以后的元素的原子继续排列起来，也会发现类似的规律，即每隔一定数目的元素，重复出现元素的原子最外层电子从 1 个递增到 8 个的变化。

2.3.1.2　原子半径的周期性变化

随着原子序数的递增，元素原子半径呈现周期性的变化，如图 2.9 所示。

稀有气体元素原子半径的测定方法与其他元素不同，所以图中未加显示。

我们将原子半径数据列入表 2.5 中。

从表中可以看出，由 Li 到 F，随着原子序数的递增，原子半径由 1.52×10^{-10}m 减少至 0.64×10^{-10}m，即原子半径由大变小。由 Na 到 Cl，随着原子序数的递增，原子半径也呈现由大变小的周期性变化。

2.3.1.3　元素主要化合价的周期性变化

元素的化合价随着原子序数的递增呈现周期性变化。

从表 2.4 中可以看出，原子序数为 11～18 的元素，在很大程度上重复着原子序数为 3～10的元素所表现出的化合价的变化，即正化合价由＋1 价逐渐递增到＋7 价；从中部开始，负化合价由－4 价逐渐递增到－1 价。如果继续研究原子序数为 18 以后的元素的化合价，同样可以看到与前面 18 种元素相似的变化。

元素性质随着原子序数的递增而呈现周期性的变化。这个规律叫做元素周期律。这一规律是俄国化学家门捷列夫发现的。由于元素周期律的发现，使人们认识了自然界中化学元素之间的内在联系和性质变化的规律。

表 2.4　3～18 号元素及其化合物的性质递变规律

原子序数	3	4	5	6	7	8	9	10
元素名称(符号)	锂(Li)	铍(Be)	硼(B)	碳(C)	氮(N)	氧(O)	氟(F)	氖(Ne)
最外层电子数	1	2	3	4	5	6	7	8
电子层数	2	2	2	2	2	2	2	2
金属性和非金属性	活泼金属	金属	非金属	非金属	非金属性较强	活泼非金属	最活泼的非金属	稀有气体
化合价	＋1	＋2	＋3	＋4、－4	＋5、－3	－2	－1	0
最高价态氧化物的化学式	Li_2O	BeO	B_2O_3	CO_2	N_2O_5			
最高价态氧化物的水化物	$LiOH$	$Be(OH)_2$	H_3BO_3	H_2CO_3	HNO_3			
水化物的酸碱性	强碱	两性	弱酸	弱酸	强酸			
气态氢化物的化学式				CH_4	NH_3	H_2O	HF	
原子序数	11	12	13	14	15	16	17	18
元素名称(符号)	钠(Na)	镁(Mg)	铝(Al)	硅(Si)	磷(P)	硫(S)	氯(Cl)	氩(Ar)
最外层电子数	1	2	3	4	5	6	7	8
核外电子层数	3	3	3	3	3	3	3	3
金属性和非金属性	很活泼金属	活泼金属	活泼金属	非金属	非金属	较活泼非金属	活泼非金属	稀有气体
化合价	＋1	＋2	＋3	＋4、－4	＋5、－3	＋6、－2	＋7、－1	0
最高价态氧化物的化学式	Na_2O	MgO	Al_2O_3	SiO_2	P_2O_5	SO_3	Cl_2O_7	
最高价态氧化物的水化物	$NaOH$	$Mg(OH)_2$	$Al(OH)_3$ H_3AlO_3	H_2SiO_3	H_3PO_4	H_2SO_4	$HClO_4$	
水化物的酸碱性	强碱	中强碱	两性	弱酸	中强酸	强酸	很强酸	
气态氢化物的化学式				SiH_4	PH_3	H_2S	HCl	

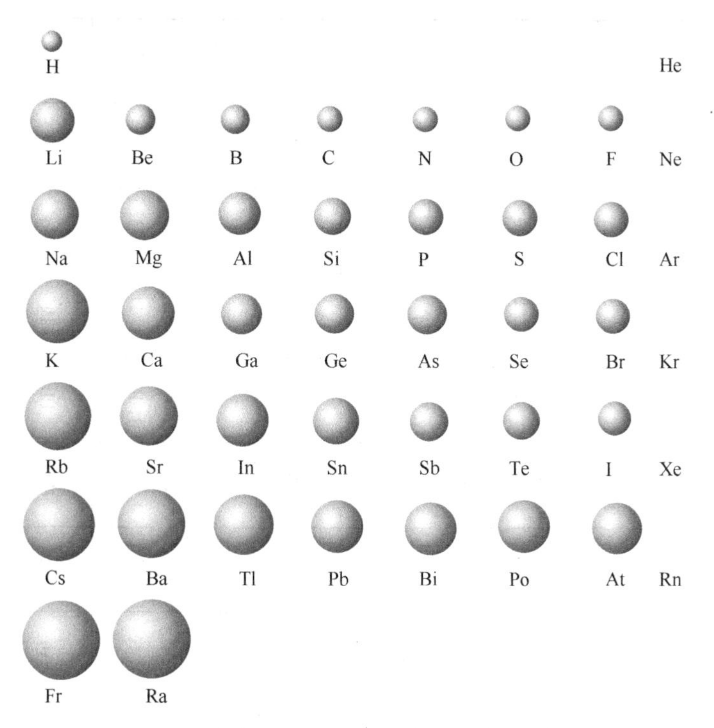

图 2.9　部分元素原子半径规律性变化示意图

2.3.2　元素周期表

根据元素周期律，将目前已经发现的元素，按照原子序数递增的顺序排列，将电子层数相同的元素从左到右排成横行；再将最外层电子数相同的元素，按照电子层数递增的顺序从上到下排成纵行，所得到的表叫元素周期表。元素周期表是元素周期律的具体表现形式，不仅反映了元素之间相互联系的规律性，同时，为我们进一步研究和学习元素分类打下基础。

2.3.2.1　元素周期表的结构

(1) 周期　我们将具有相同的电子层数，并按照原子序数递增的顺序排列的一系列元素，叫做一个周期。元素周期表共有 7 个横行，每一行叫 1 个周期，共有 7 个周期，依次用 1、2、3、4、5、6、7 表示。周期的序数就是该周期元素的原子都具有的电子层数。

各周期虽然电子层数相同，但元素的数目不一定相等。我们将包含元素较少的 1、2、3 周期叫短周期；将包含元素较多的 4、5、6 周期叫长周期；将至今未填满元素的第 7 周期叫不完全周期。为了不使周期表太长，通常将第 6 周期、第 7 周期中性质和电子层结构极其相似的元素，即镧系元素（${}_{57}La$～${}_{71}Lu$）和锕系元素（${}_{89}Ac$～${}_{103}Lr$）列在元素周期表的下方，实际上它们每一种元素在周期表中都占一个格。

除第 1 周期和第 7 周期外，其余每一周期的元素都是从活泼的金属元素开始，逐渐过渡到活泼的非金属元素，最后以稀有气体结束。如第 3 周期元素，从碱金属 Na 开始逐渐过渡到卤族元素 Cl，最后终止于稀有气体 Ar。

(2) 族　元素周期表中共有 18 个纵行，我们将纵行称为族。除 8、9、10 三个纵行外，每一纵行称为一族，共有 16 个族。族的序数用罗马数字Ⅰ、Ⅱ、Ⅲ、Ⅳ、Ⅴ、Ⅵ、Ⅶ、Ⅷ表示。族又分为主族和副族。元素周期表中，共有 7 个主族、7 个副族、1 个第Ⅷ族和一个 0 族。

表 2.5 部分元素原子半径/（10^{-10}m）

周期＼族	ⅠA	ⅡA	ⅢB	ⅣB	ⅤB	ⅥB	ⅦB	Ⅷ			ⅠB	ⅡB	ⅡA	ⅣA	ⅤA	ⅥA	ⅦA	0
1	H 0.371																	He 1.22
2	Li 1.52	Be 1.113											B 0.88	C 0.77	N 0.7	O 0.66	F 0.64	Ne 1.60
3	Na 1.537	Mg 1.60											Al 1.43	Si 1.17	P 1.10	S 1.04	Cl 0.99	Ar 1.92
4	K 2.272	Ca 1.973	Sc 1.606	Ti 1.448	V 1.321	Cr 1.429	Mn 1.24	Fe 1.241	Co 1.253	Ni 1.246	Cu 1.278	Zn 1.332	Ga 1.221	Ge 1.225	As 1.21	Se 1.17	Br 1.14	Kr 1.98
5	Rb 2.475	Sr 2.151	Y 1.81	Zr 1.60	Nb 1.429	Mo 1.362	Te 1.358	Ru 1.325	Rh 1.345	Pd 1.376	Ag 1.44	Cd 1.489	In 1.626	Sn 1.405	Sb 1.41	Te 1.37	I 1.33	Xe 2.18
6	Cs 2.654	Ba 2.173	La 1.877	Hf 1.564	Ta 1.43	W 1.370	Re 1.370	Os 1.34	Ir 1.357	Pt 1.38	Au 1.442	Hg 1.60	Tl 1.70	Pb 1.750	Bi 1.547	Po 1.67	At	Rn 2.14
7	Fr 2.7	Ra 2.20	Ae 1.878															

a. 主族　由短周期元素和长周期元素共同构成的族，称为主族，在族的序数后面标上A，如：ⅠA、ⅡA、ⅢA、……、ⅦA。主族元素的序数，就是该族元素原子的最外层电子数，也是该族元素的最高正化合价。

b. 副族　完全由长周期元素构成的族，称为副族，在族的序数后面标上B，如：ⅠB、ⅡB、ⅢB、……、ⅦB。

c. 第Ⅷ族　由第8、9、10三个纵行合并形成的一族称为第Ⅷ族。通常我们将全部副族元素与第Ⅷ族所包括的元素，统称为过渡金属。

d. 0族　元素周期表中的最后一族称为0族，全部由稀有气体组成。它们化学性质非常不活泼，在通常情况下，难以发生化学反应，将它们的化合价看作0，因此称为0族。

2.3.2.2　原子结构与元素周期表

原子序数＝核电荷数(质子数)＝核外电子数

核外电子层数＝周期数

主族元素族的序数＝最外层电子数＝最高正化合价

2.3.3　元素性质递变规律

我们在元素周期律和元素周期表的基础上，主要讨论主族元素性质在元素周期表中的递变规律。

2.3.3.1　同周期

在同一周期中，各元素都具有相同的电子层数。从左到右，随着原子序数的递增，原子半径逐渐减少，原子失电子能力逐渐减弱，得电子能力逐渐增强。

通常，元素的金属性（失电子能力）和非金属性（得电子能力）的强弱，可以由以下化学性质判断。

(1) 元素的金属性强

a. 元素的单质与水或酸反应，置换出氢比较容易。

b. 元素的最高价态氧化物对应水化物（氢氧化物）的碱性强。

(2) 元素的非金属性强

a. 元素的单质与氢气反应，生成气态氢化物比较容易。

b. 元素的最高价态氧化物对应水化物（含氧酸）的酸性强。

通过以上分析判断，可以得出如下结论：同一周期从左到右，随着原子序数的递增，元素的金属性逐渐减弱，元素的非金属性逐渐增强。

下面我们通过分析第3周期元素的性质变化，进一步理解上述规律。

【演示实验2.1】　在试管中加入4mL水，滴入1滴酚酞试液，用试管夹夹住试管，再用镊子将一小粒绿豆大小的金属钠（金属钠表面的煤油先用滤纸吸干）投入试管中。观察发生的现象。

所发生的反应为：

$$2Na + 2H_2O \longrightarrow 2NaOH + H_2\uparrow$$

生成的氢氧化钠是强碱。

实验表明，金属钠与冷水剧烈反应，钠粒熔化成小球，产生的氢气推动小球在水面上迅速游动，并发出轻微的嘶嘶声。溶液由无色变成红色。

结论：本实验说明，金属Na非常容易与H_2O作用，并置换出H_2，所以金属钠具有很强的金属性。

【演示实验 2.2】 在试管中加入 4mL 水，滴入 1 滴酚酞试液，再加入半匙镁粉，振荡，观察发生的现象。随后加热试管至水沸腾，再观察发生的现象。

所发生的反应为：

$$Mg+2H_2O \longrightarrow Mg(OH)_2\downarrow+H_2\uparrow$$

实验表明，镁与冷水反应很慢，加热时能与沸水反应，产生氢气，溶液呈淡红色。反应生成的氢氧化镁的碱性比氢氧化钠弱。

结论：Mg 的金属性比 Na 弱。

【演示实验 2.3】 取一小段镁带和一小片铝片，用砂纸擦去表面氧化膜，分别放入两支试管中，再各加入 2mL 稀盐酸，观察发生的现象。

所发生的反应为：

$$2Mg+2HCl \longrightarrow MgCl_2+H_2\uparrow$$

$$2Al+6HCl \longrightarrow 2AlCl_3+3H_2\uparrow$$

实验表明，镁、铝都能与盐酸反应。放出氢气，但铝跟酸的反应不如镁与酸反应剧烈。

结论：Al 的金属性比 Mg 弱。

铝的氧化物（Al_2O_3）既能与酸反应，又能与碱反应，Al_2O_3 是一种两性氧化物，其对应的水化物是一种两性氢氧化物，既是弱碱氢氧化铝[$Al(OH)_3$]；又是弱酸铝酸（H_3AlO_3）。

通过以上三种同一周期的金属元素性质比较，可以看出，从 Na→Mg→Al 金属性由强到弱。

我们继续分析这一周期的其他元素的性质。

第 14 号元素硅，只有在高温的条件下，才能与氢气反应生成气态氢化物 SiH_4，它的氧化物（SiO_2）对应水化物硅酸（H_2SiO_3），是很弱的酸，所以硅是不活泼的非金属。

第 15 号元素磷是非金属。磷的蒸气能与氢气反应生成气态氢化物 PH_3，但相当困难。磷的最高价态氧化物（P_2O_5）对应水化物磷酸（H_3PO_4），是中强酸，所以磷的非金属性强于硅。

第 16 元素硫是活泼非金属。硫在加热的条件下，能与氢气反应生成气态氢化物 H_2S。硫的最高价态氧化物（SO_3）对应水化物硫酸（H_2SO_4），是强酸，所以硫的非金属性强于磷。

第 17 号元素氯是非常活泼的非金属。氯气与氢气在光照下就能强烈反应，生成气态氢化物氯化氢（HCl）。氯的最高价态氧化物对应水化物高氯酸（$HClO_4$），是目前已知的无机酸中酸性最强的酸。所以，氯的非金属性强于硫。

第 18 号元素氩是稀有气体，通常不参与化学反应。

结合这些演示实验和分析，可以证明前述规律，即：

$$\xrightarrow[\text{金属性逐渐减弱，非金属性逐渐增强}]{Na\quad Mg\quad Al\quad Si\quad P\quad S\quad Cl}$$

2.3.3.2 同主族

同一主族中，各元素的原子核外最外层电子数相同，从上到下，随着原子序数的增加，电子层数依次增多，原子半径逐渐增大，元素原子失去电子能力逐渐增强，得电子能力逐渐减弱。

结论：随着原子序数的增加，同一主族元素，从上到下，元素的金属性逐渐增强，非金属性逐渐减弱。

下面我们通过分析第ⅦA族元素的性质变化，进一步理解上述规律。

第ⅦA族元素与氢反应所需条件，如表2.6所示。

表2.6　卤族元素与氢反应条件

卤　族	F_2	Cl_2	Br_2	I_2
H_2	HF	HCl	HBr	HI
反应条件	爆炸式反应	光照下	高温	蒸气

通过第ⅦA族元素与氢化合的反应条件，可以初步了解这一族元素的非金属性变化规律。

我们再通过性质实验进一步了解主族元素的性质变化。

【演示实验2.4】　(1) 取两支试管，分别加入3mL 0.1mol·L^{-1}的KBr、KI溶液；

(2) 向第一支试管中滴加饱和氯水，向第二支试管中滴加几滴溴水，振荡并观察溶液的颜色变化。再分别加入1mL CCl_4，观察CCl_4层的颜色（CCl_4层应在试管的底部，因其不溶解于水，且密度比水大）。

通过上述实验，可以看出，原来无色的KBr、KI溶液加入氯水、溴水以后，溶液与CCl_4层颜色都发生了变化。发生了如下的化学反应：

$$2KBr+Cl_2 \longrightarrow 2KCl+Br_2$$

$$2KI+Br_2 \longrightarrow 2KBr+I_2$$

经过对反应过程中化合价变化的分析，得知：氯元素的原子得电子能力强于溴、碘；溴原子的得电子能力又强于碘。由此证明，第ⅦA族元素的非金属性为从上至下，依次减弱，即：

$$F_2>Cl_2>Br_2>I_2$$

而元素的阴离子失去电子的能力为：

$$F^-<Cl^-<Br^-<I^-$$

其他主族元素的性质变化，也大致呈现上述规律。

我们可将主族元素的金属性和非金属性的变化规律概括于表2.7。

由于元素的金属性和非金属性没有明显的界限，所以上表中位于折线附近的元素既表现出某些金属性质，又表现出某些非金属性质。如我们前面介绍的铝就是表现双重性质的两性元素。表中左下角的区域内全部是金属元素；表中右上角区域内（不包括0族元素）均是非金属元素。一般认为，铯元素是金属性最强的元素；氟元素是非金属性最强的元素。

2.3.4　元素周期表的应用

历史上，为了寻求各种元素及化合物间的内在联系和规律性，无数科学家进行了各种各样的尝试。1869年，年轻的俄国化学家门捷列夫在无数科学家辛勤工作的基础上发现了“元素性质随着原子量的递增而呈周期性变化的”元素周期律，并根据元素周期律编制出了第1份以元素的原子量增大为主线的元素周期表。这个规律为后人研究化学元素的性质和物质结构理论的发展起到了巨大的指导作用，门捷列夫第一次将化学引入到了以理论为指导的新的领域。元素周期表和元素周期律是100多年来全世界科学家和科学研究工作者智慧的结晶，是人类宝贵的科学财富。无论是过去、现在和将来元素周期表和元素周期律都将对化学研究和工农业生产产生深刻的影响。

表 2.7 主族元素的金属性和非金属性的递变规律

主族名称	碱金属族	碱土金属族	硼族	碳族	氮族	氧族	卤族
族 / 周期	ⅠA	ⅡA	ⅢA	ⅣA	ⅤA	ⅥA	ⅦA
	非金属性逐渐增强 →						
1							
2			B				
3			Al	Si			
4				Ge	As		
5					Sb	Te	
6						Po	At
7							
	← 金属性逐渐增强						

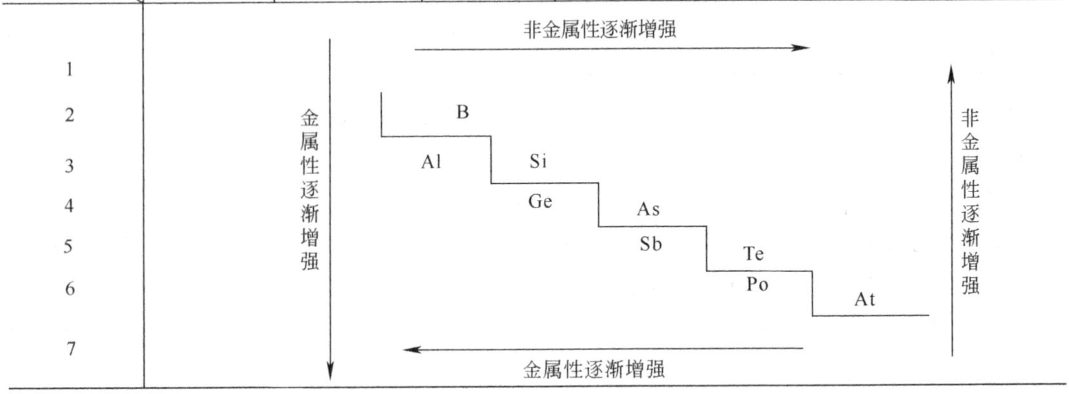

（表中左侧竖向箭头向下：金属性逐渐增强；右侧竖向箭头向上：非金属性逐渐增强）

元素周期表的应用主要体现在以下方面。

2.3.4.1 判断元素的一般性质

元素周期表能够反映元素性质的递变规律，根据元素在周期表中的位置及相邻元素的性质，可以判断元素的一般性质。

例如：第ⅦA族元素氟，位于周期表的右上角，可以判断它在所有元素中非金属性最强，与其他元素反应时，氟的化合价总是呈现－1价。又比如：第ⅣA族中的锗，在周期表中介于金属元素和非金属元素之间，可以判断它的金属性和非金属性强弱差不多，它的最高价态氧化物对应水化物有明显的两性。

2.3.4.2 预言和发现新元素、寻找和制造新材料

人们运用元素周期律和元素在周期表中的位置及相邻元素的性质关系预言和发现新元素、寻找和制造新材料。

例如：元素周期表创立后相继发现了原子序数为10、31、32、34、64等天然元素和61及95以后的人造放射性元素，使当时已经发现的元素从60多种迅速增加，对预言和发现新元素及修正相对原子质量起到了很大的作用。

元素周期表中位置邻近的元素性质相近的规律，可以指导寻找新材料。如：在农药中通常含有氟、氯、硫、磷、砷等元素，这些元素都位于周期表的右上角。对于这一区域元素化合物的研究，有助于寻找对人畜安全的高效农药。

根据半导体材料如：锗（Ge）、硅（Si）、硒（Se）等的特性，在元素周期表中金属与非金属分界线附近可以寻找半导体新材料。特别是用砷（As）和镓（Ga）合成的化合物，其优点超过了Ge和Si，它使普通半导体的应用范围扩大到更高的温度和更高的频率。

在过渡元素（包括稀土元素）中，可以寻找到各种优良的催化剂，例如：用铁、镍等元素的化合物作催化剂，可以使石墨在高温和高压下转化为金刚石；在石油化学工业中，可以广泛采用过渡元素做催化剂。

北京大学唐经寰教授等人，经过多年的潜心研究和科学实验，发现元素周期表在一定程度上揭示了元素的生物性质。他们发现无论是同一周期元素随着原子序数的递增，还是同一主族元素随着原子序数的增加，元素对细胞的营养促进作用都是逐渐减弱，而毒性抑制作用

却是逐渐增强。元素周期表中的“生物学规律”无疑对人体的元素营养和微量元素营养等问题的研究与探索具有指导意义。

中国已故从事土壤化学研究管理工作的郑军先生，在研究化学元素周期表的过程中，根据可靠的自然科学资料，令人信服地论证了天干、地支、五行、八卦、九宫等基本概念之间的联系及其天文和物理背景。从化学上，他应用八卦、九宫来探讨化学元素的周期性变化，提出了一张化学元素周期太极太玄结构表，较好的解释了化学元素周期表中一些不好解释的问题。如氢元素的特殊性、第Ⅷ族元素的归属、初步解释了副族元素的性质变化。这些都为后人进一步探寻元素周期律开辟了新的途径。

元素周期律和元素周期表的重大意义，在于它在自然科学基础上，论证了由量变到质变的规律。元素周期表是概括元素化学知识的一个宝库，随着科学技术的不断进步和人类化学知识的增加，化学元素周期表的内容也将不断完善和丰富。

2.4 化 学 键

我们已经学习了原子结构以及原子结构和元素性质的关系。不同物质在组成和性质上各不相同，这是因为元素的原子能够以不同的种类、不同的数目以及不同的排列方式组合而成不同的分子。目前已经发现和人工合成的物质就有1000多万种，它们形态各异、变化万千，但组成这些物质的元素却只有100多种，那么这些元素是如何相互结合构成了多姿多彩、形形色色的奇妙的物质世界的呢？科学家们揭示了其本质，即：分子中相邻原子（或离子）间的强烈相互作用力——化学键。

化学键{离子键；共价键；金属键}

化学键是决定分子性质的主要因素，在下面的内容中，我们将利用原子结构的知识来认识物质的分子结构和晶体结构，并了解物质结构和性质的内在联系。

2.4.1 离子键

2.4.1.1 离子键的形成

我们以氯化钠为例说明离子键的形成。

【演示实验2.5】 取一粒黄豆粒大小、除去氧化膜的金属钠，用滤纸吸净煤油，放在铺上细沙或石棉的燃烧匙里，用酒精灯加热。待金属钠刚开始燃烧时，立即将燃烧匙和钠伸进盛满氯气的集气瓶中，如图2.10所示。并观察实验现象。

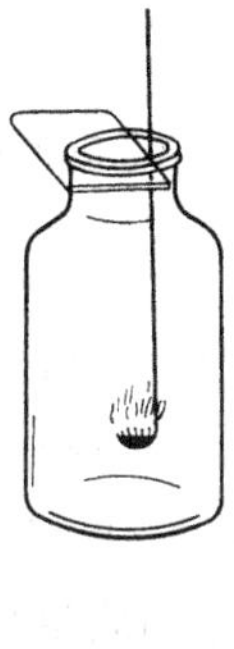

所发生的反应为

$$2Na(固)+Cl_2(气)\xrightarrow{燃烧}2NaCl(固)$$

通过上述实验可以看到，金属钠在氯气中燃烧，生成的氯化钠小颗粒悬浮在气体中，呈白色烟状，反应放出大量的热。

图2.10 钠在氯气中燃烧

实验显示有NaCl分子形成，那么钠原子和氯原子是通过什么作用力相结合？整个分子又是如何形成的呢？如图2.11所示。

钠原子的核外电子排布式为：$_{11}Na$：$1s^2 2s^2 2p^6 3s^1$

氯原子的核外电子排布式为：$_{17}Cl$：$1s^2 2s^2 2p^6 3s^2 3p^5$

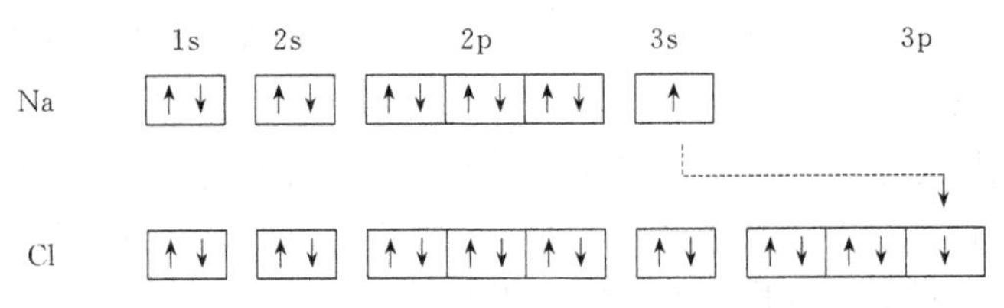

图 2.11　氯化钠分子形成过程轨道示意图

钠原子的最外层只有一个电子，容易失去这一个电子，而氯原子的最外层有 7 个电子，容易得到一个电子。在一定条件下，当钠原子与氯原子相互作用时，钠原子的一个 3s 电子很容易转移到氯原子的 3p 轨道上，从而使双方都满足了 8 个电子的稳定结构。钠原子失去一个 3s 电子，带上一个单位的正电荷，成为钠离子（Na^+）；氯原子得到一个电子，带上一个单位的负电荷，成为氯离子（Cl^-）。如图 2.12 所示。

	1s	2s	2p	3s	3p
Na^+	↑↓	↑↓	↑↓ ↑↓ ↑↓		
Cl^-	↑↓	↑↓	↑↓ ↑↓ ↑↓	↑↓	↑↓ ↑↓ ↑↓

图 2.12　Na^+、Cl^- 轨道示意图

带相反电荷的 Na^+ 和 Cl^- 由于静电作用而相互吸引，阴、阳离子彼此接近；与此同时，阴、阳离子间，由于原子核与原子核之间、电子云与电子云之间电性相同，产生排斥作用，这种静电排斥作用随着离子的相互接近而迅速增大。

离子间的这种静电吸引作用和静电排斥作用的结果，使阴、阳离子在一定位置上振动，相互作用达到平衡，就形成了稳定的化学键，氯化钠晶体也就形成了。

2.4.1.2　离子键

阴、阳离子之间通过静电作用所形成的化学键，叫做离子键。

氯化钠晶体的形成也可以用如下电子式表示：

$$\mathrm{Na}\times + \cdot\mathrm{Cl}: \longrightarrow \mathrm{Na}^+[\times\mathrm{Cl}:]^-$$

一般情况下，活泼的金属元素与活泼的非金属元素之间相互化合时，都能形成离子键。在元素周期表中ⅠA、ⅡA 族元素与ⅥA、ⅦA 族元素相互化合时，一般形成离子键。

例如：氧化镁的形成可以用电子式表示为：

$$\times\mathrm{Mg}\times + \cdot\mathrm{O}\cdot \longrightarrow \mathrm{Mg}^{2+}[\times\mathrm{O}:]^{2-}$$

氟化钙的形成也可以用电子式表示为：

$$\times\mathrm{Ca}\times + 2\cdot\mathrm{F}: \longrightarrow [:\mathrm{F}\times]^-\mathrm{Ca}^{2+}[\times\mathrm{F}:]^-$$

以离子键相结合的化合物就是离子化合物。在离子化合物中，离子具有的电荷，就是该离子的化合价。离子化合物在通常情况下，都能形成晶体。为了使用方便，我们仍用 NaCl、MgO、CaF_2 分别作为氯化钠、氧化镁、氟化钙的化学式。但它们只表示晶体中各种离子的个数比和质量比。

2.4.2　共价键

2.4.2.1　共价键的形成

我们以氢分子为例，来说明共价键的形成。

通常情况下，两个气态的氢原子相互接近时，会相互作用生成氢分子。每生成 1mol 氢

分子，反应放出 435.7kJ 的热量。同样，如果要破坏 1mol 的氢分子，反应吸收同样多的热量，这样的过程只有在温度高达几千度时才能够发生。这就说明，氢分子中的两个氢原子之间所形成的化学键很强，所以氢分子很稳定。

氢分子中两个氢原子相互接近，它们之间的化学键又是如何形成的呢？

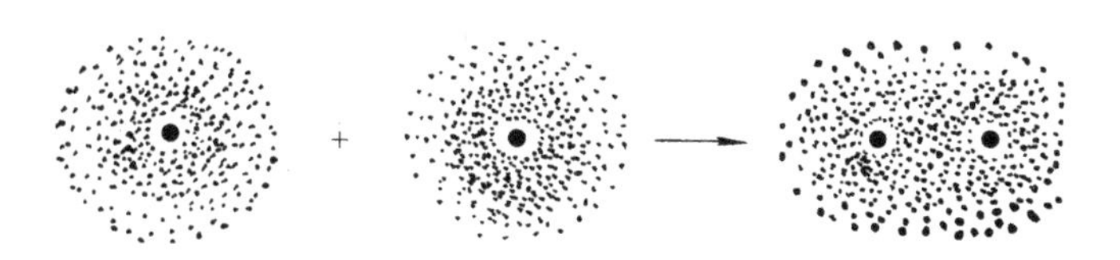

图 2.13　氢分子形成示意图

当两个氢原子接近时，每个氢原子的 1s 电子，不仅被它自己的原子核所吸引，同时也被另一个原子的原子核所吸引，吸引的结果是两个电子在原子核外空间的运动状态发生了明显的改变，如图 2.13 所示。由于异性相吸，同性相斥的静电作用，2 个电子都在两个原子核附近运动，这样在两个原子核之间出现了电子云密度最大的区域。原子之间这种吸引和排斥的结果，使得两个氢原子在一定的平衡位置上振动而形成氢分子。如图 2.14 所示。

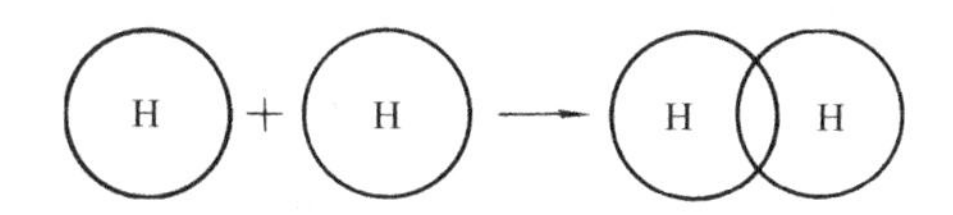

图 2.14　氢分子的电子云重叠

氢分子的形成过程，可以简单的用电子云重叠来描述和表示。

2.4.2.2　共价键

原子间通过共用电子对（电子云的重叠），所形成的化学键叫做共价键。全部由共价键所形成的化合物叫做共价化合物。氢分子就是通过共价键形成的。

电子从一个原子完全转移到另一个原子上，形成离子键；电子被两个原子所共用，就形成共价键。像氢分子这样，两个原子间共用一对电子所形成的共价键叫做单键，化学上常用一根短线“—”来表示。用这样的方法表示分子结构的式子叫做结构式。氢分子的结构式为：

$$\mathrm{H—H}$$

氯分子的电子式和结构式分别为：

$$:\ddot{\underset{..}{\mathrm{Cl}}}:\ddot{\underset{..}{\mathrm{Cl}}}:$$

$$\mathrm{Cl—Cl}$$

2.4.2.3　极性键、非极性键

在同种原子所形成的共价键中，两个原子吸引电子的能力完全相同，电子对不偏向于任何一个原子，成键的原子都不显电性，这样的共价键叫做非极性共价键，简称为非极性键。例如：H—H 键、Cl—Cl 键都是非极性键。

在不同种的原子所形成的共价键中，共用电子对偏向于吸引电子能力强的原子一方，这种原子就带部分负电，而吸引电子能力较弱的原子就带部分正电，这样的共价键叫做极性共价键，简称极性键。例如：H—Cl 键、N—H 键都是极性键。

在离子键中，电子从一个原子完全转移给了另一个原子；在非极性键里，电子对由两个

原子共用，而且“平均分配”。可以想象，极性键是离子键和非极性键的过渡状态，因此，离子键和共价键之间没有绝对的界限。从非极性键到离子键，完成了键的极性从量变到质变的过程。如图 2.15 所示。

非极性共价键　H∶H

极性共价键
- H ∶I (××)
- H ∶Br (××)
- H ∶F (××)

离子键　Na^{+}[∶F(××)]$^{-}$

图 2.15　非极性键过渡到离子键示意图

2.4.2.4　极性分子、非极性分子

由共价键形成的分子，由于空间结构不同，造成分子极性不同。

(1) 由非极性共价键形成的非极性分子　在氢分子中两个氢原子是以非极性共价键结合而成的，共用电子对不偏向于任何一个原子，整个分子不显极性，这种由同种原子通过共价键所形成的对称分子叫做非极性分子。如：Cl_2、N_2、O_2 等。

(2) 由极性共价键形成的极性分子　在氯化氢分子中，氢原子和氯原子是以极性共价键相结合，又由于氯吸引电子能力强于氢，所以氯原子的一端带部分负电，氢原子一端带部分正电，整个分子不对称，呈极性。这种由不同种原子通过共价键所形成的不对称分子叫做极性分子。如：NH_3、H_2O 等，它们的空间结构都不是直线型的，都不对称，所以都是极性分子。如图 2.16 所示。

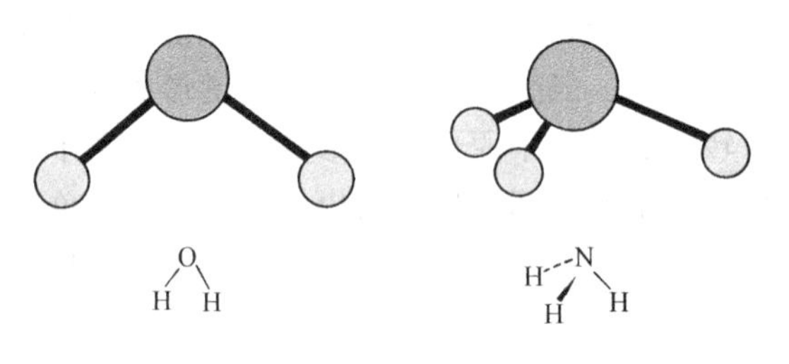

图 2.16　H_2O、NH_3 的球棒模型

(3) 由极性共价键形成的非极性分子　在二氧化碳分子中，两个氧原子对称地位于碳原子的两侧，它的电子式为：

:Ö: ×× C ×× :Ö:

分子中两个原子间共用两对电子所形成的共价键叫做双键。双键常用两根短线“═”表示。所以二氧化碳的结构式为：

O═C═O

由于二氧化碳分子内的 2 个 C═O 键，对称地分布在碳原子的两侧，这两个键的极性可以完全抵消，所以整个分子没有极性。二氧化碳分子是直线对称结构，所以是非极性分子。

图 2.17 为几种常见的由极性键形成的对称结构的非极性分子结构示意图。

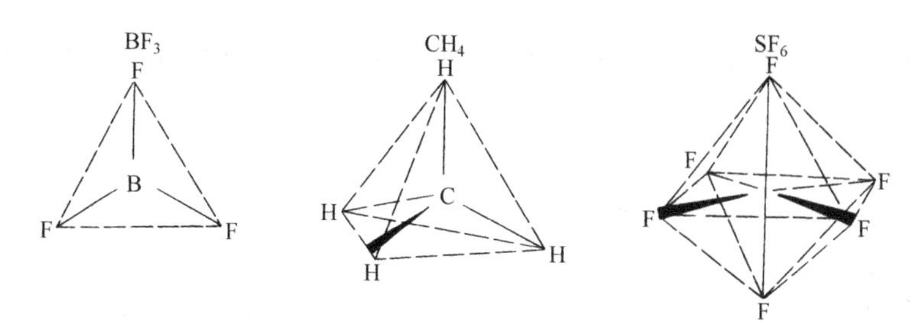

图 2.17 几种具有对称结构的非极性分子

2.5 分子间力与晶体

2.5.1 分子间作用力

2.5.1.1 范德华力

我们知道，共价化合物如氯化氢、水、糖等都是由许许多多的分子组成，通过实验证明，在分子与分子之间存在着作用力，这种分子之间的作用力叫做范德华力。分子间的作用力包括引力和斥力，分子间的斥力只有在分子间的距离很小时才能发生作用，是由于电子层上的电子相互排斥而产生的，随着分子间距离的增大，这种排斥力也逐渐减小。所以，分子间一般表现为引力（原子核与电子间的作用力）。

分子间的范德华力很微弱，它远远小于化学键的作用力。因此，只有当温度很低、气态分子的热运动非常缓慢时，分子间的范德华力才可以克服分子的热运动而彼此结合在一起，气态物质聚集而液化或凝固。这类物质的熔点和沸点都比较低。

通常情况下，随着物质的相对分子质量增大，分子内的电子数目增多，分子间的范德华力增强。当固体熔化或液体气化时，对于那些分子量比较大的物质来说，就要消耗较多的能量来克服分子间的范德华力，它们的熔点和沸点就相对高一些。这也是我们后面所要学习的卤族元素（氟、氯、溴、碘）的熔点和沸点随着电子层数的增加而有规律地升高的原因。

2.5.1.2 氢键

结构相似的物质的熔点、沸点一般随着摩尔质量的增大而升高。但在氢化物中惟有 NH_3、H_2O、HF 的熔点、沸点都高于第三周期相应的氢化物，原因是这些分子之间除了存在着范德华力以外，还存在着一种特殊的作用力，这种力就是氢键。

实验证明，液态的水中不仅存在着单个的水分子，而且还存在着几个水分子结合起来，形成多个水分子的聚集体 $(H_2O)_n$ 的情况，单个水分子与多个水分子处于平衡状态：

$$nH_2O \rightleftharpoons (H_2O)_n$$

水分子无论以上述何种形式存在，其化学性质都没有发生改变。这种由简单分子结合成复杂分子，而又不引起化学性质改变的现象，叫做分子的缔合。由分子的缔合而形成的复杂分子叫做缔合分子。水分子缔合时放出热量，受热后，缔合分子又能分解成单个的水分子。

水分子为什么可以有缔合现象发生呢？主要是由于形成了氢键。水分子中，氧的电负性很强，所以 O—H 键的极性很强，O 与 H 之间的共用电子的电子云强烈地被吸引到氧原子一端，氢原子核由于远离电子，内层无电子，而成为“裸露”的氢核，带正电荷的氢核这时就可能与另一个分子中带负电荷的氧原子充分接近，并产生较强的静电吸引作用，从而形成氢键。这就是水分子产生缔合的原因。

水分子间的氢键可用 $\begin{matrix} & & & & H \\ & & & & | \\ H-&O\cdots &H-&&O \\ &| & & & \\ &H & & & \end{matrix}$ 表示，其中实线表示原有水分子中的共价键，虚线表示所形成的氢键。

电负性：元素的原子在分子中吸引电子的能力

孤对电子：未成键的电子对

凡是和电负性很大，原子半径很小的原子以共价键相结合的氢原子，还可以再和这类元素的另一个原子相结合，这种结合力叫做氢键。

氢键通常用 X—H……Y 表示，式中的 X 和 Y 可以是相同的原子也可以是不相同的原子。X、Y 代表了 F、O、N 等几种原子。从上面的例子我们可以看出，形成氢键必须具备以下两个条件：

① 有一个和电负性很大的元素形成共价键的氢原子；

② 有一个电负性很大、原子半径很小，并具有孤对电子的原子。

氢键的结合力小于共价键，稍大于范德华力。它们大致的比例关系如下：

范德华力：氢键：共价键

1　：　10　：　100

氢键不属于化学键，它是分子之间一种特殊的作用力。

氢键的形成，对于物质的性质有如下一些影响。

（1）物质的熔点、沸点升高一些　主要是因为固体熔化、液体气化时，还要破坏分子间的氢键，这就需要消耗较多的能量，所以具有氢键的化合物的熔点、沸点要比其他同类化合物高。我们前面谈到的 NH_3、H_2O、HF 的熔点、沸点都高于第 3 周期相应的氢化物的熔点、沸点原因，就是因为要破坏氢键，如图 2.18 所示。

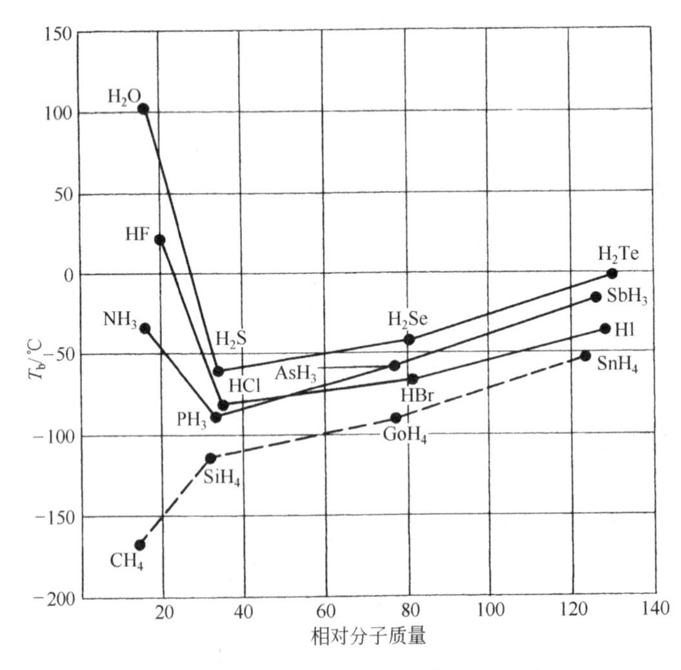

图 2.18　氢键影响熔点、沸点示意图

（2）氢键的形成，对溶解度有一定的影响　如果溶剂分子与溶质分子间能够形成氢键，将有利于溶质分子的溶解。例如：乙醇和乙醚都是有机化合物，前者能溶解于水，而后者不易溶，主要是由于乙醇具有形成氢键的羟基（—OH）而乙醚不具有形成分子间氢键的条件。同样道理，NH_3 易溶解于 H_2O，也是由于形成了氢键的原因。

（3）结冰时体积膨胀，密度减小　水的这一反常性质，同样可以用氢键解释。在水蒸气中水是以单个分子存在的；在液体中是以几个分子通过氢键形成大量缔合分子存在的。在4℃时主要是以双分子缔合分子的形式存在，由于缔合结构较为紧密，所以水此时密度最大。但在固态水中，水分子大范围地以氢键相结合，形成三分子及以上的缔合体，形成相当疏松的晶体，密度比较小，因此冰能浮在水面上。水的这种性质对于水生动物的生存有着重要意义。

*（4）氢键的形成对生物体有极为重要的影响　生物体内的DNA是由两根主链的多肽链组成，两主链间以大量的氢键连接组成螺旋状的立体构型，氢键对蛋白质维持一定的空间构型起着重要的作用。在生物体的DNA中，根据两根主链氢键匹配的原则，可以复制出相同的DNA分子。因此可以认为，氢键的存在，使DNA的克隆得以实现，有助于保持物种的繁衍。

2.5.2 晶体

固体是具有一定体积和形状的物质，可以分成两类：一类是具有整齐规则的几何外形、各向异性（各个方向的物理性质不同）、有固定熔点的叫做晶体；另一类没有整齐规则的几何外形、各向同性、没有固定熔点的称为非晶体或无定形物质。

晶体可以根据组成晶体的微粒的种类及微粒之间的作用不同，而分成离子晶体、分子晶体、原子晶体等。

2.5.2.1 离子晶体

阴、阳离子通过离子键所形成的有规则排列的晶体，叫做离子晶体。在离子晶体中，阴、阳离子按一定的规律在空间排列。

由于离子是在各个方向同带相反电荷的离子相互作用的，所以每个离子总是被一定数目的异性离子所包围着。根据实验测定，在氯化钠晶体中，每个钠离子被6个氯离子包围着，而每个氯离子也同样被6个钠离子所包围着，这样交替延伸而成为有规则排列的晶体，如图2.19所示。

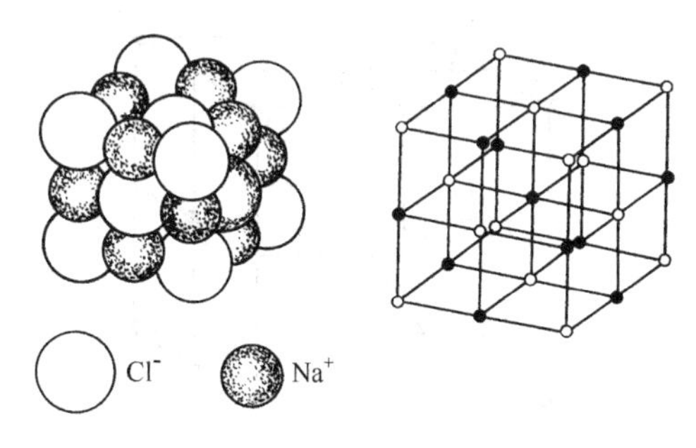

图2.19　NaCl晶体结构示意图

在离子晶体中，离子之间存在着较强的离子键，因此，离子晶体通常硬度较高，难于压缩，难于挥发，有较高的熔点、沸点。

2.5.2.2 原子晶体

原子间通过共价键所形成的有规则排列的晶体叫做原子晶体。

我们知道金刚石和石墨都是由碳原子形成的单质，但是它们的性质却有着明显的不同。金刚石晶体中，每个碳原子都被相邻的4个碳原子包围，处于4个碳原子的中心，以共价键与这4个碳原子结合，成为正四面体结构，这些正四面体结构向空间发展，构成一种坚实的、彼此联结的空间网状晶体，如图2.20所示。

由于共价键的强度比离子键还强，所以原子晶体大多很硬，例如：金刚石晶体，其原子对称、等距离排布、结合力极强，所以金刚石晶体非常坚硬，而且熔点很高。金刚石晶体是自然界中已知的最硬的物质，熔点（3843K）、沸点（5100K）。由于金刚石具有这样的性质，它广泛地应用于地质勘探、石油钻井以及硬质金属和玻璃的加工等方面。天然金刚石经琢磨加工后成为名贵的钻石。

*石墨晶体是层状结构，同一层内相邻的碳原子是以共价键结合的，但层与层之间相邻的碳原子却是以范德华力相结合的。如图 2.21 所示。石墨晶体为混合型晶体。

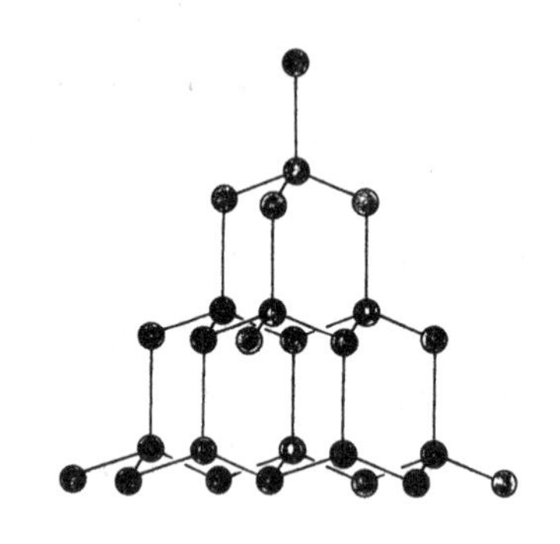

图 2.20　金刚石晶体结构示意图

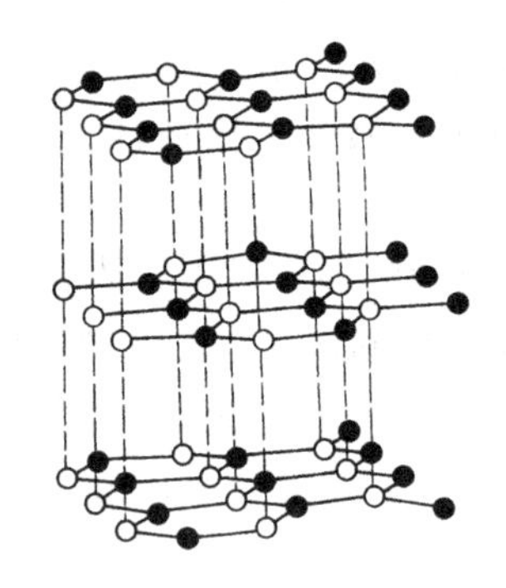

图 2.21　石墨晶体示意图

在元素周期表中间部位的元素，如 B、C、Si、Ge、As、Sb、Bi、Se、Te 等，它们的单质在固态时都形成原子晶体。另外原子半径比较小、性质相似的元素组成的化合物也常形成原子晶体，如：SiC、SiO_2 等。

2.5.2.3　分子晶体

分子间通过范德华力所形成的有规则排列的晶体叫做分子晶体。

分子间存在着范德华力，分子可以依靠范德华力彼此结合成为晶体。图 2.22，就是二氧化碳分子通过范德华力结合而成的固体二氧化碳（干冰）的晶体结构示意图。

由于分子间的范德华力结合力较小，使分子型晶体熔点低、硬度小。极性分子和非极性分子都可以形成分子晶体。如：HCl、H_2O、NH_3、O_2 等。

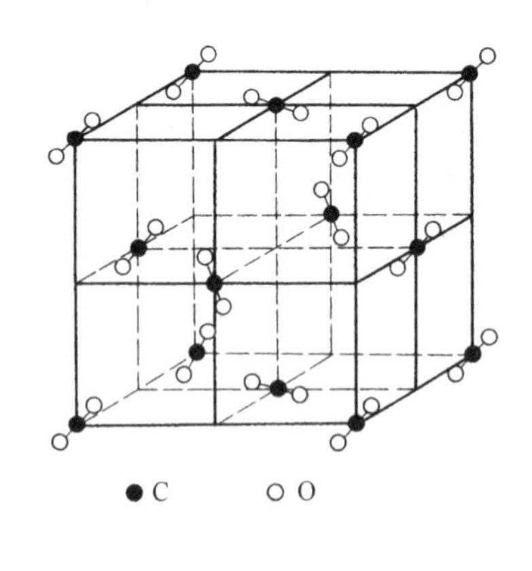

图 2.22　CO_2 晶体结构

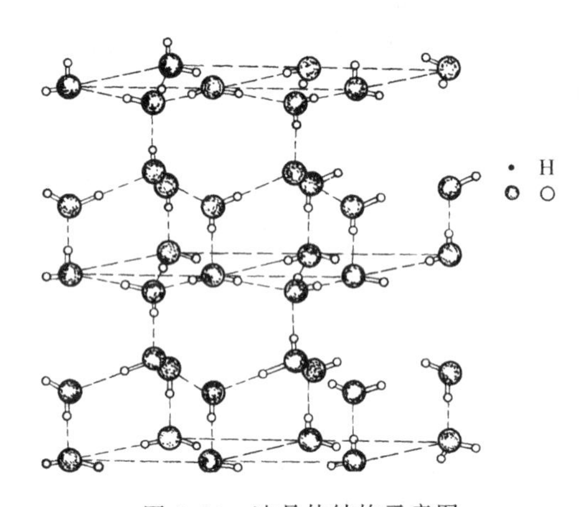

图 2.23　冰晶体结构示意图

氢键的本质也是分子间作用力，因此氢键晶体仍属于分子晶体，它的熔点、硬度比离子晶体小得多，比一般分子晶体略大。因为受氢键的方向性和饱和性的限制，使氢键晶体密度较小。冰的晶体就是典型的氢键晶体，如图 2.23 所示。

* 纳米与未来

纳米是十亿分之一米，是一种长度单位。所谓的纳米科技是在0.1～100nm范围内对物质及生命进行研究和应用的科学技术。一个崭新的纳米世界提供给人类的将是不同于以往任何经验的东西，它不仅带来一场革命，还会使我们再一次的感受到：科学技术正以日新月异的速度发展着，远没有终结的时候。

在物质世界的微观与宏观两个领域内，人类在小步地前进着，而在介于他们之间的0.1～100nm的世界里，20年前科学家们发现了深藏其中的一些物理和化学上的奇异现象，比如物体的强度、韧性、比热容、导电率、扩散率、磁化率等完全不同于我们现有的常识。由这些新的发现可能导致的全新理论的问世将会给人类带来怎样的影响，会成为一场持续多久的革命呢？

按照半导体行业著名的摩尔定律，每18个月左右，芯片的速度增加1倍、尺寸减小一半，到2010年，它就会达到其物理的极限。因此，按照微电子技术越来越小的发展思路，它会碰到无法逾越的量子效应。现在人们越来越倾向于纳米技术的思路，即从单个原子、分子做起，认为它是突破这个极限的惟一希望。

40年前，诺贝尔奖获得者、量子物理学家费曼做过一次题为《底部还有很大空间》的演讲，被公认为是纳米技术思想的来源。

他当时问道，为什么我们不可以从另一个角度出发，从单个分子甚至单个原子开始组装，以达到我们的要求呢？“至少依我看来，按照规律不排除一个原子一个原子地制造物品的可能性。”费曼假定，一旦原子的语言被简洁地编码以后，就可以对分子进行精确的工程加工，把一个原子放到另一个原子上，制造出最小的人工机器来。

今天的科学家认为，操控这些单个的原子就像马铃薯里的蛋白质操控土壤、空气和水里的原子，来复制自己一样，因为蛋白质就是操控我们日常生活里单个原子的分子机器。当人类学会了这种微观上的操作时，世界将焕然一新，但要等多久呢？也许15年。如果更多的人知道纳米所能做的一切时，他们也许会毫不犹豫地把自己的未来同纳米联系在一起，这也许会促使纳米时代加速到来。

大气污染一直是各国政府需要解决的难题，空气中超标的二氧化硫、一氧化碳和氮氧化物等，都是影响人类健康的有害气体，纳米材料和纳米技术的应用，能够最终解决产生这些气体的污染源问题。工业生产中使用的汽油、柴油，以及作为汽车燃料使用的汽油、柴油，由于含有硫的化合物，在燃烧时会产生SO_2气体，这是SO_2气体的最大污染源。所以石油提炼工业中有一道脱硫工艺以降低其硫的含量。纳米钛酸钴（$CoTiO_3$）是一种非常好的石油脱硫催化剂。工业生产中使用的煤燃烧也会产生SO_2气体，如在燃烧的同时加入一种纳米级助烧催化剂，不仅可以使煤充分燃烧，使硫转化成固体硫化物，而不产生SO_2气体，既避免了污染又提高了能源的利用率。更新一代的纳米催化剂，将在汽车发动机汽缸里发挥催化作用，使汽油燃烧时不产生CO和NO_x，无需进行尾气净化处理。

纳米技术的开发和利用，将为人类带来更加灿烂的明天。

科 海 拾 贝

一副彩牌——元素周期律的发现

19世纪中期，化学元素已被发现了63种，这已发现的63种元素，把化学家们搞得眼花缭乱，要想把它们分分类、排排队也无从下手，更不要说再去发现新元素了。

1869年3月，俄罗斯化学会专门邀请各方专家进行了一次学术讨论。学者们有的带着论文，有的带着样品，有的带着自己设计的仪器当场实验，各抒己见，好不热闹。彼得堡大学教授门捷列夫走到桌子的中央，右手从口袋里抽了出来，随即就听“唰啦”一声，一副纸牌甩在桌面上，在场的人无不大吃一惊。门捷列夫爱玩纸牌，化学界的朋友也都略有所闻，但总不至于闹到这步田地，到这个严肃的场合来开玩笑。只见门捷列夫将那一把乱纷纷的牌捏在手中，三两下便已整好，并一一亮给大家看。这时人们才发现这副牌并不是普通的扑

克，每张牌上写的是一种元素的名称、性质、原子量等，共是63张，代表着当时已发现的63种元素。更怪的是这副牌中有红、橙、黄、绿、青、蓝、紫7种颜色。门捷列夫用手一搅，满桌只见花花绿绿，横七竖八，不过是一堆五彩乱纸片。他说："这混乱的一团，就是我们最感头疼的元素。实际上这些元素之间有两条暗线将它们串在一起。第一，就是原子量，因此，我们可以根据原子量的大小将它们排成一条长蛇。"说着，门捷列夫十指拨弄一番，于是明显地看出那七种颜色就像画出的光谱一般，有规律地每隔七张就重复一次。如果竖着看，每一列的元素性质相似，这就是第二条暗线——原来每列元素的化合价相同。门捷列夫接着说："左边这列红纸牌上标的是：氢、锂、钠、钾、铷、铯，它们都是一价元素，性质活泼，除氢外都是碱金属。它们构成相似的一族，而在这一族里因原子量的递增，元素的活泼性也在递增：锂最轻，相对原子质量是7，也最安静，落到水里只发出一点吆吆声；钠的相对原子质量是23，落到水面上就不安地又叫又跑；钾的相对原子质量是39，落到水面上会尖叫着乱窜、爆响，还起火焰；而排尾的那个铯，相对原子质量是133，简直不能在空气里呆1s，立即就会自己燃烧起来。这63种元素，原来就这样暗暗地由原子量这条线串起来，又分成不同的族，每族有相同的化合价，按周期循环，这就是周期律。"

再说门捷列夫回到家后还是继续摆着这副纸牌，遇有哪个地方的顺序连接不上时，他就断定还有什么新元素未被发现，暂时补上一张空牌，再根据它所在的族起一个"类铝"或者"类硼"等样的名字。他这样一口气预言了11种未知元素，那副纸牌也已是74张。

一日他正品酒翻书，突然大叫一声，将酒杯扔出老远。原来他刚才看到一个材料。法国科学院宣布他们的科学家布瓦博德朗在1875年9月发现了一种新元素——镓。门捷列夫见有人发现了新元素，喜得酒杯也丢了，纸牌也不玩了。但他发现布瓦博德朗的测量与自己的预测不一致，立即提笔写了一封很自信的短信："先生，您发现的镓，就是我5年前预言的'类铝'，只是它的比重应该是5.9，而您却测得是4.7，请您再做一次实验，我想大概是您的新物质还不是太纯的缘故吧。"

这位布瓦博德朗在巴黎正为自己的新发现所陶醉，不想突然收到这样一封信。全世界就只有他拥有这么一点镓，这个俄国人由哪里得到的数据呢？他半信半疑，立即将新积累的共1.15g镓拿来再仔细测算一次。天啊，果然是"5.94"，这个法国人立即给彼得堡回了一封信："尊敬的门捷列夫先生，首先祝贺您的胜利。我能说什么呢？这次实验，连同我的发现都不过是您的元素周期表的一个小注解。这是您的元素周期律的伟大之处的最好证明。"

事情还不止于此。门捷列夫坐在家里，千里之外不断地向他送来捷报。1879年瑞典人尼尔孙发现了钪，就是门捷列夫曾预言的"类硼"。1886年德国人温克勒尔又发现了锗，就是门捷列夫曾预言的"类硅"。尤其是锗，和门捷列夫15年前的预言竟然吻合得如此严密。门捷列夫说："它的相对原子质量可能是72"。温克勒尔说："测到的是72或73。"门捷列夫说："相对密度该是5.5"。温克勒尔说："5.47"。门捷列夫说："新元素的氯化物相对密度大约是1.9"。温克勒尔说："是1.887"。门捷列夫惊人的预言，准确的周期表一时间轰动了法国、瑞典、德国，轰动了全欧洲。

当时有人真的以为门捷列夫只是喝酒、玩牌就发现了周期律，有一天，彼得堡的一位小报记者上门采访说："门捷列夫先生，您是不是承认您是一位天才？"

"什么是天才？终身努力，便成天才！"

"可是我听说您是在一晚上做了一个梦，梦见您桌子上的牌变成了一条龙，这龙又弯成几折，醒来后就制出了周期表。"

门捷列夫哈哈大笑，笑得胡子都在颤抖，笑完答道："您要知道，这个问题我大约想了有20年，事情哪有这样简单。"

晶　体

在阳光下，晶莹剔透的钻石为什么会发出闪烁的光辉？

从太空飞落到地球上的陨石又是由什么组成的？

只要你留心观察一下周围的事物，你将会产生许许多多类似的问号。那么，你知道吗？这些问题的答案都是和同一个名词有关，那就是"晶体"！你早已经和它的家族成员见过面了。不仅如此，你还吃过，用过它们呢！你瞧，自然界里的冰、雪，组成大地的土壤，各种金属材料（如金、银、铜、铁、锡、铝），以致我们所吃的糖、盐和所用的各种装饰品（如红宝石、蓝宝石、钻石）等，全都是晶体。所以，毫不夸张地说，我们的世界是一个绚丽多彩的晶体的世界。

事实上，绝大多数固体都是晶体。例如，飞落到地球上的陨石，其主要成分就是矿物晶体。食盐也是一种常见的晶体，我们平常所看到的食盐颗粒都是小立方体。又比如钻石，它是由碳原子在大范围内按一定的规则排列而成的晶体，人们常常在它的外表面加工出许多小面，使它变成多面体，由于它具有很高的折射率，又是透明的，所以，在阳光照射下，它对光线产生强烈的反射和折射，发出闪烁的光辉。在晶体中，这样晶莹透明的有很多，但并不是所有透明的固体都是晶体，如玻璃就不是晶体，组成玻璃的微观粒子只在一个很小的范围内有规则地排列，而从大范围来看，它们的排列是不规则的。自然界中形成的晶体叫天然晶体，而人们利用各种方法生长出来的晶体则叫人工晶体。目前，人们不仅能生产出自然界中已有的晶体，还能制造出许多自然界中没有的晶体。人们发现，晶体的颜色五彩纷呈，从赤、橙、黄、绿、蓝、靛、紫到各种混合颜色，简直应有尽有，令人目不暇接。不过，更加令人惊奇的是，晶体不仅美丽，还有许多重要的用途呢！

思考与练习

一、填空

1. 将有关数字或符号填入下表内

符　号	质子数	中子数	电子数	质量数	核电荷数
$^{23}_{11}Na$					
	12		10	24	
Cl^-		18			17
$^{40}_{18}Ar$					

2. 元素周期表中有________个横行，也就是有____________个周期。第1周期有________种元素；第2、3周期各有________种元素；第4、5周期各有____________种元素；第6周期有________种元素；第7

周期到目前为止只发现________种元素，还没有填满。我们将含有元素较少的1、2、3周期叫________；将含有元素比较多的4、5、6周期叫________；将第7周期叫____________。

3. ____________________叫做共价键。________种原子形成的共价键，共用电子对________，这样的共价键叫做非极性键；____________种原子形成的共价键，共用电子对________，这样的共价键叫做极性键。

4. 按照要求填空

A. A元素的－2价阴离子核外共有36个电子，该元素名称为____________，它位于元素周期表中的第____________周期，第____________族。

B. B元素的原子核外共有四个电子层，最外层有4个电子，该元素符号为____________________。

C. C元素的离子与氧离子电子层结构相同，它的氧化物为两性氧化物，该元素符号为____________________。

D. D元素有两种同位素，质量数分别为79和71。其中质量数为79的同位素所占的原子质量分数为54.8%，则该元素的近似相对原子质量为____________________。

E. E元素的最高价氧化物的化学式为RO_3，其气态氢化物中含氢约2.5%（质量分数），则该元素的相对原子质量为____________________。

二、选择

1. 下列说法正确的是（　　）

A. ^{12}C、^{13}C、^{14}C、金刚石、石墨都是碳的同位素

B. 同种元素的原子，质量数一定相同

C. 互为同位素的原子，质子数一定相同

D. 由一种元素组成的物质，一定是纯净物

2. 原子在化学反应中，下列微粒数会发生变化的是（　　）

A. 质子、中子、电子　　B. 质子、中子

C. 质子、电子　　D. 中子、电子

3. 原子核外的第四电子层，最多可以容纳的电子数是（　　）

A. 18　　B. 32　　C. 50　　D. 72

4. 秦山核电站所用的燃料是铀的氧化物$^{235}_{92}UO_2$。1mol此氧化物中所含的中子数是阿伏加德罗常数的（　　）

A. 143倍　　B. 151倍　　C. 159倍　　D. 175倍

5. 将下列各组物质，按照碱性减弱，酸性增强顺序排列的是（　　）

A. $Al(OH)_3$、$Mg(OH)_2$、H_3PO_4、H_2SO_4

B. $Ca(OH)_2$、$Mg(OH)_2$、H_2SO_3、H_2SO_4

C. KOH、NaOH、H_2SO_4、$HClO_4$

D. $Al(OH)_3$、$Ca(OH)_2$、$HBrO_4$、$HClO_4$

6. 化合物AB中，B的质量分数为36.36%；化合物BC_2中，B的质量分数为50%，则该化合物ABC_4中，B的质量分数为（　　）

A. 12.64%　　B. 14.09%　　C. 19.56%　　D. 21.1%

7. 下列关于化学键的说法中，正确的是（　　）

A. 化学键是相邻的原子之间的相互作用

B. 化学键是阴、阳离子间的静电作用

C. 化学键是相邻的两个或多个原子之间强烈的相互作用

D. 化学键是原子或离子之间的一种吸引力

8. 下列说法正确的是（　　）

A. 液态氯中，氯分子之间是以非极性键相结合的

B. 分子中只要含有非极性键，就一定是非极性分子

C. 氯化氢溶解于水后，化学键并未受到破坏

D. 碱金属元素的单质随着元素原子序数的递增，熔、沸点逐渐降低

9. 下列物质中含有共价键的离子晶体是（　　）

A. KOH　　B. HCl　　C. $CaCl_2$　　D. Cl_2

10. 下列说法正确的是（　　）

A. 同主族的非金属元素都能形成分子组成相同的最高价含氧酸

B. 非金属单质只有氧化性没有还原性

C. 金属元素最高价氧化物对应的水化物都是碱

D. 同主族的金属元素最高正价一定相同

三、简答： 为什么氯化氢分子只能由一个氢原子与一个氯原子结合而成？而水分子则由两个氢原子与一个氧原子结合而成？

四、计算

1. 某二价金属元素 R，在自然界里有三种同位素。所含中子数分别为 12、13、14。又知：1.216gR 单质与足量盐酸发生反应，在标准状况下放出 1.12L 氢气，含 13 个中子的同位素所占的原子百分比为 10.13%。试计算：

A. 元素的近似相对原子质量；

B. 含 12 个中子的同位素所占的原子百分比。

2. B 元素有两种同位素 B′和 B″，B′原子的质子数比中子数少 1 个，B″原子中的中子数比 B′原子的中子数多 2 个，又由实验测得标准状况下 B 气体单质 B_2 的密度为 $3.165g\cdot L^{-1}$，求 B 的平均相对原子质量（近似值），指出 B 是何种元素，写出 B′和 B″的符号。

五、趣味实验：分子极性测试

1. 准备两支 50mL 滴定管、两个烧杯、四氯化碳、自来水、塑料梳子

2. 在两支滴定管中分别加入四氯化碳和自来水，并打开塞子让液体垂直流下

3. 将塑料梳子充分磨擦后，立即接近液体流

4. 可以见到水流偏转而四氯化碳流无变化

5. 想一想为什么？

3. 卤 族 元 素

学习指南 卤族元素是典型的非金属元素，有很重要的实际用途。卤族元素中的氯、溴是重要的化工原料和化学试剂。氯可用于制备盐酸、农药、炸药、有机染料等，还可用于漂白纸张、布匹，消毒饮用水以及处理某些工业废水；溴除用于制备药物、染料、感光材料等外，还用于制造汽油抗震的添加剂及军事上的催泪性毒剂。卤族元素中的氟、碘与人体的健康紧密相连。氟是形成强壮骨骼和预防龋齿所必需的微量元素，氟对钙和磷的代谢也有着重要的作用，还能加速伤口的愈合，促进铁的吸收。氟碳化合物代红细胞制剂已作为血液代用品用于临床，以挽救病人的生命。碘是人体必需的微量元素，缺碘会引起地方性甲状腺肿（大脖子病）及克汀病（呆小症）。

本章学习要求

掌握卤族元素的性质与结构，性质与制备之间的关系；掌握氯化氢、盐酸的用途和化学性质以及卤离子的检验方法等。了解卤族元素的存在、物理性质、主要用途；漂白粉的成分、性质和用途以及重要的卤化物的性质和用途等。在学习过程中除应掌握共性外，还应抓住它们在性质上的差异性，同时应联系化学性质在分析上的应用。

本章中心点：卤族元素性质与原子结构的关系

3.1 卤族元素的通性

卤族元素简称卤素，是指周期表中第ⅦA族元素，包括氟（F）、氯（Cl）、溴（Br）、碘（I）和砹（At）五种，其希腊原文为成盐元素的意思，因为这些元素是典型的非金属，都能与典型的金属——碱金属化合生成典型的盐而得名。其中砹是一种放射性元素，在自然界中含量很少，故在此暂不讨论。

3.1.1 卤族元素的原子结构

卤族元素的原子最外电子层均有7个电子，它们有很强的夺取电子的倾向，易形成具有稳定结构的－1价阴离子，因此，它们都是典型的非金属。卤族元素的原子结构及主要化合价，如表3.1所示。

3.1.2 卤族元素的性质比较

卤族元素的单质都是以双原子分子的形式存在，通常用 X_2 表示。

一般情况下，卤素单质的物理性质随核电荷数的增加而呈现规律性变化。如：卤素单质的状态随原子序数的增大由气→液→固变化，颜色逐渐加深，熔点、沸点逐渐升高，密度逐渐增大，毒性依次减小，如表3.1所示。

卤族元素的价电子结构为 ns^2np^5，都有7个价电子，因此，性质上表现出相似性。如：卤素都是活泼的非金属元素，都是强氧化剂，都能与金属反应生成金属卤化物，与氢气直接化合生成卤化氢。卤素与其他物质的反应也有很多相似之处。但卤素中，由于核电荷数、电子层数、原子半径均不同，所以它们的化学活泼性（氧化性）也不同。卤素单质的氧化性一般按下列顺序递减：

$$F_2 > Cl_2 > Br_2 > I_2$$

而卤离子的还原性则按下列顺序递增：

$$F^- < Cl^- < Br^- < I^-$$

表 3.1　卤素的原子结构及单质的物理性质

元素名称	氟	氯	溴	碘
元素符号	F	Cl	Br	I
核电荷数	9	17	35	53
价电子结构	$2s^2 2p^5$	$3s^2 3p^5$	$4s^2 4p^5$	$5s^2 5p^5$
主要化合价	−1	−1、+1、+3、+5、+7	−1、+1、+3、+5、+7	−1、+1、+3、+5、+7
单质分子式	F_2	Cl_2	Br_2	I_2
物　态	气　体	气　体	液　体	固　体
颜　色	淡黄色	黄绿色	棕红色	紫黑色
熔点/K	53.38	172	265.8	386.5
沸点/K	84.86	238.4	331.8	457.4
在水中的溶解度/($mol \cdot L^{-1}$)	反应	0.09	0.21	0.0013
密　度	$1.69g \cdot L^{-1}$	$3.21g \cdot L^{-1}$	$3.12g \cdot cm^{-3}$	$4.93g \cdot cm^{-3}$
毒性或腐蚀性	剧毒，强腐蚀性	毒	毒，强腐蚀性	毒，较强腐蚀性

3.2 氯　气

氯在自然界中主要以 NaCl、$MgCl_2$、KCl 和 $CaCl_2$ 等形式存在，海水中含氯量达 1.9%，是取之不尽的。氯对生命非常重要，人体的血液中含盐酸约 0.5%。

3.2.1 氯气的物理性质

氯气是双原子分子（Cl_2），如图 3.1 所示。常温常压下，氯气是黄绿色、具有强烈刺激性气味的有毒气体。空气中即使含有少量氯气，也能闻到它的难闻气味，甚至引起胸部疼痛和咳嗽，吸入较大量的氯气，会使人窒息，危及生命。因此，使用氯气时应格外注意。闻氯气时，要用手在容器口边轻轻扇动，让微量的气体飘进鼻孔，如图 3.2 所示。

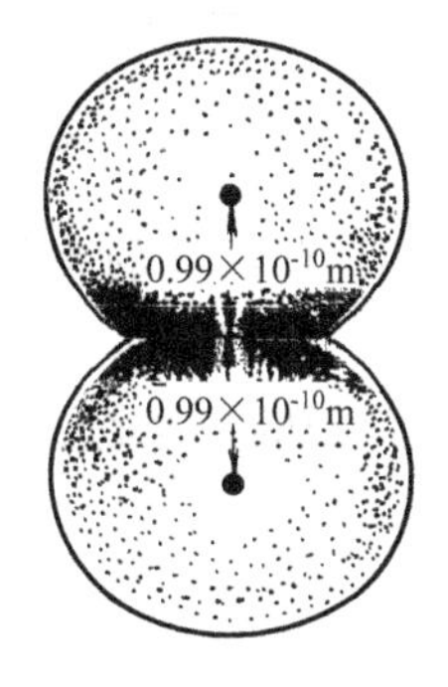

图 3.1　氯气分子

图 3.2　闻氯气的方法

氯气比空气重，对空气的相对密度为 2.5，所以，室内泄漏有氯气时，很难用向上抽气的方法将其排尽。氯气很容易液化，常压下，冷冻到 239K 时，变为黄绿色油状液体，工业上称为“液氯”，“液氯”常贮存于草绿色钢瓶中，以便运输和使用。“液氯”冷至 172K 时，凝结为黄绿色固态氯。

氯气能溶于水。常温下，1 体积水能溶解 2.5 体积的氯气。氯气的水溶液叫做“氯水”，饱和氯水呈淡黄绿色，具有氯气的刺激性气味。

3.2.2　氯气的化学性质

氯气的化学性质非常活泼，它几乎能与所有的金属和非金属（C、N_2 和 O_2 等除外）发生氧化还原反应，同时还能与水、碱等发生反应。

3.2.2.1　氯气与金属的反应

大多数金属在点燃或灼热的条件下，都能与氯气发生反应，生成氯化物。

【演示实验 3.1】 将一束细铜丝灼热后，迅速放入充满氯气的集气瓶中，如图 3.3 所示，观察现象。然后，将少量水注入瓶中，溶解反应的产物，观察溶液的颜色。

赤热的铜丝在氯气中剧烈燃烧，瓶里充满了棕黄色的烟，这是氯化铜晶体的微粒。氯化铜溶于水，成为绿色的溶液。

$$Cu+Cl_2 \xrightarrow{点燃} CuCl_2$$

金属钠在氯气中燃烧，产生黄色火焰，生成的白烟是氯化钠的小颗粒。

$$2Na+Cl_2 \xrightarrow{点燃} 2NaCl$$

铁丝在氯气中燃烧，生成棕红色的三氯化铁。

$$2Fe+3Cl_2 \xrightarrow{点燃} 2FeCl_3$$

3.2.2.2　氯气与非金属反应

氯气能与许多非金属直接化合。

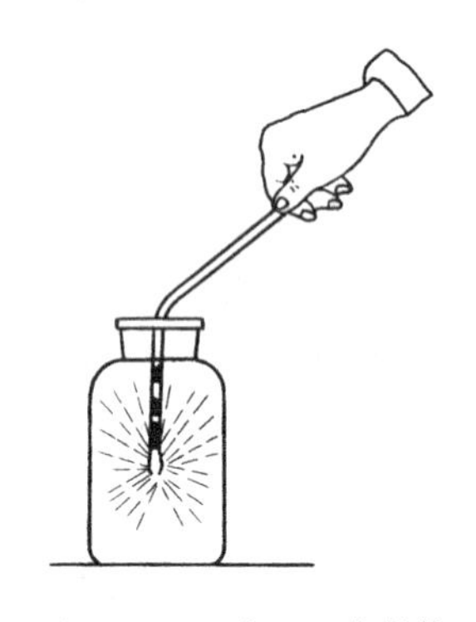

图 3.3　Cu 在 Cl_2 中燃烧

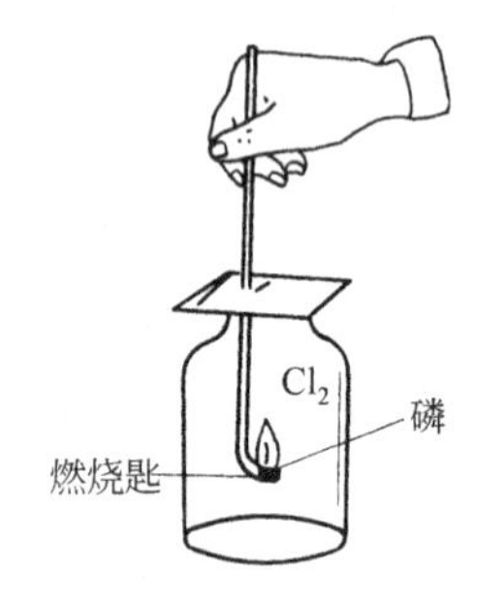

图 3.4　P 在 Cl_2 中燃烧

【演示实验 3.2】 将少量红磷放入燃烧匙中，加热后插入盛有氯气的集气瓶中，如图 3.4 所示，观察现象。

氯气和磷剧烈反应，产生白色烟雾，这是三氯化磷和五氯化磷的混合物。

$$2P+3Cl_2 \xrightarrow{点燃} 2PCl_3$$

$$PCl_3+Cl_2 \xrightarrow{点燃} PCl_5$$

三氯化磷是重要的化工原料，许多磷的化合物都用它来制备。

在常温下，氯气与氢气的反应很慢，纯净的 H_2 可在 Cl_2 中安静地燃烧，发出苍白色火焰。反应生成的氯化氢气体可与空气中的水蒸气结合，呈雾状。当强光直射或点燃氯气与氢气的混合气体时，氯气与氢气则迅速化合，甚至发生爆炸，生成氯化氢。如利用镁条燃烧时产生的强光，可以使氯气与氢气的混合气体迅速反应，生成氯化氢。如图 3.5 及图 3.6 所示。

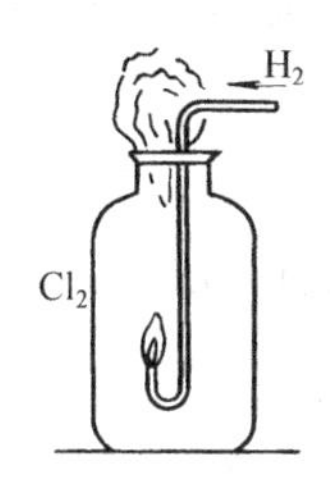

图 3.5　H_2 在 Cl_2 中燃烧

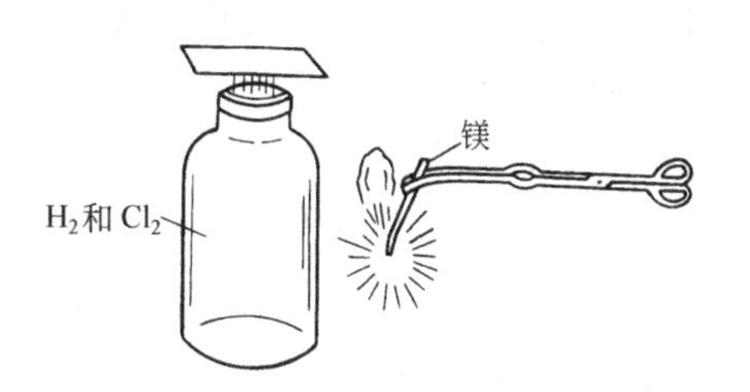

图 3.6　H_2 与 Cl_2 迅速化合而爆炸

发生的反应为：

$$H_2+Cl_2 \xrightarrow{点燃} 2HCl$$

3.2.2.3　氯气与 H_2O 的反应

氯气可溶于水，制得氯水。氯气溶于水后，一部分和水反应生成次氯酸和盐酸，同时次氯酸和盐酸又能再转化为氯气和水。因此，氯气和水的反应，属于可逆反应，要用“$\rightleftharpoons$”符号表示。

$$Cl_2+H_2O \rightleftharpoons HCl+HClO$$

可见，氯水是个复杂的混合物，除水外，还含有相当数量的游离氯及少量的盐酸和次氯酸。次氯酸不稳定，很容易分解出氧气。当受到日光照射时，分解速度加快。

$$2HClO \xrightarrow{光照} 2HCl+O_2\uparrow$$

【演示实验 3.3】 当日光照射到盛有氯水的装置时，观察发生的现象，不久就可以看到有气泡逸出。如图 3.7 所示。

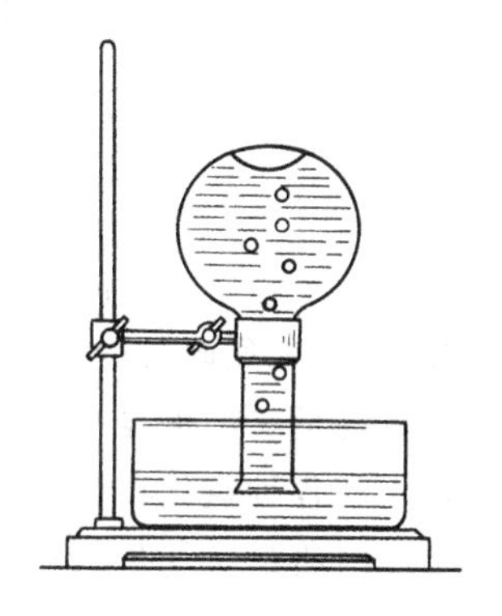

图 3.7　氯水分解

次氯酸是强氧化剂，具有漂白和杀菌作用。

自来水厂常用氯气（1L 水中大约通入 0.002g 氯气）消毒，氯气也可用于布匹和纸浆的漂白。

【演示实验 3.4】 取干燥的和湿润的有色布条各一条，放在图 3.8 所示的装置中，观察现象。

实验表明：湿润的布条褪色，干燥的布条无变化，说明干燥的 Cl_2 无漂白能力，起漂白作用的是 Cl_2 与 H_2O 反应生成的次氯酸。

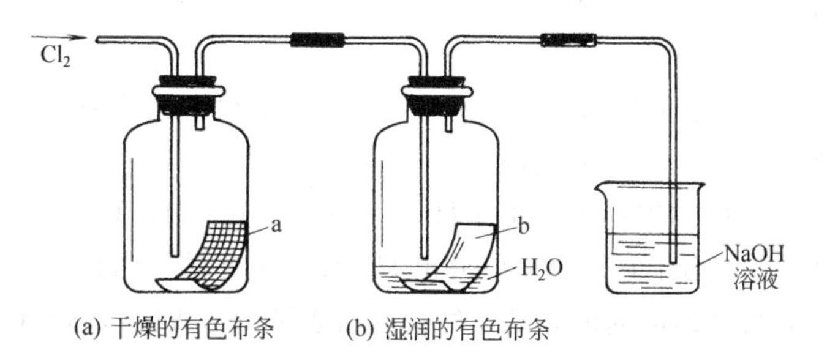

(a) 干燥的有色布条　(b) 湿润的有色布条

图 3.8　次氯酸的漂白作用

3.2.2.4 氯气与碱的反应

氯气与 NaOH 等碱反应，可生成相应的氯化物和次氯酸盐。

$$Cl_2 + 2NaOH \longrightarrow NaCl + NaClO + H_2O$$

由于氯气与碱能较快、较完全地进行反应，所以可用碱溶液吸收大量的氯气。

3.2.3 氯气的制备及用途

3.2.3.1 氯气的制备

工业上，用电解饱和食盐水溶液的方法制取氯气，同时也制得烧碱。

$$2NaCl + 2H_2O \xrightarrow{电解} 2NaOH + Cl_2\uparrow + H_2\uparrow$$

在实验室里，常用二氧化锰或高锰酸钾等氧化剂和浓盐酸反应制备氯气。如图 3.9 所示。

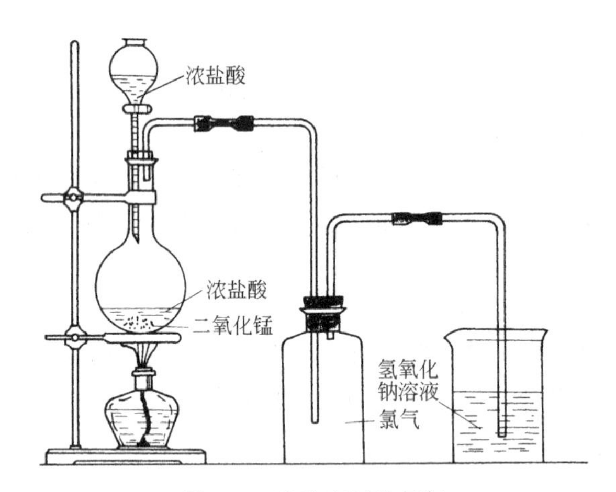

图 3.9 实验室制取氯气

$$MnO_2 + 4HCl(浓) \xrightarrow{\triangle} MnCl_2 + Cl_2\uparrow + 2H_2O$$

$$2KMnO_4 + 16HCl(浓) \longrightarrow 2MnCl_2 + 5Cl_2\uparrow + 2KCl + 8H_2O$$

3.2.3.2 氯气的用途

氯气是一种重要的化工原料，可用于制备聚氯乙烯塑料、农药、染料、有机溶剂（如氯仿等）和各种氯化物。氯气还常用于饮水消毒，制造盐酸和漂白粉。

漂白粉是氯气与消石灰反应的产物。

$$2Cl_2 + 2Ca(OH)_2 \longrightarrow Ca(ClO)_2 + CaCl_2 + 2H_2O$$

我们通常所说的漂白粉是 $Ca(ClO)_2$、$CaCl_2$ 和 $Ca(OH)_2$ 的混合物，其中 $Ca(ClO)_2$ 是漂白粉的有效成分。

漂白粉在空气中吸收水蒸气和 CO_2 后，其中的 $Ca(ClO)_2$ 会逐渐转化为次氯酸而产生刺激性气味，因此漂白粉应密封于暗处保存。

$$Ca(ClO)_2 + CO_2 + H_2O \longrightarrow CaCO_3 + 2HClO$$

漂白粉的漂白作用是由于它发生反应放出 HClO 所引起的。因此，工业上使用时，常加入少量的稀 H_2SO_4，可在短时间内收到良好的漂白效果。生活中，用漂白粉浸泡过的织物，晾在空气中也能逐渐产生漂白效果。

漂白粉有漂白和杀菌作用，广泛用于纺织、漂染、造纸等工业。漂白粉有毒，吸入体内会引起鼻腔和咽喉疼痛、甚至全身中毒。

3.3 氯化氢和盐酸

3.3.1 氯化氢的性质

氯化氢是无色有刺激性气味的气体。沸点 188K，熔点 158K。它比空气略重，极易溶于水，常温下，1 体积的水能溶解 450 体积的氯化氢。

【演示实验 3.5】 在干燥的圆底烧瓶中充满氯化氢，用带有玻璃导管和滴管（滴管中预先吸入水）的塞子塞紧瓶口。然后立即倒置烧瓶，将玻璃导管插入盛有石蕊溶液的烧杯中，压缩滴管胶头将水挤入烧瓶内。观察现象。

氯化氢迅速溶于水，形成美丽的红色喷泉，如图 3.10 所示。

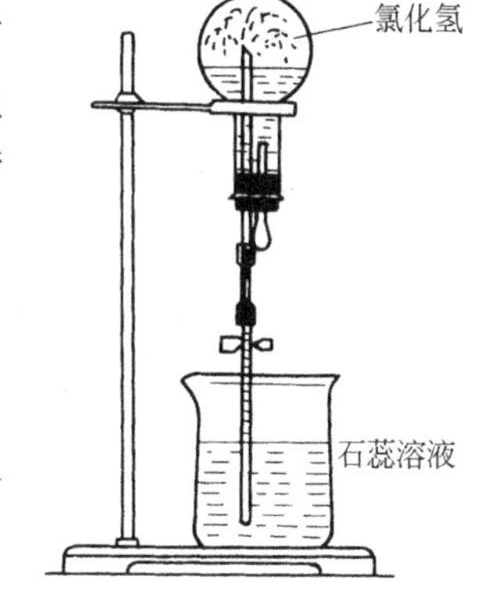

图 3.10 氯化氢溶于水

实验室制取盐酸时，氯化氢导管不能插入水中，以防倒吸。

3.3.2 氯化氢的制备及用途

实验室中少量的氯化氢气体，可用氯化钠和浓硫酸在微热下反应来制得，如图 3.11 所示。

$$NaCl + H_2SO_4(浓) \xrightarrow{\triangle} NaHSO_4 + HCl\uparrow$$

若反应在 773K 以上进行，可生成硫酸钠和氯化氢。

$$NaHSO_4 + NaCl \xrightarrow{>773K} Na_2SO_4 + HCl\uparrow$$

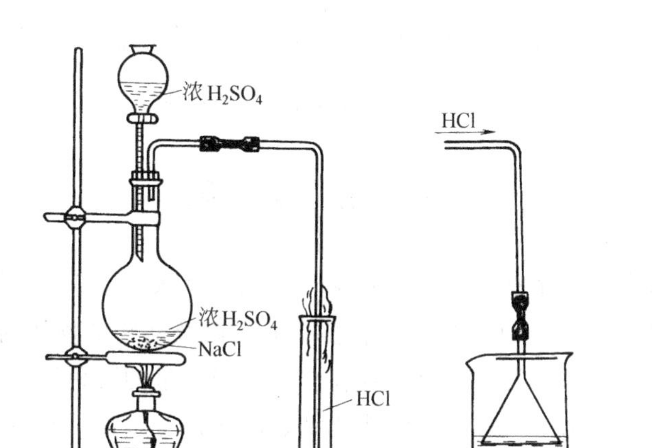

图 3.11 实验室制取氯化氢的装置

工业上大量制取氯化氢，是将氢气与氯气在特殊的装置（合成炉）中直接化合而制得。如图 3.12 所示。这样可使氢气在氯气中平稳地燃烧而不致发生爆炸。

$$H_2 + Cl_2 \xrightarrow{点燃} 2HCl$$

氯化氢大量用于制造盐酸，工业上也用它来制备氯乙烯，聚氯乙烯等产品，它也是重要的有机化工原料。

3.3.3 盐酸

氯化氢的水溶液叫做氢氯酸，俗称盐酸。纯净的盐酸是无色有刺激性气味的液体。市售

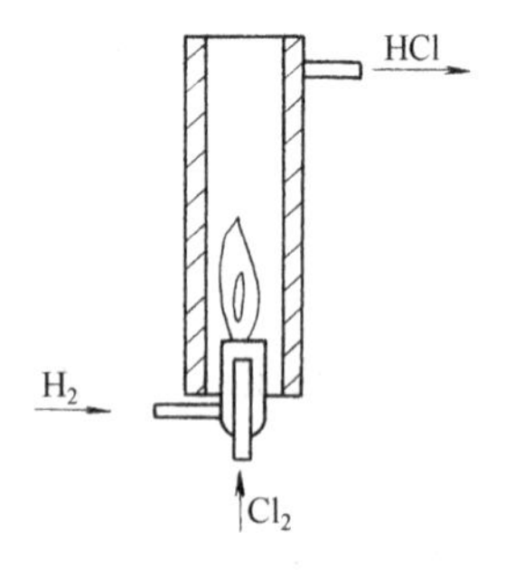

图 3.12 工业上制备HCl的设备

浓盐酸含 HCl 37%，密度为 $1.19g\cdot cm^{-3}$。工业盐酸常因含有铁盐等杂质而呈黄色。盐酸是一种低沸点的挥发性酸。

盐酸是最重要的三大无机强酸之一，它具有酸的一般通性，能与活泼金属反应产生氢气和氯化物，也能与碱性氧化物、碱类等作用生成氯化物和水，遇到强氧化剂时，还具有还原性可以产生氯气。

盐酸是重要的化工原料，常用来制备金属氯化物，并广泛用于皮革、纺织、制药、电镀、医药等行业。盐酸也是重要的化学试剂。

有关氯及其化合物的性质，如图 3.13 所示。

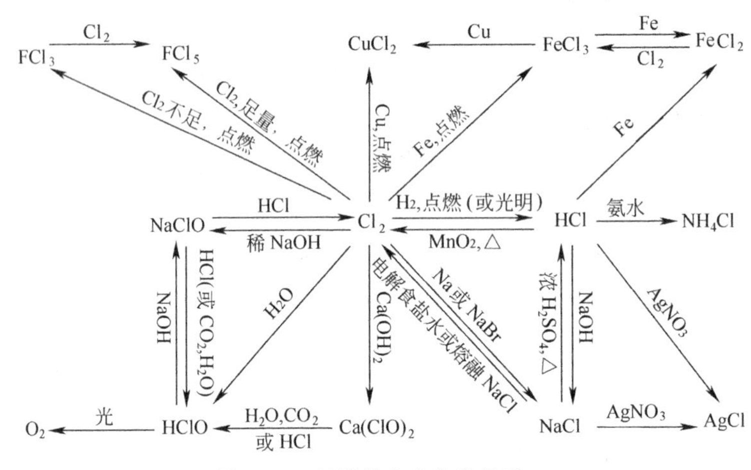

图 3.13 氯及其化合物的性质

3.4 氟、溴、碘

在自然界中，氟主要存在于萤石（CaF_2）、氟磷灰石[$Ca_5F(PO_4)_3$]、和冰晶石（Na_3AlF_6）等矿物中。海水及动物的齿、骨骼、血液以及某些植物体内也含有少量氟化物。溴、碘在自然界中与氯一样，均以化合态存在。溴以极少量的溴化钠、溴化钾、溴化镁等形式存在于海水和某些盐矿水中。海水中的碘化钠、碘化钾等可被某些海藻吸收而积蓄在其组织内。人和动物的甲状腺里也含有碘。

3.4.1 氟、溴、碘的物理性质

氟常温下是淡黄色有强烈刺激性气味的气体，沸点 84K，熔点 53.6K，比空气稍重。

溴常温下为棕红色液体，易挥发，有毒。它的蒸气有强烈的窒息性恶臭，所以应密封保存于阴凉处。

碘在常温下是略带金属光泽的黑紫色晶体。在常压下，加热碘可不经熔化就直接变为紫色蒸气，蒸气遇冷，可重新凝结为固体。这种固体物质不经熔化直接变为气态的现象叫做升华；反过来，由气态直接凝结成固体的现象，称为凝华。利用碘升华的性能，可将其提纯。

溴和碘在水中的溶解度不大，但易溶于四氯化碳、酒精、汽油等有机溶剂中。

【演示实验 3.6】 在两支盛有2mL水的试管中，分别加入少量液溴和碘晶体，制得饱和

溶液。将上层的溴水和碘水倒入另两支试管中，再分别加入 1mL 四氯化碳（或酒精、汽油等）有机溶剂，振荡后静置。观察四氯化碳层颜色的变化。

由于溴、碘在四氯化碳中的溶解度比在水中的大得多，因此，盛溴的试管中，四氯化碳层由无色变为棕红色，盛碘的试管中，四氯化碳层由无色变为紫红色。

另外，碘还易溶于 KI、HI 或其他碘化物溶液中形成 I_3^- 离子。

【演示实验 3.7】 在含有碘晶体的碘水液中，加入适量碘化钾晶体，振荡。观察现象。

可看到碘晶体逐渐溶解，这是因为生成了易溶于水的三碘化钾（KI_3）。

$$KI + I_2 \longrightarrow KI_3$$

利用这一特性，可配制较高浓度的碘溶液。

3.4.2 氟、溴、碘的化学性质

氟、溴、碘与氯一样，都是活泼的非金属元素，氧化性较强，能与金属、非金属、水和碱发生反应，且反应活泼性顺序为：$F_2 > Cl_2 > Br_2 > I_2$。

3.4.2.1 与金属作用

氟是自然界中最活泼的非金属元素，它能与许多物质起反应，而在高温下几乎能与一切物质作用。在化合物中，它的化合价总为−1。

$$2Co + 3F_2 \longrightarrow 2CoF_3$$

溴、碘与活泼金属在常温下能进行反应，与一般金属则需加热才能进行反应，如：

$$2Fe + 3Br_2 \xrightarrow{\triangle} 2FeBr_3$$

$$Fe + I_2 \xrightarrow{\triangle} FeI_2$$

溴与铁的反应与氯相似，能将铁氧化为三价盐，只是反应温度需要高些。碘的氧化能力差，只能生成亚铁盐。

3.4.2.2 与其他非金属作用

常温下，氟与许多非金属的反应较为剧烈。如：

$$S + 3F_2 \longrightarrow SF_6$$

$$Si + 2F_2 \longrightarrow SiF_4$$

氟与氢在低温暗处相遇，就能发生剧烈的爆炸反应生成氟化氢。

$$H_2 + F_2 \longrightarrow 2HF$$

溴和碘在加热下能与磷反应，生成相应的三卤化磷。与氯相似，足量的溴也能生成五溴化磷，而碘只生成三碘化磷。

$$3Br_2 + 2P \xrightarrow{\triangle} 2PBr_3$$

$$PBr_3 + Br_2 \xrightarrow{\triangle} PBr_5$$

$$3I_2 + 2P \xrightarrow{\triangle} 2PI_3$$

溴、碘与氢的反应与氯相似，但比氯缓和。

$$Br_2 + H_2 \xrightarrow{\triangle} 2HBr$$

$$I_2 + H_2 \rightleftharpoons 2HI$$

3.4.2.3 与水或碱作用

氟与水作用剧烈，放出氧气。

$$2F_2 + 2H_2O \longrightarrow 4HF + O_2\uparrow$$

溴与碘和水的反应程度小，但在碱性条件下能发生歧化反应。

$$Br_2 + 2NaOH \longrightarrow NaBrO + NaBr + H_2O$$

$$I_2 + 2NaOH \longrightarrow NaIO + NaI + H_2O$$

3.4.2.4　碘与淀粉的特性反应

【演示实验 3.8】　在盛有2mL水的试管中，加入 1mL 碘水，再滴入 1～2 滴淀粉试液。观察现象。

碘能与淀粉作用生成蓝色物质，这是碘单质的特性反应，常用来检验游离碘的存在。碘与淀粉的反应在分析化学中有重要的应用，如在定量分析的碘量法中，利用可溶性淀粉与碘（碘离子存在下）形成深蓝色的吸附化合物，由蓝色的出现或消失可确定滴定终点。

3.4.2.5　卤素间的置换反应

【演示实验 3.9】　分别取少量溴化钾和碘化钾溶液，各加入少量四氯化碳，再不断滴加氯水，振荡，观察溴或碘的生成。

氯很活泼，它能将溴或碘从相应的金属卤化物中置换出来。

$$Cl_2 + 2KBr \longrightarrow 2KCl + Br_2$$

$$Cl_2 + 2KI \longrightarrow 2KCl + I_2$$

【演示实验 3.10】　取少量 KI 溶液，加 1～2 滴淀粉试液，再不断滴加溴水，振荡，观察碘的生成和溶液蓝色的出现。

溴比碘活泼，它能从碘化物中置换出碘单质，溶液即由无色变为蓝色。

$$Br_2 + 2KI \longrightarrow 2KBr + I_2$$

卤素单质的化学活泼性，即氧化能力为：$F_2 > Cl_2 > Br_2 > I_2$；而卤离子的还原能力为：$F^- < Cl^- < Br^- < I^-$。

3.4.3　氟、溴、碘的制备

氟的性质很活泼，一般用电解的方法制取。

$$2KHF_2(\text{熔融}) \xrightarrow{\text{电解}} 2KF + H_2\uparrow + F_2\uparrow$$

溴和碘的工业制备常将氯气通入溴或碘的二元盐溶液中进行，见化学性质。

实验室中还可以用溴化物或碘化物与浓硫酸和二氧化锰反应来制取溴或碘。

$$2NaBr + 3H_2SO_4 + MnO_2 \xrightarrow{\text{加热}} 2NaHSO_4 + MnSO_4 + 2H_2O + Br_2$$

$$2NaI + 3H_2SO_4 + MnO_2 \xrightarrow{\text{加热}} 2NaHSO_4 + MnSO_4 + 2H_2O + I_2$$

3.4.4　氟、溴、碘的用途及其与人体健康

氟大量用来制取有机氟化物。如 CBr_2F_2、CF_2ClBr 是高效灭火剂；CCl_3F 用做杀虫剂；CCl_2F_2 广泛用做制冷剂；被称为特氟隆的聚四氟乙烯号称“塑料王”；含氟润滑剂是当前合成润滑剂中的佼佼者，被广泛用于航天技术；氟碳化合物代红细胞制剂已作为血液代用品用于临床，以挽救病人的生命。氟也是形成强壮骨骼和预防龋齿所必需的微量元素，氟对钙和磷的代谢有着重要的作用，还能加速伤口的愈合，促进铁的吸收。

溴是制取有机和无机化合物的工业原料，主要用于药物、染料、感光材料及无机溴化物和溴酸盐的制备上，溴还用于制造汽油抗震的添加剂及用于军事上的催泪性毒剂。溴具有镇静作用，它对人体中枢神经系统的活动及功能具有调节作用。

在分析化学中，碘有着非常重要的用途，如氧化还原滴定中的碘量法，就是利用 I_2 的

氧化性和I^-的还原性进行滴定的方法。碘在医药上也有许多应用，如碘酒、碘甘油等为外科常用消炎药，内服含碘制剂也不少。碘还可用做防腐剂、镇痛剂等，也是家畜饲料的添加剂。碘是人体必需的微量元素，缺碘会引起地方性甲状腺肿（大脖子病）及克汀病（呆小症），缺碘还能引起儿童智力低下、痴呆，因此，碘被称为“智慧元素”。

3.5 卤化物

3.5.1 卤化氢和氢卤酸

卤化氢均为无色、有刺激性气味的气体，在空气中易与水蒸气结合而形成白色烟雾。卤化氢都是极性分子，易溶于水，其水溶液称为氢卤酸。除氢氟酸是弱酸外，氢氯酸、氢溴酸、氢碘酸都是强酸，其酸性强弱按 HF→HCl→HBr→HI 递增。

氢氟酸是弱酸，造成它酸性弱的原因是氟原子特别小，电负性特别高，它和氢原子结合的比较牢固。同时，由于分子间氢键的形成，引起了分子的缔合，所以氢氟酸在水中很难电离。氢氟酸腐蚀能力很强，能烧伤皮肤，引起剧痛并难以治愈。所以，使用时应特别小心。

氢氟酸能与二氧化硅或硅酸盐发生反应生成气体四氟化硅。

$$SiO_2 + 4HF \longrightarrow SiF_4\uparrow + 2H_2O$$

$$CaSiO_3 + 6HF \longrightarrow CaF_2 + SiF_4\uparrow + 3H_2O$$

因此，氢氟酸必须贮存在橡胶或塑料制成的容器中，不能使用玻璃容器。利用氢氟酸的这个性质，可以在玻璃上刻制各种图案及用于精密仪器的除尘。在分析化学中，还可以用它溶解矿物及测定某些矿物或钢中 SiO_2 的含量。

3.5.2 几种重要的卤化物

(1) 氟化钙(CaF_2)　俗称萤石，是制取氟化物的主要原料和冶金的助溶剂；纯净的萤石可透过红外线和紫外线，用于制造光学仪器。

(2) 氯化钠(NaCl)　俗称食盐，多从海水晒制而得到。除食用外，农业上可用于选种。在有色冶金工业上常常将铜的硫化矿混以氯化钠进行焙烧以使矿石中的金属变为氯化物而易于分离。氯化钠是制备其他钠盐、氢氧化钠、氯气、盐酸等多种化工产品的基本原料。此外，在定量分析中，氯化钠可作为基准物质标定硝酸银标准溶液。

(3) 溴化银(AgBr)　溴化银是浅黄色晶体，具有感光性，见光分解，故可作为照相工业的感光材料。

$$2AgBr \xrightarrow{\text{光照}} 2Ag + Br_2$$

3.5.3 氢卤酸及可溶性卤化物的检验

氢卤酸及可溶性卤化物的检验一般采用硝酸银的稀硝酸溶液进行。

【演示实验 3.11】 在三支试管中，分别加入 1mL 0.1mol·L^{-1}的氯化钾、溴化钾和碘化钾溶液，再分别滴几滴 0.1mol·L^{-1}的硝酸银溶液，观察沉淀的生成和颜色，然后向试管中滴加稀硝酸，观察沉淀是否溶解。

KCl、KBr 和 KI 与 $AgNO_3$ 作用，分别生成白色的 AgCl 沉淀，浅黄色的 AgBr 沉淀和黄色的 AgI 沉淀，这三种沉淀都不溶于稀硝酸。

$$KCl + AgNO_3 \longrightarrow AgCl\downarrow + KNO_3$$

$$KBr + AgNO_3 \longrightarrow AgBr\downarrow + KNO_3$$

$$KI + AgNO_3 \longrightarrow AgI\downarrow + KNO_3$$

碳酸钠与亚硫酸钠也能与硝酸银反应，生成碳酸银和亚硫酸银白色沉淀，但这些沉淀能溶于稀硝酸中，以此可将它们和可溶性氯化物进行区别。

【演示实验 3.12】 分别取1mL 0.1mol·L^{-1}的碳酸钠、亚硫酸钠溶液于试管中，滴加几滴 0.1mol·L^{-1}的硝酸银溶液，观察沉淀的生成，再滴加 3mol·L^{-1}的硝酸溶液，观察沉淀的溶解情况。

$$Na_2CO_3 + 2AgNO_3 \longrightarrow Ag_2CO_3\downarrow + 2NaNO_3$$

$$Ag_2CO_3 + 2HNO_3 \longrightarrow 2AgNO_3 + H_2O + CO_2\uparrow$$

$$Na_2SO_3 + 2AgNO_3 \longrightarrow Ag_2SO_3\downarrow + 2NaNO_3$$

$$Ag_2SO_3 + 2HNO_3 \longrightarrow 2AgNO_3 + H_2O + SO_2\uparrow$$

还要指出，氢氟酸的盐类有反常的溶解性，如 AgCl、AgBr、AgI 均难溶，而 AgF 则易溶。

可溶性氟化物不能用硝酸银溶液检验。

另外，我们还可以利用 Br^-、I^- 的还原性及 Br_2、I_2 在四氯化碳中的溶解性来检验 Br^-、I^-的存在。

科 海 拾 贝

食盐的妙用

食盐的化学名称叫氯化钠，是人们日常生活的必需品。食盐除用作调味外，还有许多其他的用途。

除草渍 衣服上沾有青草渍时，可将衣服浸入盐水中（1L 水加 100g 盐），轻轻揉搓，即可除去草渍。

除汗渍 有汗渍的衣服，可先泡在 10%的盐水里搓洗几分钟，用清水冲洗后，再用肥皂洗，就可去掉汗渍。

除墨渍 衣服染上墨渍较难洗，可先在清水中搓洗，然后取几粒饭和食盐拌和，放在有墨迹处搓洗，再放到清水里搓洗，一次未洗净可重复几次，即可除去墨迹。

护齿 每日早晚用淡盐水漱口，可防止龋齿的发生；每隔 3 天用牙刷蘸浓的盐水刷牙，有洁齿消毒之功。

去头屑 用食盐、硼砂各少许，放入盆中，加水适量，溶解后洗头，可止头皮发痒，减少头屑。

消炎止痛 每天早晨嘴里含一口淡盐水，可以清洗口腔，消除口臭，减轻牙龈肿痛出血，帮助治疗牙周炎；将盐水搽在被开水烫了的皮肤上，可减轻疼痛。

其他用途 想让花开得更鲜艳，在花盆里浇一点点盐水即可；染衣服时，放点食盐，染后不易褪色；杀鸡鸭时，水中放入食盐，血就易于凝聚。另外，调味、腌肉等也离不开食盐。

食盐不仅成为人们日常生活中不可缺少的必需品，而且还成为工业上的重要化工原料，用于制取金属钠、氯气、烧碱、纯碱等化工产品。

人体中的盐酸

人类和其他动物的胃壁上有一种特殊的腺体，能把吃下去的食盐变成盐酸。盐酸是胃液的一种成分，其质量分数约为0.5%，它能使胃液保持激活胃蛋白酶所需要的最适宜的pH，它还有使食物中的蛋白质变性而易于水解，以及杀死随食物进入胃里的细菌的作用。此外，盐酸进入小肠后，可促进胰液、肠液的分泌以及胆汁的分泌和排放，它所造成的酸性环境还有助于小肠内铁和钙的吸收。可见，盐酸对消化功能有重要作用。

思考与练习

一、填空

1. 通常情况下，卤素单质中________和________是气体，________是液体，________是固体。

2. 卤素原子的价电子结构为________，在化学反应中容易得到________个电子，在卤化物中，卤素常见的化合价是________。

3. 卤素单质的氧化性由强渐弱的顺序为___________。卤素负离子的还原性由弱渐强的顺序为___________________。

4. 常温下，氯化氢是________色，有________气味的气体，实验室制备氯化氢的化学方程式是_______________。氯化氢的水溶液叫做_______________。

5. 能迅速腐蚀玻璃的氢卤酸是________。

二、选择

1. 下列关于卤族元素的说法中，不正确的是________。

A. 单质的熔点和沸点随核电荷数的增加逐渐升高。

B. 单质的颜色随核电荷数的增加逐渐加深。

C. 单质的氧化性随核电荷数的增加逐渐增强。

D. 卤离子的还原性随核电荷数的增加逐渐增强。

2. 下列物质中，不能使有色布条褪色的是________。

A. 氯水　B. 次氯酸钙溶液　C. 次氯酸钠溶液　D. 氯化钙溶液

3. 下列物质中，能使淀粉溶液变蓝的是________。

A. 氯水　B. 碘水　C. 溴化钾溶液　D. 碘化钾溶液

4. 向含有NaBr和KI的混合溶液中通入过量的氯气，充分反应。将溶液蒸干，并灼烧所得的物质，最后剩余的固体物质是________。

A. NaCl和KI　B. NaCl、KCl和I_2

C. NaBr和KCl　D. KCl和NaCl

5. 下列氢卤酸中，酸性最强的是________。

A. 氢氯酸　B. 氢溴酸　C. 氢氟酸　D. 氢碘酸

三、漂白粉如何制取？其有效成分是什么？漂白粉为何具有漂白、杀菌作用？

四、为什么钢铁制品在焊接或电镀前用盐酸清洗？为什么金属铸件上的沙子可用氢氟酸除去？

五、四瓶没有标签的白色固体，它们是NaCl、KI、$MgBr_2$、$CaCO_3$，如何通过实验鉴别它们？

六、现有KBr、NaOH、$CuCl_2$、$AgNO_3$四种溶液，分别置于A、B、C、D四支试管中并进行下述实验：

① 将A、B混合，产生蓝色沉淀；

② 将A、D混合，产生白色沉淀；

③ 将C、D混合，产生浅黄色沉淀。

根据以上现象判断A、B、C、D试管中各是什么溶液，写出有关的化学反应方程式。

七、3支分别盛有 NaCl、KBr、KI 溶液的试管中，各注入少量氯水，有什么现象？再加入一些四氯化碳又有何变化？若再向三支试管内滴入淀粉溶液，有何现象出现？为什么？

八、某软锰矿石中二氧化锰的质量分数为 78%，如果其他成分不与浓盐酸反应，则 150g 此矿石与足量浓盐酸反应，制得的氯气在标准状况下的体积是多少？

九、趣味实验：自制神奇暖手袋。

1. 将 175g 的醋酸钠（CH_3COONa）放入盛有 50mL 水的烧杯中；
2. 用热水浴盘将烧杯中的醋酸钠溶解；
3. 将溶液倒进一个保鲜袋里，并加入一块可扭曲的金属发夹；
4. 待溶液降温后，扭曲金属发夹，看看有什么变化？

4. 氧化还原反应

学习指南 我们所需要的各种各样的化学物质，无论是性质活泼的有色金属、黑色金属、贵重金属的制造；还是氨、硝酸、硫酸、烧碱等重要的化工产品的制造；以及石油化工中的各种合成、催化反应都是氧化还原反应。在农业生产中，植物的光合作用、呼吸作用是复杂的氧化还原反应。我们通常使用的各类电池以及在空间技术上应用的高能电池都发生着氧化还原反应。由此可见，在许多领域都涉及到氧化还原反应。

本章学习要求

掌握氧化还原反应的基本概念、氧化还原平衡的基本原理，会配平氧化还原方程式。

本章中心点：电子转移

氧化还原反应是化学反应中非常重要的一类反应，氧化还原反应的特点是，在反应过程中有电子的转移。这一点与其他反应，如酸碱中和反应、沉淀反应、配位反应等存在着本质的区别。氧化还原反应的重要性在于反应中能放出能量，有电子的转移。例如，煤与石油等物质的燃烧，这类反应为人类的生产和生活提供了必要的能量和热量；铁的生锈、动植物的呼吸及饮用水残余氯的测定等，都属于氧化还原反应。

4.1 氧化还原反应的基本概念

我们已经知道，氧化还原反应的实质是得到或失去电子，它体现在元素的化合价降低或升高上，因此可以用化合价的变化（升高或降低）来分析氧化还原反应。反应前后有电子转移的化学反应或一种物质被氧化，另一种物质被还原的反应叫做氧化还原反应。

4.1.1 氧化、还原

通常根据元素化合价的变化，将化学反应分成两类：一类是非氧化还原反应，这类反应在反应过程中，元素的化合价保持不变，而只是离子的互换；另一类反应就是氧化还原反应，在反应过程中，元素的化合价发生改变。

【例 4.1.1】 将氯水滴入碘化钾溶液中。

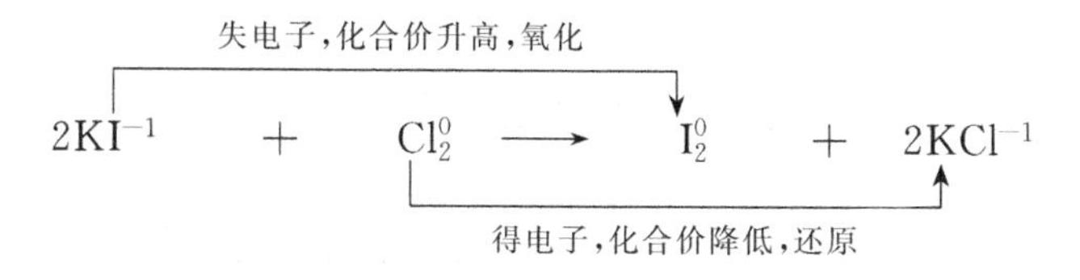

在上述反应中，氯元素和碘元素的化合价都发生了改变。反应过程中，氯原子得到 1 个电子，变成氯离子，使得氯元素的化合价从 0 价降低到 −1 价，这个化合价的降低过程叫做还原。与此同时，碘离子失去 1 个电子变成碘原子，使碘元素的化合价从 −1 价升高到 0 价，这个化合价升高的过程叫做氧化。

【例 4.1.2】 高锰酸钾与浓盐酸反应

得电子，化合价降低，还原

$$2KMn^{+7}O_4 + 16HCl^{-1} \longrightarrow 2MnCl_2^{-1} + 5Cl_2^{0}\uparrow + 2KCl^{-1} + 8H_2O$$

失电子，化合价升高，氧化

在上述反应中，锰元素和氯元素的化合价都发生了变化。反应过程中，高锰酸根离子得到5个电子，变成为锰离子，使锰元素的化合价从+7价降低到+2价，化合价降低，叫做还原。氯离子失去1个电子变成为氯原子，使氯元素的化合价从−1价升高到0价，化合价升高，叫做氧化。

【例 4.1.3】 氯气和氢气的反应

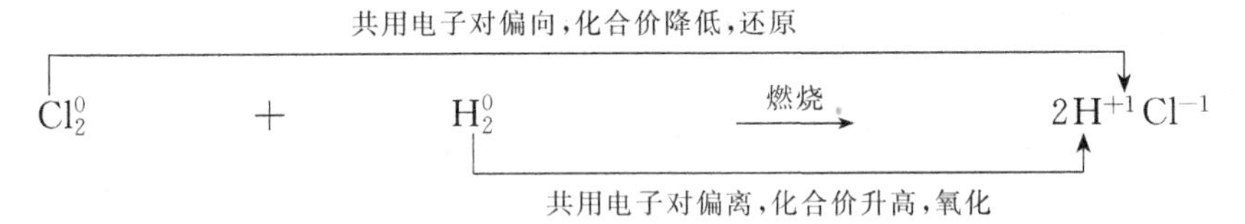

在上述反应中，氯元素和氢元素的化合价发生了变化，由于生成的氯化氢是共价化合物，在氯化氢分子中，氯原子的电负性比较大，共用电子对偏向氯原子，使氯元素的化合价由0价降低到−1，化合价降低叫做还原。共用电子对偏离氢原子，使得氢元素的化合价由0价升高到+1价，化合价升高叫做氧化。

通过以上的例子，我们可以看出，氧化、还原是共存于同一个反应中的。在反应过程中，某些原子或离子的化合价升高（失去电子或共用电子对偏离）；而另一些原子或离子的化合价必定降低（得到电子或共用电子对偏向）。在反应过程中化合价升高的总数和降低的总数相等。

氧化与还原是一对矛盾的两个方面，氧化与还原总是同时发生，互相依存，所以这样的化学反应叫做——氧化还原反应。

4.1.2 氧化剂、还原剂

4.1.2.1 氧化剂、还原剂的概念

在氧化还原反应中，氧化过程和还原过程是相互依存的。在反应中，既有化合价升高的元素，又有化合价降低的元素。人们将含化合价升高的元素（失去电子或共用电子对偏离）的物质，叫做还原剂；而将含化合价降低的元素（得到电子或共用电子对偏向）的物质，叫做氧化剂。还原剂具有还原性，在反应中能够使其他物质还原而本身被氧化；氧化剂具有氧化性，在反应中，能够使其他物质氧化而本身被还原。

【例 4.2.1】 铜与氧气的反应

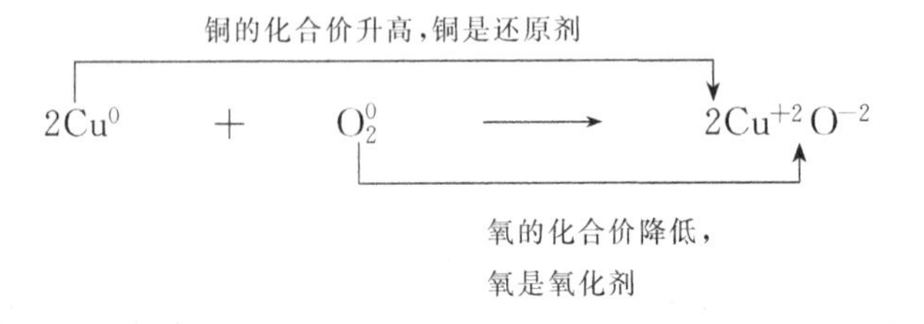

在上述反应中，铜元素的化合价升高，铜是还原剂，它具有还原性，使氧还原而本身被氧化。氧元素的化合价降低，氧是氧化剂，它具有氧化性，使铜氧化而本身被还原。

【例 4.2.2】 在酸性条件下，高锰酸钾与过氧化氢的反应

锰的化合价降低，高锰酸钾是氧化剂

$$2KMn^{+7}O_4+5H_2O_2^{-1}+3H_2SO_4 \longrightarrow 2Mn^{+2}SO_4+5O_2^0\uparrow+2K_2SO_4+8H_2O$$

氧的化合价升高，过氧化氢是还原剂

在上述反应中，锰元素的化合价降低，高锰酸钾是氧化剂，它具有氧化性，使过氧化氢氧化而其本身被还原。氧元素的化合价升高，过氧化氢是还原剂，它具有还原性，使高锰酸钾还原而其本身被氧化。

判断一种物质在反应中是氧化剂、还原剂时，应从以下几点考虑；

（1）同一种物质在不同的反应中，有时做氧化剂，有时做还原剂。如：

$$S^0 + Fe^0 \longrightarrow Fe^{+2}S^{-2}$$

氧化剂　还原剂

在上述反应中，硫元素的化合价降低，硫是氧化剂。

$$S^0 + O_2^0 \longrightarrow S^{+4}O_2^{-2}$$

还原剂　氧化剂

在上述反应中，硫元素的化合价升高，硫是还原剂。

一般化合价多变的元素，当处于中间化合价时，都具有这种性质。

（2）一些物质在同一反应中，既可以作氧化剂又可以作还原剂。例如：

$$Cl_2^0 + H_2O \longrightarrow HCl^{+1}O + HCl^{-1}$$

氧化剂、还原剂

在上述反应中，一个氯原子的化合价升高，另一个氯原子的化合价降低，所以，氯既是氧化剂又是还原剂。

（3）氧化剂、还原剂的氧化还原产物与反应条件有着密切的关系，如果反应条件不相同，反应的氧化还原产物也不一定相同。如强氧化剂高锰酸钾在酸性、中性或碱性溶液中，其还原产物各不相同，反应式如下：

a. 在酸性溶液中

$$2KMnO_4+5K_2SO_3+3H_2SO_4 \longrightarrow 2MnSO_4+6K_2SO_4+3H_2O$$

b. 在中性或弱碱性溶液中

$$2KMnO_4+3K_2SO_3+H_2O \longrightarrow 2MnO_2\downarrow+3K_2SO_4+2KOH$$

c. 在碱性溶液中

$$2KMnO_4+K_2SO_3+2KOH \longrightarrow 2K_2MnO_4+K_2SO_4+H_2O$$

硝酸、浓硫酸同高锰酸钾一样，在被还原时，随着反应条件变化，还原产物也不相同。

4.1.2.2　常见的氧化剂、还原剂

（1）常见的氧化剂　常见的氧化剂是化合价容易降低的物质。见表 4.1。

活泼的非金属如：O_2、Cl_2、Br_2、I_2 等。

具有高或较高化合价的含氧化合物和原子团。如 MnO_4^-、ClO^-、ClO_3^-、$Cr_2O_7^{2-}$、HNO_3（浓或稀）、H_2SO_4（浓）

某些氧化物和过氧化物。如 MnO_2、PbO_2、H_2O_2 等。

高价金属离子。如 Fe^{3+}、Cu^{2+} 等。

（2）常见的还原剂　常见的还原剂是化合价容易升高的物质。见表 4.2。

活泼金属和较活泼金属及某些非金属的单质。如：Na、Mg、Zn、Fe、Al、H_2、C 等。

具有低或较低化合价的化合物和原子团。如：HCl、I^-、H_2S、CO、SO_3^{2-}、$H_2C_2O_4$ 等。

低价金属离子。如 Fe^{2+}、Sn^{2+} 等。

表 4.1　常见氧化剂

氧化剂		还原产物	有关元素化合价变化
非金属单质	O_2	O^{2-}（H_2O、OH^-）	$0\rightarrow-2$
	Cl_2	Cl^-	$0\rightarrow-1$
	Br_2	Br^-	$0\rightarrow-1$
	I_2	I^-	$0\rightarrow-1$
氧化物和过氧化物	MnO_2	Mn^{2+}	$+4\rightarrow+2$
	PbO_2	Pb^{2+}	$+4\rightarrow+2$
	H_2O_2	H_2O、OH^-	$-1\rightarrow-2$
高、较高化合价的含氧化合物	MnO_4^-	酸性：Mn^{2+}	$+7\rightarrow+2$
		中性或弱碱性：$MnO_2\downarrow$	$+7\rightarrow+4$
		强碱性：MnO_4^{2-}	$+7\rightarrow+6$
	ClO^-	Cl^-	$+1\rightarrow-1$
	ClO_3^-	Cl^-	$+5\rightarrow-1$
	$Cr_2O_7^{2-}$	Cr^{3+}	$+6\rightarrow+3$
	HNO_3（稀）	$NO\uparrow$	$+5\rightarrow+2$
	HNO_3（浓）	$NO_2\uparrow$	$+5\rightarrow+4$
	H_2SO_4（浓）	$SO_2\uparrow$	$+6\rightarrow+4$
	（与较活泼金属）	$S\downarrow$、$H_2S\uparrow$	$+6\rightarrow0$、-2
高价金属离子	Fe^{3+}	Fe^{2+}	$+3\rightarrow+2$
	Cu^{2+}	Cu^+、Cu	$+2\rightarrow+1$、0

表 4.2　常见还原剂

还原剂		氧化产物	有关元素化合价变化
金属和某些非金属单质	Na	Na^+	$0\rightarrow+1$
	Mg、Zn、Fe	Mg^{2+}、Zn^{2+}、Fe^{3+}	$0\rightarrow+2$
	Al	Al^{3+}	$0\rightarrow+3$
	H_2	H^+	$0\rightarrow+1$
	C	$CO_2\uparrow$	$0\rightarrow+4$
低价金属离子	Fe^{2+}	Fe^{3+}	$+2\rightarrow+3$
	Sn^{2+}	Sn^{4+}	$+2\rightarrow+4$
低或较低化合价的化合物	HCl(浓)	$Cl_2\uparrow$	$-1\rightarrow0$
	I^-	I_2	$-1\rightarrow0$
	H_2S	$S\downarrow$	$-2\rightarrow0$
	CO	$CO_2\uparrow$	$+2\rightarrow+4$
	SO_3^{2-}	SO_4^{2-}	$+4\rightarrow+6$
	H_2O_2	O_2	$-1\rightarrow0$
	$H_2C_2O_4$	$CO_2\uparrow$	$+3\rightarrow+4$

以上各概念之间具有如下关系：

还原剂（失电子）$\xrightarrow{\text{具有}}$还原性$\xrightarrow{\text{发生}}$氧化反应$\longrightarrow$被氧化$\xrightarrow{\text{生成}}$氧化产物

（物质）　（性质）　（反应）　（过程）　（产物）

氧化剂（得电子）$\xrightarrow{\text{具有}}$氧化性$\xrightarrow{\text{发生}}$还原反应$\longrightarrow$被还原$\xrightarrow{\text{生成}}$还原产物

4.2 氧化还原反应方程式

4.2.1 氧化还原反应方程式

氧化还原反应方程式一般都较为复杂。反应物不仅包括氧化剂、还原剂，常常还有参与反应的介质（酸、碱、水等）。书写氧化还原反应方程式，既要注意反应前后的原子个数相等，又要使反应前后得失电子数目相等。

4.2.2 氧化还原反应方程式配平

4.2.2.1 配平原则

我们学习过用观察法配平氧化还原反应方程式的方法，但是此法对于较为复杂的氧化还原反应方程式的配平就显得比较困难。对于比较复杂的氧化还原反应，配平方法比较多，我们选用化合价法配平氧化还原反应方程式。它的配平原则是：

（1）反应中，氧化剂化合价降低的总数与还原剂化合价升高的总数相等。

（2）反应前后，每一种元素的原子个数相等。

4.2.2.2 配平步骤

依据上述原则，用化合价法配平下列氧化还原反应方程式的步骤如下：

【例 4.2.1】 铜与浓硫酸反应

（1）根据反应事实，写出反应物与生成物的化学式。

$$Cu + H_2SO_4(浓) \xrightarrow{加热} CuSO_4 + SO_2\uparrow + H_2O$$

（2）标出化合价变化的元素。

$$Cu^0 + H_2S^{+6}O_4(浓) \xrightarrow{加热} Cu^{+2}SO_4 + S^{+4}O_2\uparrow + H_2O$$

（3）分别算出每分子组成中元素化合价升高的总数和化合价降低的总数。即找出得失电子的最小公倍数。

$$Cu^0 + H_2S^{+6}O_4(浓) \xrightarrow{加热} Cu^{+2}SO_4 + S^{+4}O_2\uparrow + H_2O$$

$$\left.\begin{array}{l} Cu^0 \xrightarrow{-2e} Cu^{+2} \\ S^{+6} \xrightarrow{+2e} S^{+4} \end{array}\right| \begin{array}{l} \times 1 \\ \times 1 \end{array}$$

（4）在上述例题中，化合价升高和降低的总数相等，因此氧化剂和还原剂前不需要乘系数。

（5）配平整个反应方程式　根据反应前后，每一元素原子数相等的原则，配平其他的原子数。通常使用观察法，先配平化合价变化的元素，再配平其他原子，最后配平氢和氧的原子个数。

$$Cu + 2H_2SO_4(浓) \xlongequal{加热} CuSO_4 + SO_2\uparrow + H_2O$$

在上述反应中，有 1mol 硫酸作为氧化剂还原成为二氧化硫，还有 1mol 硫酸仅提供硫酸根和氢离子，不参与氧化还原反应。

【例 4.2.2】 铜与稀硝酸的反应

（1）$Cu + HNO_3(稀) \longrightarrow Cu(NO_3)_2 + NO\uparrow + H_2O$

（2）$Cu^0 + HN^{+5}O_3(稀) \longrightarrow Cu^{+2}(NO_3)_2 + N^{+2}O\uparrow + H_2O$

（3）找出得失电子的最小公倍数

$$Cu^{0}+HN^{+5}O_3(稀)\longrightarrow Cu^{+2}(NO_3)_2+N^{+2}O\uparrow+H_2O$$

$$\left.\begin{array}{l} Cu^{0}\xrightarrow{-2e}Cu^{+2} \\ N^{+5}\xrightarrow{+3e}N^{+2} \end{array}\right| \begin{array}{l}\times 3\\ \times 2\end{array}$$

最小公倍数为 6

（4）$3Cu+8HNO_3(稀)=\!=\!=3Cu(NO_3)_2+2NO\uparrow+4H_2O$

上述反应中，有 2mol 硝酸作为氧化剂还原成为 2mol 一氧化氮，还有 6mol 硝酸仅提供硝酸根和氢离子，不参与氧化还原反应。

【例 4.2.3】 高锰酸钾和盐酸

（1）$KMnO_4+HCl(浓)\xrightarrow{加热}MnCl_2+Cl_2\uparrow+KCl+H_2O$

（2）$KMn^{+7}O_4+HCl^{-1}(浓)\xrightarrow{加热}Mn^{+2}Cl_2+Cl_2^0\uparrow+KCl+H_2O$

（3）找出得失电子的最小公倍数

$$KMn^{+7}O_4+HCl^{-1}(浓)\xrightarrow{加热}Mn^{+2}Cl_2+Cl_2^0\uparrow+KCl+H_2O$$

$$\left.\begin{array}{l} Mn^{+7}\xrightarrow{+5e}Mn^{2+} \\ 2Cl^{-1}\xrightarrow{-(2\times 1e)}Cl_2^0 \end{array}\right| \begin{array}{l}\times 2\\ \times 5\end{array}$$

最小公倍数为 10

（4）$2KMnO_4+16HCl(浓)\overset{加热}{=\!=\!=}2MnCl_2+5Cl_2\uparrow+2KCl+8H_2O$

上述反应中，有 10mol 盐酸作为还原剂氧化成为 5mol 氯，还有 6mol 盐酸仅提供氯离子和氢离子，不参与氧化还原反应。

【例 4.2.4】 重铬酸钾和碘化钾在酸性条件下反应。

（1）$K_2Cr_2O_7+KI+H_2SO_4\longrightarrow Cr_2(SO_4)_3+K_2SO_4+I_2+H_2O$

（2）$K_2Cr_2^{+6}O_7+KI^{-1}+H_2SO_4\longrightarrow Cr_2^{+3}(SO_4)_3+K_2SO_4+I_2^0+H_2O$

（3）找出得失电子的最小公倍数

$$K_2Cr_2^{+6}O_7+KI^{-1}+H_2SO_4\longrightarrow Cr_2^{+3}(SO_4)_3+K_2SO_4+I_2^0+H_2O$$

$$\left.\begin{array}{l} 2Cr^{+6}\xrightarrow{+(2\times 3e)}2Cr^{+3} \\ 2I^{-1}\xrightarrow{-(2\times 1e)}I_2^0 \end{array}\right| \begin{array}{l}\times 1\\ \times 3\end{array}$$

最小公倍数为 6

（4）$K_2Cr_2O_7+6KI+7H_2SO_4=\!=\!=Cr_2(SO_4)_3+4K_2SO_4+3I_2+7H_2O$

上述反应中，重铬酸钾为氧化剂，碘化钾为还原剂。

【例 4.2.5】 氯和氢氧化钠反应

（1）$Cl_2+NaOH\longrightarrow NaClO_3+NaCl+H_2O$

（2）$Cl_2^0+NaOH\longrightarrow NaCl^{+5}O_3+NaCl^{-1}+H_2O$

（3）找出得失电子的最小公倍数

$$Cl_2^0+NaOH\longrightarrow NaCl^{+5}O_3+NaCl^{-1}+H_2O$$

$$\left.\begin{array}{l} Cl^{0}\xrightarrow{-5e}Cl^{+5} \\ Cl^{0}\xrightarrow{+1e}Cl^{-1} \end{array}\right| \begin{array}{l}\times 1\\ \times 5\end{array}$$

最小公倍数为5

(4) $3Cl_2+6NaOH = NaClO_3+5NaCl+3H_2O$

上述反应中氯既是氧化剂，又是还原剂。

4.2.3 氧化还原反应的应用

氧化还原反应在很多方面都有应用，如动植物生长、工农业生产、科学研究、国防建设、医学卫生等方面，都与氧化还原反应有着非常密切的关系。

在分析化学中，我们可以利用氧化还原反应的原理对物质进行定性、定量的分析。分析化学中的一种重要并广泛应用的分析法——氧化还原滴定法，就是以氧化还原反应为基础的滴定分析方法。

利用氧化还原滴定法，不仅可以测定具有氧化性或还原性的物质，还可以测定一些能与氧化剂或还原剂发生定量反应的物质。

根据所使用的氧化剂和还原剂的不同，可以将氧化还原滴定法分为高锰酸钾法、重铬酸钾法、碘量法、溴酸盐法和铈量法等。

科 海 拾 贝

火柴史话

世界上第一根火柴出自法国。17世纪80年代，法国化学家波义耳在他的实验室里用一根细木棒，在它的一端沾上硫磺，然后用它在涂有磷的粗纸上磨擦而起火。

18世纪，意大利的威尼斯出现了一种巨型火柴，很像敲鼓的木槌。槌头沾上一团药，它是由氯酸钾、糖、阿拉伯胶调和而成。只要把这魔棒似的火柴浸到浓硫酸中，它就会燃烧起来。

那时候，这种火柴价格昂贵，只好几家合买一根。后来人们把木槌缩小为小木棒，价格就便宜多了。但这种新奇的取火物使用起来很不方便，必须同时带着一瓶浓硫酸，这随时有被灼伤的危险。

1830年，法国人沙利埃用白磷代替氯酸钾，制成一种小巧灵便的磨擦火柴。这种火柴头上涂有硫磺，再覆以白磷、树胶、四氧化三铅或二氧化锰的混合物。划火柴时不用专门的火柴匣，只要在墙上、砖头上或鞋底轻轻地一擦，火柴就燃着了。然而，用白磷做原料制成的这种磨擦火柴有两大危险，一是白磷有毒，白磷蒸气会引起人中毒；二是白磷易自燃，超过313K就会自动燃烧。因此，这种火柴只有大约20多年的历史就被安全火柴取代。

1855年，瑞典人伦斯特姆设计出世界上第一盒安全火柴。这种火柴把引火剂分成两部分：火柴头上沾有氯酸钾和三磷化二锑，把无毒的红磷涂在火柴盒的侧面。当火柴头与火柴盒侧面磨擦时起火。这种火柴既无毒，又不会引起火灾。至今，这种火柴还在使用。

诺贝尔奖的一次失误

1948年，诺贝尔医学奖授予瑞士化学家米勒，他发明了剧毒有机氯杀虫剂DDT。

然而，随着DDT的广泛使用，人们渐渐发觉这种剧毒杀虫剂带给地球的不是福音而是灾难。1962年，生态学家莱切尔·卡逊在《寂静的春天》一书中，详细描述了DDT及其他杀虫剂对人类环境的灾难性破坏。书中如此写道：一种奇怪的寂静笼罩了这个地方，园后鸟儿寻食的地方冷落了，在一些地方仅能见到的几只鸟儿也气息奄奄。这是一个没有声音的春天。这儿的清晨曾经荡漾着乌鸦、麻雀、鸽子等鸟儿的合唱以及其他鸟鸣的声浪，而现在，一切声音都没有了，只有一片寂静覆盖着田野、森林、沼泽……

DDT不仅杀死了大量无辜的鸟儿、昆虫，对环境造成了严重的污染，而且DDT还可以积蓄在植物和动物的组织里，甚至进入到人和动物的生殖细胞中，破坏或者改变未来形态的遗传物质DNA。到了60年代末期，几乎地球上的生物体内，都可以找到相当数量的DDT的残留物。几十年来，整个人类为这种剧毒杀虫剂付出了沉重的代价。

对于1948年诺贝尔医学奖的评选与颁发，瑞典有关方面一直保持沉默。直到1997年，瑞典卡罗林斯卡医学院的评委会才公开表示，为将1948年的诺贝尔医学奖授予DDT的发明者而感到羞愧。他们表示，在今后的评奖中，应把诺贝尔奖颁发给那些经得起实践检验的发明创造以及那些没有争议的发明和成果。

思考与练习

一、选择题

1. 通常需要氧化剂参加才能完成的反应是（　　）

A. $NaCl \longrightarrow HCl$　　B. $Cl_2 \longrightarrow HCl$

C. $Cl^- \longrightarrow Cl_2$　　D. $ClO_3^- \longrightarrow Cl_2$

2. 下列有关氧化还原反应的叙述正确的是（　　）

A. 在氧化还原反应中，一定是一种元素被氧化，而另一种元素被还原

B. 在反应中，所有元素的化合价都发生变化

C. 置换反应一定属于氧化还原反应

D. 化合反应和复分解反应都不是氧化还原反应

3. 将8.7g MnO_2 与含 HCl 4.6g的浓盐酸共热，制取 Cl_2，有关叙述正确的是（　　）

$$MnO_2 + 4HCl（浓）\xrightarrow{加热} MnCl_2 + Cl_2\uparrow + 2H_2O$$

A. 可制得7.1g氯气　　B. 被氧化的氯化氢为14.6g

C. 被氧化的HCl为7.3g　　D. 制得的氯气少于7.1g

4. 某元素在化学反应中，由化合态变为游离态，则该元素（　　）

A. 一定被氧化　　B. 一定被还原

C. 可能被氧化，也可能被还原　　D. 化合价降低为零

二、填空题

1. 在 $2Cl_2 + Ca(OH)_2 \longrightarrow CaCl_2 + Ca(ClO)_2 + 2H_2O$ 的反应中，氧化剂是____________，还原剂是__________。

2. 按要求写出有关化学反应方程式

A. 反应物中的氯元素被还原

____

B. 铜与浓硫酸反应

____

C. 同一种物质中一种元素氧化另一种元素

____

三、配平下列反应方程式

1. $KI + Cl_2 \longrightarrow KCl + I_2$

2. $K_2Cr_2O_7 + HCl \longrightarrow KCl + CrCl_3 + Cl_2\uparrow + H_2O$

3. $KMnO_4 + KOH + NaNO_2 \longrightarrow K_2MnO_4 + NaNO_3 + H_2O$

4. $KClO_3 \longrightarrow KCl + KClO_4$

四、趣味实验：自制银镜

1. 在一支清洁的试管中加入 0.2mol·L^{-1}的 $AgNO_3$ 3mL

2. 将 0.2mol·L^{-1}的 $NH_3 \cdot H_2O$ 逐滴加入试管，直至棕褐色的 Ag_2O 刚刚溶解

3. 再将 10 滴葡萄糖溶液加入试管中

4. 将试管放进热水浴盘加热，就可在试管壁上制得银镜

五、设计实验：家庭检验碘盐

1. 提示　加碘盐中的碘主要以碘酸钾的形式存在

$$IO_3^- + 5I^- + 6H^+ \longrightarrow 3I_2 + 3H_2O$$

2. 药品　食用含碘盐、不含碘盐（作比较用）、食醋、淀粉碘化钾试纸

3. 利用上述药品及家中的器皿，检验出食用盐中是否含有碘

4. 将实验过程和结果记录

5. 碱金属、碱土金属

学习指南 金属与人类的生活，社会的发展密切相关。在现代社会中，金属占有极其重要的地位。金属材料是当代新技术革命的支柱之一。在金属中，碱金属和碱土金属都属于活泼的金属，它们在工业生产和现代科学技术上都有重要的用途。如：锂和锂合金是一种理想的高能燃料，可作为受控热核聚变反应堆的燃料；钠和钾的合金可用作核反应堆的冷却剂；钠还常用来冶炼钛、锆、铌等贵重金属；铍是制造X射线管小窗不可取代的材料，也是核反应堆中最好的中子反射剂和减速剂之一；钙主要用于高纯度金属的冶炼；而镁与铝等金属的合金可用于制造飞机和汽车等。

本章学习要求

掌握碱金属和碱土金属的性质与结构，性质与存在、制备、用途之间的关系，掌握金属钠、镁、钙的重要化合物的性质和用途，了解金属的通性、合金、焰色反应、硬水及硬水的软化技术等。在学习过程中除应掌握共性外，还应抓住它们在性质上的差异性，同时应联系化学性质在分析上的应用。

本章中心点：碱金属、碱土金属性质与原子结构的关系

5.1 碱 金 属

5.1.1 碱金属元素的原子结构

碱金属元素包括锂（Li）、钠（Na）、钾（K）、铷（Rb）、铯（Cs）、钫（Fr）六种元素，由于它们的氢氧化物都是易溶于水的强碱，所以统称为碱金属。

碱金属元素原子的价电子结构为 ns^1，只有一个价电子，在化学反应中很容易失去这个电子而变成稳定的+1价阳离子，因此，碱金属是典型的活泼金属。碱金属元素的原子结构如表5.1所示。

5.1.2 碱金属元素的性质比较

碱金属都是银白色的金属，具有一般金属的通性，如有金属光泽，有延展性，导电性，导热性等。此外，它们还有以下三种特性：密度小，是典型的轻金属；硬度小，能用刀切割；熔点、沸点低，其中铯的熔点最低，人体的温度即可使其熔化。而且随着核电荷数的增加，碱金属的熔点、沸点、硬度都呈现由高向低的变化，密度则是略有增大。如表5.1所示。

表5.1 碱金属元素的原子结构及单质的物理性质

元素名称	锂	钠	钾	铷	铯
元素符号	Li	Na	K	Rb	Cs
核电荷数	3	11	19	37	55
价电子结构	$2s^1$	$3s^1$	$4s^1$	$5s^1$	$6s^1$
化合价	+1	+1	+1	+1	+1
密度/$g \cdot cm^{-3}$	0.535	0.971	0.862	1.532	1.873

续表

元素名称	锂	钠	钾	铷	铯
熔点/K	453.54	370.81	336.65	311.89	301.4
沸点/K	1615	1155.9	1032.9	959	942.3
硬度	0.6	0.5	0.4	0.3	0.2
颜色和状态	银白色,质软	银白色,质软	银白色,质软	银白色,质软	银白色,质软

碱金属由于最外层只有一个电子，在化学反应中很容易失去这个电子而形成+1价的阳离子，因此，碱金属都具有很强的化学活泼性，能与绝大多数非金属、水、酸等反应，是很强的还原剂。但是，随着核电荷数的增大，碱金属的电子层依次增加，原子半径依次增大，失去最外层电子的倾向也依次增大，因此，碱金属的化学活泼性，即还原性顺序为：Li＜Na＜K＜Rb＜Cs。

5.2 钠及其重要化合物

5.2.1 钠的物理性质

【演示实验 5.1】 取一小块金属钠，用滤纸擦去表面的煤油，用小刀切开，观察新切面的颜色。

钠是银白色的金属，新切面有金属光泽，但在空气中迅速变暗，这是因为金属表面生成一层氧化物的缘故。钠有良好的导电性、导热性和延展性，它的硬度很小，用小刀就可以切割，相对密度小于1，能浮于水面上，熔点比水的沸点还低，能在常温下形成液体合金。所以说钠是低熔点、小密度的软金属。

5.2.2 钠的化学性质

钠最外层只有一个电子，在化学反应中容易失去这个电子，因此，钠的化学性质非常活泼，能跟许多非金属、水、酸等反应，是一种很强的还原剂。

5.2.2.1 钠与氧的反应

【演示实验 5.2】 观察演示实验5.1中被切开的钠的断面上的颜色变化，将一小块金属钠放在燃烧匙中加热，观察现象。

钠的新切面变暗，这是因为钠在常温下可被氧化为氧化物。钠的氧化物有氧化钠和过氧化钠，氧化钠很不稳定，可以继续在空气中完成如下变化：

$$Na \longrightarrow Na_2O \longrightarrow NaOH \longrightarrow Na_2CO_3 \cdot 10H_2O \longrightarrow Na_2CO_3\text{（风化）}$$

钠可在空气中燃烧，在纯氧中燃烧更剧烈，生成黄色的过氧化钠。

$$2Na+O_2 \xrightarrow{\text{点燃}} Na_2O_2$$

5.2.2.2 钠与其他非金属的反应

常温下，钠能与卤素、硫、磷等非金属单质直接化合，生成离子化合物，反应剧烈，在加热时甚至发生爆炸，显示出活泼的金属性。

$$2Na+Cl_2 \longrightarrow 2NaCl$$

$$2Na+S \longrightarrow Na_2S$$

$$3Na+P \longrightarrow Na_3P$$

在加热的条件下，钠可与氢气反应，生成白色的氢化钠。

$$2Na + H_2 \xrightarrow{\triangle} 2NaH$$

氢化钠容易被水分解，生成氢气，所以可作氢气发生剂和强还原剂。

5.2.2.3　钠与水的反应

【演示实验 5.3】　在一个盛水的烧杯里，滴入几滴酚酞试液。然后把一块绿豆大小的金属钠投入到烧杯里，观察钠与水反应的情形和溶液颜色的变化。如图 5.1 所示。

钠遇水剧烈反应，产生大量的热，使钠熔化成一个小球在水面上游动，溶液由无色变成红色。其化学反应方程式为：

$$2Na + 2H_2O \longrightarrow 2NaOH + H_2\uparrow$$

钠的性质很活泼，容易发生各种剧烈反应，是一种化学危险品，所以钠应隔绝空气保存，一般少量的金属钠可保存在煤油中。

图 5.1　钠与水的反应

5.2.3　钠离子的鉴定

5.2.3.1　醋酸铀酰锌法

在中性或弱酸性介质中，Na^+ 与醋酸铀酰锌［$Zn(UO_2)_3(Ac)_8$］试剂作用，生成黄色晶形沉淀，由此可确定 Na^+ 的存在。

$$Na^+ + Zn^{2+} + 3UO_2^{2+} + 9Ac^- + 9H_2O \longrightarrow NaAc \cdot Zn(Ac)_2 \cdot 3UO_2(Ac)_2 \cdot 9H_2O\downarrow$$

Ag^+、Hg_2^{2+}、PO_4^{3-}、AsO_4^{3-}、Sb(Ⅲ)等离子对此反应干扰严重，需先将这些离子生成沉淀除去，然后再鉴定 Na^+；K^+ 含量大于 $5mg \cdot mL^{-1}$ 时，也干扰 Na^+ 的检出，可将试液稀释 2～3 倍或改用显微结晶法鉴定 Na^+ 的存在。

5.2.3.2　显微结晶法

鉴定反应条件同上法。为消除 K^+ 的干扰，可将试液稀释后，于载片上进行反应。然后置显微镜下，观察结晶的形状。Na^+ 与醋酸铀酰锌试剂反应生成的晶形是正四面体或八面体，而 K^+ 生成的晶体是针状的。如图 5.2 所示。

5.2.4　钠的存在、制备及用途

钠在自然界中以化合态存在，大量存在于食盐、天然硅酸盐等矿物中。

由于钠离子得电子能力极弱，工业上采用电解熔融盐的方法来制取金属钠。

$$2NaCl \xrightarrow{\text{熔融电解}} 2Na + Cl_2\uparrow$$

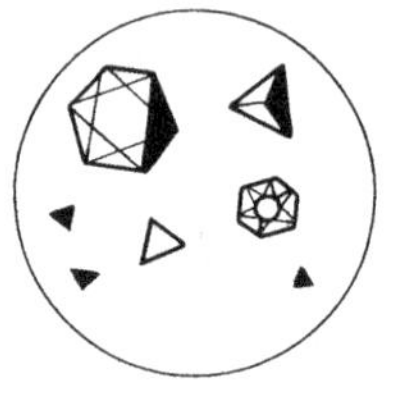
(a) 醋酸铀酰锌钠的晶形

(b) 醋酸铀酰锌钾的晶形

图 5.2　晶形示意图

钠在工业生产和现代科学技术上都有较重要的用途。钠与钾的合金在常温下呈液态，因为有较高的比热容和较宽的液化范围而用作核反应堆的冷却剂；钠与汞的合金称钠汞齐，具有缓和的还原性，常用作有机合成中的还原剂。钠是一种很强的还原剂，在高温下能把钛、锆、铌等金属从它们的熔融卤化物中置换出来，所以钠常用来冶炼金属。

5.2.5　钠的重要化合物

5.2.5.1　过氧化钠（Na_2O_2）

过氧化钠是淡黄色粉末，能与水或稀酸反应生成氧气。

【演示实验 5.4】　在盛有过氧化钠的试管中滴几滴水，再将火柴的余烬靠近试管口，检验有无氧气放出。

$$2Na_2O_2 + 2H_2O \longrightarrow 4NaOH + O_2\uparrow$$

$$Na_2O_2 + H_2SO_4 \longrightarrow Na_2SO_4 + H_2O_2$$

$$2H_2O_2 \longrightarrow 2H_2O + O_2\uparrow$$

过氧化钠是一种强氧化剂，工业上用作漂白剂，漂白织物、麦秆、羽毛等，还常用作分解矿石的溶剂。

过氧化钠暴露在空气中与二氧化碳反应生成碳酸钠，并放出氧气。

$$2Na_2O_2 + 2CO_2 \longrightarrow 2Na_2CO_3 + O_2\uparrow$$

因此，过氧化钠在防毒面具、高空飞行和潜艇中用作二氧化碳的吸收剂和供氧剂。

5.2.5.2　氢氧化钠（NaOH）

氢氧化钠是白色固体，易潮解，极易溶于水，溶解时放出大量的热。氢氧化钠的浓溶液对皮肤、纤维等有强烈的腐蚀作用，因此又称为苛性钠、火碱或烧碱，使用时应注意。

氢氧化钠是一种强碱，具有碱的一切通性，能同酸、酸性氧化物、盐类起反应。

氢氧化钠极易吸收二氧化碳，生成碳酸钠和水，因此要密闭保存。

$$2NaOH + CO_2 \longrightarrow Na_2CO_3 + H_2O$$

氢氧化钠与二氧化硅反应生成硅酸钠。

$$2NaOH + SiO_2 \longrightarrow Na_2SiO_3 + H_2O$$

硅酸钠的水溶液俗称水玻璃，是一种黏合剂。因此，存放氢氧化钠溶液的试剂瓶要用橡皮塞，而不用玻璃塞，以免玻璃塞与瓶口粘在一起。在容量分析中，酸式滴定管不能装碱溶液也是这个缘故。

工业上通常用电解饱和食盐水的方法制取氢氧化钠。

$$2NaCl + 2H_2O \xrightarrow{电解} 2NaOH + Cl_2\uparrow + H_2\uparrow$$

氢氧化钠是重要的工业用碱，广泛用于食品、纺织、化工、冶金等工业。在实验室中可用于干燥氨、氧、氢等气体。

* 有关钠及其化合物的性质及相互转化关系，如图 5.3 所示。

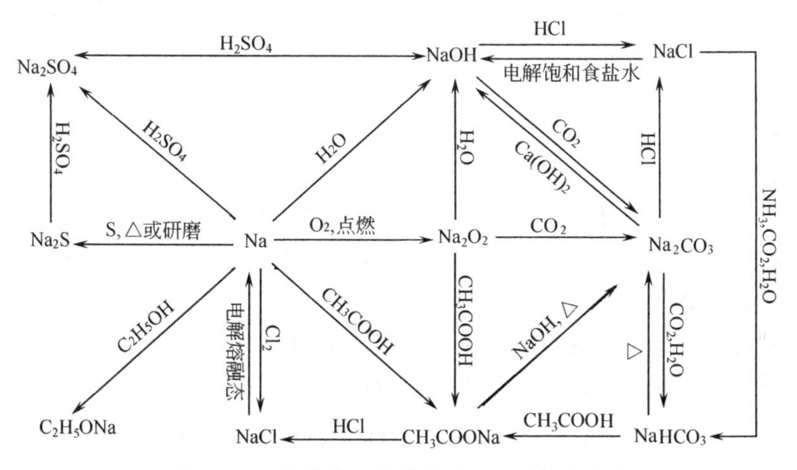

图 5.3　钠及其化合物的性质及相互转化关系

5.3 重要的碱金属化合物

5.3.1 焰色反应

许多金属或它们的挥发性盐在无色火焰上灼烧时会产生特殊的颜色，这种现象称为焰色反应。焰色反应可检验一些金属或金属化合物。

【演示实验 5.5】 把装在玻璃棒上的铂丝（也可用光洁的铁丝或镍、钨、铬丝）用纯净的盐酸洗净，放在酒精灯火焰上灼烧，当火焰与原来灯焰的颜色一致时，用铂丝分别蘸上氯化钠、氯化钾、氯化锂溶液或晶体，放在灯的外焰上灼烧，如图 5.4 所示，观察火焰的颜色。

图 5.4 焰色反应

每次试验完毕，都要用盐酸将铂丝小环清洗干净。

在做钾的焰色反应实验时，为了避免钾盐中微量钠盐的干扰要透过蓝色的钴玻璃片（滤去黄光）。

以下是碱金属及其盐的焰色反应现象：

元素	锂	钠	钾	铷	铯
焰色	红色	黄色	紫色	紫红色	紫红色

在分析化学中，焰色反应是鉴定离子的方法之一。

5.3.2 重要的碱金属化合物

5.3.2.1 碳酸钠（Na_2CO_3）

碳酸钠有无水物和十水合物（$Na_2CO_3 \cdot 10H_2O$）两种。前者置于空气中因吸潮而结成硬块，后者在空气中易风化变成白色粉末或细粒，俗称苏打，工业上又称纯碱。

工业上所谓的“三酸两碱”中的两碱是指氢氧化钠和碳酸钠，它们都是极为重要的化工原料。许多用碱的场合，常以碳酸钠代替氢氧化钠。

碳酸钠与酸反应，放出二氧化碳气体。

$$Na_2CO_3 + 2HCl \longrightarrow 2NaCl + H_2O + CO_2 \uparrow$$

因此在食品工业中，用它中和发酵后生成的多余的有机酸，除去酸味，并利用反应生成的 CO_2 使食品膨松。

碳酸钠是一种基本的化工原料，用于玻璃、搪瓷、炼钢、炼铝及其他有色金属的冶炼，也用于肥皂、造纸、纺织和漂染工业。它还是制备其他钠盐或碳酸盐的原料。在分析化学中，碳酸钠可作为标定酸标准滴定溶液的基准物，因此用途十分广泛。

5.3.2.2 碳酸氢钠（$NaHCO_3$）

俗称小苏打，是白色细小的晶体。可溶于水，但溶解度不大，它的水溶液呈弱碱性，与酸反应也能放出二氧化碳气体。

$$NaHCO_3 + HCl \longrightarrow NaCl + H_2O + CO_2 \uparrow$$

【演示实验 5.6】 将少量盐酸分别滴入盛有碳酸钠和碳酸氢钠的两支试管中，比较它们放出二氧化碳的快慢程度。

碳酸氢钠遇盐酸放出二氧化碳的作用要比碳酸钠剧烈得多。

碳酸钠受热不起变化，而碳酸氢钠则受热分解放出二氧化碳。

$$2NaHCO_3 \xrightarrow{\text{加热}} Na_2CO_3 + H_2O + CO_2 \uparrow$$

这个反应可用来鉴别碳酸钠和碳酸氢钠。

碳酸氢钠在食品工业上是发酵粉的主要成分，医药上用它来中和过量的胃酸，纺织工业上用作羊毛洗涤剂。它还用作泡沫灭火器的药剂。

5.3.2.3　氢氧化钾（KOH）

又称苛性钾，为白色固体，极易溶于水，并放出大量的热。在空气中易吸湿潮解。熔点较低，易熔化。氢氧化钾虽有实际用途，但由于成本高，产量少，应用不及氢氧化钠普遍。

5.3.2.4　碳酸钾（K_2CO_3）

为白色晶体，在潮湿的空气中易潮解，极易溶于水，其水溶液呈弱碱性。碳酸钾可用于制造硬质玻璃和洗羊毛用的软肥皂等。碳酸钾还存在于草木灰中，是一种重要的钾肥。

5.4　碱土金属

碱土金属元素包括铍（Be）、镁（Mg）、钙（Ca）、锶（Sr）、钡（Ba）、镭（Ra）六种元素。由于钙、锶、钡的氧化物有碱性，又有三氧化二铝的“土性”（早先人们曾将难溶于水，难熔融的三氧化二铝泛称为“土”），故称碱土金属。后来又把与其原子结构相似的铍和镁也包括在内。

5.4.1　碱土金属元素的原子结构

碱土金属原子的价电子结构为 ns^2。由于它们的次外层电子都已达到稳定结构，所以在化学反应中容易失去最外层的两个电子而显＋2 价。碱土金属元素的原子结构，如表 5.2 所示。

5.4.2　碱土金属元素的性质比较

碱土金属与同周期的碱金属原子相比多了一个核电荷，核对电子的吸引力要强些。因此，其原子半径要小一些，金属性比碱金属弱一些。但从整个周期来看仍是活泼性相当强的金属元素。随着原子序数的增大，碱土金属的电子层依次增加，原子半径依次增大，金属的熔点、沸点、密度等物理性质呈现规律性变化，化学活泼性以及它们的氢氧化物的碱性依次增强，这与碱金属的金属活泼性变化规律是一致的。碱土金属的主要物理性质如表 5.2 所示。

表 5.2　碱土金属元素的原子结构及单质的物理性质

元素名称	铍	镁	钙	锶	钡
元素符号	Be	Mg	Ca	Sr	Ba
核电荷数	4	12	20	38	56
价电子结构	$2s^2$	$3s^2$	$4s^2$	$5s^2$	$6s^2$
化合价	＋2	＋2	＋2	＋2	＋2
密度/$g \cdot cm^{-3}$	1.848	1.738	1.55	2.54	3.5
熔点/K	1551	921.8	1112	1042	998
沸点/K	3243	1363	1757	1657	1913
硬　度	4	2.5	2	1.8	—
颜　色	钢灰色	银白色	银白色	银白色	银白色

5.4.3　钙、镁及其重要化合物

5.4.3.1　钙、镁的存在和物理性质

钙、镁在自然界中分布很广泛。钙主要是以石灰石、大理石、方解石（均为 $CaCO_3$）、

石膏（$CaSO_4 \cdot 2H_2O$）、白云石（$CaCO_3 \cdot MgCO_3$）、磷灰石[$Ca_5F(PO_4)_3$]、萤石（CaF_2）等形式存在于自然界中。镁主要是以光卤石（$KCl \cdot MgCl_2 \cdot 6H_2O$）、白云石、菱镁矿（$MgCO_3$）等存在，海水中也含有大量的 $MgCl_2$ 和 $MgSO_4$。

钙和镁都是银白色的轻金属，钙比镁稍软，可用刀切割。它们的密度、硬度、熔点和沸点都比相应的碱金属要高。

5.4.3.2 钙、镁的化学性质

钙、镁都是活泼的金属，它们的原子最外层有两个电子，在反应中容易失去这两个电子而成为+2价的阳离子，表现出活泼的化学性质和很强的还原性。钙比镁的原子半径大，比镁更容易失电子，所以钙比镁更活泼。

（1）钙、镁与氧气的反应 常温下，镁与空气中的氧缓慢反应，表面上生成一层十分致密的氧化膜，保护内层镁不再继续受空气的氧化，因此，镁无须密闭保存。由于镁的这个性质，它在工业上有很大的实用价值。

【演示实验 5.7】 取镁条一段，用砂纸擦去其表面的氧化物，用镊子夹住放在酒精灯上灼烧，离开火焰，观察其现象。

镁条剧烈燃烧，生成白色粉末状的氧化镁，同时放出强烈的白光，因此可用它制造焰火、照明弹和照相镁灯。

$$2Mg + O_2 \xrightarrow{燃烧} 2MgO$$

钙比镁更活泼，钙暴露在空气中立刻被氧化，表面上生成一层疏松的氧化物，对内部不起保护作用，所以钙必须保存在密闭的容器中。

钙在空气中加热也能燃烧，火焰呈现砖红色，生成氧化钙。

$$2Ca + O_2 \xrightarrow{燃烧} 2CaO$$

（2）钙、镁与其他非金属反应 钙和镁都能与卤素、硫等反应，生成卤化物或硫化物，但钙的反应比镁容易。

$$Mg + Br_2 \longrightarrow MgBr_2$$

$$Ca + S \longrightarrow CaS$$

钙和镁在空气中燃烧生成氧化物的同时还可生成少量的氮化物。

$$3Mg + N_2 \xrightarrow{高温} Mg_3N_2$$

在加热的条件下，钙与氢反应可生成氢化钙。

$$Ca + H_2 \xrightarrow{473 \sim 573K} CaH_2$$

氢化钙遇水生成氢氧化钙并放出氢气。

$$CaH_2 + 2H_2O \longrightarrow Ca(OH)_2 + 2H_2 \uparrow$$

镁不与氢气反应，说明它的活泼性不如钙。

（3）钙、镁与水、稀酸的反应

【演示实验 5.8】 在一支试管中加入少量水和几滴酚酞，将一段去掉氧化膜的镁条投入试管中，观察现象。将试管放在酒精灯上加热至沸腾，移开火焰，观察有什么变化。

镁在常温下与水反应缓慢，不易察觉，但在沸水中反应显著，这是因为反应生成的氢氧化镁在冷水中溶解度较小，覆盖在镁的表面，阻止了反应的继续进行。

$$Mg + 2H_2O \xrightarrow{沸水} Mg(OH)_2 \downarrow + H_2 \uparrow$$

钙在冷水中就能剧烈反应，生成氢氧化钙。

$$Ca+2H_2O \longrightarrow Ca(OH)_2+H_2\uparrow$$

钙和镁与盐酸或稀硫酸反应生成相应的盐，并放出氢气，但钙比镁反应要剧烈得多。

$$Mg+2HCl \longrightarrow MgCl_2+H_2\uparrow$$

$$Mg+H_2SO_4 \longrightarrow MgSO_4+H_2\uparrow$$

(4) 钙、镁在高温下与氧化物、氯化物反应

钙、镁在高温下能与氧化物、氯化物反应。

$$CO_2+2Mg \xrightarrow{高温} C+2MgO$$

$$TiCl_4+2Ca \xrightarrow{高温} Ti+2CaCl_2$$

5.4.3.3 钙、镁的制备和用途

工业上通过电解熔融氯化物的方法来制取金属钙和金属镁。

$$CaCl_2\ (熔融) \xrightarrow{电解} Ca+Cl_2\uparrow$$

$$MgCl_2\ (熔融) \xrightarrow{电解} Mg+Cl_2\uparrow$$

钙主要用于高纯度金属的冶炼，也可用于制取合金，如含1%钙的铅合金可作轴承材料。

镁的主要用途是制取轻金属，如电子合金（内含镁大于80%，其余是铝、锌、锰、铜、钛等），这种合金的特点是：硬度和韧性都大，但密度却很小，广泛用于飞机和导弹制造工业。镁还是很好的还原剂，如钛、铀的冶炼，就可以用镁作还原剂。

5.4.3.4 钙、镁的重要化合物

(1) 氧化物

氧化镁（MgO） 又称苦土，是一种难溶的白色粉末。熔点高达3073K，是优良的耐高温材料，可用来制造坩埚、耐火砖、耐火管和金属陶瓷等；医学上将纯的氧化镁用作抑酸剂，以中和过多的胃酸，还可作为轻泻剂。

氧化钙（CaO） 俗名生石灰，简称石灰，是白色固体。氧化钙很容易与水反应生成氢氧化钙（这一过程叫做生石灰的消化或熟化）并放出大量的热，因此，它常被用作干燥剂，可以用来吸收酒精中的水分。氧化钙广泛地应用在制造电石、漂白粉及建筑方面。

(2) 氢氧化物

氢氧化镁［$Mg(OH)_2$］ 是微溶于水的白色粉末，它是中等强度的碱，可用镁的易溶盐与强碱反应制取。氢氧化镁在医药上常配成乳剂，称镁乳，作为轻泻剂，也有抑制胃酸的作用。氢氧化镁还用于制造牙膏、牙粉。

氢氧化钙［$Ca(OH)_2$］ 俗称熟石灰或消石灰，是一种白色粉末，它的水溶液称“石灰水”，呈碱性（比氢氧化镁的碱性略强）。氢氧化钙在空气中能吸收 CO_2 产生 $CaCO_3$ 白色沉淀。

$$Ca(OH)_2+CO_2 \longrightarrow CaCO_3\downarrow+H_2O$$

常用这一反应来检验 CO_2 气体。

氢氧化钙是一种很重要的建筑材料。在化学工业上主要用于制取漂白粉、纯碱、糖等。

(3) 氯化物

氯化镁（$MgCl_2$） $MgCl_2\cdot 6H_2O$ 是一种无色晶体，味苦，易溶于水，有吸潮性。

$MgCl_2 \cdot 6H_2O$ 受热至 800K 以上，分解为氧化镁和氯化氢。

$$MgCl_2 \cdot 6H_2O \xrightarrow{800K} MgO + 2HCl\uparrow + 5H_2O$$

所以仅用加热的方法得不到无水 $MgCl_2$。欲得到无水 $MgCl_2$，必须在干燥的 HCl 气流中加热 $MgCl_2 \cdot 6H_2O$，使其脱水。无水 $MgCl_2$ 是制取金属镁的原料，纺织工业中用 $MgCl_2$ 来保持棉纱的湿度而使其柔软。

将灼烧过的氧化镁和氯化镁的浓溶液按一定的比例混合，所得浆液经数小时后即凝成固体，俗称镁水泥。这种水泥硬化快，强度高，还可用木屑、刨花等作填料，制造人造大理石、刨花板。

氯化钙（$CaCl_2$） 是白色固体，在水中溶解度很大，遇水生成 $CaCl_2 \cdot 6H_2O$。将 $CaCl_2 \cdot 6H_2O$ 加热脱水后生成无水 $CaCl_2$，它是一种多孔性物质，有很强的吸水性，可用来作干燥剂，但不能用它来干燥氨气和酒精，因为它与氨气、酒精分别生成 $CaCl_2 \cdot 4NH_3$、$CaCl_2 \cdot 8NH_3$、$CaCl_2 \cdot 4C_2H_5OH$ 等。

$CaCl_2$ 的水溶液冰点很低，质量分数为 32.5%时，其冰点为 222K，它是常用的冷冻液，工厂里称其为冷冻盐水。

（4） 硫酸盐

硫酸镁（$MgSO_4$） 易溶于水，溶液带有苦味，在干燥空气中易风化而成粉末。常温时在水中结晶，析出无色易溶于水的水合物 $MgSO_4 \cdot 7H_2O$，它在医药上被用作泻药，称为轻泻盐。另外，造纸、纺织等工业也用到硫酸镁。

硫酸钙（$CaSO_4$） 是白色粉末，微溶于水。带两个分子结晶水的硫酸钙叫石膏（$CaSO_4 \cdot 2H_2O$）。将石膏加热到 423～443K 时，失去部分结晶水成为熟石膏［$(CaSO_4)_2 \cdot H_2O$］。

$$2CaSO_4 \cdot 2H_2O \xrightarrow{423\sim443K} (CaSO_4)_2 \cdot H_2O + 3H_2O$$

熟石膏与水混合成糊状后，很快凝固和硬化，重新变成石膏。利用这种特性可以将其用于铸造模型和雕像，在外科上还可用作石膏绷带。

（5） 碳酸盐

碳酸镁（$MgCO_3$） 为白色固体，微溶于水。若将 CO_2 通入 $MgCO_3$ 的悬浮液中，则生成可溶性的碳酸氢镁。

$$MgCO_3 + CO_2 + H_2O \longrightarrow Mg(HCO_3)_2$$

碳酸钙（$CaCO_3$） 为白色粉末，难溶于水，但能溶于含有 CO_2 的水中，生成可溶性的碳酸氢钙，两者可相互转化。

自然界中的石灰石、大理石等，主要成分是碳酸钙，所以溶洞的形成，就是石灰石长期受到饱和的 CO_2 水侵蚀的缘故。而溶洞中悬挂的钟乳石，则是碳酸氢钙长期流滴转为碳酸钙的结果，中国有不少著名的溶洞。

碳酸钙是建筑、冶金、颜料以及制粉笔的材料，大理石更是高级建筑材料。

5.4.4 Ca^{2+}、Mg^{2+} 的检验

（1） Ca^{2+} 的鉴定 有硫酸钙显微结晶法和 GBHA 法

a. 硫酸钙显微结晶法。Ca^{2+} 与稀硫酸作用，生成 $CaSO_4 \cdot 2H_2O$ 白色晶形沉淀。其晶形随 Ca^{2+} 的浓度大小而不同，如图 5.5 所示，由此可确定 Ca^{2+} 的存在。

Pb^{2+}、Ba^{2+}、Sr^{2+}对此反应有干扰，大量的Fe^{3+}、Cr^{3+}、Al^{3+}和碱金属氯化物以及硼酸盐会阻滞晶体的生成，应预先除去。

b. GBHA 法。在碱性溶液中，Ca^{2+}与乙二醛双缩［2-羟基苯胺］试剂作用，生成红色沉淀，此沉淀不被碳酸钠分解，易溶于氯仿。由此可确定 Ca^{2+}的存在。

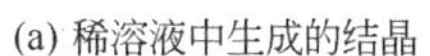
(a) 稀溶液中生成的结晶

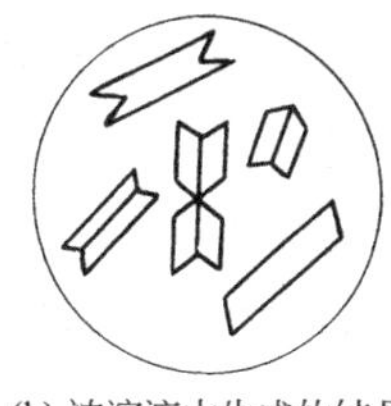
(b) 浓溶液中生成的结晶

图 5.5 $CaSO_4 \cdot 2H_2O$ 结晶

（2）Mg^{2+} 的鉴定　有镁试剂法和氢氧化钾——碘法

a. 镁试剂法。在强碱性介质中，Mg^{2+}离子以氢氧化镁沉淀的形式存在。加入镁试剂（对硝基苯偶氮间苯二酚）后，氢氧化镁沉淀吸附镁试剂呈天蓝色，由此可确定 Mg^{2+}的存在。

在碱性介质中能够生成沉淀的阳离子对鉴定反应有干扰，大量铵盐的存在也阻碍氢氧化镁沉淀的生成，应预先除去。

b. 氢氧化钾——碘法。碘在碱性介质中，有如下反应：

$$I_2+2OH^- \rightleftharpoons IO^- +I^- +H_2O$$

当溶液中有 Mg^{2+}存在时，将生成氢氧化镁沉淀，使上述平衡反应向左移动，产生的 I_2 被氢氧化镁吸附显红棕色。由此可确定 Mg^{2+}的存在。

NH_4^+、PO_4^{3-}、$C_2O_4^{2-}$ 等干扰鉴定，故应预先除去。

5.4.5　硬水及硬水软化

5.4.5.1　硬水和软水

水是日常生活和工农业生产不可缺少的物质。水质的好坏对生产和生活影响很大。天然水长期与空气、岩石、土壤等接触，溶解了许多无机盐类和某些可溶性有机物以及气体等。天然水中溶解的无机盐有钙、镁的酸式碳酸盐、碳酸盐、氯化物、硫酸盐和 HCO_3^-、CO_3^{2-}、Cl^-、SO_4^{2-}、NO_3^- 等阴离子。工业上通常按水中含 Ca^{2+}和 Mg^{2+}离子的多少，将天然水分为硬水和软水。含有较多的 Ca^{2+}和 Mg^{2+}的水称为硬水；含有极少量或不含 Ca^{2+}和 Mg^{2+}的水称为软水。

硬水又可分为暂时硬水和永久硬水两种。含有钙、镁的酸式碳酸盐的硬水叫暂时硬水。暂时硬水经过煮沸以后酸式碳酸盐会分解，生成不溶性的碳酸盐沉淀而除去 Ca^{2+}和 Mg^{2+}。

所发生的反应为：

$$Ca(HCO)_2 \xrightarrow{加热} CaCO_3 \downarrow +H_2O+CO_2 \uparrow$$

$$Mg(HCO)_2 \xrightarrow{加热} MgCO_3 \downarrow +H_2O+CO_2 \uparrow$$

含有钙和镁的硫酸盐或氯化物的硬水叫永久硬水。它们不能用煮沸的方法除去 Ca^{2+}和 Mg^{2+}，只能用蒸馏或化学净化等方法进行处理。

5.4.5.2　硬水的危害

在化工生产、蒸汽、动力、印染、纺织、医药等部门使用硬水，会给生产和产品质量带来不良影响。比如工业锅炉使用硬水，日久就会形成锅垢（主要成分是碳酸镁、碳酸钙、硫酸钙等），由于锅垢不易传热，不仅消耗燃料，更严重的是锅垢产生裂缝造成局部过热，可以引起锅炉爆炸。再如化工生产中使用硬水，Ca^{2+} 和 Mg^{2+} 等杂质被带入产品，会影响产品质量。印染工业使用硬水则会影响染色，皮革行业使用硬水会使皮革着色不均，硬水也不适于家庭洗涤。例如，用硬水洗衣服时，会使肥皂形成不溶性的硬脂酸钙和硬脂酸镁，不仅浪费肥皂而且衣服也洗不干净。

【演示实验 5.9】 在两支试管中，各加入蒸馏水和天然水 5mL，然后分别滴加肥皂水数滴，振荡试管，观察现象。

盛有蒸馏水的试管里泡沫很多，没有沉淀。盛有天然水的试管经振荡后不起泡沫而产生沉淀。

所发生的反应为：

$$2C_{17}H_{35}COONa + Ca(HCO_3)_2 \longrightarrow (C_{17}H_{35}COO)_2Ca\downarrow + 2NaHCO_3$$

所以在使用硬水前，必须减少其中钙盐和镁盐的含量，这种过程叫硬水的“软化”。硬水的软化方法很多，下面介绍目前最常用的两种方法。

(1) 化学软化法　化学软化法是在水中加入某些化学试剂，使水中溶解的钙盐、镁盐成为沉淀析出。常用石灰、纯碱来软化硬水，故又叫石灰——纯碱法。

所发生的反应为：

$$Ca(HCO_3)_2 + Ca(OH)_2 \longrightarrow 2CaCO_3\downarrow + 2H_2O$$

$$Mg(HCO_3)_2 + 2Ca(OH)_2 \longrightarrow Mg(OH)_2\downarrow + 2CaCO_3\downarrow + 2H_2O$$

$$MgSO_4 + Ca(OH)_2 \longrightarrow Mg(OH)_2\downarrow + CaSO_4$$

$$CaSO_4 + Na_2CO_3 \longrightarrow CaCO_3\downarrow + Na_2SO_4$$

$$MgSO_4 + Na_2CO_3 \longrightarrow MgCO_3\downarrow + Na_2SO_4$$

化学软化法需要沉淀、过滤等过程，操作不便，软化效率不高，但成本低，适用于 Ca^{2+}、Mg^{2+} 含量较高的水的初步处理。

(2) 离子交换法　离子交换法是用离子软化剂软化水的一种方法。常用的离子交换剂有磺化煤、沸石、离子交换树脂等。

磺化煤（NaR）是黑色颗粒状物质，不溶于酸和碱。当硬水流经磺化煤时，水里的 Ca^{2+}、Mg^{2+} 跟磺化煤中的 Na^+ 起交换作用，从而使水得到软化。

所发生的反应为：

$$2NaR + Ca^{2+} \longrightarrow CaR_2 + 2Na^+$$

$$2NaR + Mg^{2+} \longrightarrow MgR_2 + 2Na^+$$

磺化煤中的 Na^+ 全部被 Ca^{2+}、Mg^{2+} 取代后，就失去了软化水的能力，可用 8%～10% 的氯化钠溶液浸泡，使之再生。

$$CaR_2 + 2Na^+ \longrightarrow Ca^{2+} + 2NaR$$

沸石是铝硅酸的钠盐，它软化水的原理和磺化煤相似。

离子交换树脂是一种带有可交换离子的高分子化合物，它分为阳离子交换树脂（用 RH 表示）和阴离子交换树脂（用 ROH 表示）。用离子交换树脂可以将水中的各种杂质离子除去，得到去离子水。如图 5.6 所示。

$$2RH + Ca^{2+} \longrightarrow CaR_2 + 2H^+$$

$$2ROH + SO_4^{2-} \longrightarrow R_2SO_4 + 2OH^-$$

离子交换树脂用过一段时间后，会失去软化硬水的能力。因此，也需再生。阳离子交换树脂可用5％的盐酸处理，阴离子交换树脂可用5％的氢氧化钠溶液处理。

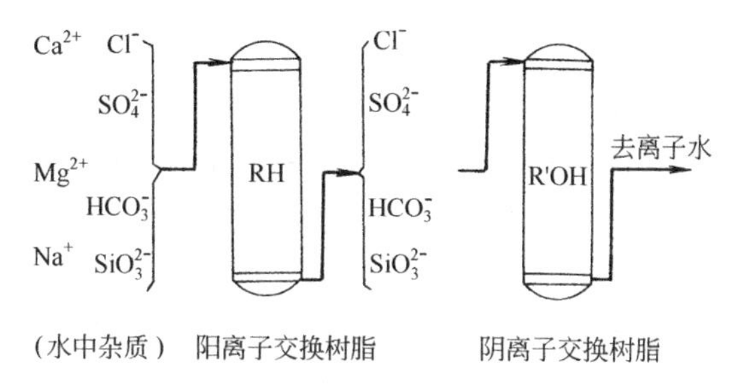

图 5.6 离子交换法软化水示意图

离子交换软化水的方法，具有质量高，设备简单，占地面积小，操作方便等优点，目前使用比较普遍。

* 有关钙及其化合物的性质及相互转化关系，如图 5.7 所示。

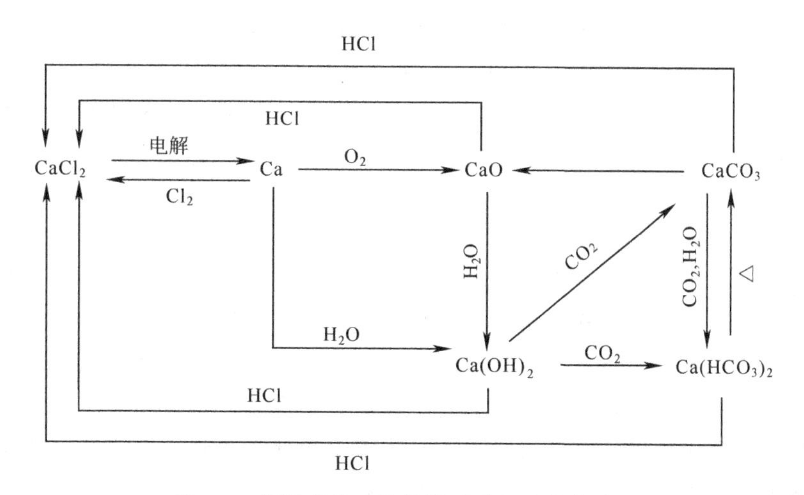

图 5.7 钙及其化合物的性质及相互转化关系

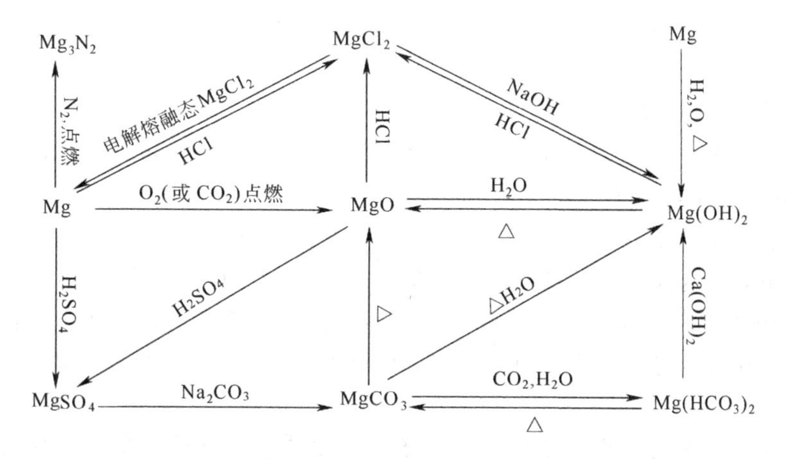

图 5.8 镁及其化合物的性质及相互转化关系

* 有关镁及其化合物的性质及相互转化关系，如图5.8所示。

科 海 拾 贝

钙与人体的健康

钙是人体含量最丰富的元素之一，一个成年人身上钙的总量超过1kg，其中99%存在于骨骼，仅有1%左右分布在血液和各种软组织中，由此可见骨骼不仅支撑了身躯，它还是一个巨大的“储钙库”，机体缺钙时即可动用骨骼里的钙。

钙的生理作用举足轻重，几乎人体的每个系统，如呼吸、消化、泌尿、神经、心血管、内分泌、骨骼、肌肉、免疫等系统都有钙参与其生理活动。血钙含量的微小变化，可以引起一系列生理乃至病理的改变。在人体钙代谢中，维持血钙稳定是关键，它是由骨钙库和血钙调控激素共同完成的。血钙调控激素主要包括甲状旁腺激素（促进破骨使骨钙外流，血钙增加），降钙素（促进成骨，使血钙降低）和维生素D_3（促进肠道吸收钙质）等，它们相互配合，将血钙稳定在昼夜变化不超过3%的水平上。

由于饮食结构的差异，东方人摄入的钙量明显低于西方人。中国的儿童、孕妇和老年人缺钙最甚。国内对钙的推荐摄入量为每人每日800mg，1982年营养调查表明，全国人均实际摄入量约500mg，另有四个省、市摄入量不足400mg。所以，增加钙的摄入，才能更好地保证人体健康。长期缺钙，会造成人体钙代谢紊乱，首先引发甲状腺机能亢进症，甲状腺亢进给老年人带来种种不适，如食欲不振、情感淡漠、心律紊乱、手足麻木、肌肉痉挛、多汗、多尿、疲劳、瘙痒等。只要大量补钙和有效控制甲状腺机能亢进，才可以阻止骨钙丢失，校正钙代谢失衡，调整内分泌，有效地抗衰老延寿命。

长期缺钙引起的甲状腺机能亢进，将造成人体的“钙迁徙”，即硬组织（骨）中的钙迁移到软组织和血液中，继之出现骨组织脱钙软化，软组织多钙硬化的紊乱局面，最终使人体各系统产生相应的病变。实验证明，钙元素是动脉粥样硬化斑块的主要成分之一；同时，钙在动脉壁弹性纤维上的沉积，被认为是导致胆固醇类物质通过内膜进入细胞的原因。血管硬化和结石是软组织硬化的例证，骨质疏松、骨质增生和龋齿是硬组织软化的典型表现。骨质疏松和骨质增生、龋齿和老年性牙周病、高血压和动脉粥样硬化，这些都属于缺钙综合症。

总之，钙与人体健康的关系十分密切。发现缺钙后及时补钙，将会提高生命质量，延缓衰老，使健康水平步上新台阶。

神话般的能源——反物质

一艘宇宙飞船升空，只需携带10mg的‘燃料’，这是不是神话呢？不，因为确有这种“燃料”，10mg可产生相当于200t液体燃料所产生的动力。这种能源就是“反物质”。不久前，欧洲粒子物理实验室的科学家们，用低能量环形加速器做实验时，获得了一种反物质。虽然它瞬息消逝，却为反物质的实际应用展示了美好前景。第一位预测有反物质存在的科学家是迪拉克，1933年他因此获得了诺贝尔物理学奖。他在领奖仪式上就指出：不但地球上存在“反物质”组成的另一世界，而且在夜空中所见许多星辰中，有些天体就是由反物质构成的。

大家都知道，物质是由原子组成的，原子又是由质子、电子、中子组成的。质子带正电，电子带负电，中子虽不带电，却有一定的磁性。因此，必然存在一种物质镜象，也就是说还有一种质子是带负电的叫“反质子”。同理，还有带正电的“反电子”和磁性相反的“反中子”，它们统称为“反物质”。物理学家眼下还没有办法把它们结合的反物质保留下来。主要是它们的能量太高，“安定”不下来，因为物质与反物质简直水火不容，只要相遇，就互相吸引碰撞转化为光。所以，通常物质中是无从获得反物质的，即使实验条件下，反物质也是瞬息即逝，据称：当1g物质与1g反物质相湮灭时，放出的能量，相当于世界上最大水电站12h发电量的总和。反物质还是诊治疑难疾病的能手，可用它准确击中癌瘤，而不损害周围组织。反物质有巨大的爆破力，却没核能那种破坏环境的副作用。它还可用来移山填海，例如把喜马拉雅山移开，西藏就可以受到印度洋暖湿空气的影响，变成温暖多雨的花果山。

思考与练习

一、填空

1. 碱金属包括________、________、________、________、________、________六种金属，其中________是放射性元素；________、________、________是稀有元素；只有________、________是常见元素。

2. 和相邻的碱金属比较，碱土金属原子的最外层多了________个电子，原子核对电子的引力________，所以碱土金属的活泼性比相邻的碱金属较________。

3. 实验室盛氢氧化钠的试剂瓶，要用橡皮塞而不用玻璃塞，这是因为________________________________，反应式为________________________________。

4. 热水瓶用久以后，瓶底会有一层污垢，这是因为________________________________，可用________________处理。

5. 含有较多的Ca^{2+}、Mg^{2+}的水叫__________。含有钙、镁的酸式碳酸盐的水叫________，这种水用________的方法能将钙、镁离子除去。含有钙、镁的氯化物或硫酸盐的水叫________。

二、选择

1. 下列关于金属钠的叙述，错误的是________。

   A. 钠与水作用生成氢气，同时生成氢氧化钠。

   B. 少量的钠通常贮存在煤油里。

   C. 在自然界中，钠可以单质的形式存在。

   D. 金属钠的熔点低、密度小、硬度小。

2. 金属钠比金属钾________。

   A. 金属性强　B. 原子半径大　C. 还原性弱　D. 性质活泼

3. 在盛有氢氧化钠溶液的试剂瓶口，常看到有白色的固体物质，它是____________。

   A. NaOH　B. Na_2CO_3　C. Na_2O　D. $NaHCO_3$

4. 要除去纯碱中混有的小苏打，正确的方法是________。

   A. 加入稀盐酸　B. 加热灼烧

   C. 加入石灰水　D. 加入盐水

5. 下列关于镁的说法正确的是________。

   A. 金属镁是活泼的金属，但在空气中很稳定，不必密封保存。

   B. 镁极易与水反应，生成可溶性碱。

   C. 由于二氧化碳不助燃，燃着的镁条放进二氧化碳中，火很快熄灭。

   D. 镁和许多非金属单质如卤素等不反应。

6. 下列关于钙的叙述不正确的是________________。

   A. 金属钙应密封保存

B. 钙燃烧时火焰呈砖红色

C. 将金属钾投到氯化钙的水溶液中可制备金属钙

D. 钙比镁的性质更活泼

三、回答下列问题

1. 金属钠应如何保存？为什么？

2. 金属钠没有腐蚀性，为什么不能用手拿？

3. 什么是焰色反应？焰色反应有哪些实际应用？

四、鉴别下列各组化合物

1. 纯碱、烧碱和小苏打。

2. $CaCO_3$、$Ca(OH)_2$、$CaCl_2$ 和 $CaSO_4$。

3. NaCl、KCl、$CaCl_2$、$MgCl_2$、$BaCl_2$ 溶液。

4. 蒸馏水、暂时硬水和永久硬水。

五、生石灰为什么可以做干燥剂？它能用来干燥下列哪种气体？为什么不能干燥其余的气体？写出有关的化学方程式。

氨；氢气；氯气；二氧化碳；氯化氢。

六、用化学反应方程式表示下列各步反应

1. $Mg \longrightarrow MgO \longrightarrow MgCl_2 \longrightarrow MgCO_3 \longrightarrow MgSO_4 \longrightarrow Mg(OH)_2 \longrightarrow MgCl_2 \longrightarrow Mg$

2. $Ca \longrightarrow CaO \longrightarrow Ca(OH)_2 \longrightarrow CaCO_3 \longrightarrow Ca(HCO_3)_2 \longrightarrow CaCO_3 \longrightarrow CaCl_2 \longrightarrow Ca$

七、硬水有何危害？常用哪些方法处理？

八、含碳酸钙90%的石灰石10g，与密度为$1.19g \cdot cm^{-3}$，质量分数为36.5%的盐酸10mL作用，问可放出多少升二氧化碳（标准状况下）？

九、趣味实验：火龙写字

1. 准备好毛笔、白纸、铅笔、长火柴以及饱和 KNO_3 溶液。

2. 用蘸有饱和 KNO_3 溶液的毛笔在白纸上写连笔字，重复写三遍并用铅笔做出记号。

3. 用带有火星的火柴轻轻接触纸上的记号，并缓慢地沿着连笔字型写字，就像用火写字一样。

4. 想一想为什么？

6. 氧 族 元 素

学习指南 氧族元素所包含的五种元素中，以氧和硫最为重要，它们的性质相似，通过学习，应能系统地比较出氧和硫在性质上的相似以及不同；同时应了解氧、硫与环境的污染及保护的意义，以便在将来的工作中能充分应用所学知识减少污染物的排放及保护好环境。

本章学习要求

掌握硫、硫化氢、二氧化硫的化学性质，浓硫酸的特性及 SO_4^{2-} 的检验方法，理解氧族元素的原子结构及通性。了解臭氧、硫化氢、二氧化硫与环境保护的关系；硫酸的工业制法。

本章中心点：氧、硫及化合物的化学性质

6.1 氧族元素通性

6.1.1 氧族元素的原子结构

氧族元素位于元素周期表的第ⅥA族，包括氧(O)、硫(S)、硒(Se)、碲(Te)、钋(Po)五种元素。氧族元素的价电子层结构为 ns^2np^4，最外层为6个电子。

6.1.2 氧族元素的性质比较

随着原子序数的增加，氧族元素的原子半径逐渐增大，非金属性逐渐减弱，逐渐显示出金属性；如氧和硫是典型的非金属，硒和碲是稀有元素，典型的半导体材料，钋为放射性金属。氧族元素的非金属性不如同周期的卤族元素的非金属性强。氧族元素单质的熔、沸点随元素原子序数的增加而逐渐升高。如表6.1所示。

表 6.1 氧族元素的性质

原子序数	元素名称	元素符号	价电子层结构	原子半径 $/10^{-10}$m	熔点/K	沸点/K	主要化合价	单质的颜色及状态
8	氧	O	$2s^22p^4$	0.66	54.8	90.19	−2、0	无色气体
16	硫	S	$3s^23p^4$	1.04	386.0	717.8	−2、0、+2、+4、+6	黄色固体
34	硒	Se	$4s^24p^4$	1.17	490	958.1	−2、0、+2、+4、+6	灰色固体
52	碲	Te	$5s^25p^4$	1.37	722.7	1263	−2、0、+2、+4、+6	银白色固体
84	钋	Po	$6s^26p^4$	1.67	527	1235	—	—

氧在其化合物中主要显示出−2价，硫主要显示出−2、+2、+4、+6价。氧与绝大多数金属形成离子化合物，硫与活泼金属可形成离子化合物；氧族元素的原子与非金属均形成共价化合物。

6.2 氧、臭氧、过氧化氢

6.2.1 氧

氧主要以单质、水、氧化物、含氧酸盐的形式广泛存在于地壳中（质量分数为

48.6%)，是自然界中分布最广的元素。氧约占空气体积的21%，是生物呼吸、物质燃烧的基础。

氧气是无色、无臭的气体。在标准状况下，密度为1.429g·L^{-1}，比空气略重。氧是非极性分子，293K时，1L水仅能溶解30mL氧气，但却是水中生物赖以生存的基础。

氧是一种化学性质活泼的元素。在加热条件下，除少数贵金属（Au、Pt等）及稀有气体外，氧几乎能与所有的元素直接化合形成相应的氧化物。如：

$$2H_2+O_2 \xrightarrow{\triangle} 2H_2O$$

$$S+O_2 \xrightarrow{\triangle} SO_2$$

$$3Fe+2O_2 \xrightarrow{\triangle} Fe_3O_4$$

氧的用途很广。富氧空气或纯氧用于医疗和高空飞行；大量的纯氧用于炼钢；氧炔焰和氢氧焰用于切割和焊接金属；液氧常用作火箭发动机的助燃剂。通常把氧气加压液化，保存在天蓝色的钢瓶中（字样为黑色），便于运输和使用。

6.2.2 臭　氧

臭氧是氧的同素异形体。臭氧是淡蓝色的气体，其化学性质与氧气相似，但物理性质及化学活泼性有差异。如表6.2所示。

表6.2　氧与臭氧的性质比较

性　质	氧 O_2	臭氧 O_3	性　质	氧 O_2	臭氧 O_3
气　味	无味	鱼腥臭味	沸点/K	90	161
气体颜色	无色	淡蓝色	273K时在水中的溶解度/mL·L^{-1}	49.1	494
液体颜色	淡蓝色	深蓝色	稳定性	较强	高温分解为 O_2
熔点/K	54	80	氧化性	强	很强

臭氧在地面附近的大气层中含量极少，在离地面25km处有一由太阳紫外线的强辐射形成的臭氧层。

$$3O_2 \xleftrightarrow{\text{紫外光或红外光}} 2O_3$$

高层大气中存在着臭氧和氧互相转化的动态平衡，消耗了太阳辐射到地球的大量紫外光，从而使地球上的生物免遭紫外线的伤害，因此高空臭氧层可称为地球上一切生命的保护伞。近年来发现大气上空臭氧锐减，甚至在南极和北极上空已形成了臭氧空洞。其主要原因是人类大量使用氟里昂制冷剂及矿物燃料（汽油、煤、柴油），向大气中过量排放氯氟烃和氮氧化物。这些物质可引起臭氧分解。据统计，大气中臭氧每减少1%，照射到地面上的紫外光就增加2%，皮肤癌患者就增加4%左右；臭氧层的变化还会损害人的免疫系统，给人类健康带来难以想象的恶果。因此，我们应致力于臭氧层的保护，尽量减少氮氧化物的排放，限制氯氟烃的生产和使用，为人类创造一个良好的生存环境。

6.2.3 过氧化氢

过氧化氢（H_2O_2）是一种无色黏稠的液体，沸点为423K，凝固点为273K。273K时其液体的相对密度为1.456g·cm^{-3}。

过氧化氢能以任意比例与水混溶，其水溶液称为双氧水。常使用含H_2O_2质量分数为30%的试剂和3%的稀溶液。

过氧化氢不稳定。纯的过氧化氢在426K以上发生爆炸性分解，在较低温度下分解速度较平稳。

$$2H_2O_2 \longrightarrow 2H_2O + O_2\uparrow$$

【演示实验 6.1】 观察盛有3 mL 3% H_2O_2 的试管，分解速率很慢；加入少量 MnO_2 粉末后，过氧化氢剧烈分解，产生的气体可使火柴余烬复燃。

需要注意的是：

(1) 过氧化氢在碱性介质中的分解速率比在酸性介质中的分解速率快。Fe、Mn、Cu 等许多重金属离子，可加快分解速率；强光的照射也会加快其分解。

(2) 过氧化氢分子中氧的化合价为-1，在反应中有向-2价和0价两种化合价转化的可能，因此，过氧化氢既有氧化性又有还原性。

(3) 过氧化氢无论在酸性介质或在碱性介质中都是强的氧化剂。

【演示实验 6.2】 在盛有1 mL 0.1mol·L^{-1}KI 溶液的试管中，加入 1mL 2mol·L^{-1}的 H_2SO_4 溶液，再加入 2mL 3%的 H_2O_2 溶液及 2 滴淀粉试液，观察溶液颜色的变化。

过氧化氢将 I^- 氧化为 I_2。I_2 遇淀粉变蓝色。反应方程式为：

$$2KI + H_2O_2 + H_2SO_4(\text{稀}) \longrightarrow I_2 + K_2SO_4 + 2H_2O$$

实验表明，过氧化氢在酸性介质中，可做强氧化剂。

【演示实验 6.3】 在盛有1 mL 0.1mol·L^{-1} $Cr_2(SO_4)_3$ 溶液的试管中，加入 1mL 1mol·L^{-1}NaOH 溶液，再加入 2mL 3% H_2O_2 溶液，加热，观察溶液颜色的变化。

过氧化氢将 Cr^{3+}（碱性介质中为 CrO_2^-）氧化为 CrO_4^{2-}，溶液呈黄色，此法可用于 Cr^{3+} 的鉴定。

所发生的反应为：

$$2CrO_2^- + 3H_2O_2 + 2OH^- \longrightarrow 2CrO_4^{2-} + 4H_2O$$

实验表明，过氧化氢在碱性介质中，也可做强氧化剂。

由于过氧化氢还原性较弱，所以，只有与高锰酸钾、重铬酸钾等强氧化剂作用时才表现出还原性。

【演示实验 6.4】 在盛有2 mL 1% $KMnO_4$ 溶液的试管中，加入 1mL 2mol·L^{-1} H_2SO_4 溶液，再加入 2mL 3% H_2O_2，振荡，可见紫红色溶液褪为无色，并有气泡产生。所发生的反应为：

$$2KMnO_4 + 5H_2O_2 + 3H_2SO_4(\text{稀}) \longrightarrow 2MnSO_4 + K_2SO_4 + 5O_2\uparrow + 8H_2O$$

此反应可用于测定过氧化氢的含量。

过氧化氢的用途主要基于其氧化性，可漂白毛、丝、羽毛等含动物蛋白的织物。纯过氧化氢可作火箭燃料的氧化剂。医药上用3%过氧化氢作消毒剂。分析化学中可用过氧化氢将 Sn(Ⅱ)氧化为 Sn(Ⅳ)，便于锡离子的鉴定。

6.3 硫、硫化氢、二氧化硫

6.3.1 硫

在自然界中，游离态的硫（叫天然硫或自然硫）存在于火山口附近或地壳的岩层中，化合态的硫以硫铁矿（或黄铁矿 FeS_2）、黄铜矿（$CuFeS_2$）、石膏（$CaSO_4 \cdot 2H_2O$）、芒硝（$Na_2SO_4 \cdot 10H_2O$）的形式存在。

6.3.1.1 物理性质

硫俗称硫磺，是淡黄色晶体，质脆，有臭味，不溶于水，微溶于酒精，易溶于二硫化碳。硫的熔点是 386.0K，沸点是 717.8K。

6.3.1.2 化学性质

硫的化学性质较活泼，和氧相似，因其最外层电子排布为 $3s^2 3p^4$，故易得两个电子而达稳定结构，表现出硫的氧化性；同时，易偏移 4 个或 6 个电子而表现出还原性。

（1）硫的氧化性 硫的氧化性体现在与氢气和金属的反应。

硫蒸气能与氢气直接化合，生成硫化氢气体。

$$H_2 + S \xrightarrow{\triangle} H_2S$$

【演示实验 6.5】 把约 5g 研细的硫粉和约 5g 铁粉（最好是还原铁粉）混合均匀，装入试管中；轻轻振动试管后，使混合物粉末紧密接触，并铺平成一薄层，试管口略向下倾斜，把试管固定在铁架台上，如图 6.1 所示。

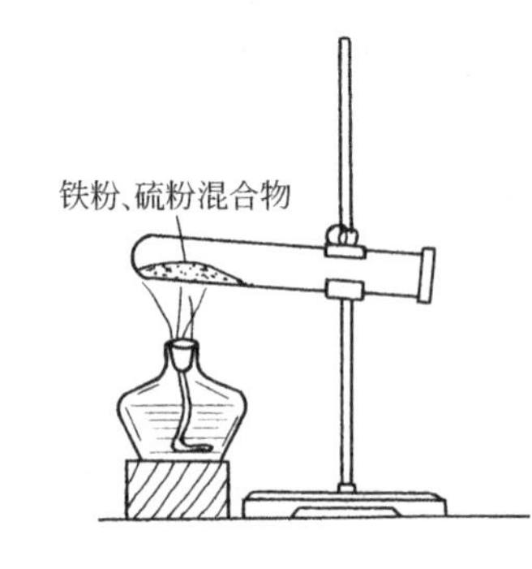

图 6.1 铁与硫的反应

加热试管底部，见到底部药品红热时立即把酒精灯移开，观察现象。

由实验可见，移开酒精灯后，反应继续进行，放出光和热，生成黑色的硫化亚铁。

$$Fe + S \xrightarrow{\triangle} FeS$$

用湿布蘸上硫粉在银器上摩擦也可使光亮的银器变黑。

$$2Ag + S \longrightarrow Ag_2S$$

（2）硫的还原性 硫的还原性表现在与比它活泼的非金属的反应。如硫在氧气中燃烧生成二氧化硫。

$$S + O_2 \xrightarrow{\text{点燃}} SO_2$$

硫主要用于制造硫酸、硫化橡胶、黑火药、火柴、杀虫剂等，医药上用硫磺软膏医治一些皮肤病。

6.3.2 硫化氢

火山喷气和某些矿泉水、温泉中都含有硫化氢；蛋白质腐烂以及某些含硫物质受热分解时，也逸出硫化氢。

硫化氢是无色具有臭鸡蛋气味的有毒气体，比空气重，能溶于水（常温下，1 体积水约溶 2.6 体积硫化氢），其水溶液叫氢硫酸。

实验室中通常用硫化亚铁与稀硫酸或稀盐酸反应制取硫化氢。

$$FeS + H_2SO_4(\text{稀}) \longrightarrow FeSO_4 + H_2S\uparrow$$

$$FeS + 2HCl(\text{稀}) \longrightarrow FeCl_2 + H_2S\uparrow$$

硫化氢不稳定，受热至 573K 以上时分解。

$$H_2S \xrightarrow{573K} H_2 + S$$

硫化氢可燃烧，产生淡蓝色火焰。若氧气充足，则完全燃烧生成二氧化硫和水。

$$2H_2S + 3O_2(\text{充足}) \xrightarrow{\text{点燃}} 2H_2O + 2SO_2$$

若氧气不充足，则不完全燃烧生成单质硫和水。

$$2H_2S+O_2(不充足)\xrightarrow{点燃}2H_2O+2S$$

硫化氢中硫的化合价为－2，不可能再得电子，而只能失去电子，故硫化氢具有还原性。

$$2H_2S+SO_2 \longrightarrow 3S\downarrow +2H_2O$$

氢硫酸是一种弱酸，与硫化氢一样具有臭鸡蛋气味，也具有还原性。氢硫酸受热时，H_2S 可从水溶液中逸出。分析化学中常用 $PbAc_2$ 试纸检验 H_2S 气体，如试纸变黑，可确定气体含有 H_2S。

$$PbAc_2+H_2S \longrightarrow PbS+2HAc$$

金属硫化物大多数难溶于水，并具有特征的颜色，如表 6.3 所示，此性质在定性分析中用于金属离子的鉴定和分离。

表 6.3　一些金属硫化物的颜色及溶解性

名　　称	化学式	颜　　色	在水中溶解性	在稀酸①中溶解性	溶度积②
硫化钠	Na_2S	白色	易	易	—
硫化锌	ZnS	白色	难	易	$(\beta-)2.5\times10^{-22}$
硫化锰	MnS	肉粉色	难	易	(结晶)2.5×10^{-13}
硫化亚铁	FeS	黑色	难	易	6.3×10^{-18}
硫化铅	PbS	黑色	难	难	8.0×10^{-28}
硫化镉	CdS	黄色	难	难	8.0×10^{-27}
硫化锑	Sb_2S_3	橘红色	难	难	2.9×10^{-59}
硫化亚锡	SnS	暗棕色	难	难	1.0×10^{-25}
硫化汞	HgS	黑色	难	难	1.6×10^{-52}
硫化银	Ag_2S	黑色	难	难	6.3×10^{-50}
硫化铜	CuS	黑色	难	难	6.3×10^{-36}

① 稀酸：一般指 $0.3mol\cdot L^{-1}$ HCl 溶液。

② 溶度积（K_{sp}）为沉淀溶解平衡常数，将在以后介绍。

6.3.3　二氧化硫

实验室中用亚硫酸钠与稀硫酸反应制取二氧化硫。

$$Na_2SO_3+H_2SO_4 \longrightarrow Na_2SO_4+SO_2\uparrow +H_2O$$

二氧化硫是无色有刺激性臭味的有毒气体，比空气重，易溶于水，极易液化。

二氧化硫易溶于水生成亚硫酸，因此又叫亚硫酐。亚硫酸是中强酸，此反应为可逆反应。

$$SO_2+H_2O \rightleftharpoons H_2SO_3$$

二氧化硫能与一些有机色素结合成为无色的化合物，因此它可做漂白剂。这些无色物质不稳定，久放或日晒、加热便会分解而恢复原来的颜色。

在二氧化硫中，硫的化合价为＋4，故二氧化硫既有氧化性又有还原性；但还原性是主要的。

$$SO_2 + O_2 \xrightarrow[\triangle]{催化剂} 2SO_3$$

只有当二氧化硫遇到强还原剂时，才表现出氧化性。

$$2H_2S + SO_2 \longrightarrow 2H_2O + 3S\downarrow$$

二氧化硫主要用于制造硫酸、亚硫酸和亚硫酸盐，还大量用于制造合成洗涤剂，住所和用具的消毒剂，纸张、草帽的漂白剂等。

6.3.4 硫及其化合物与环境保护

硫及其化合物（如 H_2S、SO_2）等，是环境污染物。

硫化氢是一种大气污染物，会麻醉人的中枢神经并影响呼吸系统，空气中含少量硫化氢会引起头痛、眩晕等症状，吸入较多的硫化氢会造成昏迷甚至死亡（大量使用硫化氢的岗位必须两人同时上岗，以防不测）。空气中硫化氢的最大允许含量为 $0.01mg \cdot L^{-1}$。

工业上利用析出硫的反应，从含硫化氢的废气中回收硫，并防止硫化氢的污染。

$$SO_2 + 2H_2S \longrightarrow 3S\downarrow + 2H_2O$$

二氧化硫是主要的大气污染物，对人体和环境危害极大，会引起人的呼吸道疾病，严重时会使人死亡。二氧化硫在潮湿的空气中易形成酸雾，也可形成酸雨（$pH<5.6$），严重危害人类健康及森林和农作物，影响水生动植物的生长，对桥梁、建筑物、名胜古迹、工业设备、电缆等的腐蚀非常严重。空气中二氧化硫的最大允许含量为 $0.02mg \cdot L^{-1}$。二氧化硫主要是煤和石油燃烧造成的，因此要减少人为的排放，综合开发、合理开采和使用煤等含硫资源，加快净煤步伐，调整能源结构，优化能源质量是防治酸雨的最有效途径。此外，对含二氧化硫的工业废气进行净化、回收，也可防止大气的污染，如可用强还原剂将二氧化硫还原。

$$SO_2 + 2CO \xrightarrow{铝矾土} S + 2CO_2$$

用强氧化剂（如 O_3 等）将其氧化制取硫酸，或用石灰乳、氨水、纯碱吸收制取 $CaSO_3$、NH_4HSO_3、Na_2SO_3 等。

6.4 硫　　酸

6.4.1 硫酸的工业制法

硫酸的工业制法主要采用接触法，在催化剂的作用下，将二氧化硫氧化为三氧化硫，再制成硫酸，其过程如下。

6.4.1.1 二氧化硫的制取和净化

用硫或硫铁矿（FeS_2）在空气中燃烧来制取二氧化硫。

$$S + O_2 \xrightarrow{燃烧} SO_2$$

$$4FeS_2 + 11O_2 \xrightarrow{燃烧} 8SO_2\uparrow + 2Fe_2O_3$$

此反应在沸腾炉中进行。所得二氧化硫气体中常含有氧气、氮气、水蒸气及砷、硒的化合物和矿尘等杂质，会使催化剂中毒，故应除尘、洗涤、干燥，将气体净化。

6.4.1.2 二氧化硫催化氧化为三氧化硫

净化后的二氧化硫加热至 723K 左右，通入装有催化剂（V_2O_5）的设备中，与氧气结合为三氧化硫，转化率约为 97%。此反应在接触室中进行，其反应方程式为：

$$2SO_2+O_2 \xrightarrow{V_2O_5} 2SO_3$$

6.4.1.3 三氧化硫的吸收和硫酸的生成

三氧化硫可与水作用生成硫酸。

$$SO_3+H_2O \longrightarrow H_2SO_4$$

由于反应放热，可使水蒸发，影响吸收效率，故工业上一般不用水直接吸收，而用98.3%的浓硫酸吸收三氧化硫，再用较稀的硫酸将其稀释为商品硫酸。反应在吸收塔中进行。

6.4.1.4 尾气的回收

尾气中含有少量的二氧化硫，可用氨水吸收。

$$NH_3 \cdot H_2O+SO_2 \longrightarrow NH_4HSO_3$$

接触法制硫酸的简单流程示意图，如图 6.2 所示。

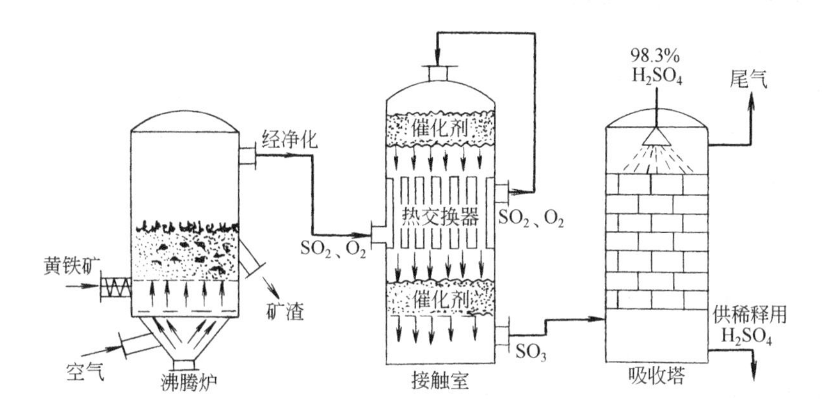

图 6.2 接触法制硫酸的简单流程示意图

6.4.2 浓硫酸的特性

纯硫酸是无色、难挥发的油状液体。硫酸可与水以任意比例混溶，溶解时放出大量的热。故稀释浓硫酸时只能将浓硫酸缓慢注入水中，并不断搅拌，以防溶解时剧烈放热，使酸液飞溅伤人。

硫酸是强酸，其水溶液具有酸类的通性。此外，浓硫酸还具有其他特性。

6.4.2.1 浓硫酸的吸水性和脱水性

浓硫酸具有强烈的吸水性，能吸收游离的水分子，故可用来干燥氯气、氢气、二氧化碳等（非还原性及碱性）气体。

浓硫酸还具有强烈的脱水性，可以从有机化合物中按 H∶O=2∶1 的比例，把氢原子和氧原子夺取出来，使有机物炭化。

【演示实验 6.6】 试管中放入少量的蔗糖，滴入几滴浓硫酸，静置，蔗糖逐渐变黑。

$$C_{12}H_{22}O_{11} \xrightarrow{浓\ H_2SO_4} 12C+11H_2O$$

注意：浓硫酸能严重地破坏动植物的组织，有强烈的腐蚀性，使用时应十分小心。若皮肤上不慎沾上浓硫酸，应迅速用干布拭去，再用大量的水冲洗。

6.4.2.2 浓硫酸的氧化性

浓硫酸是氧化性酸，加热时氧化性更为显著，可以氧化许多非金属和金属。

$$C+2H_2SO_4(浓)\xrightarrow{\triangle}CO_2\uparrow+2SO_2\uparrow+2H_2O$$

【演示实验 6.7】 在盛有少量浓硫酸的试管中，投入一小块铜片，加热，观察现象。用湿润的蓝色石蕊试纸检验试管口的气体。

浓硫酸与铜反应，放出有刺激性气味的二氧化硫气体，可使湿润的蓝色石蕊试纸变为红色。

$$Cu+2H_2SO_4(浓)\xrightarrow{\triangle}CuSO_4+SO_2\uparrow+2H_2O$$

浓硫酸在常温下与铁、铝等接触可使金属表面生成一层致密的氧化膜，阻止了内部的金属与浓硫酸继续反应，这种现象叫做钝化。因此，可用铁或铝的容器贮存冷的浓硫酸。

硫酸可用于制磷肥、氮肥以及各种硫酸盐，还可用于精炼石油等。因为它是一种难挥发的强酸，所以可用来制取易挥发的盐酸、硝酸等。

6.4.3 几种重要的含硫离子的检验

6.4.3.1 SO_4^{2-} 的检验

【演示实验 6.8】 在盛有1 mL 0.1mol·L^{-1} Na_2SO_4 溶液的试管中，滴加 0.1mol·L^{-1} $BaCl_2$ 溶液，观察现象，再加入 1mL 2mol·L^{-1} HNO_3 溶液，继续观察现象。

SO_4^{2-} 与 $BaCl_2$ 生成不溶于酸的白色 $BaSO_4$ 沉淀，是检验 SO_4^{2-} 的最好方法。

$$SO_4^{2-}+Ba^{2+}\longrightarrow BaSO_4\downarrow$$

6.4.3.2 S^{2-} 的检验

【演示实验 6.9】 在盛有1 mL 0.1mol·L^{-1} Na_2S 溶液的试管中，滴加 1%亚硝酰铁氰化钠($Na_2[Fe(CN)_5NO]$)溶液，观察现象。

S^{2-} 在碱性条件下与 $Na_2[Fe(CN)_5NO]$作用生成紫色配合物，此为定性分析中鉴定 S^{2-} 的方法。

6.4.3.3 SO_3^{2-} 的检验

【演示实验 6.10】 在盛有1 mL 1mol·L^{-1} Na_2SO_3 溶液的试管中，逐滴加入 1%品红溶液，观察现象。

SO_3^{2-} 在中性条件下可使品红溶液褪色，这是定性分析中 SO_3^{2-} 的鉴定方法。

6.4.3.4 $S_2O_3^{2-}$ 的检验

硫代硫酸钠（$Na_2S_2O_3$）俗称海波或大苏打，是无色透明晶体，易溶于水。硫代硫酸钠在碱性和中性溶液中较稳定，但在酸性溶液中易分解，析出单质硫，使溶液浑浊。

$$S_2O_3^{2-}+2H^+\longrightarrow S\downarrow+SO_2\uparrow+H_2O$$

定性分析中利用此性质进行 $S_2O_3^{2-}$ 的鉴定。

【演示实验 6.11】 在盛有2 mL 0.1mol·L^{-1} $Na_2S_2O_3$ 溶液的试管中，加入 1mL 2mol·L^{-1} H_2SO_4 溶液，振荡，可见有白色浑浊出现。

硫代硫酸钠有还原性，当与碘水作用时可将 I_2 还原为 NaI，此反应在分析化学中作定量测定。

【演示实验 6.12】 在盛有1 mL I_2 水的试管中，加入几滴淀粉指示液，逐滴加入 0.1 mol·L^{-1} $Na_2S_2O_3$ 溶液，振荡，可见溶液蓝色逐渐消失。

$$2S_2O_3^{2-}+I_2\longrightarrow 2I^-+S_4O_6^{2-}$$

* 有关硫及其化合物的相互转化关系，如图 6.3 所示。

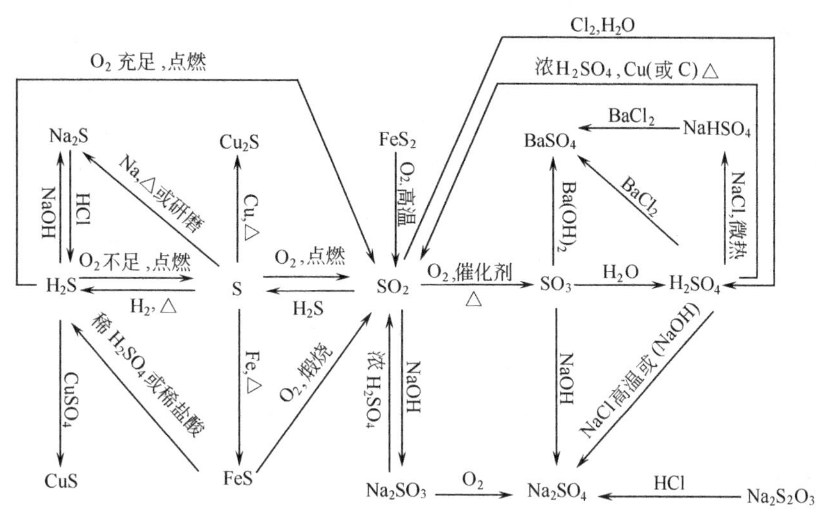

图 6.3　硫及其化合物的相互转化关系

科　海　拾　贝

臭氧是敌是友?

你认为臭氧是保护人类的朋友，抑或是伤害人类健康的敌人?

臭氧是一种结构简单的气体，由3个氧原子所组成。它对人类来说亦正亦邪。

臭氧的危害

汽车、化学工厂及发电厂排出的二氧化氮与氧气产生作用后，便会释放出臭氧。这些停留在空气中的臭氧会使人感到呼吸困难、肺功能减弱及肺组织受损。此外，臭氧更会与汽车排出的碳氢化合物产生作用，生成光化学毒雾，刺激我们的呼吸系统。

臭氧是人类的保护伞

在地面上空20～50km的大气层中的臭氧层,肩负着一个非常重要的使命,就是吸收太阳光里的紫外线,对来自太空的紫外线起遮挡作用。高空中的臭氧层变薄、臭氧空洞的形成可使更多的紫外线辐射到地面,引起人类晒斑、雪盲症、视力损害、皮肤癌和皮肤老化等病症。

氟里昂是破坏臭氧层的罪魁祸首，其破坏臭氧层的程度为90%。联合国环境计划署推断，大气中氟里昂气体正以5%的速度增长。

来自南极的告急：南极上空的臭氧层被破坏，臭氧的浓度下降到1987年以来的最低水平。经估测，南极地区紫外线照射比一般高出10倍左右，在南极居住的儿童已有计划转移。为了保护人类的生存环境，为了保护臭氧层，目前，世界各国都在着手研究新型冰箱制冷剂，以替代氟里昂。

所以，臭氧究竟是敌人还是朋友，就要看它存在于大气层的那个部分了。

酸　　雨

酸雨顾名思义就是雨水显酸性。目前，一般把$pH<5.6$的雨水称酸雨。

酸雨成分比较复杂，其形成主要是城市和工业上燃烧的各种燃料（如煤和石油），除排放出大量的二氧化碳外，还含有大量的二氧化硫、氮氧化物，它们在大气层里，经氧化作用后与水蒸气结合，从而生成硫酸、硝酸液沫，在特定条件下，随雨水降落下来而成为酸雨。

酸雨在国外被称为“空中死神”。它使土壤酸化，植被受到破坏；还能使地面及地下水酸化，影响水生生物的生长，严重的会使水体“死亡”，水生生物绝迹。酸雨对人体健康也有危害，很多国家由于酸雨的影响，地下水中的铅、铜、锌、镉的浓度已上升到正常值的10～20倍。若形成硫酸酸雾，其微粒侵入人体肺部，可引起肺水肿和肺硬化等疾病，从而导致死亡。

酸雨的腐蚀力很强，可大大加速建筑物、金属、纺织品、皮革、纸张、油漆、橡胶等物质的腐蚀速度。不少价值连城的艺术珍品被腐蚀得面目全非，在地中海沿岸的历史名城雅典，许多古希腊时代遗留下来的金属和石雕，近年来已被慢慢腐蚀。

思考与练习

1. 氧族元素包括哪些元素？在元素周期表中的位置如何？

2. 用事实说明氧的非金属性比硫强，并用原子结构的知识加以解释。

3. 新一代的冰箱都称“无氟冰箱”，即将原来的“氟里昂”更换为新型制冷剂，请说明“氟里昂”被淘汰的主要原因。

4. H_2O_2 为何可分别与 KI 及 $KMnO_4$ 作用？写出化学反应方程式，并标明电子转移的方向和数目。

5. 写出硫和铁、银、氧、氟化合的化学反应方程式，指出硫在反应中作氧化剂还是还原剂？并标出电子转移的方向和数目。

6. 举例说明硫化氢的还原性，并写出有关化学反应方程式。

7. 酸雨的形成主要是由于：

A. 森林遭到乱砍滥伐，破坏了生态平衡

B. 汽车排出大量尾气

C. 大气中二氧化碳的含量增多

D. 工业上大量燃烧含硫燃料

8. 二氧化硫不能用于下列哪一种场合？

A. 杀虫剂和防腐剂　B. 净化水　C. 空气清新剂　D. 漂白木材、稻草

9. 大气中存在着二氧化硫，将会：

A. 使有色材料漂白

B. 在果园中使水果得以保鲜

C. 使空气消毒因此生物呼吸起来更安全

D. 产生酸雨，对人类与金属等都有害

10. 不能用浓硫酸干燥的气体是：

A. 氧气　B. 二氧化硫　C. 硫化氢　D. 氯化氢

11. 浓 H_2SO_4 有什么特别的性质？试举例说明。

12. 如何稀释浓 H_2SO_4？

13. 若有一同学在取用浓 H_2SO_4 时不小心将 H_2SO_4 滴在手上，他应如何处理？

14. 用 Cu 和浓 H_2SO_4 为原料制取 $CuSO_4$，可用下列两种方法：

（1）$Cu \xrightarrow{浓\ H_2SO_4} CuSO_4$

（2）$Cu \xrightarrow{O_2} CuO \xrightarrow{H_2SO_4} CuSO_4$

写出各反应的化学方程式，指出哪种方法较好，为什么？

15. 浓硫酸盛放在敞口容器中浓度会变小，这是因为浓硫酸有________性；蔗糖放入浓硫酸中发生“炭化”现象，这是由于浓硫酸有________性；硫酸能与金属氧化物反应，是因为硫酸有________性。

16. 含碘溶液中加入淀粉变蓝，但加入 $Na_2S_2O_3$ 后蓝色消失，说明原因，并写出化学方程式。

17. 有一混合气体可能由 H_2S、SO_2、CO_2 和 H_2 中的几种组成。此混合气通入 $CuSO_4$ 溶液后产生黑色沉淀；另取混合气体通入澄清的石灰水，石灰水变为白色混浊，试判断此混合气中一定含有________，一定不含________，可能含有________。

18. 指出下列含硫化合物中硫的化合价。

$Na_2S_2O_3$　　Na_2SO_4　　$NaHSO_3$　　Na_2S

19. 要使 20g 铜完全反应，最少需用质量分数为 96%的浓硫酸（$\rho=1.84g\cdot cm^{-3}$）多少毫升？生成多少克硫酸铜？

20. 今有 $2mol\cdot L^{-1}$ 盐酸溶液 50mL 与适量的硫化亚铁反应后，在标准状况下最多能收集到硫化氢气体多少升（设：硫化氢的收率为 90%）？

21. 小实践：详细记录一个裂口鸡蛋的变质过程。

22. 趣味实验：分析沉淀成因

在我们的印象中，铜与浓硫酸反应后，溶液应该为深蓝色。但实际上溶液中出现了灰白色沉淀。

A. 分析一下原因，并设计用简单的实验证明

B. 提示：从浓硫酸的性质入手，并结合硫酸铜的性质

C. 提交分析过程详细报告

7. 化学反应速率与化学平衡

学习指南 无论在理论上，还是在生产实践中，人们都需要知道一个反应进行的快慢如何，也需要知道一定量的反应物最多可获得的产物是多少。这就是化学反应速率和化学平衡问题。

研究化学反应速率的目的是确定各种因素（浓度、温度和催化剂等）对化学反应速率的影响，从而提供合适的反应条件，使反应尽可能按人们所希望的速率进行。而化学反应进行的程度是与反应进行的条件（浓度、压力和温度）有关，因此掌握化学平衡以及各种因素对化学平衡的影响是很重要的，这可以使人们能动地控制反应，使其按实际需要的方向进行。同时，化学平衡原理在后续课的学习中有非常重要的理论指导作用。

本章在介绍反应速率和化学平衡概念的基础上，重点讨论了有关化学平衡常数及其计算、各种因素对化学反应速率和化学平衡的影响以及在生产实践中的应用。

本章学习要求

了解化学反应速率的概念，理解和掌握化学平衡的概念、平衡常数的表达和有关的基本计算，掌握各种因素对化学反应速率和化学平衡的影响以及在生产实践中的应用。

本章中心点：各种因素对化学反应速率和化学平衡的影响。

7.1 化学反应速率

7.1.1 化学反应速率

不同的化学反应进行的快与慢是不同的。有的反应瞬间即可完成，如：火药的爆炸、照相底片的感光、酸碱中和等化学反应；有的反应则进行得十分缓慢，如：氢氧在常温下合成水、铁的生锈反应等，在短时间内很难觉察；至于煤和石油的形成则需要几十年以至亿万年的时间。为此，我们希望有利于人类的化学反应的速率尽量加快，而不利于人类生存和发展的化学反应的速率则尽可能的减慢。

用来衡量化学反应进行快慢的物理量是化学反应速率（v）。通常化学反应速率（v）是用单位时间内任一反应物浓度的减少或生成物浓度的增加来表示的。浓度的单位是 $mol \cdot L^{-1}$，时间的单位一般采用 s、min 等，所以化学反应速率的单位是 $mol \cdot L^{-1} \cdot s^{-1}$ 或 $mol \cdot L^{-1} \cdot min^{-1}$。可用下式表示

$$\text{反应速率}(v)=\frac{\text{任一反应物或生成物浓度的变化}(mol \cdot L^{-1})}{\text{浓度改变所需要的时间}(s)}$$

例如：在一定的反应条件下，合成氨反应

	N_2	+	$3H_2$	$\rightleftharpoons$	$2NH_3$
起始浓度 $mol \cdot L^{-1}$	1.0		3.0		0
2s 后的浓度 $mol \cdot L^{-1}$	0.8		2.4		0.4

则该反应的反应速率为：

以 N_2 浓度变化来表示 $v_{N_2}=\frac{1.0-0.8}{2}=0.1mol \cdot L^{-1} \cdot s^{-1}$

以 H_2 浓度变化来表示 $v_{H_2}=\frac{3.0-2.4}{2}=0.3mol \cdot L^{-1} \cdot s^{-1}$

以 NH_3 浓度变化来表示 $v_{NH_3}=\frac{0.4-0}{2}=0.2mol \cdot L^{-1} \cdot s^{-1}$

用不同物质的浓度变化来表示反应速率，其数值可能不同，但这些数值之间的比值正是反应方程式中相应物质化学式前面的系数比，因此它们的意义是一样的，都表示同一反应的反应速率，可根据实验测定的方便选用任一种物质的浓度变化来表示该反应的反应速率，只需在反应速率（v）的右下方注明即可，如 v_{N_2}、v_{H_2} 等。

随着反应的进行，各物质的浓度不断地变化着，反应速率也随时间而变化着。上面讨论的只是浓度发生改变的这段时间内的平均反应速率，因此运用这种速率表达式时，还要指明是哪一段时间内的反应速率。

7.1.2 影响化学反应速率的因素

化学反应速率首先决定于反应物本身的性质。通常无机物的离子反应比有机物的分子反应要快得多；酸碱中和反应比氧化还原反应要快些。对于某一具体反应，外界因素如浓度、压力、温度、催化剂等对化学反应速率也有着不可忽视的影响。

7.1.2.1 浓度对反应速率的影响

大量实验证明：在其他条件不变时，增大反应物浓度，反应速率随之加快；减小反应物浓度，反应速率随之减慢。如碘酸钾与亚硫酸氢钠的反应：

$$2KIO_3+5NaHSO_3 \longrightarrow Na_2SO_4+3NaHSO_4+K_2SO_4+I_2+H_2O$$

反应中产生的单质碘，可使淀粉变蓝，如果预先在亚硫酸氢钠中加入淀粉指示剂，可以利用从溶液混合到溶液变蓝时间的长短，来比较反应物浓度不同时的反应速率的大小。

【演示实验 7.1】 向试管（a）中加入 3mL 0.05mol·L^{-1} KIO_3 溶液和 5mL 水，向试管（b）中加入 8mL 0.05mol·L^{-1} KIO_3 溶液。再同时向两支试管内各加入 2mL 0.05mol·L^{-1} $NaHSO_3$ 溶液（含有淀粉指示剂），振荡试管，注意观察两支试管溶液变蓝的早晚。

实验的结果表明：试管（b）溶液比试管（a）溶液先变蓝。即反应物浓度愈大，反应速率愈快。

对于一步完成的简单反应，反应速率与反应物或生成物浓度之间存在着定量的关系。如：

$$NO_2+CO=NO+CO_2$$

它们的反应速率（v）与其反应物或生成物浓度的关系是：

$$v \propto c(NO_2)c(CO) \quad (1)$$

$$v \propto c(NO)c(CO_2) \quad (2)$$

概括起来，在一定条件下，对于一步完成的简单反应 $mA+nB=pC+qD$，反应速率与反应物浓度方次之积成正比，这个定量关系叫质量作用定律。其数学表达式为：

$$v=kc^m(A)c^n(B) \quad (3)$$

上式也叫速率方程。式中 k 称为一定温度下反应的速率常数，k 的物理意义是反应物浓度为单位浓度时的反应速率。k 的大小取决于反应的本性，与浓度无关，只随温度而变化。一般情况下，温度愈高，k 值愈大。

需要指明的是：质量作用定律只适用于一步完成的简单反应，对于非一步完成的复杂反应，其速率方程的表达式要通过实验测定。

此外，反应中如有固体或纯液体物质参加，它们的浓度是一定的，可视为常数，因而不列入质量作用定律的数学表达式中。例如

$$C+O_2 = CO_2$$

$$v=kc(O_2)$$

7.1.2.2 压力对化学反应速率的影响

对于有气体参加的反应，改变压力，也就是改变了物质的浓度，反应速率也随之改变。

例如：温度一定时，将简单反应 $N_2+O_2 = 2NO$ 的压力增大一倍，则压力改变前后的反应速率 v 和 v' 的关系如下：

$$v=kc(N_2)c(O_2)$$

$$v'=kc'(N_2)c'(O_2)$$

因为压力增大一倍，体积缩小到原来的一半，浓度增加到原来的二倍。即 $c'(N_2)=2c(N_2)$；$c'(O_2)=2c(O_2)$，代入 v' 的表达式中，则可得：

$$v'=4v$$

可见，反应速率增大到原来的 4 倍。

所以，对于有气体参加的反应，其他条件不变时，增大压力，也就是增大反应物浓度，反应速率随之增大；反之，减小压力，也就是减小反应物浓度，反应速率也随之减小。

参加反应的物质如果都是固体或液体，压力的改变对它们的体积几乎没有影响，因此，固体或液体的反应速率与压力无关。

7.1.2.3 温度对反应速率的影响

温度是影响反应速率的重要因素。

【演示实验 7.2】 在试管（a）和（b）中各加入 5mL 0.02mol·L^{-1} $NaHSO_3$ 溶液（含淀粉指示剂），在试管（c）和（d）中各加入 5mL 0.02mol·L^{-1} KIO_3 溶液。将试管（b）和（d）置于比室温高 10K 的热水浴中，同时将（c）倒入（a），将（d）倒入（b）中，注意观察（a）、（b）两支试管溶液变蓝的长短。

实验结果表明：试管（b）比试管（a）变蓝的时间早，这是因为反应物浓度一定时，温度升高，反应速率也随之加快。

温度对反应速率的影响，主要体现在温度对速率常数的影响上。升高温度，绝大多数反应的速率常数都增大，因此反应速率加快。

范特荷夫（1852～1911）针对一些常见的反应总结出一个近似的经验规律：在室温附近，温度每升高 10K，化学反应速率约增加到原来的 2～4 倍。这个规律被称为范特荷夫规则。

一般，升高温度时，吸热反应的反应速率增大的倍数大一些；放热反应的反应速率增大的倍数小一些。

在生产和生活中，人们常利用改变温度来控制反应速率的快慢。用冰箱冷藏储存食物，利用的就是低温下减慢食物变质的速率的原理。

7.1.2.4 催化剂对反应速率的影响

【演示实验 7.3】 在试管（a）和（b）中各加入 5mL 3%H_2O_2 溶液，再向试管（b）中加入少量的二氧化锰。注意观察两支试管中放出气泡的速率和剧烈程度。

实验结果表明：试管（b）中立即有大量的气泡生成。这是因为二氧化锰的加入加快了

过氧化氢的分解速率。

$$2H_2O_2 \longrightarrow 2H_2O + O_2\uparrow$$

通常人们把能显著加快反应速率，而本身的组成和化学性质在反应前后保持不变的物质称为催化剂。用催化剂来改变反应速率的作用，称为催化作用。有些催化剂能起到延缓反应速率的作用，叫阻化剂。阻化剂在工业生产中有着重要的作用。如生产橡胶制品时掺进的防老剂；为延缓金属腐蚀而使用的缓蚀剂；为防止油脂变质而加入的抗氧剂等，均可认为是阻化剂。

在许多催化反应中，有些物质的加入可提高催化剂的催化性能，这些物质叫助催化剂。如合成氨反应中，微量 K_2O 和 Al_2O_3 可使催化剂铁（Fe）有更强的催化性能。

催化剂具有特殊的选择性。这里的选择性具有两种意义。其一是某种催化剂只对某一特定反应具有催化作用。例如五氧化二钒对二氧化硫的氧化反应是有效的催化剂，而对合成氨却无效。其二是同样的反应物选取不同的催化剂，可以进行不同的反应。例如用乙醇为原料，选用不同的催化剂可以获得不同的产物：

$$C_2H_5OH \begin{cases} \rightarrow (1)\ CH_3CHO + H_2 \\ \rightarrow (2)\ CH_2 = CH_2 + H_2O \end{cases}$$

若用银（Ag）作催化剂，对脱氢反应（1）有催化作用；若用氧化铝（Al_2O_3）作催化剂，则对脱水反应（2）有催化作用。因此在化工生产上，可以利用催化剂的选择性加速所需要的主反应及抑制副反应的发生。

催化剂的作用对生产实际十分重要，合成氨工业、硫酸工业、塑料、合成纤维、橡胶和石油化工等工业的发展都和催化剂的广泛使用有着密切的关系。

需要指明的是，催化剂只能改变反应速率，而不能改变化学反应进行的程度。这意味着对于一个可逆反应，催化剂以同等的程度加快正、逆反应速率。

7.1.2.5 其他因素对化学反应速率的影响

对于多相反应系统，除了上述的影响因素外，还有一些其他的影响因素。以气固相和液固相反应为例，由于反应物质处于不同的相，反应只能在界面间进行，固体粒子的大小对反应速率有一定的影响。

【演示实验 7.4】 在试管（a）和（b）中分别加入少许的块状及粉末状碳酸钙，再各加入 5mL $3mol \cdot L^{-1}$ 盐酸。注意观察两支试管中碳酸钙与盐酸的反应速率的差别。

实验结果表明：试管（b）中粉末状碳酸钙的反应速率快。

一定质量的固体物质，其颗粒愈小，总表面积愈大。固体表面积愈大，固～液或固～气间分子的接触机会就愈多，反应速率就愈快。

两种互不相溶的液体间的反应是在它们的分界面上进行的，机械搅拌能加快它们的反应速率。因为搅拌不仅增大了分界面，而且也加速了两种液体间的相互扩散，所以能大大地加快反应速率。

其他，如光线、X 射线、激光……对化学反应速率也有影响。

7.2 化学平衡

7.2.1 可逆反应与不可逆反应

各种化学反应中，反应进行的程度不同，有些反应的反应物实际上全部转化为生成物，

即所谓的反应能进行到底。如氯酸钾（$KClO_3$）的分解反应，

$$2KClO_3 \xrightarrow[\triangle]{MnO_2} 2KCl + 3O_2 \uparrow$$

反应逆向进行的趋势很小。这种几乎只能向一个方向进行"到底"的反应叫做不可逆反应。

但是大多数反应都是可逆的。例如在一定条件下，二氧化碳和氢气在密闭容器中反应，可以生成一氧化碳和水蒸气

$$CO_2 + H_2 \longrightarrow CO + H_2O$$

而在同样条件下，一氧化碳和水蒸气也可以生成二氧化碳和氢气

$$CO + H_2O \longrightarrow CO_2 + H_2$$

这种在同一反应条件下，能同时向正、反两个方向进行的反应叫可逆反应。为表示化学反应的可逆性，在化学方程式中用"$\rightleftharpoons$"符号来表示。如

$$CO_2 + H_2 \rightleftharpoons CO + H_2O$$

习惯上，根据化学方程式，将从左向右进行的反应称为正反应，从右向左的反应称为逆反应。

7.2.2 化学平衡

可逆反应在密闭容器中进行时，任何一个方向的反应都不能进行到底。我们以可逆反应

$$H_2 + I_2 \underset{\text{逆反应}}{\overset{\text{正反应}}{\rightleftharpoons}} 2HI$$

来讨论可逆反应进行的特征。

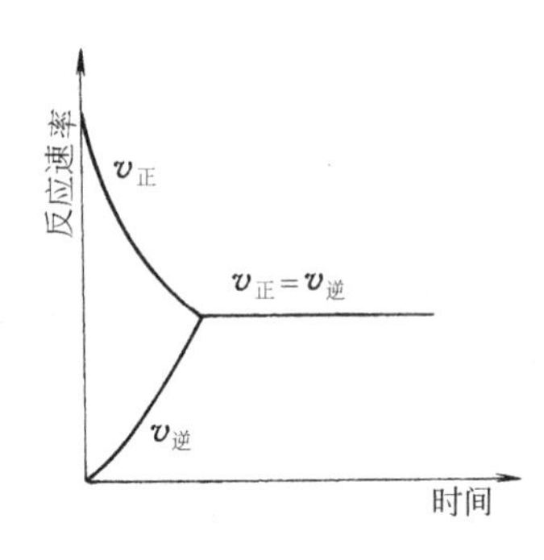

图 7.1　正、逆反应速率随时间的变化

800K 时，将氢气和单质碘置于密闭容器中进行反应，开始时，H_2 和 I_2 的浓度最大，正反应速率 $v_{正}$ 最大，而逆反应速率 $v_{逆}$ 则为零。如图 7.1 所示。随着反应的进行，反应物浓度逐渐减小，生成物浓度逐渐增大，因而，$v_{正}$ 在逐渐变小的同时 $v_{逆}$ 在逐渐增大。经过一定的反应时间后，$v_{正}$ 与 $v_{逆}$ 达到相等，此时，反应物和生成物的浓度都不再随时间而变化。

在一定条件下，对于可逆反应，当正反应速率等于逆反应速率时，各物质浓度不再随时间而改变的状态叫做化学平衡状态。

当可逆反应达到平衡状态时，从宏观上看，反应似乎停止了，其实从微观上看，正反应和逆反应仍在不断地进行着，只是它们的速率相等，方向相反，两个反应的结果互相抵消，可见化学平衡是动态平衡。另外，化学平衡是在当前条件下建立起来的，当外界条件发生改变时，正、逆反应速率则会发生改变，原来的平衡就会受到破坏，直到在新的条件下，建立起新的动态平衡为止，所以化学平衡也是一种暂时的动态平衡。

7.2.3 化学平衡常数及计算

7.2.3.1 化学平衡常数

为进一步研究化学平衡的特征，将可逆反应

$$H_2 + I_2 \rightleftharpoons 2HI$$

的体系中，引入不同的 H_2 和 I_2 的起始浓度，并在同一温度下，使它们达到平衡状态。虽然

每个平衡体系中各物质的浓度并不相同，但是生成物浓度幂的乘积与反应物浓度幂的乘积之比近乎相等，即该比值是一个常数。如表 7.1 所示。

表 7.1　平衡系统 $H_2+I_2 \rightleftharpoons 2HI$ 各物质的浓度（700K）

实例	反应前浓度 /(mol·L⁻¹)			平衡时浓度 /(mol·L⁻¹)			平衡时比值
	$c(H_2)\times10^3$	$c(I_2)\times10^3$	$c(HI)\times10^3$	$c(H_2)\times10^3$	$c(I_2)\times10^3$	$c(HI)\times10^3$	$c^2(HI)/c(H_2)\cdot c(I_2)$
1	11.3367	7.5098	0	4.5647	0.7378	13.544	54.468
2	10.6773	10.7610	0	2.2523	2.3360	16.850	53.964
3	10.6663	11.9642	0	1.8313	3.1292	17.671	54.492

对于任一可逆反应 $mA+nB \rightleftharpoons pC+qD$ 在某温度下达平衡时，生成物浓度幂的乘积与反应物浓度幂的乘积的比值是一个常数，该常数即为该温度下的平衡常数。平衡常数 K_c 的数学表达式为

$$K_c=\frac{c^m(A)c^n(B)}{c^p(C)c^q(D)}$$

K_c 称为浓度平衡常数。它是温度的函数，与起始浓度无关。K_c 是平衡状态时的特征常数，因而与反应经由哪个方向到达平衡的历程无关。

平衡常数的数值是反应进行程度的标志。化学平衡状态是反应进行的最大限度，根据 K_c 的数学表达式可知，K_c 值愈大，正反应进行的程度就愈大。

K_c 还是体系是否达平衡的标志。当反应处于任一给定状态时，生成物浓度幂的乘积与反应物浓度幂的乘积的比值称为浓度商，以 Q_c 表示，Q_c 的数学表达式与 K_c 的表达式形式虽然相同，但二者意义完全不同。Q_c 与 K_c 比较，存在三种情况：

当 $Q_c<K_c$ 时，$v_{正}>v_{逆}$，反应向正方向进行。

当 $Q_c>K_c$ 时，$v_{正}<v_{逆}$，反应向逆方向进行。

当 $Q_c=K_c$ 时，$v_{正}=v_{逆}$，体系处于平衡状态中。

由此可见，在一定温度下，通过给定状态下的 Q_c 值与 K_c 值的比较，可以判断出反应是否处于平衡状态及反应进行的方向。

此外，在书写和运用化学平衡常数表达式时，还需注意以下几点。

① 平衡常数值与方程式的写法有关。例如可逆反应

$$2SO_2+O_2 \rightleftharpoons 2SO_3$$

则

$$K_c=\frac{c^2(SO_3)}{c^2(SO_2)c(O_2)}$$

该反应方程式也可表示为

$$SO_2+\frac{1}{2}O_2 \rightleftharpoons SO_3$$

则

$$K_c'=\frac{c(SO_3)}{c(SO_2)c^{1/2}(O_2)}$$

可见 $K_c=(K_c')^2$ 或 $K_c'=\sqrt{K_c}$。所以，使用 K_c 时，要注意与该 K_c 值相对应的反应方程式。

② K_c 表达式中，各物质的浓度必须是平衡状态时的浓度。

③ 对于有纯固体或纯液体参加的反应，它们的浓度可视为 1，合并于平衡常数中，在表达式中不出现。例如：

$$Fe_3O_4(s)+4H_2(g) \rightleftharpoons 3Fe(s)+4H_2O(g)$$

则

$$K_c=\frac{c^4(H_2O)}{c^4(H_2)}$$

7.2.3.2 化学平衡常数的计算

平衡常数决定了平衡体系中各物质浓度间的数量关系。工业生产和实验中，正是根据这种平衡关系来计算有关物质的平衡浓度、平衡常数以及反应物的转化率。

(1) 由平衡浓度计算平衡常数

【例 7.2.1】 某温度下，使 H_2 和 I_2 在密闭容器中发生反应。当达到平衡时，测得各物质的浓度是 $c(H_2)=c(I_2)=0.015mol \cdot L^{-1}$，$c(HI)=0.11mol \cdot L^{-1}$，计算此温度下，该反应的平衡常数。

解：

	H_2	+	I_2	$\rightleftharpoons$	$2HI$
平衡时浓度，$mol \cdot L^{-1}$	0.015		0.015		0.11

代入平衡常数表达式中，则得

$$K_c=\frac{c^2(HI)}{c(H_2)c(I_2)}=\frac{0.11^2}{0.015\times0.015}=53.8$$

(2) 由平衡常数计算平衡浓度和平衡转化率

【例 7.2.2】 已知 1073K 时，可逆反应 $CO_2+H_2 \rightleftharpoons CO+H_2O(g)$ 的平衡常数 $K_c=1$，若起始时二氧化碳的浓度为 $1mol \cdot L^{-1}$，氢气的浓度为 $2mol \cdot L^{-1}$，计算在 1073K 反应达平衡时，各物质的浓度和二氧化碳的平衡转化率。

解：(1) 计算各物质的平衡浓度

设平衡时 $c(CO)=x mol \cdot L^{-1}$，

则 $c(H_2O)=x mol \cdot L^{-1}$；

$c(CO_2)=(1-x)mol \cdot L^{-1}$；

$c(H_2)=(2-x)mol \cdot L^{-1}$

	CO_2	$+H_2$	$\rightleftharpoons CO$	$+H_2O(g)$
起始浓度，$mol \cdot L^{-1}$	1	2	0	0
平衡浓度，$mol \cdot L^{-1}$	$1-x$	$2-x$	x	x

$$K_c=\frac{c(CO)c(H_2O)}{c(CO_2)c(H_2)}=\frac{x\times x}{(1-x)(2-x)}=1$$

解之：

$$x=\frac{2}{3}$$

平衡时各物质的浓度：

$$c(CO)=c(H_2O)=\frac{2}{3}mol \cdot L^{-1};$$

$$c(CO_2)=1-\frac{2}{3}=\frac{1}{3}mol \cdot L^{-1};$$

$$c(H_2)=2-\frac{2}{3}=1\frac{1}{3}mol \cdot L^{-1}。$$

(2) 计算二氧化碳的平衡转化率

$$平衡转化率=\frac{平衡时已转化的某反应物的浓度}{该反应物的起始浓度}\times100\%$$

根据（1）中的计算结果，二氧化碳的平衡转化率$=\frac{\frac{2}{3}}{1}\times 100\%$

$=66.7\%$

7.3 化学平衡移动

化学平衡是在一定条件下建立起来的动态平衡，一切平衡都只是相对的、暂时的。一旦条件改变，平衡状态就受到破坏，反应物和生成物又相互转化，直到与新的条件相适应，体系又达到新的平衡。因外界条件的改变，使化学反应由原来的平衡状态转变到新的平衡状态的过程，叫做化学平衡的移动。平衡移动的结果是系统中各物质的浓度发生了变化，因此人们通过控制影响反应平衡的一些因素，使所需要的化学反应进行得更完全。

影响化学平衡的因素主要是浓度、压力和温度。

7.3.1 浓度对化学平衡的影响

改变平衡体系中物质的浓度，会使平衡发生移动。

【演示实验 7.5】 在盛有 5mL 0.1mol·L^{-1} K_2CrO_4 溶液的试管中，逐滴加入 1mol·L^{-1} H_2SO_4 溶液，当溶液的颜色由黄色转变为橙色后，再向试管中滴加 2mol·L^{-1} NaOH 溶液，观察溶液的颜色又由橙色转变为黄色。

在溶液中 K_2CrO_4 与 $K_2Cr_2O_7$ 存在着下列平衡：

$$\underset{\text{黄色}}{2K_2CrO_4} + H_2SO_4 \rightleftharpoons \underset{\text{橙色}}{K_2Cr_2O_7} + K_2SO_4 + H_2O$$

当平衡体系中加入 H_2SO_4 后，反应物浓度增大，正反应速率加快，$v'_{正} > v'_{逆}$（见图 7.2），平衡被破坏，反应正向进行。随着反应的进行，反应物不断地转化为生成物，正反应速率随着反应物浓度的减少而减慢，逆反应速率却随着生成物浓度的增大而加快，最终又达到正、逆反应速率相等的新平衡状态。这一过程中，由于 K_2CrO_4 转化成 $K_2Cr_2O_7$，所以溶液由黄色变为橙色。这种平衡向增大生成物浓度方向移动的过程，称为平衡向右移动。即增大反应物浓度，平衡向右移动。

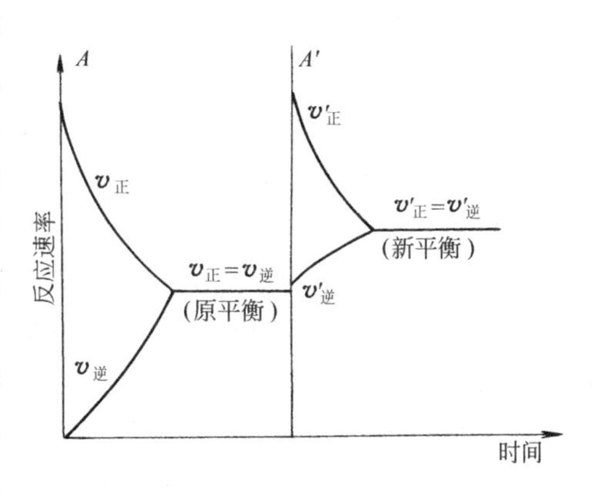

图 7.2　平衡移动示意图

当在溶液中加入 NaOH 时，NaOH 中和了溶液中的 H_2SO_4，减小了反应物浓度，使$v'_{逆} > v'_{正}$，反应逆向进行。由于 $K_2Cr_2O_7$ 转化成 K_2CrO_4，溶液又由橙色转变为黄色。也就是说，减小反应物浓度，平衡向左移动。

同理可以推出：减小平衡体系中生成物浓度，平衡向右移动；增大生成物浓度，平衡向左移动。

浓度的改变引起化学平衡的移动，还可以从浓度商 Q_c 与平衡常数 K_c 的关系来讨论。若增大反应物浓度或减小生成物浓度，会导致 $Q_c < K_c$，反应向正方向进行，即平衡向右移动；若减小反应物浓度或增大生成物浓度，则导致 $Q_c > K_c$，反应向逆方向进行，即平衡向左移动。

总之，浓度改变时，平衡总是朝着能部分地削弱浓度改变的方向移动。

根据浓度对化学平衡的影响，在化工生产上，常采取加入过量的廉价原料，而使较贵重的原料得到充分利用；或在反应进行中不断将生成物移出平衡体系，使可逆反应进行到底等方法，以提高反应物（原料）的转化率。

7.3.2 压力对化学平衡的影响

压力的改变对于没有气体物质参加的可逆反应几乎没有影响。而对于有气体参加的可逆反应，改变压力，气体物质的浓度也随之成比例的改变，就有可能使正、逆反应速率不再相等，而引起平衡的移动。

【演示实验 7.6】 用注射器吸入 NO_2 和 N_2O_4 的混合气体，吸管端用橡皮塞封闭。先向外拉伸注射器活塞，观察管内气体颜色逐渐变深。再向内推压注射器活塞，观察管内气体颜色由深变浅。

在一定温度下，管内的气体存在着这样的平衡

$$\underset{\text{红棕色}}{2NO_2(g)} \rightleftharpoons \underset{\text{无色}}{N_2O_4(g)}$$

$$K_c = \frac{c(N_2O_4)}{c^2(NO_2)}$$

向外拉伸注射器活塞，减小了气体的压力，假设气体的体积增大了一倍，则各气体的浓度相应的减小到原来的二分之一。这时该反应体系的浓度商 Q_c

$$Q_c = \frac{c'(N_2O_4)}{c'^2(NO_2)} = \frac{\frac{1}{2}c(N_2O_4)}{\left[\frac{1}{2}c(NO_2)\right]^2} = 2K_c$$

说明原来的平衡受到破坏，平衡将向左移动，生成了更多的 NO_2，所以管内的气体的颜色由浅变深。

相反，向内推压注射器活塞，增大了气体的压力，两种气体的浓度也随之同比例的增大，但由于它们的分子系数不同，导致了 $Q_c < K_c$ 则反应将向正方向进行，即平衡向右移动，气体颜色又由深变浅。

可以看出，改变压力，引起 $Q_c \neq K_c$ 的原因是反应前后气体总分子数不同。当温度不变时，增大压力，平衡向气体总分子数减少的方向移动；降低压力，平衡向气体总分子数增多的方向移动。

对于反应前后气体总分子数相等的可逆反应，如：

$CO + H_2O(g) \rightleftharpoons CO_2 + H_2$；$H_2 + I_2 \rightleftharpoons 2HI$ 等，改变压力，Q_c 仍等于 K_c，所以平衡状态不受影响。

总之，在恒温下，改变压力，平衡总是朝着能部分地削弱压力改变的方向移动。

根据压力对化学平衡的影响，在化工生产上，常将某些反应（例如合成氨 $N_2 + 3H_2 \rightleftharpoons 2NH_3$）在加压下进行，可以提高原料的转化率。

7.3.3 温度对化学平衡的影响

化学反应总是伴随着热量的变化。对于可逆反应，如果正反应方向是放热的，则逆反应方向是吸热的。现以可逆反应的平衡状态为研究体系，讨论温度对化学平衡的影响。

$$2NO_2 \underset{吸热}{\overset{放热}{\rightleftharpoons}} N_2O_4 + 56.57kJ \cdot mol^{-1}$$

红棕色　　　　无色

【演示实验 7.7】 将充有 NO_2 气体的双联玻璃球的两端，分别置于盛有冷水和热水的烧杯内，如图 7.3 所示，观察气体颜色的变化。

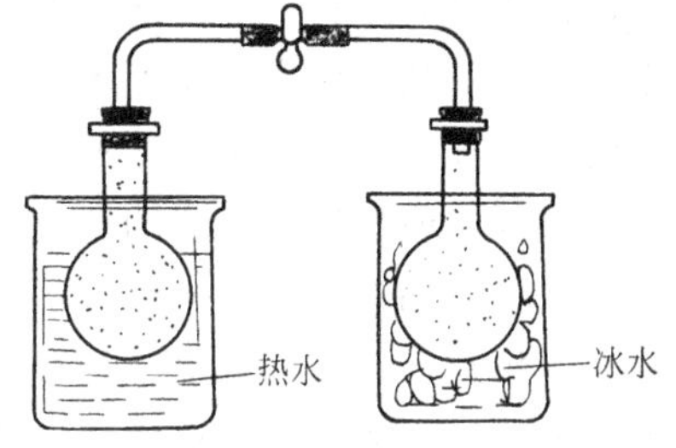

图 7.3 温度对化学平衡的影响

实验结果显示：冷水中球内气体颜色变浅了，也就是有更多的 NO_2 聚合为 N_2O_4，说明降低温度，平衡向着正反应方向即放热反应方向移动；热水中球内气体颜色变深，N_2O_4 分解为 NO_2，说明升高温度，平衡向着逆反应方向即吸热反应方向移动。

这是因为放热和吸热反应的反应速率随温度变化却有着不同幅度的改变。升高温度，吸热反应速率增大的倍数大于放热反应速率增大的倍数，而使 $v_{吸} > v_{放}$；同样降低温度时，吸热反应速率减小的倍数大于放热反应速率减小的倍数，使 $v_{吸} < v_{放}$。因而引起不同的化学平衡的移动。

在其他条件不变时，升高温度，化学平衡向着吸热方向移动；降低温度，化学平衡向着放热方向移动。

总之，改变温度，平衡总是朝着能部分地削弱温度改变的方向移动。

至于催化剂，实验和理论均可以证明，它以同等的程度改变正、逆反应速率，缩短了反应到达平衡的时间，但不能改变平衡状态。

7.3.4 吕·查德里原理

总结各种因素对化学平衡的影响，可以得到平衡移动的普遍规律：若改变平衡体系的条件之一（如浓度、压力或温度），平衡就向能部分地削弱这个改变的方向移动。这个规律叫吕·查德里原理。

吕·查德里原理是一条普遍规律，它对于所有的动态平衡（包括物理平衡）都是适用的。但必须注意的是：它只能应用在已经达到平衡的体系，对于尚未达到平衡的体系是不适用的。

7.4 化学反应速率与化学平衡的综合考虑及应用

化学反应速率和化学平衡是研究化学反应必然涉及的两个问题。它们虽然是两个不同的概念，但却有着密不可分的联系。现将各种因素对化学反应速率和化学平衡的影响列于表 7.2。

表 7.2 各种因素对化学反应速率和化学平衡的影响

条件改变	反应速率	速率常数	化学平衡	平衡常数
增大反应物浓度	加快	不变	向生成物的方向移动	不变
升高温度	加快	增大	向吸热反应方向移动	改变
增大压力（只适用于有气体参加的反应）	加快	不变	向气体物质总分子数减少的方向移动	不变
加入催化剂	加快	改变	不会引起平衡移动	不变

在生产实际中，化学反应速率和化学平衡以及外界条件对它们的影响是错综复杂的，要解决生产问题必须综合分析，才能使生产有更高的经济效益。

例如冶金和化工生产中水煤气转化反应

$$CO(g)+H_2O(g) \rightleftharpoons CO_2(g)+H_2(g)+Q$$

如何提高CO的平衡转化率呢？只从化学平衡的角度看，增大压力对CO的转化率是没有影响的。但从反应速率角度考虑，增大压力，也就增大了各组分气体的浓度，因而反应速率加快，提高了生产效率。此外，该反应是放热反应，根据平衡原理，温度升高会使CO的转化率降低，但从反应速率的角度考虑，温度太低又影响反应速率。为解决这个问题，人们采用分段控温和选用合适的催化剂的方法，既加快了反应速率，又提高了CO的转化率。分段控温是指在反应初期，反应物和生成物都远离平衡态时，控制较高的温度有利于加快反应速率；随着反应的进行，反应逐渐趋于平衡态时，为了在反应后期获得较高的转化率，应选择较低的温度完成。当然在考虑温度时，还要根据催化剂的性能来确定的。这样，才能在既加快反应速率的同时，又保证了较高的CO的转化率。

总之，化学反应速率和化学平衡理论，在生产实际中有广泛的应用。对一个具体反应来说，一定要从实际出发，综合分析，反复实践，摸索最有利的工艺条件，才能达到预期的目的。

科 海 拾 贝

合成氨的发明和重要意义

氨是农业生产中应用广泛的氮肥的基础，同时还是工业生产硝酸、炸药、染料、医药的基本原料。人类从认识到空气中游离态的氮只有转变成化合态的氮植物才能吸收，到找到直接合成氨的方法，大约经历了150年的时间。

1900年，法国化学家吕·查德里（1850～1936）首先进行了N_2与H_2在高压下直接合成NH_3的试验。由于混入了空气，在实验中产生了爆炸，在没有查明原因的情况下，他放弃了这项试验。

以后，又有一些化学家进行了试验，但均未成功。

德国物理学家、化学家哈伯（1868～1936）仍坚持合成氨的研究。并认识到在常温、电火花激发下不能或只能得到少量NH_3，即使在高温、高压条件下效果仍不理想，必须寻找有效的催化剂。他研究出用锇（Os）和铀（U）做催化剂，在773～873K和1.75×10^7～2.00×10^7Pa的条件下，N_2与H_2反应能生成大约6%的NH_3，但他在实验室里做示范表演，介绍他所取得的成果时，混合气体从设备密封处冲出，发出惊人的呼啸声。在第二天又发生了爆炸，不仅整个设备变成了一堆废铁，及其昂贵的催化剂锇（Os）粉液因遇空气燃烧变成了价廉的氧化锇。

但哈伯和他的支持者们没有被困难吓倒。1908年由化学家波施（1874～1940）将哈伯的成果设法付诸生产。他用五年的时间解决了三个方面的问题：第一，他通过20000多次试验，测试了2500多种配方，最后确定了由铁触媒代替锇或铀作催化剂。第二，建造了能够耐高温和高压的合成氨装置。第三，解决了原料N_2和H_2的提纯和未能转化完全的气体中NH_3的分离等技术问题。经过波施和他的同事们的共同努力，于1913年在德国建立了日产30t的合成氨厂，促进了肥料、炸药等制造业的发展。

合成氨的发明，不仅对化学的发展和应用有着划时代的意义，同时，前人为追求真理所表现出来的开拓精神，坚韧不拔的意志品质，实事求是的科学态度，也为我们留下了一笔宝贵的精神财富。哈伯与波施为此分获 1918 年和 1931 年的诺贝尔化学奖。

静电的利与弊

我们知道，摩擦可以起电。摩擦后的正负电荷是被束缚在带电体上的。它不能像电线中的电荷那样定向移动，所以，人们称之为静电荷，简称静电。

静电的危害很多，它的第一种危害来源于带电体的互相作用。在飞机机体与空气、水气、灰尘等微粒摩擦时会使飞机带电，如果不采取措施，将会严重干扰飞机无线电设备的正常工作，使飞机变成聋子和瞎子；在印刷厂里，纸页之间的静电会使纸页粘合在一起，难以分开，给印刷带来麻烦；在制药厂里。由于静电吸引尘埃，会使药品达不到标准的纯度；在放电视时荧屏表面的静电容易吸附灰尘和油污，形成一层尘埃的薄膜，使图像的清晰程度和亮度降低；混纺衣服上常见而又不易拍掉的灰尘，也是静电捣的鬼。静电的第二大危害，是有可能因静电火花点燃某些易燃物体而发生爆炸。漆黑的夜晚，我们脱尼龙、毛料衣服时，会发出火花和“叭叭”的响声，这对人体基本无害。但在手术台上，静电火花会引起麻醉剂的爆炸，伤害医生和病人；在煤矿，则会引起瓦斯爆炸，会导致工人死伤，矿井报废。

总之，静电危害大多起因于静电火花，静电危害中最严重的静电放电引起可燃物的起火和爆炸。人们常说，防患于未然，防止产生静电的措施一般都是降低流速和流量，改造起电强烈的工艺环节，采用起电较少的设备材料等。最简单又最可靠的办法是用导线把设备接地，这样可以将电荷引入大地，避免静电积累。细心的乘客大概会发现；在飞机的两侧翼尖及飞机的尾部都装有放电刷，飞机着陆时，为了防止乘客下飞机时被电击，飞机起落架上大都使用特制的接地轮胎或接地线，以泄放掉飞机在空中所产生的静电荷。我们还经常看到油罐车的尾部拖一条铁链，这就是车的接地线。适当增加工作环境的湿度，让电荷随时放出，也可以有效地消除静电。潮湿的天气里不容易做好静电试验，就是这个道理。科研人员研究的抗静电剂，则能很好地消除绝缘体内部的静电。

然而，任何事物都有两面性。对于静电这一隐蔽的捣蛋鬼。只要摸透了它的脾气，扬长避短，也能让它为人类服务。比如，静电印花、静电喷涂、静电植绒、静电除尘和静电分选技术等，已在工业生产和生活中得到广泛应用。静电也开始在淡化海水，喷洒农药、人工降雨、低温冷冻等许多方面大显身手，甚至在宇宙飞船上也安装有静电加料器等静电装置。

思考与练习

1. 什么是化学反应速率？影响化学反应速率的因素主要有哪些？

2. 写出下列各反应的质量作用定律表达式

（1）$H_2+Br_2(g)=\!=\!=2HBr$

（2）$2H_2S+O_2=\!=\!=2H_2O+2S$

（3）$CaO(s)+CO_2=\!=\!=CaCO_3(s)$

（4）$CO_2+C(s)=\!=\!=2CO$

3. 已知反应 $A+2B=\!=\!=C$ 一步完成，当 $c(A)=0.5mol\cdot L^{-1}$，$c(B)=0.6mol\cdot L^{-1}$时的反应速率为 $0.018mol\cdot L^{-1}\cdot min^{-1}$，求该反应的速率常数 k。

4. 将反应 $2SO_2+O_2=\!=\!=2SO_3$ 体系的总体积缩小到原体积的 1/4，或将压力增大到原来的 2 倍，试分别计算体积、压力改变后的反应速率是原反应速率的多少倍？

5. 在一定条件下，下列 3 个气相反应的速率相同，压力加倍后反应速率仍相同吗？

(1) $2A+B \longrightarrow A_2B$

(2) $A+2B \longrightarrow AB_2$

(3) $A+B \longrightarrow AB$

6. 采取什么措施可以加快下列反应的反应速率？

$$CH_4+H_2O(g) \longrightarrow CO+3H_2-Q$$

7. 催化剂有什么特性？说明催化剂在化工生产中所起的重要作用。

8. 什么是可逆反应？什么是化学平衡状态？

9. 化学平衡状态的特征是什么？有人说“当某一反应达到平衡状态时，反应就停止了”，这种说法对不对？为什么？

10. 平衡常数 K_c 有什么意义？如何判断一个反应是否达到平衡状态？

11. 写出下列可逆反应的平衡常数表达式

(1) $N_2+O_2 \rightleftharpoons 2NO$

(2) $NO+\frac{1}{2}O_2 \rightleftharpoons NO_2$

(3) $CH_4+H_2O(g) \rightleftharpoons CO+3H_2$

(4) $H_2+CuO(s) \rightleftharpoons Cu(s)+H_2O(g)$

12. 可逆反应 $H_2+I_2 \rightleftharpoons 2HI$ 在 273K 时 $K_c=51$。

如将上式改写为 $\frac{1}{2}H_2+\frac{1}{2}I_2 \rightleftharpoons HI$ 或 $HI \rightleftharpoons \frac{1}{2}H_2+\frac{1}{2}I_2$，其 K_c 各位多少？

13. 已知可逆反应 $CO+H_2O(g) \rightleftharpoons CO_2+H_2$ 在 1073K 达到平衡时，$c(CO)=0.25mol \cdot L^{-1}$，$c(H_2O)=2.25mol \cdot L^{-1}$，$c(CO_2)=c(H_2)=0.75mol \cdot L^{-1}$，计算 (1) 平衡常数 K_c；(2) 一氧化碳和水蒸气的起始浓度；(3) 一氧化碳的平衡转化率。

14. 在一密闭容器中进行着如下反应：

$$2SO_2+O_2 \rightleftharpoons 2SO_3$$

已知起始浓度 $c(SO_2)=0.4mol \cdot L^{-1}$，$c(O_2)=1mol \cdot L^{-1}$。某温度下达到平衡时，二氧化硫转化率为 80%，计算平衡时各物质的浓度和反应的平衡常数 K_c。

15. 对于可逆反应 $C(s)+H_2O \rightleftharpoons CO+H_2-121.34kJ \cdot mol^{-1}$，下列说法你认为对否？为什么？

(1) 达到平衡时，各反应物和生成物的浓度相等。

(2) 达到平衡时，各反应物和生成物浓度等于常数。

(3) 加入催化剂可以缩短反应达到平衡的时间。

(4) 由于反应前后分子数目相等，所以增加压力对平衡没有影响。

(5) 升高温度，正、逆反应速率都加快，所以平衡不受影响。

16. 下列反应当升高温度或增大压力时，平衡向哪一方向移动？

(1) $CO_2+C(s) \rightleftharpoons 2CO-171.5kJ \cdot mol^{-1}$

(2) $2CO+O_2 \rightleftharpoons CO_2+569kJ \cdot mol^{-1}$

(3) $3CH_4+Fe_2O_3(s) \rightleftharpoons 2Fe(s)+3CO+6H_2-715.6kJ \cdot mol^{-1}$

(4) $2SO_2+O_2 \rightleftharpoons 2SO_3$

17. 根据吕·查德里原理，讨论下列反应

$$2Cl_2+2H_2O(g) \rightleftharpoons 4HCl+O_2-Q$$

当反应达平衡时，下列左面的条件对参数有何影响（操作条件没加注明的，是指温度不变，体积不变）？

(1) 增大容器体积　　　　$H_2O(g)$的物质的量

(2) 加O_2　　　　$H_2O(g)$的物质的量

(3) 加　　　　HCl 的物质的量

(4) 减小容器体积　　　　　　Cl_2 的物质的量

(5) 升高温度　　　　　　　　K_c

(6) 加Cl_2　　　　　　　　　HCl 的物质的量

(7) 升高温度　　　　　　　　Cl_2 的物质的量

(8) 加催化剂　　　　　　　　HCl 的物质的量

18. **趣味实验：**自制汽水

(1) 准备汽水瓶、2g 小苏打、2g 柠檬酸、糖水、冷开水并根据口味选择香精

(2) 在瓶中加入糖水、小苏打、香精、冷开水至瓶子体积的 4/5

(3) 加入柠檬酸后迅速拧紧瓶盖，并充分混匀，待反应完成后即可饮用，想一想为什么？

8. 电解质溶液

学习指南 许多无机化学反应是在水溶液中进行的，参加反应的物质主要是酸、碱和盐类。它们在水溶液中能发生不同程度的电离，所发生的反应实际上都是离子反应；不仅酸碱的水溶液具有酸碱性，许多盐因在水中发生水解，使它们的溶液也显示着不同的酸碱性；难溶电解质在水溶液中也存在着不同程度的溶解，如此这些都建立了具有化学平衡一般特征的类型各异的平衡。本章将应用化学平衡和平衡移动原理，分析和讨论电解质溶液的性质和规律，并将这些规律应用于生产和生活实践中。

本章学习要求

理解和掌握弱电解质的电离平衡；溶液的酸碱性和 pH 值；盐类的水解与缓冲溶液；难溶电解质的溶解与沉淀的平衡等规律及应用。

本章中心点：平衡

8.1 电解质和电离

8.1.1 电解质和电离

在水溶液中或熔融状态下能够导电的化合物叫做电解质，在水溶液中或熔融状态下都不能导电的化合物叫做非电解质。酸、碱和盐类都是电解质，绝大多数有机化合物如酒精、蔗糖、甘油等都是非电解质。

电解质溶液能够导电，是由于电解质的水溶液中存在着可以自由移动的带电粒子，这些带电粒子在外电场的作用下，产生定向移动的结果。如图 8.1 所示。

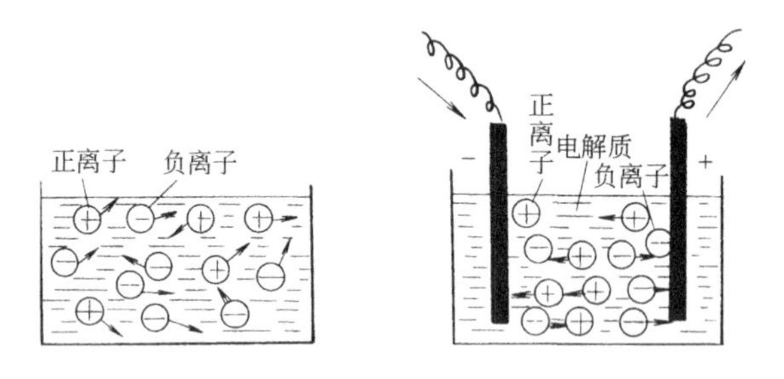

图 8.1 电解质溶液导电示意图

碱类和盐类一般都是由离子组成的化合物，它们在水中受水分子的吸引和碰撞，减弱了正、负离子之间的吸引力，而分离为自由移动的离子。受热时，它们晶体中的离子吸收了足够的能量，克服了离子间的静电作用，也会变成自由移动的离子。如：

$$NaCl \longrightarrow Na^{+} + Cl^{-}$$

具有强极性键的分子，在水中受水分子的吸引和碰撞，使极性键断裂，而分离为正、负离子。如：

$$HCl \longrightarrow H^{+} + Cl^{-}$$

电解质在水溶液中或熔融状态下形成自由移动离子的过程叫做电离。

必须指明的是：电解质的电离过程是在水或热的作用下发生的，并非通电后才引起的。

溶剂的极性是电解质电离的必不可少的条件。电解质只有在极性溶剂中才能电离，而在非极性溶剂中是不能电离的。如氯化氢在水溶液中可以电离为 H^+ 和 Cl^-，而氯化氢在苯溶液中则不能电离。

8.1.2 强电解质和弱电解质

不同的电解质在水溶液中电离的程度是不同的，可从它们水溶液的导电能力的不同来证明。

【演示实验 8.1】 按图 8.2 连接烧杯中的电极和灯泡。5 只烧杯中分别盛有 100mL 0.5mol·L^{-1}的盐酸、醋酸、氯化钠、氨水和氢氧化钠的水溶液，接通电源。观察各灯泡的亮度。

实验结果显示：连接在醋酸、氨水溶液中的灯泡比其他 3 个灯泡暗。可见体积和浓度相同而种类不同的酸、碱和盐的水溶液在相同条件下的导电能力是不同的。醋酸、氨水溶液的导电能力弱于盐酸、氯化钠和氢氧化钠溶液的导电能力。

电解质溶液导电能力强弱不同的原因在于不同的电解质在水中的电离程度不同。如：盐酸、氢氧化钠、氯化钠等，它们在水中完全电离，溶液中的离子较多，因此导电能力强。而醋酸、氨水等，它们在水溶液中主要以分子状态存在，只有极少的一部分电离，所以溶液中离子浓度相对较小，导电能力也弱。

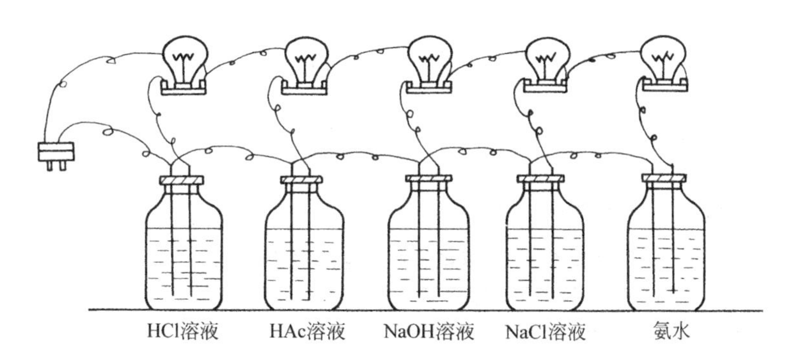

图 8.2 电解质溶液导电能力比较

我们将在水溶液中或熔融状态下能完全电离的电解质，称为强电解质。强电解质包括具有典型离子键的强碱（如 NaOH、KOH 等），大多数的盐（如 NaCl、KNO_3、Na_2CO_3 等）以及具有强极性键的强酸（如 HCl、H_2SO_4 等）。在水溶液中仅能部分电离的电解质，称为弱电解质。弱电解质主要是具有弱极性键的弱酸、弱碱（如 HAc、H_2CO_3、$NH_3 \cdot H_2O$ 等）。有些难溶的盐和碱，它们的溶解度虽然很小，但已经溶解的部分是完全电离的，这种电解质一般为强电解质。H_2O 是极弱的电解质。

8.2 弱电解质的电离平衡

8.2.1 电离平衡与电离平衡常数

8.2.1.1 弱电解质的电离平衡和电离平衡常数

弱电解质在水溶液中大部分以分子状态存在，只有少部分的分子电离成离子，而电离得到的离子又可彼此结合成分子，所以弱电解质的电离是一个可逆过程。当电离过程进行到一定程度时，分子电离成离子的速率与离子结合成分子的速率相等，未电离的分子和离子间建立起动态平衡。这种平衡叫做电离平衡。电离平衡具有化学平衡的一般特征。如醋酸在水溶液中建立的电离平衡：

$$\mathrm{HAc} \rightleftharpoons \mathrm{H^+} + \mathrm{Ac^-}$$

当达到电离平衡时，已电离的离子浓度的乘积与未电离的分了浓度的比值是一个常数，这个常数称为电离平衡常数，简称电离常数，用 K_i 表示。对于弱酸，一般用 K_a 表示。如醋酸的电离常数为：

$$K_a = \frac{c(\mathrm{H^+})c(\mathrm{Ac^-})}{c(\mathrm{HAc})}$$

也可表示为

$$K(\mathrm{HAc}) = \frac{c(\mathrm{H^+})c(\mathrm{Ac^-})}{c(\mathrm{HAc})}$$

式中 $c(\mathrm{H^+})$、$c(\mathrm{Ac^-})$、$c(\mathrm{HAc})$分别表示达到电离平衡时，溶液中 H^+、Ac^- 离子和未电离的 HAc 分子的浓度，单位是 $\mathrm{mol \cdot L^{-1}}$。

弱碱的电离平衡常数用 K_b 表示。如氨水的电离平衡和电离平衡常数为：

$$\mathrm{NH_3 \cdot H_2O} \rightleftharpoons \mathrm{NH_4^+} + \mathrm{OH^-}$$

$$K_b = \frac{c(\mathrm{NH_4^+})c(\mathrm{OH^-})}{c(\mathrm{NH_3H_2O})}$$

$$\text{或 } K(\mathrm{NH_3H_2O}) = \frac{c(\mathrm{NH_4^+})c(\mathrm{OH^-})}{c(\mathrm{NH_3H_2O})}$$

常见的弱电解质的电离常数，见表 8.1。

表 8.1　常见弱电解质的电离常数(298K)

名　　称	化　学　式	电离常数 K_a	名　　称	化　学　式	电离常数 K_a
醋酸(乙酸)	CH_3COOH	1.8×10^{-5}		HCO_3^-	$K_{a_2}=5\times10^{-11}$
苯甲酸	C_6H_5COOH	6.5×10^{-3}	氢硫酸	H_2S	$K_{a_1}=1.0\times10^{-7}$
苯　酚	C_6H_5OH	1.3×10^{-10}		HS^-	$K_{a2}=1\times10^{-14}$
草　酸	COOH | COOH	$K_{a_1}=5.9\times10^{-2}$	磷　酸	H_3PO_4	$K_{a_1}=7.5\times10^{-3}$
				$H_2PO_4^-$	$K_{a_2}=6.2\times10^{-8}$
	COO^- | COOH	$K_{a_2}=6.4\times10^{-4}$		HPO_4^{2-}	$K_{a_3}=4.8\times10^{-13}$
			硼　酸	H_3SO_3	7.3×10^{-10}
甲　酸	HCOOH	1.7×10^{-4}	氢氰酸	HCN	7.2×10^{-10}
亚硝酸	HNO_2	4.5×10^{-4}	甲基胺	CH_3NH_2	3.7×10^{-4}
氢氟酸	HF	6.7×10^{-4}	乙基胺	$CH_3CH_2NH_2$	5.4×10^{-4}
碳　酸	H_2CO_3	$K_{a_1}=3.5\times10^{-7}$	氨	NH_3	1.8×10^{-3}

K_i 是化学平衡常数的一种形式，其值的大小，反映了弱电解质的相对强弱。电离常数愈大，电离程度愈大。通常将值 K_i 介于 $10^{-1}\sim10^{-7}$之间的电解质叫弱电解质，小于 10^{-7} 的电解质叫极弱电解质。

与所有平衡常数一样，电离常数只与温度有关，而与浓度无关。但温度对其影响不大，在常温下研究电离平衡，可忽略温度对 K_i 的影响。

8.2.1.2 电离度

电离常数只反映电解质电离能力的大小，没有反映电离程度的大小。因为不同的弱电解质在水溶液中的电离程度是不一样的，有的弱电解质电离程度大，有的电离程度小。这种电离程度的大小，常用电离度来表示。所谓电解质的电离度，是指当弱电解质在溶液中达到电离平衡时，已电离电解质的分子数与溶液中原有电解质分子总数之比。用 α 表示。

$$电离度(\alpha)=\frac{已电离的电解质分子数}{溶液中原有电解质的总分子数}\times100\%$$

$$=\frac{已电离的浓度}{溶液的起始浓度}\times100\%$$

例如295K时，$0.1mol\cdot L^{-1}$的HAc溶液中，每10000个醋酸分子中有134个分子电离成离子，则醋酸的电离度（α）为：

$$\alpha_{HAc}=\frac{134}{100000}\times100\%=1.34\%$$

电离度不仅与电解质的本性有关，还与溶液的浓度、温度等有关。同一弱电解质，通常是溶液浓度越低，离子相互碰撞结合成分子的机会越少，电离度就越大。温度对电解质的电离度也有影响，当电解质分子电离成离子时，一般需要吸收热量，所以温度升高，平衡一般就向电离的方向移动，从而使电解质的电离度增大。因此，表示一种弱电解质的电离度时，应当指出该电解质溶液的浓度和温度。

8.2.1.3 电离度和电离常数的关系

电离度和电离常数都可以表达弱电解质的相对强弱，但二者也有区别。电离常数是化学平衡常数的一种，不随浓度变化；电离度是转化率的一种，随浓度变化而改变。不同浓度的醋酸的电离平衡常数和电离度数值，见表8.2。

表8.2 不同浓度醋酸的电离常数和电离度数值（298K）

$c(HAc)/mol\cdot L^{-1}$	0.2	0.1	0.01	0.005	0.001
电离常数 $K_a(\times10^{-5})$	1.76	1.76	1.76	1.80	1.76
电离度 $\alpha/\%$	0.934	1.34	4.19	5.85	12.4

将电离度（α）引入电离平衡式中可以导出 K_i 与 α 的关系：

$$K_i\approx c\cdot\alpha^2；或\ \alpha\approx\sqrt{\frac{K_i}{c}}\quad(c/K_i\geqslant500)$$

上式表达了弱电解质的起始浓度（c）、电离度（α）和电离常数（K_i）三者之间的关系，称为稀释定律。它表明了同一弱电解质的电离度与其浓度的平方根成反比，即溶液愈稀，电离度愈大；相同浓度的不同弱电解质的电离度与电离常数的平方根成正比，即电离常数愈大，电离度愈大。

8.2.2 有关电离平衡的计算

弱电解质的电离平衡遵从化学平衡的一般规律，有关电离平衡的计算主要针对一元弱酸和一元弱碱电离平衡展开讨论的。

【例8.2.1】 已知醋酸在298K时的电离常数 $K_a=1.8\times10^{-5}$，醋酸的起始浓度为

0.1mol·L^{-1},计算此醋酸的氢离子浓度。

解：设平衡时 $c(H^+)=x$mol·L^{-1}，则 $c(Ac^-)=x$mol·L^{-1}

$$HAc \rightleftharpoons H^+ + Ac^-$$

起始浓度，mol·L^{-1} 0.1 0 0

平衡浓度，mol·L^{-1} 0.1$-x$ x x

$$K_a=\frac{c(H^+)c(Ac^-)}{c(HAc)}$$

$$=\frac{x\cdot x}{0.1-x}=1.8\times10^{-5}$$

因为 $c(HAc)/K(HAc)>500$，所以 $c(H^+)$很小，可认为 $0.1-x\approx0.1$

则得 $\dfrac{x^2}{0.1}=1.8\times10^{-5}$ $x=1.34\times10^{-3}$mol·L^{-1}

答：此温度下氢离子的浓度为 1.34×10^{-3}mol·L^{-1}。

也可以根据稀释定律公式进行近似计算，因为 $c(HAc)/K(HAc)>500$，所以，

$$c(H^+)=c(HAc)\cdot\alpha_{HAc}$$

$$=c(HAc)\cdot\sqrt{K(HAc)/c(HAc)}$$

$$=\sqrt{K(HAc)\cdot c(HAc)}$$

写成一般表达式，则一元弱酸中 H^+ 浓度的近似计算公式为：

$$c(H^+)=\sqrt{K_a\cdot c(\text{酸})}$$

用与推算一元弱酸溶液中 $c(H^+)$相类似的方法和步骤，可以推出一元弱碱溶液中 OH^- 离子浓度的近似计算公式：

$$c(OH^-)=\sqrt{K_b\cdot c(\text{碱})}$$

$$c(\text{碱})/K_b\geqslant500$$

必须注意的是：只有在 $c/K_i\geqslant500$ 的单一的弱电解质溶液中，才能满足作近似计算的条件。如果 $c/K_i\ngeqslant500$ 或溶液中还有其他的电解质影响着弱电解质的电离，就不能使用近似计算公式，需要用电离平衡式进行精确计算。

8.2.3 多元弱酸的电离平衡

一元弱酸（或弱碱）只有一步电离，而多元弱酸（或多元弱碱）则是分步进行电离的。如氢硫酸分二步电离，

第一步 $$H_2S \rightleftharpoons H^+ + HS^-$$

$$K_{a_1}=\frac{c(H^+)c(HS^-)}{c(H_2S)}=1.07\times10^{-7}$$

第二步 $$HS^- \rightleftharpoons H^+ + S^{2-}$$

$$K_{a_2}=\frac{c(H^+)c(S^{2-})}{c(HS^-)}=1.26\times10^{-13}$$

K_{a_1}、K_{a_2} 分别表示第一步、第二步电离常数，K_{a_1} 远远大于 K_{a_2}，说明第二步电离比第一步电离困难得多。这是因为 S^{2-} 带两个负电荷，它对 H^+ 离子的吸引比带一个负电荷的 HS^- 离子对 H^+ 的吸引要强得多，又由于第一步电离出的 H^+ 对第二步电离产生了同离子效

应，抑制了第二步电离，因此溶液中的 H^+ 基本上来自第一步电离，计算多元弱酸中 $c(H^+)$时，可以只考虑第一步电离，按一元弱酸的电离平衡处理，同时可根据不同多元弱酸的 K_{a_1} 值的大小，比较其相对强弱。

8.3 离子方程式

8.3.1 离子反应和离子方程式

电解质在溶液中存在着不同程度的电离，所以电解质在溶液中的化学反应实际上都是离子反应。离子反应大体可分为两大类：一是离子互换反应即复分解反应；二是氧化还原反应。

绝大部分离子反应是离子间的复分解反应，例如：氯化钠溶液与硝酸银溶液的反应

$$NaCl + AgNO_3 \longrightarrow AgCl\downarrow + NaNO_3$$

由于硝酸银、氯化钠、硝酸钠都是易溶强电解质，它们在溶液中均以离子形式存在。只有氯化银是难溶电解质，在溶液中以分子状态存在，所以以上反应式可写成：

$$Ag^+ + NO_3^- + Na^+ + Cl^- \longrightarrow AgCl\downarrow + NO_3^- + Na^+$$

可以看出，NO_3^- 和 Na^+ 没有参加反应，所以从方程式中消去，得：

$$Ag^+ + Cl^- \longrightarrow AgCl\downarrow$$

这种用实际参加反应的离子的符号来表示化学反应的式子叫离子方程式。

又如，氟化银溶液与氯化钾溶液的反应：

$$AgF + KCl \longrightarrow AgCl\downarrow + KF$$

将氟化银、氯化钾和氟化钾写成离子形式，并消去未参加反应的 K^+、F^-：

$$Ag^+ + F^- + K^+ + Cl^- \longrightarrow AgCl\downarrow + K^+ + F^-$$

$$Ag^+ + Cl^- \longrightarrow AgCl\downarrow$$

得到的离子方程式与上一反应的相同。这就说明，只要是可溶性的银盐和氯化物在溶液中反应，实质上都是 Ag^+ 和 Cl^- 结合为氯化银沉淀的反应。因此离子方程式与普通方程式不同，它不仅表示一定物质间的某个反应，而且表示了同一类型的离子反应。所以离子方程式更能说明离子反应的本质。

书写离子方程式时，必须熟知电解质的溶解性和它们的强弱，一般应遵循下列原则：

① 弱电解质（包括弱酸、弱碱和水等）、难溶物和易挥发物（气体）都应写成分子式或化学式；

② 易溶强电解质写成离子形式；

③ 反应前后数目相同的同种离子，在离子方程式中不出现；

④ 离子方程式中，各种原子数目相等、各离子电荷的总代数和相等。

如硫酸铜溶液和氢硫酸溶液反应

$$CuSO_4 + H_2S \longrightarrow CuS\downarrow + H_2SO_4$$

其离子方程式书写方法和步骤为

$$Cu^{2+} + SO_4^{2-} + H_2S \longrightarrow CuS\downarrow + 2H^+ + SO_4^{2-}$$

$$Cu^{2+} + H_2S \longrightarrow CuS\downarrow + 2H^+$$

属于氧化还原反应的离子反应及离子方程式的书写也遵循上述规律。只是在书写它们的离子方程式时要特别注意：

① 元素原子的化合价一旦发生改变，它们就是不同的离子；

② 离子方程式配平时，一定要检查各离子电荷的总代数和是否相等。

如：

$$2FeCl_3 + SnCl_2 \longrightarrow 2FeCl_2 + SnCl_4$$

其离子方程式为：

$$2Fe^{3+} + Sn^{2+} \longrightarrow 2Fe^{2+} + Sn^{4+}$$

8.3.2 离子反应进行的条件

离子反应的发生需要一定的条件。如 KCl 溶液和 $NaNO_3$ 溶液的反应：

$$KCl + NaNO_3 \longrightarrow KNO_3 + NaCl$$

$$K^+ + Cl^- + Na^+ + NO_3^- \longrightarrow K^+ + NO_3^- + Na^+ + Cl^-$$

由于 K^+、Cl^-、Na^+、NO_3^- 四种离子在反应前后均以离子形式存在，所以它们都没有参加反应。可见，如果反应物和生成物都是易溶强电解质，在水溶液中均以离子形式存在，它们之间就不可能生成新物质，离子反应也就不能发生。

发生离子反应必须具备下列条件之一：

① 生成难溶电解质。如：

$$CaCl_2 + Na_2CO_3 \longrightarrow CaCO_3\downarrow + 2NaCl$$

$$Ca^{2+} + 2Cl^- + 2Na^+ + CO_3^{2-} \longrightarrow CaCO_3\downarrow + 2Na^+ + 2Cl^-$$

$$Ca^{2+} + CO_3^{2-} \longrightarrow CaCO_3\downarrow$$

由于溶液中 Ca^{2+} 和 CO_3^{2-} 绝大部分生成了 $CaCO_3$ 沉淀，所以反应能够发生。

② 生成易挥发物质（气体）。如固体 $CaCO_3$ 与盐酸反应制 CO_2 气体的反应：

$$CaCO_3(s) + 2HCl \longrightarrow CaCl_2 + CO_2\uparrow + H_2O$$

$$CaCO_3(s) + 2H^+ + 2Cl^- \longrightarrow Ca^{2+} + 2Cl^- + CO_2\uparrow + H_2O$$

$$CaCO_3(s) + 2H^+ \longrightarrow Ca^{2+} + CO_2\uparrow + H_2O$$

由于生成的 CO_2 气体从反应体系中逸出，使反应能够进行到底。

③ 生成弱电解质（包括极弱电解质——水）。如强酸与强碱的中和反应：

$$2KOH + H_2SO_4 \longrightarrow K_2SO_4 + 2H_2O$$

$$2K^+ + 2OH^- + 2H^+ + SO_4^{2-} \longrightarrow 2K^+ + SO_4^{2-} + 2H_2O$$

$$H^+ + OH^- \longrightarrow H_2O$$

强酸强碱中和反应的实质是酸中的 H^+ 与碱中的 OH^- 结合生成难电离的水，从而降低了溶液中的 H^+ 和 OH^- 离子浓度，使反应能进行到底。

酸与碱性物质、碱与酸性物质之间，也可以发生中和反应生成弱电解质。

如：

$$NH_4Cl + NaOH \longrightarrow NaCl + NH_3\cdot H_2O$$

其离子反应式为： $NH_4^+ + OH^- \longrightarrow NH_3\cdot H_2O$

又如： $NaAc + HCl \longrightarrow NaCl + HAc$

其离子反应式为： $Ac^- + H^+ \longrightarrow HAc$

以上两个反应都是生成弱电解质的反应，由于生成的弱电解质的电离度很小，所以反应接近完全，而且生成的弱电解质电离度越小，反应进行得越完全。

离子互换反应进行的条件是：生成物中有难溶物、易挥发物或难电离物，仅有其中之一即可。

当反应物中有弱电解质（或难溶物）时，生成物中必须有一种比其更弱的电解质（或更难溶物），离子反应才能进行。

如 HAc 与 NaOH 的反应：

$$NaOH + HAc \longrightarrow NaAc + H_2O$$

$$OH^- + HAc \longrightarrow Ac^- + H_2O$$

由于产物中的 H_2O 比反应物中的 HAc 更难电离，使溶液中的离子浓度降低，反应得以进行。

又如：

$$Ca(OH)_2(s) + Na_2CO_3 \longrightarrow CaCO_3\downarrow + 2NaOH$$

由于微溶的 $Ca(OH)_2$ 转化为更难溶的 $CaCO_3$，反应能够进行。

所以说，离子互换反应总是朝着能减小离子浓度的方向进行。

8.4 水的电离和溶液的 pH

8.4.1 水的电离和水的离子积常数

研究电解质溶液时往往涉及溶液的酸碱性。电解质溶液的酸碱性与水的电离有着密切的关系。要从本质上研究溶液的酸碱性，首先应研究水的电离。

根据精确的实验证明，水是一种极弱的电解质，它能微弱地电离出等量的 H^+ 和 OH^-。

水的电离方程式为：

$$H_2O \rightleftharpoons H^+ + OH^-$$

一定温度下，电离达平衡时：

$$K_i = \frac{c(H^+)c(OH^-)}{c(H_2O)}$$

或

$$c(H^+) \cdot c(OH^-) = K_i \cdot c(H_2O)$$

在 295K 时，由导电性实验测得纯水的 H^+ 和 OH^- 浓度均为 $1.0\times10^{-7}mol\cdot L^{-1}$，这说明水的电离度很小，电离时消耗的水分子可忽略不计，因此未电离的 $c(H_2O)$ 可视为一个常数（$55.5mol\cdot L^{-1}$）。因此，$K_i \cdot c(H_2O)$ 仍为常数，用 K_w 表示。

$$K_w = c(H^+) \cdot c(OH^-)$$

K_w 叫做水的离子积常数，简称水的离子积。295K 时，由于水中 H^+ 和 OH^- 浓度均为 $1.0\times10^{-7}mol\cdot L^{-1}$，所以：

$$K_w = c(H^+) \cdot c(OH^-) = 1.0\times10^{-7}\times1.0\times10^{-7} = 1.0\times10^{-14}。$$

水的电离反应是吸热反应，所以 K_w 随温度升高而增大。不同温度下，水的离子积常数不同，见表 8.3。在常温范围内，一般都以 $K_w = 1.0\times10^{-14}$ 进行计算。

水的电离平衡，不仅存在于纯水中，也存在于任何以水做溶剂的溶液中。

表 8.3 不同温度下水的离子积

温度/K	K_w	温度/K	K_w
273	1.3×10^{-15}	303	1.89×10^{-14}
291	7.4×10^{-15}	333	1.26×10^{-14}
295	1.0×10^{-14}	373	7.4×10^{-13}

8.4.2 溶液的酸碱性和 pH

常温下的纯水中,$c(H^+)$和$c(OH^-)$的浓度相等，都是 $1.0\times10^{-7}mol\cdot L^{-1}$，若在纯水中加入酸，则 H^+浓度增大，使水的电离平衡向左移动，OH^-浓度减小，溶液中 $c(H^+)>c(OH^-)$,溶液显酸性。同理,在水中加入碱,则 $c(OH^-)$增大，$c(H^+)$减小,溶液中 $c(H^+)<c(OH^-)$，溶液显碱性。可见溶液的酸碱性主要由溶液中 $c(H^+)$和 $c(OH^-)$的相对大小决定。溶液的酸碱性与 $c(H^+)$和 $c(OH^-)$的关系可表示如下：

$c(H^+)=c(OH^-)=1.0\times10^{-7}mol\cdot L^{-1}$，中性溶液；

$c(H^+)>1.0\times10^{-7}mol\cdot L^{-1}$,$c(H^+)>c(OH^-)$，酸性溶液；

$c(H^+)<1.0\times10^{-7}mol\cdot L^{-1}$,$c(H^+)<c(OH^-)$,碱性溶液。

从上式可知，$c(H^+)$越大，溶液的酸性越强；$c(H^+)$越小，溶液的酸性越弱。许多化学反应都是在弱酸或弱碱性溶液中进行的，溶液中的 $c(H^+)$一般都很小，应用起来很不方便。因此，在化学上通常采用 $c(H^+)$的负对数来表示溶液酸碱性的强弱，我们把它叫做溶液的pH。

$$pH=-\lg c(H^+)$$

例如：$c(H^+)=1.0\times10^{-3}$，其 pH=3；$c(H^+)=1.0\times10^{-7}$，pH=7；$c(H^+)=1.0\times10^{-12}$，pH=12，所以，用溶液的 pH 表示溶液的酸碱性，则为：

pH<7　　酸性溶液

pH=7　　中性溶液

pH>7　　碱性溶液

由此可见，pH 愈小，$c(H^+)$愈大，溶液的酸性愈强；pH 愈大，$c(H^+)$愈小，溶液的碱性愈强。图 8.3 表示出溶液的酸碱性与 pH 的关系。

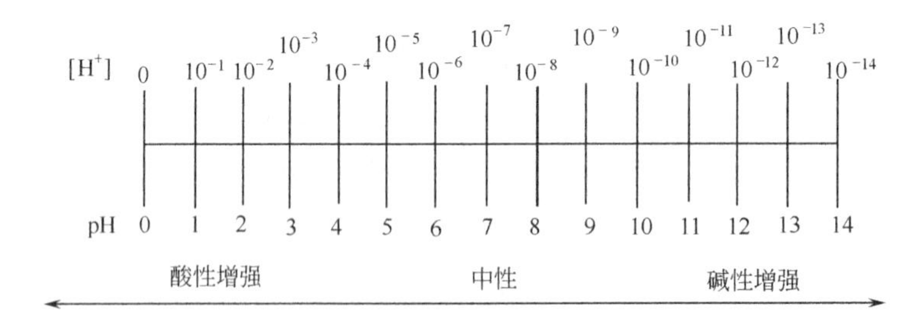

图 8.3 溶液的酸碱性与 pH 的关系

pH 值是溶液酸碱性的量度，应用范围是 1～14 之间。若超出此范围，即溶液中 $c(H^+)$或 $c(OH^-)$大于 $1mol\cdot L^{-1}$时，不用 pH 而直接用离子浓度表示更方便。

溶液的酸碱性除了用 pH 表示外，还可采用 pOH 表示。

$pOH=-\lg c(OH^-)$根据常温下,根据任何水溶液中

$c(H^+)\cdot c(OH^-)=1.0\times10^{-14}$,可以推出,

$$pH+pOH=14$$

【例 8.4.1】 计算0.005 $mol \cdot L^{-1}$ HCl 溶液的 pH。

解： HCl 是强电解质，在水溶液中完全电离为 H^+ 和 Cl^-，因此，溶液中 $c(H^+)=c(HCl)=0.005mol \cdot L^{-1}$，而水电离出的 $c(H^+)$很小，可以忽略不计。

所以，0.005$mol \cdot L^{-1}$ HCl 溶液的 pH 为：

$$\begin{aligned} pH &= -\lg c(H^+) \\ &= -\lg 5\times 10^{-3} = 3-\lg 5 = 2.3 \end{aligned}$$

【例 8.4.2】 计算0.01 $mol \cdot L^{-1}$ HAc 溶液的 pH。已知 $K(HAc)=1.8\times 10^{-5}$。

解： 因为$\frac{c(HAc)}{K(HAc)}>500$，所以可根据一元弱酸中 $c(H^+)$的近似计算公式计算，

$$c(H^+)=\sqrt{K(HAc)\cdot c(HAc)}=\sqrt{1.8\times 10^{-5}\times 0.01}=4.2\times 10^{-4}mol\cdot L^{-1}$$

该醋酸溶液的

$$\begin{aligned} pH &= -\lg c(H^+) \\ &= -\lg 4.2\times 10^{-4} = 4-\lg 4.2 = 3.36 \end{aligned}$$

【例 8.4.3】 计算0.02 $mol \cdot L^{-1}$氨水溶液的 pH。已知 $K_b=1.8\times 10^{-5}$。

解： 因为 $c(NH_3 \cdot H_2O)/K(NH_3 \cdot H_2O)>500$，所以可根据一元弱碱中 $c(OH^-)$的近似公式进行计算，

$$c(OH^-)=\sqrt{K(NH_3\cdot H_2O)\cdot c(NH_3 H_2O)}=\sqrt{1.8\times 10^{-5}\times 0.02}=6\times 10^{-4}mol\cdot L^{-1}$$

$$c(H^+)=\frac{1\times 10^{-14}}{c(OH^-)}=\frac{1\times 10^{-14}}{6\times 10^{-4}}=1.67\times 10^{-11}mol\cdot L^{-1}$$

该氨水的 $pH=-\lg c(H^+)$

$$=-\lg 1.67\times 10^{-11}=11-\lg 1.67=10.78$$

也可根据 $c(OH^-)$先计算出 pOH，再计算 pH。

8.4.3 酸碱指示剂

溶液的 pH 在化工生产和科学实验中具有广泛的应用。如分析化学、金属材料的腐蚀与防护、废水处理等，均需要控制和测定溶液的 pH。测定溶液 pH 的方法有很多，一般用酸碱指示剂或 pH 试纸，若要精确测定，则可使用 pH 计。

借助于颜色的变化来指示溶液 pH 的指示剂叫酸碱指示剂。各种指示剂在不同氢离子浓度的溶液中，能显示不同的颜色。因此，可根据它们在某待测溶液中的颜色来判断该溶液的 pH 值。

表 8.4 列出了几种常用酸碱指示剂的变色范围。

pH 试纸是用几种变色范围不同的酸碱指示剂的混合液浸成的试纸。使用时，将待测溶液滴在 pH 试纸上，试纸会立刻显示出颜色，将它与标准比色板比较，便可确定溶液的pH 值。

表 8.4 几种常见酸碱指示剂及其变色范围

指示剂	变色范围(pH)	颜色		
		酸色	中间色	碱色
甲基橙	3.1～4.4	红	橙	黄
石蕊	5～8	红	紫	蓝
酚酞	8.0～10.0	无	粉红	红

8.5 盐类的水解

盐类是酸碱中和的产物，但是不同盐类的水溶液往往呈现出不同的酸碱性，这是因为盐在水中发生了水解的缘故。

8.5.1 盐类的水解

【演示实验 8.2】 用 pH 试纸检验 $NaNO_3$、NH_4Cl 和 NaAc 三种溶液的酸碱性。观察试纸的颜色。

实验结果显示：$NaNO_3$ 溶液是中性的，溶液中 $c(H^+)=c(OH^-)$；NH_4Cl 溶液呈酸性，溶液中 $c(H^+)>c(OH^-)$；NaAc 溶液呈碱性，$c(H^+)<c(OH^-)$。

由于盐类电离出来的离子和水电离出来的 H^+ 或 OH^- 反应生成了弱电解质，破坏了水的电离平衡，使溶液中的 $c(H^+)$或 $c(OH^-)$发生了相应的变化，而导致溶液显示出不同的酸碱性。盐类溶于水后，盐的离子与溶液中水电离出的 H^+ 或 OH^- 结合生成弱电解质的过程，叫做盐类的水解。盐类的水解反应实际上是中和反应的逆过程。

由于形成盐的酸和碱的强弱不同，导致了盐类水解后溶液的酸碱性不同。

8.5.1.1 强碱弱酸盐的水解

强碱弱酸盐在水溶液中，电离出的弱酸根与 H_2O 电离出的 H^+ 结合生成了弱酸，破坏了水的电离平衡，促使 H_2O 继续电离，直到 H^+ 与弱酸根建立起电离平衡，水解反应也达到了动态平衡状态，此时溶液中 $c(H^+)<c(OH^-)$，溶液显一定的碱性。如：在 NaAc 的水溶液中，并存着下列几种电离：

$$\begin{array}{l} NaAc \longrightarrow Na^+ + Ac^- \\ \qquad\qquad\qquad\quad + \\ H_2O \rightleftharpoons OH^- + H^+ \\ \qquad\qquad\qquad\quad \Updownarrow \\ \qquad\qquad\qquad\quad HAc \end{array}$$

由于 Ac^- 与水电离出来的 H^+ 结合成弱电解质 HAc，消耗了溶液中的 H^+，从而破坏了水的电离平衡。随着溶液中 H^+ 的减少，水的电离平衡向右移动，于是 $c(OH^-)$增大，直至建立新的平衡。结果，溶液中 $c(H^+)<c(OH^-)$，所以溶液显碱性。

上述水解反应的化学方程式为：

$$NaAc+H_2O \rightleftharpoons HAc+NaOH$$

离子方程式为：

$$Ac^- + H_2O \rightleftharpoons OH^- + HAc$$

强碱弱酸盐的水溶液呈碱性。如 0.1mol·L^{-1} NaAc 溶液的 pH 约为 8.8。

8.5.1.2 强酸弱碱盐的水解

强酸弱碱盐在水溶液中电离出的阳离子与水电离出的 OH^- 离子结合生成了弱碱，使溶液中的 $c(H^+)>c(OH^-)$，溶液显酸性。如 NH_4Cl 在水溶液中的水解过程可表示如下：

$$\begin{array}{l} NH_4Cl \longrightarrow Cl^- + NH_4^+ \\ \qquad\qquad\qquad\quad + \\ H_2O \rightleftharpoons H^+ + OH^- \\ \qquad\qquad\qquad\quad \Updownarrow \\ \qquad\qquad\qquad\quad NH_3 \cdot H_2O \end{array}$$

在这里，由于 NH_4^+ 与水中的 OH^- 结合，生成难电离的 $NH_3 \cdot H_2O$，打破了水的电离平衡。随着溶液中 $c(OH^-)$的降低，水的电离平衡也将向右移动，于是 $c(H^+)$随着增大，直至建立新的平衡。结果，溶液中 $c(H^+) > c(OH^-)$，溶液显示出酸性。

以上水解反应的化学方程式为：

$$NH_4Cl + H_2O \rightleftharpoons HCl + NH_3 \cdot H_2O$$

离子方程式为：

$$NH_4^+ + H_2O \rightleftharpoons H^+ + NH_3 \cdot H_2O$$

强酸弱碱盐的水溶液显酸性。如 0.1mol·L^{-1} NH_4Cl 溶液的 pH 约为 5.12。

8.5.1.3 弱酸弱碱盐水解

弱酸弱碱盐在水溶液中电离出的弱酸根离子和阳离子，分别与水电离出的 H^+ 和 OH^- 结合生成相应的弱酸和弱碱。如 NH_4Ac 的水解反应可表示如下：

$$\begin{array}{ccccc} NH_4Ac & \longrightarrow & Ac^- & + & NH_4^+ \\ & & + & & + \\ H_2O & \rightleftharpoons & H^+ & + & OH^- \\ & & \updownarrow & & \updownarrow \\ & & HAc & & NH_3 \cdot H_2O \end{array}$$

以上水解反应的化学方程式为：

$$NH_4Ac + H_2O \rightleftharpoons HAc + NH_3 \cdot H_2O$$

离子方程式为：

$$NH_4^+ + Ac^- + H_2O \rightleftharpoons HAc + NH_3 \cdot H_2O$$

由水解方程式可以看出，弱酸弱碱盐水溶液的酸碱性取决于水解生成的弱酸与弱碱的相对强弱，也就是比较生成的弱酸与弱碱的 K_a 与 K_b 的相对大小，即存在下列三种情况：

① 当 $K_a > K_b$ 时，溶液显酸性，如 NH_4F；

② 当 $K_a < K_b$ 时，溶液显碱性，如 NH_4CN；

③ 当 $K_a = K_b$ 时，溶液显中性，如 NH_4Ac。

8.5.1.4 强酸强碱盐不水解

强酸强碱盐电离出的酸根离子和阳离子，都不与水电离出的 H^+ 或 OH^- 结合生成弱电解质，所以，水中的 H^+ 和 OH^- 的数目保持不变，没有破坏水的电离平衡。因此，强酸强碱盐不水解，溶液呈中性。如 KNO_3、NaCl 等就属于这种情况。

8.5.1.5 多元弱酸盐和多元弱碱盐的水解

多元弱酸盐的水解过程与多元弱酸的电离相似，也是分步进行的。如 Na_2CO_3 的水解反应：

第一步 $$Na_2CO_3 + H_2O \rightleftharpoons NaHCO_3 + NaOH$$

$$CO_3^{2-} + H_2O \rightleftharpoons HCO_3^- + OH^-$$

第二步 $$NaHCO_3 + H_2O \rightleftharpoons H_2CO_3 + NaOH$$

$$HCO_3^- + H_2O \rightleftharpoons H_2CO_3 + OH^-$$

水解达到平衡时，溶液中 $c(H^+) < c(OH^-)$，溶液显碱性。如同多元弱酸的每步电离程度不是均等的一样，每步水解的程度也是不均等的。如 Na_2CO_3 的水解，由于 CO_3^{2-} 结合

H^+（第一步水解）比 HCO_3^- 结合 H^+（第二步水解）容易，所以，Na_2CO_3 的水解以第一步为主。

多元弱碱盐的水解与多元弱酸盐的水解一样，也是分步进行的，水解达到平衡时，溶液中 $c(H^+)>c(OH^-)$，溶液呈酸性。如 $AlCl_3$、$ZnSO_4$、$FeCl_3$ 等盐的水解均属此类。

8.5.2 影响水解的因素及水解的应用

盐类水解程度的大小，主要取决于盐的本性。如果盐类水解后生成的酸或碱愈弱或愈难溶于水，则水解程度愈大。如 Al_2S_3 的水解是完全水解：

$$Al_2S_3+6H_2O \longrightarrow 2Al(OH)_3\downarrow+3H_2S\uparrow$$

除此之外，影响盐类水解的因素还有以下几点：

（1）温度　盐类的水解反应是吸热反应，因此加热可促进盐类水解。如 Na_2CO_3 溶液加热时，碱性增强；制备 $Fe(OH)_3$ 溶胶时，将 $FeCl_3$ 溶液逐滴加入沸腾的蒸馏水中，就是为了创造充分水解的条件。

（2）溶液的酸碱度　由于水解的结果将生成 H^+ 或 OH^-，所以加入酸、碱可以抑制或促进水解。如实验室配制 $SnCl_2$ 及 $FeCl_3$ 溶液时，由于强酸弱碱盐水解而得到浑浊溶液：

$$SnCl_2+H_2O \rightleftharpoons Sn(OH)Cl\downarrow+HCl$$

$$FeCl_3+3H_2O \rightleftharpoons Fe(OH)_3+3HCl$$

因此实际配制溶液时，为了防止水解产生沉淀，通常要向溶液中加入一定量的盐酸溶液。基于同样的原因，分析中检验 Fe^{3+} 离子用的 NH_4SCN 溶液，在配制时也要加入少量的盐酸，否则，就会出现溶液遇到 Fe^{3+} 不产生血红色的现象。

由于盐类水解现象普遍存在，所以无论在生产实践还是在科研实验中都得到广泛的应用。在分析化学中，可以利用盐的水解性质来鉴定某些离子的存在或测定其含量。例如用铋盐的水解性质鉴定铋：

$$BiCl_3+H_2O \rightleftharpoons BiOCl\downarrow+2HCl$$

又如利用碳酸钠和碳酸氢钠的水解性质，用已知浓度的 HCl 溶液与它们发生中和反应，从而测出盐的含量。

$$Na_2CO_3+H_2O \rightleftharpoons NaHCO_3+NaOH$$

$$NaHCO_3+H_2O \rightleftharpoons H_2CO_3+NaOH$$

$$NaOH+HCl \longrightarrow NaCl+H_2O$$

8.6 缓冲溶液

8.6.1 同离子效应

弱电解质的电离平衡与其他平衡一样，都是有条件的、暂时的动态平衡，当外界条件改变时，电离平衡也会发生移动。

【演示实验 8.3】 在一支试管中，加入 10mL 0.1mol·L^{-1}的醋酸溶液和两滴甲基橙指示剂。然后，将溶液分为两份，一份加入少量的固体 NaAc，振摇使其溶解，对比两支试管中溶液的颜色。

醋酸溶液使甲基橙显红色，当加入 NaAc 后，溶液的颜色变浅，这是因为加入 NaAc 后，由于 NaAc 完全电离，溶液中 $c(Ac^-)$ 增大，使醋酸的电离平衡向左移动，$c(H^+)$ 减少了，因而溶液的颜色变浅。

$$HAc \rightleftharpoons H^+ + Ac^-$$

$$NaAc \longrightarrow Na^+ + Ac^-$$

在氨水中加入 NH_4Cl 时，情况也类似。

$$NH_3 \cdot H_2O \rightleftharpoons NH_4^+ + OH^-$$

$$NH_4Cl \longrightarrow NH_4^+ + Cl^-$$

在弱电解质溶液中，加入与其具有相同离子的强电解质，使弱电解质的电离度减小的现象叫做同离子效应。

同离子效应在生产和科研中应用很广。如在分析化学上，可利用调节 pH 值的方法来控制 S^{2-} 浓度，使一些金属硫化物沉淀生成或溶解，以达到分离和鉴定金属离子的目的。

8.6.2 缓冲溶液

在化工生产中，许多化学反应要求保持在一定的 pH 值范围内进行，这就需要使用缓冲溶液。缓冲溶液是一种能够抵抗外加少量强酸、强碱或稀释的影响，而保持溶液 pH 值基本不变的溶液。缓冲溶液一般由弱酸及其盐、弱碱及其盐、多元弱酸及其次级酸式盐组成。例如 HAc-NaAc、$NH_3 \cdot H_2O$-NH_4Cl、H_3PO_4-NaH_2PO_4 等，都可以配制成缓冲溶液。

缓冲溶液的缓冲原理是同离子效应。现以 HAc-NaAc 的缓冲体系来讨论。在这个缓冲体系中存在着下列电离：

$$NaAc \longrightarrow Na^+ + Ac^-$$

$$HAc \rightleftharpoons H^+ + Ac^-$$

这是具有同离子效应的溶液。由于 NaAc 电离生成的 Ac^- 对 HAc 的电离产生了同离子效应，抑制了 HAc 的电离，从而使溶液中 $c(HAc)$的浓度很大，同时由 NaAc 电离提供了大量的 Ac^-，所以溶液中的 $c(Ac^-)$也很大。

当向该溶液中加入少量强酸即加入 H^+ 时，由于溶液中存在大量的 Ac^- 而发生如下反应：$Ac^- + H^+ \rightleftharpoons HAc$，即 Ac^- 能把加入的 H^+ 的相当大一部分消耗掉，使溶液中 $c(H^+)$基本不发生变化，pH 值保持稳定；当加入少量强碱即加入 OH^- 离子时，由于溶液中存在大量的 HAc 而发生如下反应：

$$HAc + OH^- \rightleftharpoons H_2O + Ac^-$$

即 HAc 能把加入的 OH^- 离子的相当大一部分消耗掉，使溶液中的 $c(H^+)$基本不发生变化，pH 值保持稳定。这就是缓冲溶液的缓冲作用。

弱碱及其盐组成的缓冲溶液的缓冲作用，可用相似的原理来说明。

当然，若加入大量的强酸或强碱时，溶液中抗酸成分或抗碱成分消耗将尽时，它就不再具有缓冲作用。所以缓冲溶液有一定的缓冲容量，并不具有无限的缓冲能力。

8.6.3 缓冲溶液的选择和配制

通过上述讨论可知，缓冲溶液的缓冲作用是因为缓冲溶液中含有大量的抗酸成分（弱酸根离子或弱碱）或抗碱成分（弱酸或弱碱离子）。当外加的强酸强碱的量与缓冲溶液中抗酸成分或抗碱成分相比较小时，才能保证溶液中的 pH 值基本稳定。因此欲配制缓冲能力较大的溶液，需满足以下的条件：

① $\dfrac{c(\text{弱酸})}{c(\text{弱酸盐})}$或$\dfrac{c(\text{弱碱})}{c(\text{弱碱盐})}$之比为 1 左右；

② 组成缓冲溶液的弱酸和弱酸盐（或弱碱和弱碱盐）的浓度要适当大些。

对于任何一种缓冲体系，其缓冲作用都有一定的 pH 值范围，因此应根据实际需要选择不同的缓冲溶液。

选择缓冲溶液时，首先要注意所用的缓冲溶液除可发生 H^+ 或 OH^- 参与的反应外，不与反应物或生成物发生其他的副反应，同时缓冲溶液的 pH 值应在所要求稳定的酸度范围之内。为此，组成缓冲体系的弱酸的 pK_a（或弱碱的 pK_b）应等于或接近所需的 pH（或 pOH）。例如，需要 pH 为 5 左右的缓冲溶液，则应选择 HAc-NaAc 缓冲体系，因为 HAc 的 $pK_a=4.74$，与所需的 pH 值接近。同理需要 pH 为 9.5 左右（即 pOH=4.5）的缓冲溶液，可选择 $NH_3 \cdot H_2O$-NH_4Cl 体系，因为 $NH_3 \cdot H_2O$ 的 $pK_b=4.75$，与所需的 pOH 值接近。

此外，适当控制缓冲混合物的浓度比，可在一定范围内配制不同 pH 值的缓冲溶液。通常缓冲溶液中各组分浓度为 $0.1mol \cdot L^{-1} \sim 1.0mol \cdot L^{-1}$，混合物的浓度比大致控制在 $1/10 \sim 10$ 范围，超出这个范围缓冲能力就很小了。

掌握了缓冲溶液的选择原则，再配合相关的缓冲溶液的配制手册，便可得到所需要的缓冲溶液。

8.6.4 缓冲溶液的应用

缓冲溶液的重要应用是控制溶液的 pH 值。如在电镀业中，要求镀液保持一定的酸度，常用缓冲溶液达到此目的。在分析化学上，一些金属离子的分离和测定需要将溶液的 pH 值控制在一定范围内。例如，溶液中的 Ba^{2+} 和 Sr^{2+} 都能与 K_2CrO_4 生成黄色沉淀（$BaCrO_4 \downarrow$、$SrCrO_4 \downarrow$）。若加入 HAc-NaAc 缓冲溶液，则在此酸度下 $BaCrO_4$ 生成沉淀，而 Sr^{2+} 留在溶液中，从而使这两种离子得到分离与鉴定。

再如，人体的血液就是一种缓冲溶液，正常人血液的 pH 值始终保持在 7.40±0.05 范围内，除了归功于人体排酸功能外，还应归功于血液中含有 H_2CO_3-$NaHCO_3$ 和 $H_2PO_4^-$-HPO_4^{2-} 等物质组成的缓冲体系的缓冲作用。超出这个范围，就会不同程度地导致酸中毒或碱中毒。血液的 pH 值若超过 7.7～7.8 范围，就有生命危险。

8.7 难溶电解质的沉淀溶解平衡

8.7.1 沉淀溶解平衡与溶度积

绝对不溶于水的物质是不存在的。通常将溶解度小于 $0.01g/100gH_2O$ 的物质称为难溶物质。

难溶电解质的溶解过程也是一个可逆过程，例如在一定温度下，把难溶电解质 $BaSO_4$ 放入水中，$BaSO_4$ 固体表面上的 Ba^{2+} 和 SO_4^{2-} 离子因受到水分子的吸引，成为水合离子进入溶液中，这就是 $BaSO_4$ 的溶解过程。另一方面，已溶解的 Ba^{2+} 和 SO_4^{2-} 又可撞击到固体表面，这就是 $BaSO_4$ 的沉淀过程。如图 8.4 所示。

当溶解和沉淀速率相等时，体系成为饱和溶液，建立了固体难溶电解质与溶液中相应离子间的平衡，称为沉淀溶解平衡。这种平衡是一种多相平衡，它可以表示为：

$$\underset{\text{未溶解固体}}{BaSO_4(s)} \underset{\text{沉淀}}{\overset{\text{溶解}}{\rightleftharpoons}} \underset{\text{已溶解的水合离子}}{Ba^{2+} + SO_4^{2-}}$$

其平衡关系表达式为：

$$K_{sp}=\frac{c(Ba^{2+})c(SO_4^{2-})}{c(BaSO_4)}$$

因为 $BaSO_4$ 是固体，其浓度可视为 1，归并于 K_{sp} 中去，所以其平衡关系式可改写为：

$$c(Ba^{2+})c(SO_4^{2-})=K_{sp}$$

对于一般的难溶强电解质的溶解平衡均可表示为

$$A_mB_n(s)\underset{\text{沉淀}}{\overset{\text{溶解}}{\rightleftharpoons}}mA^{n+}+nB^{m-}$$

$$K_{sp}=c^m(A^{n+})c^n(B^{m-})$$

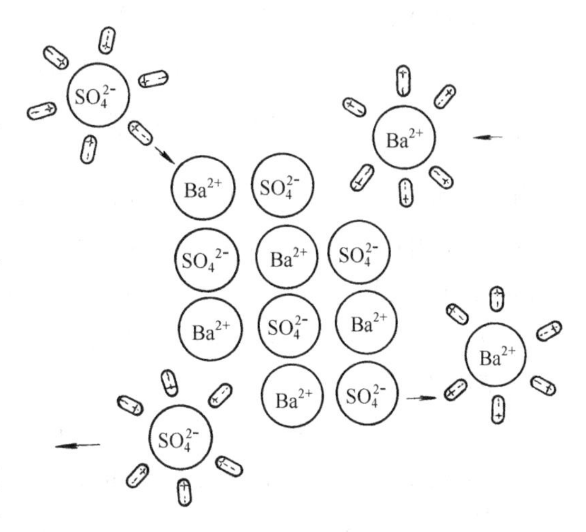

图 8.4　$BaSO_4$ 的溶解和沉淀

这说明，在一定温度下，难溶电解质在其饱和溶液中各离子浓度幂的乘积是一个常数，该常数称为溶度积常数，简称溶度积（K_{sp}）。K_{sp}如同其他平衡常数一样，只与难溶电解质的本性和温度有关，与沉淀量的多少和溶液中离子浓度的变化无关。表 8.5 为常见难溶电解质的 K_{sp} 值。

表 8.5　常见难溶电解质的 K_{sp} 值（298K）

化合物	溶度积	化合物	溶度积	化合物	溶度积
AgBr	5.35×10^{-13}	$BaSO_4$	1.08×10^{-10}	$Mg(OH)_2$	5.61×10^{-12}
Ag_2CO_3	8.46×10^{-12}	$CaCO_3$	3.36×10^{-9}	PbS	8.0×10^{-28}
AgCl	1.77×10^{-10}	$CaSO_4$	4.93×10^{-5}	$PbCO_3$	7.4×10^{-14}
Ag_2CrO_4	1.12×10^{-12}	CuS	6.3×10^{-36}	$PbCl_2$	1.70×10^{-5}
AgI	8.52×10^{-17}	$Fe(OH)_3$	2.79×10^{-39}	PbI_2	9.8×10^{-9}
Ag_2S	6.3×10^{-50}	FeS	6.3×10^{-18}	$PbSO_4$	2.53×10^{-8}
Ag_2SO_4	1.2×10^{-5}	Hg_2Cl_2	1.43×10^{-18}	$PbCrO_4$	2.8×10^{-13}
$BaCO_3$	2.58×10^{-9}	HgS(黑)	1.6×10^{-52}	$ZnCO_3$	1.46×10^{-10}

K_{sp}是与难溶电解质溶解性有关的特征常数。可以用 K_{sp} 比较相同类型难溶电解质溶解能力的相对强弱。但对于不同类型的难溶电解质则应先将 K_{sp} 换算成溶解度 S，溶后再进行比较。

【例 8.7.1】 已知298 K 时，AgCl 的溶解度为 $1.8\times10^{-3}g\cdot L^{-1}$，求 AgCl 的 K_{sp}。

解： AgCl 的化学式量为 143.4

所以，AgCl 的溶解度为 $1.8\times10^{-3}/143.4=1.25\times10^{-5}$（$mol\cdot L^{-1}$）

又：
$$AgCl \rightleftharpoons Ag^{+}+Cl^{-}$$

$$c(Ag^{+})=c(Cl^{-})=\text{AgCl 的溶解度}=1.25\times10^{-5}(mol\cdot L^{-1})$$

故
$$K_{sp}=c(Ag^{+})\cdot c(Cl^{-})=(1.25\times10^{-5})^2=1.6\times10^{-10}$$

【例 8.7.2】 已知 Ag_2CrO_4 的 $K_{sp}=1.12\times10^{-12}$，计算该温度下 Ag_2CrO_4 的溶解度/$mol\cdot L^{-1}$。

解： 设 Ag_2CrO_4 的溶解度为 S_0（$mol\cdot L^{-1}$）

因为
$$Ag_2CrO_4 \rightleftharpoons 2Ag^{+}+CrO_4^{2-}$$

则有：$c(Ag^+)=S_0, c(CrO_4^{2-})=S_0$

$$K_{sp}=c^2(Ag^+)\cdot c(CrO_4^{2-})=(2S_0)^2\times S_0=4S_0^3$$

则
$$S_0=\sqrt[3]{\frac{K_{sp}}{4}}=\sqrt[3]{\frac{1.12\times10^{-12}}{4}}=6.5\times10^{-5}(mol\cdot L^{-1})$$

由计算可以看出，AgCl 的 K_{sp}（1.6×10^{-10}）比 $AgCrO_4$ 的 K_{sp}（1.12×10^{-12}）大，但 AgCl 的溶解度却比 $AgCrO_4$ 的溶解度小。

需要注意的是：在进行溶度积和溶解度之间换算时，溶解度是用物质的量浓度/$mol\cdot L^{-1}$表示的。如溶解度用其他浓度方法表示，则需将其换算成物质的量浓度。

8.7.2 溶度积规则

溶度积主要用来判断沉淀的生成和溶解。

某难溶电解质溶液（不一定是饱和溶液），其离子浓度幂的乘积称为离子积，用 Q_i 表示。离子积不是常数。对于某一给定溶液，离子积 Q_i 和溶度积 K_{sp}之间的关系可能有 3 种情况：

$Q_i>K_{sp}$，溶液过饱和，会生成沉淀；

$Q_i=K_{sp}$，溶液饱和，达到平衡状态；

$Q_i<K_{sp}$，溶液未饱和，若溶液中有沉淀存在，沉淀会继续溶解。

上述规则叫溶度积规则。利用此规则，不仅可以判断溶液中沉淀的生成与溶解，还可以通过控制离子浓度，使反应向生成沉淀或沉淀溶解的方向进行。

8.7.3 沉淀的生成和溶解

8.7.3.1 沉淀的生成

根据溶度积规则，难溶电解质生成沉淀的条件是溶液中离子积大于溶度积，即$Q_i>K_{sp}$。

【例 8.7.3】 将等体积的0.004 $mol\cdot L^{-1}$ 的 $Pb(NO_3)_2$ 溶液和 0.004$mol\cdot L^{-1}$ 的 Na_2SO_4 溶液混合，观察有无沉淀生成？

解： 两溶液等体积混合，浓度各减小一半。

所以 $c(Pb^{2+})=0.002mol\cdot L^{-1}, c(SO_4^{2-})=0.002mol\cdot L^{-1}$

则 $Q_i=c(Pb^{2+})\cdot c(SO_4^{2-})$

$=2\times10^{-3}\times2\times10^{-3}=4\times10^{-6}>K_{sp}(1.6\times10^{-8})$

所以，有沉淀生成。

在分析化学上，利用溶度积规则，可以进行离子分离与鉴定。如在 Na^+ 和 Ag^- 的混合体系中，加入 Cl^-，可将 Ag^+ 鉴定并分离出来。

若两种离子都能与加入的沉淀剂生成沉淀，可利用它们溶度积的大小不同进行“分步沉淀”而加以分离。例如在含有 Pb^{2+} 和 Zn^{2+} 的混合溶液中，滴加 S^{2-} 离子，由于 PbS 的 K_{sp} 小于 ZnS 的 K_{sp}，所以控制一定的 S^{2-} 离子浓度，可先将 PbS 沉淀分离出来，再进行 ZnS 的沉淀分离。

【例 8.7.4】 计算298 K 时，Ag_2CrO_4 在 0.10$mol\cdot L^{-1}$ K_2CrO_4 溶液中的溶解度，并与它在纯水中的溶解度比较。Ag_2CrO_4 的 $K_{sp}=1.12\times10^{-12}$

解： 设 Ag_2CrO_4 在 0.10$mol\cdot L^{-1}$ K_2CrO_4 溶液中的溶解度为 S

$$Ag_2CrO_4(s) \rightleftharpoons 2Ag^+ + CrO_4^{2-}$$

溶解平衡时　　　　　　　　　　　　$2S$　$S+0.10$

因为 S 很小，所以 $S+0.10 \approx 0.10$

则 $K_{sp}=c^2(Ag^+) \cdot c(Cl^-)=(2S)^2 \times 0.10=1.12 \times 10^{-12}$

$$S=\sqrt{\frac{K_{sp}}{4 \times 0.1}}=1.7 \times 10^{-6}\ (mol \cdot L^{-1})$$

在［例 8.7.2］中，计算出 Ag_2CrO_4 在纯水中的溶解度为 $6.5 \times 10^{-5} mol \cdot L^{-1}$，可见，$Ag_2CrO_4$ 在 K_2CrO_4 溶液中的溶解度比在纯水中的溶解度小得多。因此，在沉淀反应中，通常利用同离子效应加入过量的沉淀剂，使沉淀趋于完全。

8.7.3.2　沉淀的溶解和转化

根据溶度积规则，难溶电解质溶解的条件是降低该难溶盐的饱和溶液中某离子的浓度，使溶液中的离子积小于溶度积，即 $Q_i < K_{sp}$。降低离子浓度的常用方法有以下几种。

（1）生成弱电解质　例如难溶于水的氢氧化镁能溶于酸或铵盐溶液中。

$Mg(OH)_2$ 溶于酸中

$$\begin{array}{r} Mg(OH)_2 \rightleftharpoons Mg^{2+} + 2OH^- \\ + \\ 2HCl \longrightarrow 2Cl^- + 2H^+ \\ \Big\Updownarrow \\ 2H_2O \end{array}$$

$Mg(OH)_2$ 溶于铵盐溶液中

$$\begin{array}{r} Mg(OH_2) \rightleftharpoons Mg^{2+} + 2OH^- \\ + \\ 2NH_4Cl \longrightarrow 2Cl^- + 2NH_4^+ \\ \Big\Updownarrow \\ 2NH_3 \cdot H_2O \end{array}$$

（2）生成微溶的气体　例如碳酸盐溶于较强的酸

$$\begin{array}{l} CaCO_3 \rightleftharpoons Ca^{2+} + CO_3^{2-} \\ \qquad\qquad\qquad\quad + \\ 2HCl \longrightarrow 2Cl^- + 2H^+ \\ \qquad\qquad\qquad\quad \Big\Updownarrow \\ \qquad\qquad\quad H_2CO_3 \longrightarrow H_2O + CO_2\uparrow \end{array}$$

（3）发生氧化还原反应　例如 CuS 溶于稀硝酸中：

$$3CuS + 8HNO_3(稀) \longrightarrow 3Cu(NO_3)_2 + 3S\downarrow + 2NO\uparrow + 4H_2O$$

由于 S^{2-} 离子被氧化成 S，使 $c(S^{2-})$ 降低，导致 CuS 溶解。

（4）生成配合物。例如氯化银溶于氨水：

$$\begin{array}{r} AgCl \rightleftharpoons Cl^- + Ag^+ \\ + \\ 2NH_3 \cdot H_2O \\ \Big\Updownarrow \\ [Ag(NH_3)_2]^+ + 2H_2O \end{array}$$

在实际工作中，常遇到有些沉淀不能利用酸碱反应、氧化还原反应或配位反应直接溶解，但却可以使其转化为另一种沉淀，然后再使其溶解。这种由一种沉淀转化为另一种沉淀的过程，称为沉淀的转化。例如锅炉水垢中含有的 $CaSO_4$ 不溶于酸，用 Na_2CO_3 处理后，可使其转化为疏松的可溶于酸的 $CaCO_3$，这样水垢的清除就容易实现了。$CaSO_4$ 转化为 $CaCO_3$ 的反应过程为：

$$\begin{array}{ccc} CaSO_4 \rightleftharpoons SO_4^{2-} & + & Ca^{2+} \\ & & + \\ Na_2CO_3 = 2Na^+ & + & CO_3^{2-} \\ & & \Updownarrow \\ & & CaCO_3 \end{array}$$

由于 $CaSO_4$ 的 $K_{sp}(4.93\times10^{-5})$ 大于 $CaCO_3$ 的 $K_{sp}(3.36\times10^{-9})$，当在 $CaSO_4$ 饱和溶液中加入 Na_2CO_3 后，Ca^{2+} 和 CO_3^{2-} 结合成更难溶解的 $CaCO_3$，从而降低了 Ca^{2+} 的浓度，使 $CaSO_4$ 溶解平衡受到破坏，$CaSO_4$ 不断转化为 $CaCO_3$。

应当指出，沉淀转化是有条件的。由一种难溶电解质转化为另一种更难溶电解质是比较容易的，反之，则比较困难，甚至不可能转化。

沉淀的溶解与转化在化工生产和化工分析中有着广泛的应用。

科 海 拾 贝

pH 与日常生活

pH 与人们的日常生活有着密切的联系。从人体自身角度来说，正常人血液的 pH 在 7.40±0.05 范围，当摄入少量酸性或碱性食物后，人体能够自动调节，将多余的酸碱排出体外，保持人体酸碱平衡。在人体某些器官发生器质性病变或受到大量酸碱的侵袭时，血液的酸碱平衡将受到破坏，从而失去抵御酸碱的能力，使人体受到伤害。当 pH 减小时，医学上称为“酸中毒”，pH 增大则称“碱中毒”。

人体皮肤是肌体的第一道天然屏障，其 pH 在 5.5～6.0 范围。在生活水平不断提高、自我保护意识不断强化的今天，人们更加注重皮肤的护理，因此，在日常生活中，应慎重选择使用各种洗涤、化妆、护肤用品，尽量减少对皮肤的刺激。如肥皂、香皂、药皂都是常用的洗涤用品，它们的 pH 各不相同。肥皂的碱性较强，适用衣物的洗涤，若用于皮肤清洁，容易造成皮肤干燥。香皂、药皂经过化学处理，pH 相对较低，性质温和，适用于洗澡、洗脸。在美容皮肤护理中，应在专业人员的指导下，根据个体皮肤的特点，选择适当的护肤用品，只有科学护肤，才能达到理想的美容效果。

在人们的饮食中，许多现象也与 pH 有关。如酱油（pH 为 4.8 左右）、醋（pH 约为 3）都是常用的调味品，在食物烹调中，用它们来调节口味，实际是调整食物的 pH。夏季，温度较高，食物容易腐败变质，这与食物中 pH 变化有着密切的关系；在食欲低下时，往往在食物中加入少量醋，刺激胃酸分泌，起到开胃的作用。再如，新鲜猪肉的 pH 在 7.0～7.4 之间，放置一段时间后，肉中的蛋白质凝固，失去水分，pH 下降到 5.4～5.5，猪肉将失去原有的鲜味。味精在 pH 小于 7 的溶液中溶解后，游离出氨基酸，使汤味鲜美，而在碱性环境中，口感则较差。面粉发酵过程中，pH 会降低，因此在制作馒头的时候，一般要加少量小苏打，中和发酵过程中产生的有机酸，但不宜过量，否则蒸出的馒头会发黄。为了避免发黄，我们可以在馒头出笼前，向水中加入少量醋，稍蒸片刻，以中和多余的碱，从而改善馒头面制品的外观质量。

科学家吕·查德里

吕·查德里是一位法国化学家。他献身科学的决定和家庭的熏陶密不可分。他的祖父是烧石灰的，从小就看着如何由一块块石头变成石灰；他的父亲是一位铁路设计工程师，二位哥哥学理工科，他的弟弟则是建筑工程师。吕·查德里在母亲的影响下曾对文学艺术很感兴趣，1869 年吕·查德里曾参加过文学学士的入学考试，后在父亲的坚持下第二年重新参加了科学学士的考试，被巴黎工业学院录取，并从此走上了科学研究的道路。

吕·查德里在学生时代就对水泥等建筑材料的化学问题产生兴趣，如混凝土、水泥和石膏材料遇水后凝固，在这些过程中到底发生了哪些化学反应，有哪些因素会影响这些化学反应，如何控制这类物质的凝固速度，怎样才能提高混凝土的强度等。由于吕·查德里的弟弟是一位建筑工程师，对上述问题也十分关切，使吕·查德里感到这些课题的研究具有直接的现实意义。1883 年他开始这项研究，因大多数反应都需要等待较长时间，反应达到平衡状态是一个极其缓慢的过程，异常费时，由此他认识到“掌握、支配化学平衡的规律对于工业尤为重要”，因此他把精力集中在探索影响平衡的各种因素上。吕·查德里得到的第一个结论是升高温度对吸热反应有利。当时他惊叹“难怪以前我百思不得其解，原来提高温度有利于吸热过程的进行!”第二天他暂停实验室全体人员正在从事的工作转为验证温度对一系列化学反应的影响，无数实验结果与他的结论一致。进而他又验证了压力对化学平衡的影响。在大量实验数据的基础上，他在 1884 年总结得出“平衡移动原理”。而后又在 1925 年对原来的表述进行简化而得现在的形式。

鉴于吕·查德里对科学研究所作出的贡献，他获得了许多的荣誉 1900 年在法国巴黎获得科学大奖，1904 年在美国获得圣路易奖，1907 年当选为法国科学院院士，1927 年当选为苏联科学院名誉院士。

思考与练习

1. 比较强电解质与弱电解质在电离方面的区别。

2. 什么是电离平衡？电离常数和电离度的意义是什么？它们有什么区别？

3. 室温下，将 0.5mol·L^{-1} $NH_3 \cdot H_2O$ 溶液加水稀释至原来的 1/10，溶液中 $c(OH^-)$有何变化？$NH_3 \cdot H_2O$ 的电离度有何变化？通过计算说明。

4. 计算 0.01mol·L^{-1} HNO_3；0.05mol·L^{-1} NaOH；0.20mol·L^{-1} HCN；0.10mol·L^{-1} $CaCl_2$；0.20mol·L^{-1} $NH_3 \cdot H_2O$ 溶液中各离子的浓度。

5. 什么是离子方程式？离子方程式与一般分子方程式有什么区别？

6. 写出下列反应的离子方程式

(1) $Pb(NO_3)_2 + 2HI = PbI_2 \downarrow + 2KNO_3$

(2) $CaCO_3 + 2HCl = CaCl_2 + CO_2 \uparrow + H_2O$

(3) $CuCl_2 + H_2S = CuS \downarrow + 2HCl$

(4) $BaCl_2 + Na_2SO_4 = 2NaCl + BaSO_4 \downarrow$

(5) $Fe(OH)_3 + 3HCl = FeCl_3 + 3H_2O$

(6) $Mg(OH)_2 + 2NH_4Cl = 2NH_3 \cdot H_2O + MgCl_2$

7. 选择适当的反应物，各写出两个符合下列离子方程的分子方程式。

(1) $Fe^{3+} + 3OH^- = Fe(OH)_3 \downarrow$

(2) $CO_3^{2-} + 2H^+ = CO_2 \uparrow + H_2O$

(3) $Ag^+ + Br^- = AgBr \downarrow$

(4) $Cu^{2+} + H_2S = CuS \downarrow + 2H^+$

8. 什么是水的离子积？水中加入少量酸或碱后，水的离子积有无变化？$c(H^+)$有何变化？

9. 计算下列溶液的 pH 值

(1) 0.01mol·L^{-1} HCl；

(2) 0.01mol·L^{-1} HCN；

(3) 250mL 溶液中含有 NaOH 0.5g；

(4) 100mL 溶液中含有 NH_3 17g。

10. 什么是同离子效应？在氨水溶液中分别加入 HCl、NH_4Cl、NaOH，对氨的电离平衡有何影响？氨的电离度将如何变化？

11. 计算 100mL 0.01mol·L^{-1} HAc 溶液的 pH。若向其中加入 0.01mol 的 NaAc 固体（假设 NaAc 加入后溶液体积不变），计算加入 NaAc 固体后溶液的 pH 值。

12. 什么是盐的水解？影响盐的水解因素有哪些？

13. 将下列盐按酸性、碱性、中性分类。

KCN，$NaNO_3$，$FeCl_3$，NH_4NO_3，$Al_2(SO_4)_3$，$CuSO_4$，NH_4Ac，Na_2CO_3，$NaHCO_3$，NH_4F，Na_2S，KCl。

14. 回答下列问题：

(1) 为什么 Al_2S_3 在水溶液中不能存在？

(2) 配制 $SnCl_2$、$FeCl_3$ 溶液时，为什么不能用蒸馏水而要用稀盐酸？

(3) 为什么 $Al_2(SO_4)_3$ 和 Na_2CO_3 溶液混合后能立即产生 CO_2 气体？

15. 举例说明缓冲溶液缓冲作用的原理。

16. 下列各组物质，哪些可用来制备缓冲溶液？

(1) HCl-NaCl；　(2) HAc-NaOH；

(3) NH_3-HCl；　(4) H_3PO_4-NaH_2PO_4；

(5) H_2CO_3-$NaHCO_3$；　(6) $NH_3 \cdot H_2O$-NH_4Cl。

17. 选择缓冲溶液的依据是什么？现有下列三种酸

HCOOH　$K_a = 1.7 \times 10^{-4}$

HAc　$K_a = 1.8 \times 10^{-5}$

$ClCH_2COOH$　$K_a = 1.4 \times 10^{-3}$

试问：欲配制 pH=3 的缓冲溶液，应选择哪种酸比较好？

18. 什么是溶度积？它的意义是什么？

19. 什么是溶度积规则？如何用它来判断沉淀的生成和溶解？

20. 已知 AgI 的溶度积 $K_{sp} = 8.52 \times 10^{-17}$，求其 (1) 在纯水中；(2) 在 0.01mol·L^{-1} KI 溶液中的溶解度。

21. 已知 $PbCl_2$ 的 $K_{sp} = 1.70 \times 10^{-5}$，$PbI_2$ 的 $K_{sp} = 9.8 \times 10^{-9}$，在 20.00mL 0.012mol·$L^{-1}$ 的 $Pb(NO_3)_2$ 溶液中加入 10.00mL 0.015mol·L^{-1} NaCl 溶液，能否有沉淀生成？如将 NaCl 改为 KI 溶液，能否有沉淀生成？

22. 10.00mL 0.1mol·L^{-1} $MgCl_2$ 和 10.00mL 0.01mol·L^{-1} $NH_3 \cdot H_2O$ 相混合，是否有 $Mg(OH)_2$ 沉淀生成？已知 $Mg(OH)_2$ 的 $K_{sp} = 5.61 \times 10^{-12}$；$NH_3 \cdot H_2O$ 的 $K_b = 1.8 \times 10^{-5}$。

23. 根据溶度积规则解释下列事实：

(1) $BaCO_3$ 沉淀溶于稀 HCl；

(2) $Fe(OH)_3$ 溶于 H_2SO_4；

（3）FeS 与 HCl 反应可制得 H_2S；

（4）$BaSO_4$ 不溶于稀 HCl。

24. 课外调查：水

水是我们最熟悉的化学物质，围绕着水进行探究。

提示：仅选水的一点性质，研究透彻。如：水的存在、水的物理性质、水的化学性质、水的用途、水的净化等。

注意：通过查阅资料或实地考察获取资料。

要求：写出详细的报告。

9. 电化学基础

学习指南 汽车上用的蓄电池、小电器上用的干电池均属于化学电源。它们都是利用氧化还原反应原理，将化学能转化成了电能。所谓电化学，就是研究电与化学关系，具体地说，就是研究在电解质存在下的体系中，电流的产生与氧化还原关系的一门学科。本章从原电池出发，以电极电势为核心，以生产实际为依据，学习电化学的基础知识。学习中，应紧紧围绕电极电势，联系实际多做一些有关练习，结合生产实际再学习电解及其应用和金属的腐蚀与防护。

本章学习要求

通过本章对原电池工作原理的简单分析来学习电极电势及其有关概念、应用，掌握和理解电势的应用，加深对电化学基础知识的理解和学习。

本章中心点：电化学基础知识

9.1 原 电 池

9.1.1 原电池装置

原则上任何化学反应都伴有能量产生，有些化学能量是可以加以利用的，将其转变成电能就是行之有效的方法。在化学中，就是把氧化还原反应的化学能直接转化成电能的。

我们将利用氧化还原反应，使化学能直接转变为电能的装置，叫做原电池装置，简称原电池。

【演示实验 9.1】 如图 9.1 所示，在盛有 1mol·L^{-1} $ZnSO_4$ 溶液的烧杯中，插入锌片；在盛有 1mol·L^{-1} $CuSO_4$ 溶液的烧杯中插入铜片。用盐桥将两个烧杯的溶液连通，再用导线将锌片和铜片、检流计串联起来。

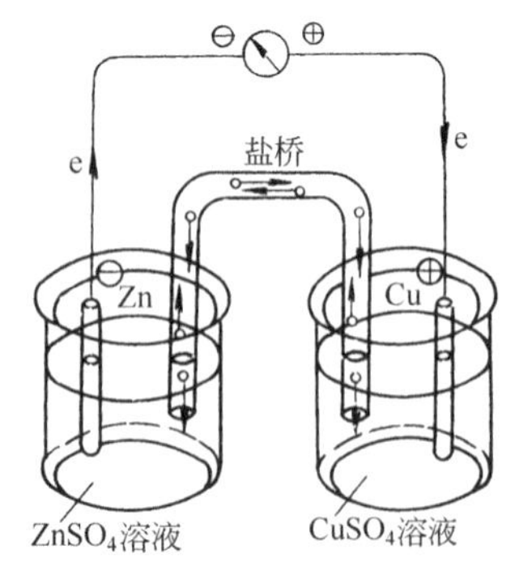

图 9.1 铜锌原电池

盐桥是一个装满 KCl 饱和溶液和琼脂胶形成胨胨的 U 型玻璃管。其作用是平衡两溶液的电荷。

我们可以观察到如下现象。

① 可以发现检流计指针立即发生偏转，说明导线中有电流通过。且根据指针的偏转方向判定，电子从锌片流向铜片。

② 锌片开始逐渐溶解，而铜片上逐渐有铜沉积。整个过程中，发生了氧化还原反应：

$$Cu^{2+} + Zn \longrightarrow Cu + Zn^{2+}$$

如果将锌片直接插入 $CuSO_4$ 溶液中，也会发生同样的氧化还原反应，即置换反应，却不会有电流的产生。因为反应中，电子由锌片直接转移给了溶液中的 Cu^{2+}，电子的流动是无秩序的。

$$\overset{\text{2e}}{\overbrace{Zn + Cu^{2+}}} \longrightarrow Zn^{2+} + Cu$$

③ 若取出盐桥，检流计指针回至零点；放入盐桥，检流计指针偏转，说明盐桥起到了沟通电路的作用。

上述原电池能产生电流，其本质是锌比铜活泼，易失去电子，而 Cu^{2+} 比 Zn^{2+} 易得到电子。把锌片插入到含 $ZnSO_4$ 溶液时，锌原子失去电子，使 Zn^{2+} 进入溶液，锌片上发生了氧化反应：

$$Zn - 2e \longrightarrow Zn^{2+}$$

锌原子失去的电子通过导线流到铜片，电子的这种有规则的流动产生了电流。$CuSO_4$ 溶液中的 Cu^{2+} 从铜片上获得电子，析出金属铜，在铜片上发生了还原反应：

$$Cu^{2+} + 2e \longrightarrow Cu$$

随着反应的进行，$ZnSO_4$ 溶液中 Zn^{2+} 增多而使溶液带正电；同时，$CuSO_4$ 溶液中因 Cu^{2+} 不断获得电子被还原而析出 Cu，使得溶液中 SO_4^{2-} 相对增多使溶液带负电，从而阻止了 Zn 的溶解和 Cu^{2+} 的还原析出，电子不能连续从锌片流向铜片。盐桥中的 K^+ 可向 $CuSO_4$ 溶液扩散，Cl^- 可向 $ZnSO_4$ 溶液扩散，分别中和两溶液中过剩的正、负电荷，以平衡两溶液的电性，使之一直保持电中性，因而原电池中的氧化还原反应得以继续进行。

9.1.2 电极反应

9.1.2.1 原电池的几个基本概念

半电池　除内电路（盐桥）和外电路（导线）外，每个原电池都可看作由两个“半电池”组成。如图 9.1 中的铜锌原电池，锌片与 $ZnSO_4$ 溶液构成锌半电池、铜片与 $CuSO_4$ 溶液构成铜半电池。

电极　构成半电池的导体称为原电池的电极。如上述铜锌原电池中的铜片、锌片均是电极。

根据电极上电子或电流的流向，规定电极的极性如下：

正极　流入电子（电流流出）的电极，可用符号“＋”标出。如铜锌原电池中的铜片为正极。

负极　流出电子（电流流入）的电极，可用符号“－”标出。如铜锌原电池中的锌片为负极。

9.1.2.2 电极反应

原电池上的正极是接受电子的电极，电极上发生还原反应；负极是流出电子的电极，电极上发生氧化反应。把分别在负极和正极上发生的氧化和还原的反应称为电极反应。

铜锌原电池上发生的电极反应为：

负极　$$Zn - 2e \longrightarrow Zn^{2+}$$

正极　$$Cu^{2+} + 2e \longrightarrow Cu$$

电池反应　$$Zn + Cu^{2+} \longrightarrow Zn^{2+} + Cu$$

9.1.3 原电池表达式

对任何一个原电池，如果都画出装置图来表达是很繁琐的，因此，可将原电池装置按一定规则用符号表示出来，比较方便、简单。这样表示的式子就是原电池的表达式。如铜锌原电池可用原电池表达式表示如下：

$$(-)\ Zn|ZnSO_4(c_1)\,\|\,CuSO_4(c_2)|Cu(+)$$

其中，“|”表示两相之间的接触界面，如金属与溶液的界面；“‖”表示盐桥；c_1，c_2 分别表示 $ZnSO_4$ 和 $CuSO_4$ 溶液的浓度；（－）和（＋）分别表示原电池的负极和正极，习惯上

把负极写在左边，正极写在右边。

理论上，任何一个能自发进行的氧化还原反应都能组成一个原电池。

如，反应 $Zn+2H^+ \longrightarrow Zn^{2+}+H_2$ 组成原电池时，其电极反应、原电池反应及原电池表达式分别为：

负极反应　　$Zn-2e \longrightarrow Zn^{2+}$

正极反应　　$2H^+ +2e \longrightarrow H_2\uparrow$

电池反应　　$Zn+2H^+ \longrightarrow Zn^{2+}+H_2\uparrow$

原电池表达式　（－）$Zn|Zn^{2+}(c_1)\parallel H^+(c_2)|H_2,Pt(+)$其中，Pt 为惰性电极（又称辅助电极），只起导体作用。

9.1.4　氧化还原电对

在原电池中，每个半电池都是由同种元素的不同价态的两种物质组成。其中一种处于较低价态的物质称还原态（型）物质，如上述铜锌原电池中，锌半电池中的 Zn 和铜半电池中的 Cu；另一种处于较高价态物质称为氧化态（型）物质，如锌半电池中的 Zn^{2+} 和铜半电池中的 Cu^{2+}。还原态（型）物质与之对应的氧化态（型）物质一起构成氧化还原电对，简称电对。电对可以用符号“氧化态物质/还原态物质”形式表示。如 Zn^{2+}/Zn，Cu^{2+}/Cu，H^+/H_2，Cl_2/Cl^-，MnO_4^-/Mn^{2+} 等。

9.2　电极电势

9.2.1　电极电势

9.2.1.1. 电极电势

铜锌原电池中，把两个电极用导线联接起来就有电流产生，说明两电极间存在电势差，如同水位差使水自然流动一样。电势差的存在，表示构成两半电池的电极具有各自的电势，每个电极所具有的电势叫做电极电势。可用符号 φ 表示，单位是伏特（V）。

用电势差计可测得正极与负极之间的电势差，这个电势差就是原电池的电动势。电动势用符号 E 表示，单位是伏特。原电池的电动势规定为：电池正极电势 $\varphi_{(+)}$ 减去负极电势 $\varphi_{(-)}$，即

$$E=\varphi_{(+)}-\varphi_{(-)}$$

电极电势的大小，表示原电池中两电对在氧化还原反应中争夺电子能力的大小。电极电势的绝对值无法测出，但可借助标准电极测出其相对值。

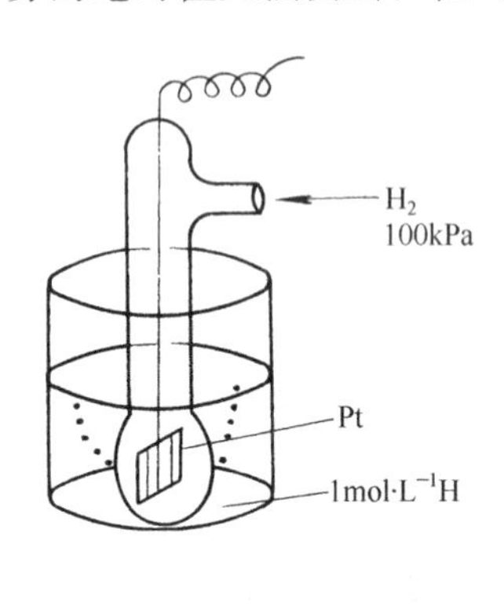

图 9.2　标准氢电极

9.2.1.2　标准氢电极

如同海拔高度是以海平面的高度为零作参考标准一样，测定电极电势也要选取一个标准电极作比较。这个标准电极为标准氢电极，其结构如图 9.2 所示。将一片由铂丝连接的镀有蓬松铂黑的铂片，浸入氢离子浓度为 $1mol\cdot L^{-1}$ 的硫酸溶液中，在 298K 时，从玻璃管上部侧口不断通入压力为 100kPa 的纯氢气，使铂片表面吸附氢气达饱和，被氢气饱和的铂片即为氢电极。被铂黑吸附达饱和的氢气与溶液中的氢离子建立了如下的平衡：

$$2H^+ +2e \longrightarrow H_2$$

在此条件下，铂片上吸附的氢气与酸溶液构成的电极叫做标准氢电极，并规定此标准氢电极的电极电势为零，记为：

$$\varphi^{\ominus}(H^+/H_2)=0V$$

9.2.1.3 标准电极电势

电极电势的高低，主要由电对本性决定，但也受体系的温度、浓度、压力的影响。为了便于比较，电化学上引入了标准状态：电极反应的有关离子浓度为 $1mol \cdot L^{-1}$，有关气体压力为 100kPa，温度为 298K。处于标准状态下的电极电势称为标准电极电势，用符号 $\varphi^{\ominus}$ 表示。

标准电极电势的测定，可由标准氢电极与被测标准电极构成原电池，在标准状态下测定原电池的标准电动势 $E^{\ominus}$，而标准氢电极的电极电势 $\varphi^{\ominus}(H^+/H_2)=0V$，即可得到被测电极的标准电极电势 $\varphi^{\ominus}$。例如，锌标准电极电势的测定，可将其与标准氢电极组成原电池，由电势差计得知，该原电池的标准电动势为 $E^{\ominus}=0.763V$，并且由电势差计指针的方向可知锌电极为负极，氢电极为正极。电池可表达为：

$$(-)\ Zn|Zn^{2+}(1mol \cdot L^{-1}) \| H^+(1mol \cdot L^{-1})|H_2(100kPa),Pt(+)$$

锌电极标准电势计算如下：

$$E^{\ominus}=\varphi_+^{\ominus}-\varphi_-^{\ominus}=\varphi^{\ominus}(H^+/H_2)-\varphi^{\ominus}(Zn^{2+}/Zn)=0.763V$$

$$\varphi^{\ominus}(Zn^{2+}/Zn)=\varphi^{\ominus}(H^+/H_2)-E^{\ominus}=0-0.763=-0.763V$$

类似的方法，可测出其他各氧化还原电对的标准电极电势值。将标准电极电势按一定顺序排列起来，即得标准电极电势表（见附录）。

非标准状态下的电极电势，考虑到了温度、参与反应物质的浓度、气体的压力等因素，可用能斯特方程计算。

如：$$a(\text{氧化态})+ne \longrightarrow b(\text{还原态})$$

其 298K 时的能斯特方程式为：

$$\varphi=\varphi^{\ominus}+\frac{0.059}{n}\lg\frac{c^a(\text{氧化态})}{c^b(\text{还原态})}$$

9.2.2 标准电极电势的应用

9.2.2.1 比较氧化剂、还原剂的相对强弱

电极电势值的大小，反映了物质得失电子的难易，亦即反映了氧化、还原能力的强弱。电极电势值越小，表明该电对的还原态物质越易失去电子，是越强的还原剂；电极电势值越大，表明该电对的氧化态物质越易获得电子，是越强的氧化剂。

【例 9.2.1】 在 Cl_2/Cl^- 和 O_2/H_2O 两个电对中，哪个是较强的还原剂？哪个是较强的氧化剂？

解：从附录表中查得：$\varphi^{\ominus}(Cl_2/Cl^-)=1.36V$,$\varphi^{\ominus}(O_2/H_2O)=1.23V$，

可见 $\varphi^{\ominus}(Cl_2/Cl^-)>\varphi^{\ominus}(O_2/H_2O)$，则还原能力 $H_2O>Cl^-$，而 Cl_2 是较强的氧化剂。

【例 9.2.2】 列出 3 个电对 Cu^{2+}/Cu，Ag^+/Ag，Fe^{3+}/Fe^{2+} 氧化态物质的氧化能力大小的顺序。

解：查附录表得：$\varphi^{\ominus}(Cu^{2+}/Cu)=0.337V$,$\varphi^{\ominus}(Ag^+/Ag)=0.799V$,$\varphi^{\ominus}(Fe^{3+}/Fe^{2+})=0.77V$,$\varphi^{\ominus}(Ag^+/Ag)>\varphi^{\ominus}(Fe^{3+}/Fe^{2+})>\varphi^{\ominus}(Cu^{2+}/Cu)$，3 个电对中氧化态物质氧化能力由大到小的顺序为：Ag^+，Fe^{3+}，Cu^{2+}。

9.2.2.2 判断氧化还原反应进行的次序

【演示实验 9.2】 在一支大试管中加入 1mL 0.1mol·L^{-1}KI 溶液，1mL 饱和 H_2S 溶液，再加入适量 CCl_4。然后逐滴加入 0.1mol·$L^{-1}$$FeCl_3$ 溶液，并不断振荡，观察现象。

可以发现，水层(上层)首先出现混浊，随着 $FeCl_3$ 溶液的不断加入，CCl_4 层逐渐由无色变为紫色。这说明 Fe^{3+} 作为氧化剂与 H_2S 和 I^- 的反应不是同时进行的。

由附录表可查出电极电势分别为：$\varphi^{\ominus}(Fe^{3+}/Fe^{2+})=0.771V$，

$\varphi^{\ominus}(S/H_2S)=0.14V$，$\varphi^{\ominus}(I_2/I^-)=0.535V$，

从电极电势之差的大小看，$\varphi^{\ominus}(Fe^{3+}/Fe^{2+})$与 $\varphi^{\ominus}(S/H_2S)$之差较大，因此，当滴加 $FeCl_3$ 时，首先发生的化学反应为：

$$2Fe^{3+}+H_2S \longrightarrow 2Fe^{2+}+S\downarrow+2H^+$$

S 不溶于水，而使水层出现混浊。同时亦会因发生下列反应使溶液混浊或出现沉淀。

$$H_2S+Fe^{2+} \longrightarrow FeS\downarrow+2H^+$$

当 H_2S 几乎反应完全时，继续加入的 $FeCl_3$ 才发生下列化学反应：

$$2Fe^{3+}+2I^- \longrightarrow 2Fe^{2+}+I_2$$

由于 I_2 溶于 CCl_4 层，使 CCl_4 层出现紫红色。

由此可见，一种氧化剂与几种还原剂作用时，反应是按一定的顺序进行的，氧化剂首先氧化最强的还原剂。同样，当一种还原剂与几种氧化剂作用时，还原剂首先还原最强的氧化剂。

电极电势差值最大的两者之间首先发生氧化还原反应。

9.2.2.3 判断氧化还原反应的方向

对于给定的氧化还原反应，均可以组成一个原电池。那么，氧化还原反应方向的判断，就可以由原电池的电动势是否大于零做出判定。其判断方法如下：

首先写出氧化还原反应方程式，根据参加反应物质中的元素化合价变化情况，确定氧化剂和还原剂。

其次，分别查出氧化剂电对和还原剂电对的标准电极电势值，并以氧化剂电对为原电池的正极，以还原剂电对为负极，组成原电池，按下式计算出原电池的标准电动势值。

$$E^{\ominus}=\varphi_{+}^{\ominus}-\varphi_{-}^{\ominus}$$

在标准状态下，作出判断：

若 $E^{\ominus}>0$，则该氧化还原反应自发从左向右进行；

若 $E^{\ominus}<0$，则该氧化还原反应自发从右向左进行。

【例 9.2.3】 在标准状态下，反应 $2Fe^{3+}+Cu \longrightarrow 2Fe^{2+}+Cu^{2+}$ 能否自动进行？

解：从给定反应中各物质对应元素的化合价变化可知，Fe^{3+} 是氧化剂，而 Cu 是还原剂。

查附录表得：$\varphi^{\ominus}(Fe^{3+}/Fe^{2+})=0.771V$，$\varphi^{\ominus}(Cu^{2+}/Cu)=0.337V$。

组成原电池时，电动势值为：

$$E^{\ominus}=\varphi^{\ominus}(Fe^{3+}/Fe^{2+})-\varphi^{\ominus}(Cu^{2+}Cu)=0.771-0.337=0.434(V)$$

因为 $E^{\ominus}>0$，所以该反应能自动地进行。

9.2.2.4 氧化还原平衡

在上述氧化还原反应方向的判断中，当 $E^{\ominus}=0$，即 $\varphi_{+}^{\ominus}=\varphi_{-}^{\ominus}$ 时，反应表面上既不会从

左向右进行，也不会从右向左进行，即处于平衡状态。但反应本身并没有停止，只是向左右两方向反应进行的速度相等而已。把这样的平衡，叫做氧化还原平衡。氧化还原平衡是化学平衡中的一种。

有些在能够自发进行的反应，当进行到一定条件下，随反应物浓度的不断下降，产物浓度的不断增加，最终也会达到平衡。此时，由该氧化还原反应所组成的原电池的电动势亦为零。

$$E=\varphi_{+}-\varphi_{-}=0$$

其中，E，φ_{+}，φ_{-}，分别为非标准状态下的原电池电动势，正极电势和负极电势。

当然，通过改变条件，根据平衡移动原理，可使反应向产物方向进行。例如，

$$MnO_2+4HCl \longrightarrow MnCl_2+Cl_2\uparrow+H_2O$$

在标准状态下有：

$E^{\ominus}=\varphi^{\ominus}(MnO_2/Mn^{2+})-\varphi^{\ominus}(Cl_2/Cl^-)=1.23-1.36=-0.13(V)$

不能自动向右进行。但是如果不断增大 HCl 浓度，可使反应的 $E=0V$，即达平衡，再进一步增大 HCl 浓度，根据平衡移动原理，$\varphi(Cl_2/Cl^-)$下降，Cl^- 还原能力增强，MnO_2 的氧化能力相对提高，使 $E>0$，反应向右进行。实验室中就是用 MnO_2 与浓盐酸反应通过加热来制备 Cl_2 的。

9.3 电解及应用

9.3.1 电解

电流通过电解质溶液或熔融状态的离子化合物时，引起氧化还原反应的过程叫做电解。电解过程与原电池正好相反，它是把电能转变为化学能的过程。进行电解的装置，叫做电解池或电解槽。

下面通过电解 NaCl 水溶液，来说明电解是怎样将电能转变为化学能的。

【演示实验 9.3】 如图 9.3 的装置，在盛有 NaCl 水溶液的 U 形管的两端，分别插入石墨棒作电极。与直流电源负极相连的电极叫阴极，与直流电源正极相连的电极叫阳极。分别向阴极附近的溶液中加 2 滴酚酞试液，往阳极附近的溶液中加入 2 滴淀粉碘化钾试液。接通电源，观察实验现象。

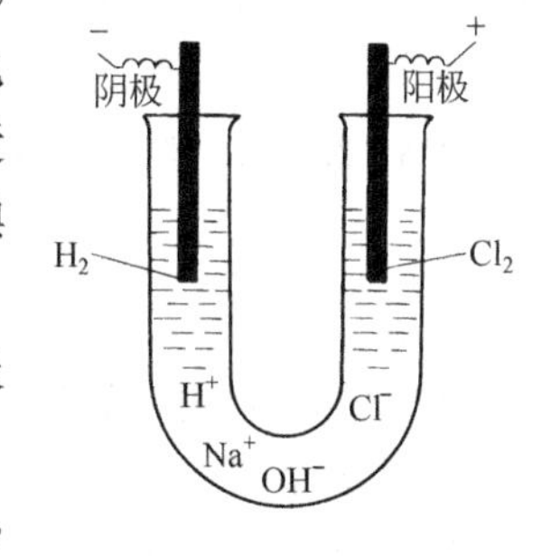

图 9.3 电解饱和食盐水溶液装置

很快就会发现两极都有气泡产生，阴极附近溶液变红，阳极附近溶液变蓝。

这是因为在通电前，NaCl 水溶液中有 Na^+，Cl^-、H^+，OH^- 四种离子。

$$NaCl \longrightarrow Na^+ + Cl^-,$$
$$H_2O \rightleftharpoons H^+ + OH^-$$

通电后，这些自由移动的离子发生定向移动，Cl^-，OH^- 移向阳极，Na^+，H^+ 移向阴极，并发生反应：

阳极　　$2Cl^- - 2e \longrightarrow Cl_2\uparrow$　　氧化反应

阴极　　$2H^+ + 2e \longrightarrow H_2\uparrow$　　还原反应

电解总反应为：

$$2NaCl+2H_2O \xrightarrow{\text{电解}} 2NaOH+H_2\uparrow(\text{阴极})+Cl_2\uparrow(\text{阳极})$$

电解时，阳离子得到电子或阴离子失去电子的过程叫离子的放电。

在上述饱和食盐水的电解过程中，由于 H^+ 在阴极放电，H^+ 被还原，产生 H_2，破坏了水的电离平衡，使阴极附近的溶液 OH^- 增多，溶液显碱性，因而使酚酞变红；阳极由于 Cl^- 放电而被氧化，产生 Cl_2，Cl_2 又将 I^- 氧化为 I_2，I_2 遇淀粉显蓝色。

电解时，在阳极或阴极附近，往往有两种或两种以上的离子存在，究竟何种离子先放电？离子放电的先后顺序，不仅与电解质的性质(如标准电极电势)有关，而且与溶液中离子的浓度、温度和电极材料等因素有关。

根据实际经验，一般有下列规律。

当电解池的电极用惰性电极(如石墨、铂)时，阳离子在阴极的放电顺序与金属的活泼性有关，电解活泼金属(一般是电极电势表中 Al 及 Al 以前的金属)的盐溶液时，H^+ 先放电，产生 H_2；电解相对不活泼的金属及 Zn，Fe，Ni 等金属的盐溶液时，相应的这些金属离子先放电，析出金属。如电解 NaCl 溶液时，阳离子为 Na^+，H^+ 在阴极先放电，产生 H_2。如果是电解 $CuCl_2$ 溶液，则 Cu^{2+} 比 H^+ 容易获得电子，因此 Cu^{2+} 在阴极先放电，析出 Cu。

$$Cu^{2+}+2e \longrightarrow Cu$$

阴离子在阳极的放电顺序比较复杂，这里不作讨论，但一般有这样的顺序：

$$S^{2-}>I^->Br^->Cl^->OH^->NO_3^->SO_4^{2-}$$

如果是非惰性材料，如通常所用的锌、镍、铜、铬等金属作阳极材料，则应考虑阳极的溶解，即金属阳极本身是否参与电解反应。

9.3.2 电解的应用

电解在工业上有很重要的用途，其应用领域主要有以下几个方面。

9.3.2.1 电解工业

在电解工业中，主要是通过电解的方法可以制得通过一般化学反应难以得到的产物，或一般化学反应不能实现的反应。如：电解饱和食盐水制取烧碱，同时还可得到 Cl_2 和 H_2。电解氟氢化钾(KHF_2)制 F_2 等。还可以制得其他一些无机盐及有机物质。

电解法制 F_2 的电解反应为：

$$2KHF_2(\text{熔融态}) \xrightarrow{\text{电解}} 2KF+H_2\uparrow(\text{阴极})+F_2\uparrow(\text{阳极})$$

9.3.2.2 电冶金工业

电冶金是利用电解法从熔融态金属化合物中冶炼金属。它既可以制取不活泼金属，也可以制取活泼金属。

根据 9.3.1 中电解金属盐溶液，金属离子在阴极的放电规律，电解不活泼金属及 Zn、Fe、Ni 等金属的盐溶液时，即可得到相应金属单质，电解活泼金属盐溶液时，阴极上得 H_2。因此，制取 K、Na、Mg、Al 这样的活泼金属时，只能电解它们的熔融化合物。如电解熔融 NaCl 时，阴极上可析出金属钠。电解反应如下：

通电前　　$NaCl \xrightarrow{\text{熔融态}} Na^+ + Cl^-$

通电后　在阳极　　$2Cl^- - 2e \longrightarrow Cl_2$

　　　　在阴极　　$2Na^+ + 2e \longrightarrow 2Na$

总电解反应　　$2NaCl \xrightarrow[\text{熔融态}]{\text{电解}} 2Na\ (\text{阴极}) + Cl_2\ (\text{阳极})$

工业上，还常用电解的方法精炼（或提纯）金属。例如粗铜的提纯。用粗铜作阳极，纯铜板作阴极，$CuSO_4$ 溶液作电解液。

电解时反应为：

在阳极　　　　$Cu-2e \longrightarrow Cu^{2+}$　（阳极粗铜溶解）

在阴极　　　　$Cu^{2+}+2e \longrightarrow Cu$　（在纯铜上析出）

此时的阳极粗铜中的活泼金属（像 Zn、Pb、Fe 等）杂质与 Cu 一样，失去电子，被氧化而溶解进入溶液，但它们在阴极却不能析出。粗铜中的不活泼金属（如：Au、Ag、Pt 等）不能溶解，沉淀为阳极泥，可从这些阳极泥中进一步提炼这些贵金属。用电解法可将粗铜提炼为含 Cu 达 99.9%的精铜。

9.3.2.3　电镀

应用电解原理，在金属或其制品表面上镀上一层金属或合金的过程叫电镀。电镀的目的是增强金属的抗腐蚀能力，增加金属的表面美观和表面硬度。因此，镀层通常是一些在空气中或溶液中比较稳定的金属。如铬、锌、镍、金、银或合金如铜锌合金、铜锡合金等。

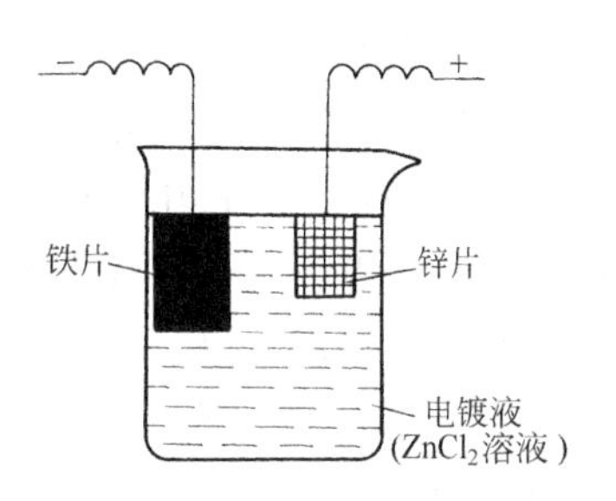

图 9.4　电镀锌实验示意图

例如，在铁制品上镀锌。如图 9.4 所示。

将铁制品（镀件）作阴极，被镀金属锌作阳极，$ZnCl_2$ 溶液作电镀液。

则电镀反应如下：

阳极　　　　$Zn-2e \longrightarrow Zn^{2+}$

（被镀金属溶解）

阴极　　　　$Zn^{2+}+2e \longrightarrow Zn$

（Zn 被镀在了镀件上）

在电镀技术上，为了使镀件表面得到一层有一定厚度的、均匀的、美观的镀层，必须严格控制电镀的条件。在生产实际中，电镀液的配方是很复杂的，在适当的电镀条件下，加入合适电镀溶液和其他相应的辅助试剂，可得到表面均匀、光滑、牢固的镀层。

9.4　金属的腐蚀与防护

9.4.1　金属的腐蚀

在日常生活中，我们经常见到铁制品在潮湿的空气中产生红棕色粉末状铁锈，铜制品表面产生铜绿，铝制品表面出现白色斑点等现象。这是因为，这些金属与周围的相关物质发生了化学反应而产生的。这种金属或合金与周围的气体或液体进行化学反应而遭到破坏的现象，叫做金属的腐蚀。

金属的腐蚀是普遍的，腐蚀造成的危害也是严重的。金属腐蚀的危害不仅在于金属本身的破坏和遭受损失，更重要的是使金属机器设备、仪器仪表遭受的破坏和损失，由此也可能造成产品质量下降、停工停产，甚至引发重大事故，造成巨大的经济损失、危害人身安全、造成环境污染。所以，了解金属腐蚀原因和采取有效措施进行防护是非常重要的。

根据金属周围介质不同及反应类型的不同，金属腐蚀可分为化学腐蚀和电化学腐蚀两类。

9.4.1.1 化学腐蚀

金属与接触到的氧化性物质直接发生化学反应而引起的腐蚀称为化学腐蚀。所接触到的氧化性物质主要是一些干燥的气体，如 O_2，SO_2，Cl_2 等，也可以是非电解质液体。

例如，Fe 在高温下与 O_2 或 Cl_2 的反应，就属于这类腐蚀。

$$4Fe+3O_2 \xrightarrow{高温} 2Fe_2O_3$$

$$2Fe+3Cl_2 \longrightarrow 2FeCl_3$$

9.4.1.2 电化学腐蚀

不纯的金属或合金，接触到电解质溶液，发生原电池反应而产生腐蚀，叫电化学腐蚀。在原电池中，由于金属或合金中杂质的电极电势往往大于金属的，所以，金属是作为原电池的负极被腐蚀。

【演示实验 9.4】 在一盛有稀硫酸的试管中，加入一小块化学纯的金属锌，观察锌表面产生氢气的现象；再用一根铜丝与锌表面接触，或取另一块附有铜丝的锌块加入同样的稀硫酸溶液中，继续观察在锌表面产生氢气的现象。

从实验可以看出，纯锌与稀硫酸的反应很慢，但放入铜丝并与锌接触后或附有铜丝的锌块表面产生大量气泡。这说明，Zn、Fe 这样中等活泼性的金属，不含杂质时较难被腐蚀，含有杂质时，相当于形成了原电池，因而很容易被腐蚀。如：钢铁中含有杂质碳、硅等，并且能导电，在潮湿的空气中金属表面形成一层水膜，水膜又吸收空气中的酸性气体或氧气，产生了电解质溶液介质，铁和其中的杂质形成无数多的微小原电池，如：演示实验中的锌和铜杂质。钢铁的电化学腐蚀，如图 9.5 所示。

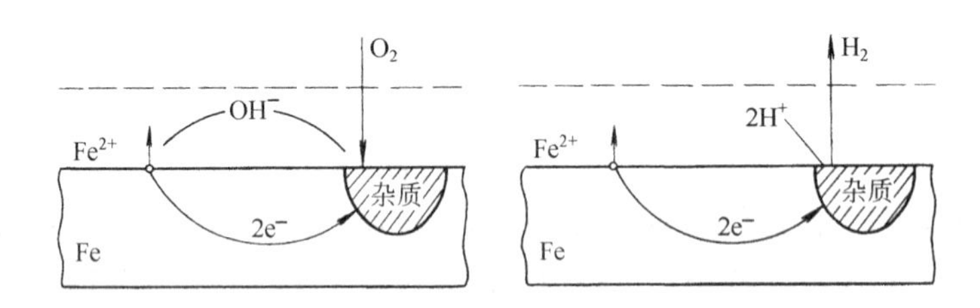

图 9.5 钢铁的电化学腐蚀

铁充当原电池的负极，发生氧化反应，被腐蚀，而杂质充当正极，发生还原反应。电化学腐蚀反应如下：

如水膜内存在酸性成分时

负极(铁) $Fe-2e \longrightarrow Fe^{2+}$

$$Fe^{2+}+2OH^- \longrightarrow Fe(OH)_2\downarrow$$

正极(杂质) $2H^+ +2e \longrightarrow H_2$

总反应 $Fe+2H_2O \longrightarrow Fe(OH)_2\downarrow +H_2\uparrow$

如水膜近中性，且吸收 O_2(多数情况下,铁腐蚀如此)

负极(铁) $2Fe-4e \longrightarrow 2Fe^{2+}$

正极(杂质) $O_2+2H_2O+4e \longrightarrow 4OH^-$

总反应 $2Fe+O_2+2H_2O \longrightarrow 2Fe(OH)_2\downarrow$

生成的 $Fe(OH)_2$，再继续被氧化成 $Fe(OH)_3$，$Fe(OH)_3$ 部分脱水生成红褐色的 $Fe_2O_3 \cdot xH_2O$，即铁锈。

金属的腐蚀是一个复杂的过程，腐蚀的速率、腐蚀的程度与很多因素有关，如金属本身的性质，所处的介质成分等。一般金属腐蚀，是化学和电化学腐蚀共同作用的结果，但电化学腐蚀更普遍，腐蚀速率和腐蚀的程度也更大。

9.4.2 金属的防护

金属的防护是从金属和介质两方面考虑，可采取以下方法。

(1) 制成耐腐蚀的合金　例如在钢铁中加入某些金属(如 Cr,Mn,Ti,Ni)或非金属制成合金，可以大大提高金属的抗腐蚀能力。

(2) 隔离法　即在要防护的金属表面涂盖一层保护涂层，使金属与周围介质隔离。如在金属表面涂油脂、油漆、沥青或覆盖搪瓷、橡胶，喷镀塑料或电镀其他金属等方法进行防护。

(3) 化学处理法　采用化学处理方法，使金属表面形成一层钝化保护层的方法叫化学处理法。常见的有钢铁发蓝和钢铁磷化法。

(4) 电化学防护法　金属及其制品长期接触电解溶液时，常采用电化学保护法。根据金属电化学腐蚀原理，利用原电池正极不受腐蚀的原理，使被腐蚀金属在原电池中作负极，可采用强制方法使被保护金属作正极的方法。

如在轮船壳体水线下，锅炉内壁等装上锌块，可以使船体或锅炉本身不被腐蚀，而只腐蚀锌块。此法也称牺牲负极保护法。如图 9.6 所示。

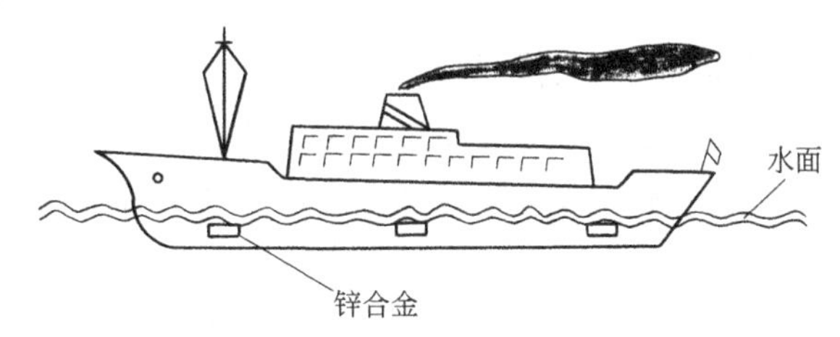

图 9.6　牺牲负极保护法

另一种是外接电源法，是将被保护的金属与一个附加电极（可废弃的金属）组成电解池的两个极，将被保护金属与外加电源的负极相连接，作为阳极受到保护；而附加电极则与电源正极相连接，作为阴极而消耗掉。

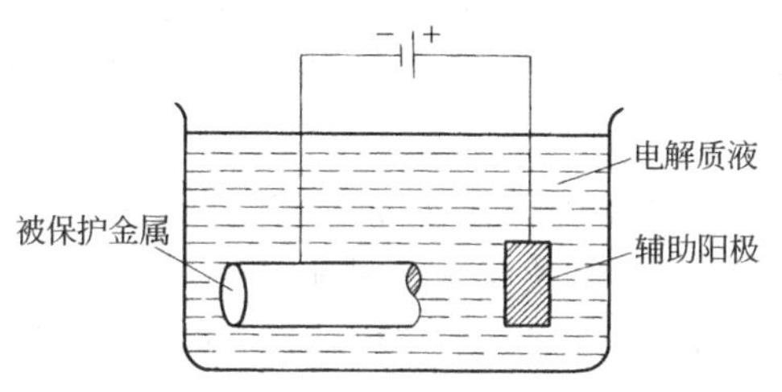

图 9.7　外接电源保护法原理示意图

如埋入地下的天然气管道的防护。隔一定距离，设一外加电流保护站，被保护金属管道与电源的阴极相连，另埋一块锌块与电源阳极相连即可。如图 9.7 所示。

此外还可以对腐蚀介质作处理，如加入缓蚀剂的方法可对金属起防护作用。总之，金属腐蚀的防护是多种多样的，视不同情况，采取合适的科学的方法。

科　海　拾　贝

干电池的工作原理

干电池，我们每个人都使用过，我们只看到干电池的外表包装精美，各式各样。你可知道电池里面装的是什么东西？又是如何产生电能的呢？我们以锌锰干电池为例来说明。

干电池的中心有一根炭棒为正极，锌筒和光亮的干电池底（是经抛光的或电镀的锌筒的一部分），既作负极，又作导体。电芯外围与电池外壳两极之间是用氯化铵、氯化锌、二氧化锰、淀粉等制成的电解糊。

干电池的炭棒

负极（锌筒）　　$Zn - 2e \longrightarrow Zn^{2+}$

正极（炭棒）　　$2NH_4^+ + 2e \longrightarrow 2NH_3 + H_2$

负极上锌失去的电子沿导线经过用电器（如灯泡）流向正极炭棒，与电芯中的 NH_4^+ 反应，而产生电流。这样就将化学能转变成了电能。其中正极上反应产物 NH_3 与糊状混合物中的 $ZnCl_2$ 反应生成配合物 $[Zn(NH_3)_2]Cl_2$，H_2 逐渐积聚在炭棒表面，会影响电子的传递，电力会逐渐变弱（也称为极化现象），此时电芯中的 MnO_2 会将 H_2 氧化成水，克服这个现象。

$$H_2 + 2MnO_2 \longrightarrow Mn_2O_3 + H_2O$$

正级总反应为：

$$2MnO_2 + 2NH_4^+ + 2e \longrightarrow Mn_2O_3 + 2NH_3 + H_2O$$

这个反应是逐渐进行的，反应速度较慢。

日用洗涤剂与人类健康

日用化学洗涤剂正在逐步地成为当今社会人们离不开的生活必需品。不管是在公共场所、豪华饭店，还是在每个家庭、大众小吃摊，我们都可以看到化学洗涤剂的踪迹。每天的新闻媒介如广播、电视、报刊上在大量地做着化学洗涤剂的广告。在这些被包装得多彩多姿的化学洗涤剂的使用过程中，人们正在不知不觉地如同吸毒般地依赖着它。在不能自拔地使用着化学洗涤剂的同时，化学污染便通过各种渠道对人类的健康进行着危害。

化学洗涤剂实际上是将石油垃圾开发的副产品。由于它溶于水，所以它的本质一直被忽视掉。同时由于它造价低，洗涤性能良好，所以一经发现，很快被人们所接受，并用色香味的障眼法将其包装起来进入社会之中。

化学洗涤剂的洗污能力主要来自表面活性剂。因为表面活性剂有可以降低表面张力的作用，可以渗入到连水都无法渗入的纤维空隙中，把藏在纤维空隙中的污垢挤出来。而化学洗涤剂则挤在这些空隙之中，水难以清洗它们。

同样，表面活性剂也可以渗入人体。沾在皮肤上的洗涤剂大约有0.5%渗入血液，皮肤上若有伤口则渗透力提高10倍以上。进入人体内的化学洗涤剂毒素可使血液中钙离子浓度下降，血液酸化，人容易疲倦。这些毒素还使肝脏的排毒功能降低。使原本该排出体外的毒素淤积在体内，积少成多，使人们免疫力下降，肝细胞病变加剧，容易诱发癌症。

化学洗涤剂侵入人体与其他的化学物质结合后，毒性会增加数倍，尤其具有很强的诱发癌特性。据有关报道，人工实验培养胃癌细胞，注入化学洗涤剂基本物质LAS会加速癌细胞的恶化。LAS的血溶性也很强，容易引起血红蛋白的变化，造成贫血症。化学产品的泛滥是人类癌症越来越多的最大根源，而化学洗涤剂是人类最直接最密切的生活用品。

人们在广泛的使用化学洗涤剂洗头发、洗碗筷、洗衣服、洗澡的同时，化学毒素就从千千万万的毛孔渗入，人体就在夜以继日的吸毒，化学污染从口中渗入，从皮肤渗入，日积月累，潜伏集结。由于这种污染的危害在短时间内不可能很明显，因此，往往会被忽视。但是，微量污染持续进入体内，积少成多可以造成严重的后果，导致人体的各种病变。

人类生活的都市化是无可避免的，都市生活对清洁剂的依赖也是不可避免的。所以，改善洗涤剂，使用不危害人体、不破坏生存环境、无毒无公害的洗涤剂就成为当务之急，在全世界高呼“环保”、“拯救地球”的呼声中，许多国家把希望寄托在海洋中。从取之不尽、用之不竭的海水中提炼天然洗涤剂是全人类迫不及待的愿望。远在3000多年前中东死海附近的居民就懂得用海水净身；在第一次世界大战前夕，德国就在研究从海水中提炼的洗涤剂；20世纪80年代在日本的西药房里也可以买到医用海水洗涤剂，这种洗涤剂已接近无毒无公害的标准。在我国也曾有用鸡蛋清洗头发，用皂角泡水洗衣服等做法的记载，这也说明在天然资源中开发洗涤剂是前途宽广的。当人们逐步认识了解了化学洗涤剂的危害之后，一定会加速开发天然洗涤剂资源的步伐，为使人们更健康，社会更进步而努力奋斗。

思考与练习

1. 原电池是把______能转化为______的装置。在原电池工作时，正极发生______反应，负极发生______反应。其中盐桥的作用是______。

2. 在原电池反应中，活泼金属作______，活泼性较弱的金属或非金属作______极。

3. 在反应式 $MnO_4^- + 8H^+ + 5e \longrightarrow Mn^{2+} + 4H_2O$ 中，氧化态物质是______，还原态物质是______，该氧化还原电对可表示为______。

4. 标准电极电势是指温度为______，与电极有关的离子浓度为______，有关气体的压力为______的标准状态下，该电极与标准氢电极的电势之差。

5. 标准氢电极的电极电势值为______，其他电对的标准电势值低于标准氢电极的电极电势时，则其值______，高于时，其值______。

6. 标准电极电势的值越高，说明________态的________能力越强；其值越低，则________态的______能力越强。

7. 已知 $\varphi^{\ominus}(Mg^{2+}/Mg) = -2.37V$，$\varphi^{\ominus}(Pb^{2+}/Pb) = -0.126V$，则在 Mg^{2+}，Mg，Pb^{2+}，Pb 中，氧化能力最强的是______，还原能力最强的是______。

8. 表示原电池的符号叫原电池的表达式。电池表达式中，“(－)”表示______，常写在______边，“(＋)”表示______，常写在______边。“|”表示______，“‖”表示______。如果电极反应中无金属导体时，常用惰性电极__________。

9. 由下列氧化还原反应各组成一个原电池，写出各原电池的电极反应和相应的电对，并用原电池表达式表示出各原电池。

(1) $Mg + NiCl_2 \longrightarrow MgCl_2 + Ni$

(2) $Cu + 2AgNO_3 \longrightarrow Cu(NO_3)_2 + 2Ag$

(3) $Fe + H_2SO_4 \longrightarrow FeSO_4 + H_2\uparrow$

(4) $2HgCl_2 + SnCl_2 \longrightarrow Hg_2Cl_2 + SnCl_4$

10. 根据标准电极电势，判断下列反应自发进行的方向。能否向箭头所指的方向进行？

(1) $2Br^- + 2Fe^{3+} \longrightarrow Br_2 + 2Fe^{2+}$

(2) $PbO_2 + 4H^+ + 2Cl^- \longrightarrow Pb^{2+} + Cl_2 + 2H_2O$

(3) $2H_2S + 2H_2SO_3 \longrightarrow 3S + 3H_2O$

(4) $Sn + Pb^{2+} \longrightarrow Sn^{2+} + Pb$

(5) $Cr_2O_7^{2-} + 3H_2SO_3 + 2H^+ \longrightarrow 2Cr^{3+} + 3SO_4^{2-} + 4H_2O$

11. 在标准状态下，Br^-，Co^{2+}，Sn^{2+}，Fe^{2+} 哪些能被 $c(H^+) = 1mol \cdot L^{-1}$ 的 $KMnO_4$ 溶液氧化？由它们与 MnO_4^-/Mn^{2+} 组成的原电池的电动势是多少？

12. 将镍片与 $1mol \cdot L^{-1}$ Ni^{2+} 溶液，锌片与 $1mol \cdot L^{-1}$ Zn^{2+} 溶液构成原电池，哪个是正极？哪个是负极？写出电极反应和电池反应式，并计算电池的标准电动势。

13. 原电池与电解池在构造上和原理上各有什么特点和不同？

14. 电解氯化铜溶液时，在阴极上析出15.9g铜，问从阳极能析出多少升（标准状况下）的氯气？

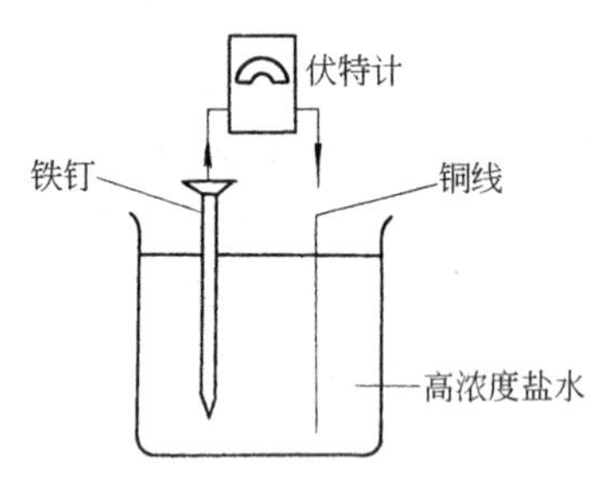

15. 粗铜中含有少量锌、铁、银、金等金属，采用电解法提纯粗铜时，阳极上先后被氧化的是什么金属？在阳极泥中含有什么金属？阴极上被还原出来的是什么金属？留在溶液中的有什么阳离子？

16. 在铆接铁板时，选用铜制铆钉好，还是铝制铆钉好？为什么？

17. 你所知道的防止金属腐蚀的方法有哪些？

18. 趣味家庭实验：盐水发电

（1）准备一些高浓度的盐水

（2）将两片不同种类的金属（如：铁钉和铜线）接在伏特计上

（3）如图所示，将两片金属放入盐水中，然后在伏特计上读数

（4）再换上其他金属，再在伏特计上读数

不同金属所产生的电压

金属		电压/V	金属		电压/V
铁钉	铜线	0.5	铁钉	金饰	1.0
铁钉	银戒指	0.8	铜线	铜线	0.0

10. 氮 族 元 素

学习指南 氮族元素在性质递变上表现出从典型的非金属到金属的完整过渡。本章着重介绍了氮、磷及其化合物的性质。通过学习应了解到氮和磷之间的联系和区别，同时也应了解到氮、磷及其化合物在我们日常生活和工农业生产上的地位，以便在日后能充分利用，并有效地防止其对环境所造成的危害。

本章学习要求

理解氮族元素的原子结构和性质的递变规律；掌握氮气、氨气、硝酸的化学性质；掌握氨的实验室制法；了解磷及化合物的性质。

本章中心点：氮及氮的化合物的性质

10.1 概　　述

10.1.1 氮族元素的原子结构

氮族元素位于元素周期表的第ⅤA族，包括氮（N）、磷（P）、砷（As）、锑（Sb）、铋（Bi）五种元素，其价电子层结构为 ns^2np^3，最外层有 5 个电子。

10.1.2 氮族元素的性质比较

氮族元素随着原子序数的递增，原子半径增大，得电子趋势逐渐减弱，失电子的趋势逐渐增强，非金属性逐渐减弱，金属性逐渐增强。氮、磷主要表现出非金属性；砷虽是非金属，但表现出一定的金属性；锑、铋已有较明显的金属性（见表 10.1）。氮族元素原子半径比同周期的氧族元素和卤素的原子半径大，因此，氮族元素的非金属性要比同周期的氧族元素和卤素的弱。

表 10.1 氮族元素的性质

原子序数	元素名称	元素符号	价电子结构	原子半径 $/10^{-10}$m	熔点 /K	沸点 /K	主要化合价	单质的颜色及状态
7	氮	N	$2s^22p^3$	0.74	63.29	77.4	−3、0、+1、+2、+3、+4、+5	无色气体
15	磷	P	$3s^23p^3$	1.10	317.3	553	−3、0、+3、+5	白磷：白色蜡状固体 红磷：暗红色粉状固体
33	砷	As	$4s^24p^3$	1.21	1090	889	−3、+3、+5	灰色固体
51	锑	Sb	$5s^25p^3$	1.41	903.9	1908	(−3)、+3、+5	银白色金属
83	铋	Bi	$6s^26p^3$	1.52	544.5	1883	(−3)、+3、+5	银白色或微显红色金属

10.2 氮

10.2.1 氮气的分子结构

氮（$_7$N）原子的价电子层结构为 $2s^22p^3$，其核外有 3 个未成对电子。当两个氮原子相结合时，可形成三对共用电子对，其结构式为 $N\equiv N$ 。

10.2.2 氮气的物理性质

氮（N_2）主要以单质分子形式存在于大气中，约占空气组成的78%（体积）。除土壤中含有一些铵盐、硝酸盐外，氮以无机化合物的形式存在于自然界是很少的。氮普遍存在于有机体中，是组成动植物体蛋白质的重要元素，是生命的基础。

氮气是无色无味难溶于水（1体积水大约溶解0.02体积N_2）的气体，熔点63.29K，沸点为77.4K（见表10.1），密度$1.25g\cdot cm^{-3}$。工业上用分馏液态空气的方法来制取大量的氮气。

10.2.3 氮气的化学性质

由于氮气分子中两个氮原子结合的比较紧密，所以通常情况下很难参加化学反应。但在高温或放电条件下，氮气也能与活泼金属、氢气、氧气等物质发生反应。

氮气在高温下可与镁、铝、钙等活泼金属反应生成金属氮化物。

$$N_2+3Mg \xrightarrow{\text{高温}} Mg_3N_2$$

金属氮化物只存在于固态，遇水迅速水解。

$$Mg_3N_2+6H_2O \longrightarrow 3Mg(OH)_2+2NH_3\uparrow$$

氮气和氢气在高温、高压、催化剂存在下可直接化合生成氨。

$$N_2+3H_2 \xrightleftharpoons[\text{催化剂}]{\text{高温、高压}} 2NH_3$$

这是工业上合成氨的方法。

氮气和氧气在高温或放电条件下可直接化合生成NO：

$$N_2+O_2 \xrightarrow{\text{电火花}} 2NO$$

因此，在雷雨天，大气中的氮和氧结合生成一氧化氮，进而转化为硝酸随雨水降到地面为植物利用，是土壤氮的重要来源。

10.2.4 氮气的用途

大量的氮气用来生产氨、硝酸和氮肥。由于氮的化学性质稳定，常用作保护气体，以防止某些物体暴露于空气时被氧所氧化；用氮气充填粮食仓库可达到安全长期地保存粮食的目的。液氮可作深度冷冻剂，在冷冻和保存食物上有重要作用，为保存生物样品（如血液、组织等）以及研究超导体提供低温的环境。

10.3 氨

10.3.1 氨的分子结构

氨分子中氮以3个共价键分别与3个氢原子连接，形成三角锥形的极性分子，如图10.1所示。

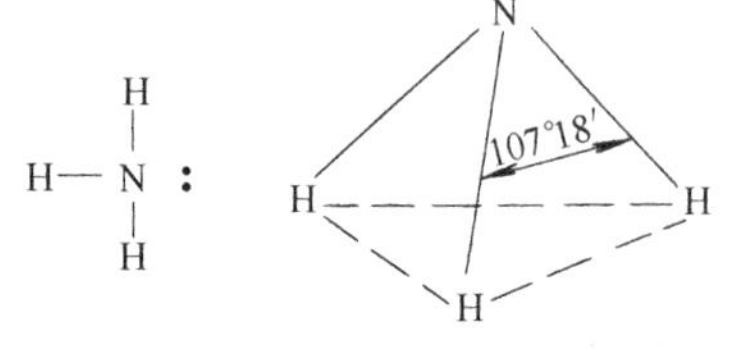

图10.1 氨的分子结构

10.3.2 氨的物理性质

氨是无色、有强烈刺激性气味的气体，熔点195.5K，沸点240K，比空气轻，易液化，极易溶于水。273K时1体积水约吸收1200体积的氨，293K时1体积水约吸收700体积的氨。

【演示实验 10.1】 在干燥的圆底烧瓶里充满氨气，用带有玻璃管和滴管（滴管里预先吸入水）的塞子塞紧瓶口。立即倒置烧瓶，使玻璃管插入盛有水的烧杯里（水里事先加入少量的酚酞试液），挤压滴管的胶头，使少量水进入烧瓶。烧杯里的水即由玻璃管喷入烧瓶，形成红色的喷泉。如图 10.2 所示。

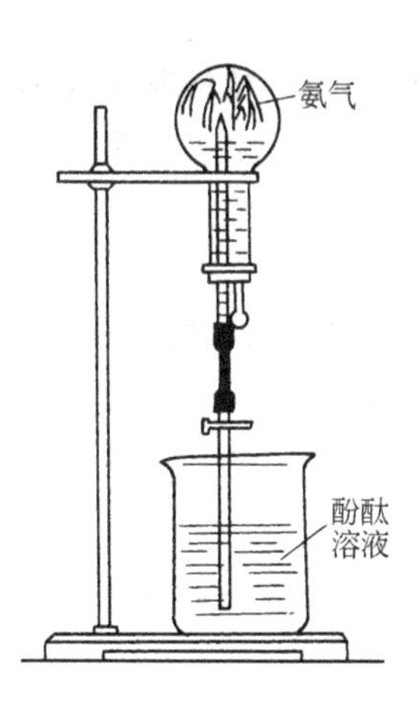

图 10.2 氨溶解于水

10.3.3 氨的化学性质

10.3.3.1 与水的反应

氨溶于水形成一水合氨（$NH_3 \cdot H_2O$），此时并没有改变溶质氨的性质，因此在计算时溶质仍为氨，而不是一水合氨。一水合氨能小部分电离为铵离子（NH_4^+）和氢氧根离子，所以氨水显弱碱性，能使酚酞溶液变红色。

$$NH_3 + H_2O \rightleftharpoons NH_3 \cdot H_2O \rightleftharpoons NH_4^+ + OH^-$$

氨水不稳定，受热分解生成氨和水。

$$NH_3 \cdot H_2O \xrightarrow{\triangle} NH_3\uparrow + H_2O$$

10.3.3.2 与酸的反应

氨可以与浓盐酸挥发出的氯化氢化合生成固体氯化铵。

【演示实验 10.2】 两支玻璃棒分别蘸取浓氨水和浓盐酸，使两玻璃棒靠近（但不接触），观察现象。

两玻璃棒靠近后可看到有大量的白烟产生。如图 10.3 所示。
其反应方程式为：

$$NH_3 + HCl \longrightarrow NH_4Cl$$

氨还可以与其他酸反应生成相应的铵盐：

$$NH_3 + HNO_3 \longrightarrow NH_4NO_3$$
$$2NH_3 + H_2SO_4 \longrightarrow (NH_4)_2SO_4$$

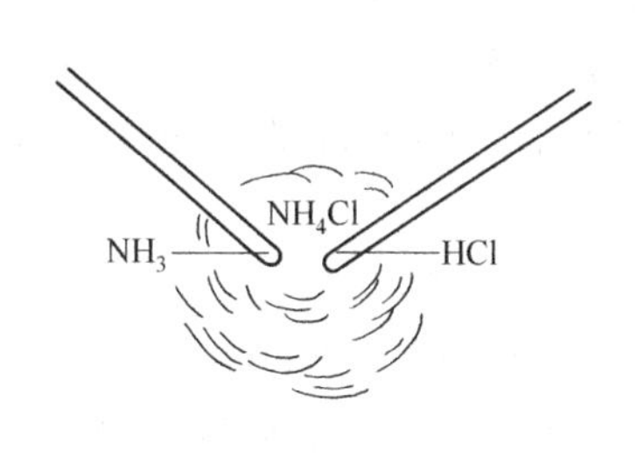

图 10.3 浓氨水与浓盐酸的反应

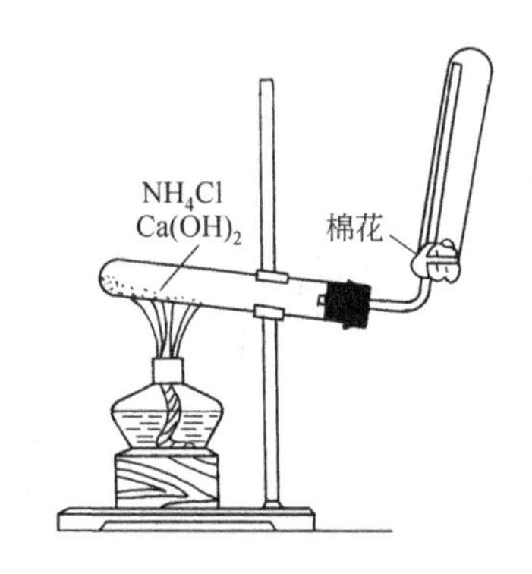

图 10.4 氨的制备

10.3.3.3 与氧的反应

在无催化剂的情况下，氨可在纯氧中燃烧，发出黄色的火焰。

$$4NH_3 + 3O_2 \xrightarrow{燃烧} 6H_2O + 2N_2$$

在催化剂（铂或氧化铁等）的作用下，氨被氧化生成一氧化氮。

$$4NH_3 + 5O_2 \xrightarrow[773K]{Pt} 4NO + 6H_2O$$

10.3.4 氨的制法与用途

实验室里通常用将铵盐和消石灰的混合物加热的方法来制取氨气。

$$2NH_4Cl + Ca(OH)_2 \xrightarrow{\triangle} 2NH_3\uparrow + CaCl_2 + 2H_2O$$

【演示实验 10.3】 将试管中的氯化铵和消石灰的混合物加热，用倒立的干燥的试管收集氨，如图 10.4 所示。把湿润的红色石蕊试纸放在试管口，观察试纸颜色的变化，可以检验氨是否已经充满试管。

氨是一种重要的化工产品，是氮肥工业的基础，也是制造硝酸、铵盐等的原料。在有机合成工业中氨用于制造合成纤维、塑料、染料、尿素等，此外，氨也是一种常用的制冷剂。

10.4 铵　　盐

氨与酸作用可生成铵盐。铵盐是由铵离子（NH_4^+）和酸根离子组成的化合物。

10.4.1 铵盐的性质

铵盐都是晶体，都易溶于水。铵盐不稳定，受热会分解，分解产物与组成铵盐的酸的性质有关。由非氧化性或弱氧化性酸生成的铵盐，受热时分解为相应的酸（有的是酸式盐）。如：

$$NH_4Cl \longrightarrow NH_3\uparrow + HCl\uparrow$$

$$(NH_4)_2CO_3 \longrightarrow 2NH_3\uparrow + CO_2\uparrow + H_2O$$

$$(NH_4)_3PO_4 \longrightarrow 3NH_3\uparrow + H_3PO_4$$

$$(NH_4)_2SO_4 \longrightarrow NH_3\uparrow + NH_4HSO_4$$

【演示实验 10.4】 给试管里的氯化铵晶体加热，观察现象（图 10.5）。

氯化铵受热时分解为氨和氯化氢，冷却时氨和氯化氢又化合成氯化铵。

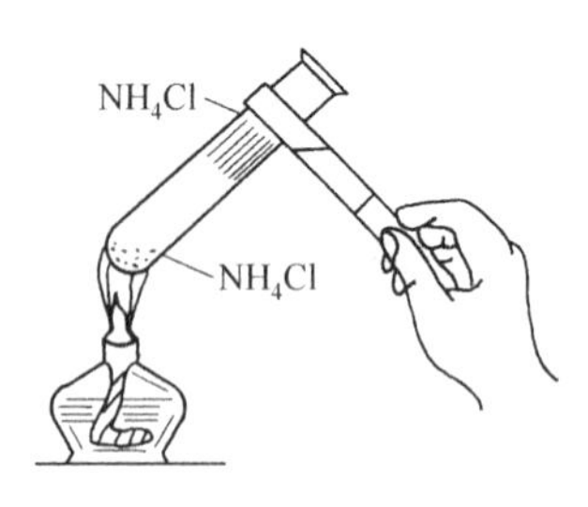

图 10.5　氯化铵受热分解

由强氧化性酸形成的铵盐分解时，反应中产生的氧化性酸与氨发生氧化还原反应，因此，产物不再是氨和酸，而是氮或氮的氧化物。如：

$$NH_4NO_2 \longrightarrow N_2\uparrow + 2H_2O$$

$$NH_4NO_3 \longrightarrow N_2O\uparrow + 2H_2O$$

如果硝酸铵的受热温度高于 573K，则 N_2O 会分解为 N_2 和 O_2，并放出大量的热。

$$2NH_4NO_3 \longrightarrow 2N_2\uparrow + O_2\uparrow + 4H_2O$$

若反应在密闭容器中进行，会发生爆炸。

铵盐均可与碱作用生成氨气，这是铵盐的通性，也是实验室中制取氨气的方法。

【演示实验 10.5】 三支试管中分别加入少量 NH_4Cl、$(NH_4)_2SO_4$、NH_4NO_3 晶体，分别滴加 1mL 6mol·L^{-1}NaOH 溶液，加热，将湿润的红色石蕊试纸放在试管口处，观察试纸颜色的变化。

试纸均由红色变为蓝色，反应的离子方程式为：

$$NH_4^+ + OH^- \longrightarrow NH_3\uparrow + H_2O$$

10.4.2 铵盐的用途

铵盐在生产和生活中有重要的用途。碳酸氢铵、硫酸铵、氯化铵和硝酸铵都是优良的肥料；氯化铵还可用作小型碳锌干电池的电解质及焊接时用来除去待焊金属物体表面的氧化物；硝酸铵可用于制造炸药；氯化铵或硫酸铵还可用于染料业。

10.4.3 铵离子的检验

【演示实验 10.6】 在气室（见图 10.6）中，放入 2～3 滴 $1mol \cdot L^{-1}$ NH_4Cl 溶液于下部表面皿，上部表面皿中贴上湿润的 pH 试纸（或滴加了奈氏试剂的滤纸）。在 NH_4Cl 溶液中滴加 2～3 滴 $6mol \cdot L^{-1}$ NaOH 溶液，于水浴上加热，观察现象。

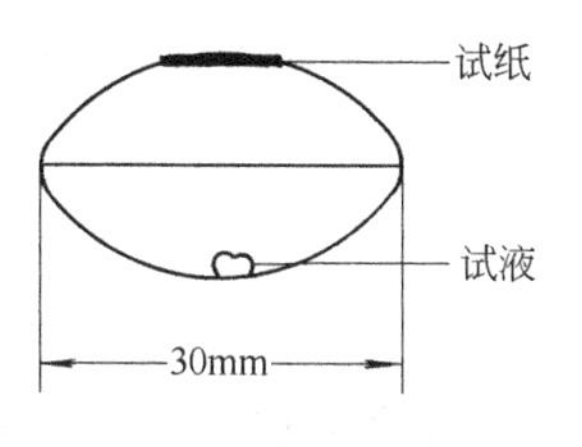

图 10.6 气室

铵离子的检验方法就是利用铵盐的通性，通过逸出的氨气，使 pH 试纸呈碱性或使奈氏试纸变棕色，从而达到检验的目的。

10.5 硝　　酸

10.5.1 硝酸的制法

硝酸是重要的工业三酸之一。实验室用硝酸钠和浓硫酸作用制取。

$$NaNO_3 + H_2SO_4 \longrightarrow NaHSO_4 + HNO_3$$

工业上是用氨的催化氧化法，将氨和过量氧气的混合物（氨的含量为 11%左右，太高会发生爆炸）通过装有铂铑合金的丝网，氨在高温下被氧化为一氧化氮。

$$4NH_3 + 5O_2 \longrightarrow 4NO + 6H_2O$$

生成的一氧化氮与氧作用，被氧化为二氧化氮，再被水吸收为硝酸。

$$2NO + O_2 \longrightarrow 2NO_2$$

$$3NO_2 + H_2O \longrightarrow 2HNO_3 + NO$$

转化反应后所产生的一氧化氮再与氧气作用生成二氧化氮，二氧化氮溶于水又生成硝酸和一氧化氮，经过多次反复的氧化和溶解，二氧化氮可以比较完全地被吸收。未被吸收的尾气中含有的少量一氧化氮和二氧化氮，应通入氢氧化钠或碳酸钠溶液生成亚硝酸钠。

$$NO + NO_2 + 2NaOH \longrightarrow 2NaNO_2 + H_2O$$

这样既消除了公害，又制得了染料工业需要的亚硝酸钠。

10.5.2 硝酸的物理性质

纯硝酸是无色易挥发、具有刺激性气味的油状液体，熔点 231K，沸点 356K，密度 $1.503g \cdot cm^{-3}$。硝酸可与水以任意比例混合。含硝酸 69.2%（质量分数）的硝酸溶液为恒沸液，沸点 394.8K，密度 $1.42g \cdot cm^{-3}$，即为一般市售的浓硝酸。质量分数为 86%以上的浓硝酸在空气中由于硝酸的挥发而产生“发烟”现象，通常叫做“发烟硝酸”，这是因为挥发出的硝酸蒸气遇到空气中的水蒸气形成了微小的硝酸液滴的缘故。

10.5.3 硝酸的化学性质

硝酸是强酸，除具有酸的通性外，还具有一些特殊性。

10.5.3.1 不稳定性

硝酸不稳定，在光照或受热条件下易分解。

$$4HNO_3 \xrightarrow{\triangle或光照} 4NO_2\uparrow + O_2\uparrow + 2H_2O$$

硝酸越浓，就越容易分解。分解放出的二氧化氮溶于硝酸而使硝酸呈黄色。应把硝酸贮于棕色瓶里，并放置阴凉处。

10.5.3.2　氧化性

硝酸是一种强氧化性酸，浓硝酸的氧化性比稀硝酸更强。

一些非金属单质如碳、硫、磷等能被硝酸氧化为相应的氧化物或含氧酸。

$$C + 4HNO_3(浓) \xrightarrow{\triangle} CO_2\uparrow + 4NO_2\uparrow + 2H_2O$$
$$S + 6HNO_3(浓) \longrightarrow H_2SO_4 + 6NO_2\uparrow + 2H_2O$$
$$P + 5HNO_3(浓) \longrightarrow H_3PO_4 + 5NO_2\uparrow + H_2O$$

【演示实验 10.7】　在放有铜片的两支试管中，分别加入 1mL 浓硝酸和 $3mol\cdot L^{-1}$ HNO_3，观察现象。

所发生的反应为：

$$Cu + 4HNO_3(浓) \longrightarrow Cu(NO_3)_2 + 2NO_2\uparrow + 2H_2O$$
$$3Cu + 8HNO_3(稀) \longrightarrow 3Cu(NO_3)_2 + 2NO\uparrow + 4H_2O$$

浓硝酸与铜反应剧烈，生成红棕色的气体；稀硝酸与铜反应较缓慢，有无色气体产生，在试管上部变为红棕色。

除金、铂等少数金属外，硝酸几乎可与所有金属发生氧化还原反应，浓硝酸主要被还原为二氧化氮，稀硝酸主要被还原为一氧化氮，硝酸与金属的反应一般没有氢气产生。铁、铝、铬等金属在冷的浓硝酸中由于表面生成致密的氧化膜而钝化。

物质的量比（为了方便配制溶液也常用体积比）为 1∶3 的浓硝酸和浓盐酸的混合物叫王水，其氧化能力比硝酸强，可溶解不与硝酸作用的金属。

$$Au + HNO_3 + 4HCl \longrightarrow H[AuCl_4] + NO\uparrow + 2H_2O$$

硝酸有腐蚀性，许多物质如木材、纸张、织物等遇到硝酸会被破坏。皮肤上溅到硝酸会被灼伤，故使用时要小心。

10.5.4　硝酸的用途

硝酸是基本的化工原料，与工农业、国防事业有很大关系。硝酸主要用于制造硝酸盐、氮肥、炸药、合成染料、塑料和医药等，也是实验室中的一种重要的试剂。将二氧化氮溶于纯硝酸中可得红色的“发烟硝酸”，具有很强的氧化性，可作火箭燃料。

10.5.5　硝酸盐简介

硝酸盐大多是无色易溶于水的晶体。硝酸盐的水溶液没有氧化性。

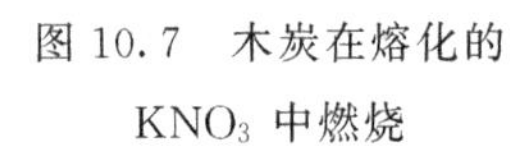

图 10.7　木炭在熔化的 KNO_3 中燃烧

硝酸盐受热易分解放出氧气。因此，固体硝酸盐在高温时是强氧化剂。

【演示实验 10.8】　在试管中加热硝酸钾晶体，待熔化后，放入一小块木炭，继续加热，可见木炭在试管内燃烧，产生明亮的火焰，同时产生大量的白烟如图 10.7 所示。

$$2KNO_3 \xrightarrow{\triangle} 2KNO_2 + O_2\uparrow$$

硝酸盐受热分解的产物与成盐金属的活泼性有关：

K Ca Na	Mg Al Zn Fe Sn Pb (H) Cu	Hg Ag Pt Au
亚硝酸盐$+O_2$	金属氧化物$+NO_2+O_2$	金属$+NO_2+O_2$

$$2Cu(NO_3)_2 \xrightarrow{\triangle} 2CuO+4NO_2\uparrow+O_2\uparrow$$

$$2AgNO_3 \xrightarrow{\triangle} 2Ag+2NO_2\uparrow+O_2\uparrow$$

硝酸盐广泛用于制造炸药、弹药、烟火和化肥（如：硝酸钠、硝酸钾、硝酸铵就是常见的化肥），也用于电镀、选矿、玻璃、染料、制药等工业。

【演示实验 10.9】 在试管中加入 3mL 1mol·L^{-1} $NaNO_3$ 溶液和 2mL 饱和 $FeSO_4$ 溶液，再沿管壁小心加入 2mL 浓 H_2SO_4，在浓 H_2SO_4 与溶液的交界处出现棕色环。

这是分析化学中 NO_3^- 的检验方法。

10.6 磷及其化合物

磷占地壳总质量的 0.11%。自然界中单质磷很少，大多以磷酸盐形式存在，常见的有磷酸盐矿 $Ca_3(PO_4)_2$、磷灰石 $Ca_5F(PO_4)_3$。磷是生物体中不可缺少的元素，它存在于细胞、蛋白质、骨骼和牙齿中。

10.6.1 磷的物理性质

磷有多种同素异形体，常见的有白磷（也称黄磷）和红磷（也称赤磷），它们的性质见表 10.2。

表 10.2 白磷和红磷的性质

性质	白磷	红磷
颜色状态	无色透明晶体	暗红色粉末
气味	有蒜臭味	无臭味
密度/g·cm^{-3}	1.85	2.3
熔点/K	317.1	863
燃点/K	313	513
活泼性	在空气中常温下迅速被氧化而自燃，在暗处发光	在空气中难被氧化，在暗处不发光
毒性	剧毒，0.1g 致死	无毒
溶解性	不溶于水，可溶于二硫化碳	不溶于水和二硫化碳
保存方式	隔绝空气，浸于水中	置空气中，瓶装保存

白磷和红磷的性质虽不相同，但它们能相互转变。如果把白磷隔绝空气加热到 533K，可转变为红磷；红磷隔绝空气加热到 689K 时会升华变成蒸气，迅速冷却蒸气可得到白磷。

$$白磷 \underset{加热到 689K 以上，急冷其蒸气}{\overset{加热到 533K}{\rightleftarrows}} 红磷$$

10.6.2 磷的化学性质

磷在空气中燃烧，产生大量的白烟，生成五氧化二磷。

$$4P+5O_2 \xrightarrow{燃烧} 2P_2O_5$$

五氧化二磷是白色雪花状固体，有极强的吸水性，是一种高效干燥剂和脱水剂。

磷在氧气不充足的条件下燃烧生成三氧化二磷。

$$4P + 3O_2 \xrightarrow{\text{燃烧}} 2P_2O_3$$

三氧化二磷是白色易挥发的固体，有毒，具有还原性。

磷还可与卤素、硫等非金属作用生成磷化物。

$$2P + 3Cl_2 \xrightarrow{\triangle} 2PCl_3$$

$$2P + 5S \xrightarrow{\triangle} P_2S_5$$

10.6.3 磷的用途

白磷可用来生产高纯度的磷酸，还可用于制造燃烧弹、信号弹、烟雾弹等；将少量的白磷加入青铜中，所生成的磷青铜合金富有弹性、耐磨、耐腐蚀，用于制轴承、阀门等。大量的红磷用于火柴生产，还可用于制造有机磷农药、烟火、医药及防火发泡塑料制品。磷还是制造发光二极管的材料。

10.6.4 磷酸及磷酸盐

磷酸（H_3PO_4）是无色晶体，易溶于水，不易分解，无挥发性，不显氧化性，是三元中强酸，具有酸的通性。磷酸可与很多金属离子结合，在分析化学上用于掩蔽 Fe^{3+}，防止其干扰鉴定。

由于磷酸是三元酸，故可形成三种类型的盐：两种酸式盐和一种正盐。如：

磷酸盐	Na_3PO_4	$Ca_3(PO_4)_2$
磷酸氢盐	Na_2HPO_4	$CaHPO_4$
磷酸二氢盐	NaH_2PO_4	$Ca(H_2PO_4)_2$

所有的磷酸二氢盐都易溶于水，而磷酸氢盐和磷酸盐中除碱金属和铵盐外，其余都难溶于水。

【演示实验 10.10】 3 支试管中分别加入 2mL 0.1mol·L^{-1}的 Na_3PO_4、Na_2HPO_4、NaH_2PO_4 溶液，再分别加 1mL 0.1mol·L^{-1}$CaCl_2$ 溶液，观察现象。

所发生的反应为：

$$Ca^{2+} + HPO_4^{2-} \longrightarrow CaHPO_4 \downarrow$$

$$3Ca^{2+} + 2PO_4^{3-} \longrightarrow Ca_3(PO_4)_2 \downarrow$$

实验证明 $Ca(H_2PO_4)_2$ 溶于水，而 $CaHPO_4$、$Ca_3(PO_4)_2$ 则难溶于水。

【演示实验 10.11】 往上实验产生沉淀的试管中加入 2mol·L^{-1}盐酸溶液，观察现象。

所发生的反应为：

$$CaHPO_4 + H^+ \longrightarrow Ca^{2+} + H_2PO_4^-$$

$$Ca_3(PO_4)_2 + 4H^+ \longrightarrow 3Ca^{2+} + 2H_2PO_4^-$$

$CaHPO_4$、$Ca_3(PO_4)_2$ 均易溶于强酸。

【演示实验 10.12】 试管中加入 1mL 0.1mol·L^{-1} Na_3PO_4 溶液和 1mL 3mol·L^{-1} HNO_3 溶液，再滴加 3%钼酸铵，观察现象。

$$PO_4^{3-} + 12MoO_4^{2-} + 24H^+ + 3NH_4^+ \longrightarrow (NH_4)_3PO_4 \cdot 12MoO_3 \downarrow + 12H_2O$$

磷酸盐和钼酸铵[$(NH_4)_2MoO_4$]反应生成黄色的磷钼酸铵沉淀，此反应在分析化学中用于 PO_4^{3-} 的鉴定。

磷酸盐中有70%用作磷肥，其中最主要的是钙盐和铵盐。磷酸钠因其水溶液呈较强的碱性，故可用作洗涤剂。

科 海 拾 贝

固 氮

氮是所有生命体系化学过程中的一个重要元素，也是粮食作物的决定因素。自然界中氮是取之不尽，用之不竭的。空气中约含78%的氮，但以单质状态存在的氮很难变成有用的化合物。因此把空气中的氮转化为可利用的含氮化合物即固氮是人们十分关心的课题。

自然界的某些微生物和藻类，通过体内的一种具有特殊催化能力的蛋白质——固氮菌（酶）能将植物不能利用的空气中的氮转化为可利用的氨态氮，如大豆、花生的根瘤菌等。这种生物固氮作用对提高土壤肥力，保持自然界中氮素循环、节约资金和保护环境有极重要的意义。

长期以来，人们探索用化学方法把空气中的氮转化为氮的化合物，即人工固氮。如目前广泛使用的氮氢合成氨法，但此法需具备高温高压和催化剂的合成条件。

人工固氮既消耗能量，而且产量也有限，据估计地球上每年生物固氮量约为2亿吨，相当于世界氮肥产量的4～5倍，可见生物固氮的能力极其强大。人们长期以来一直渴望着能用化学方法模拟固氮菌，实现在常温常压下固定空气中的氮制成氨。从20世纪60年代起开始了化学模拟生物固氮的研究，经研究证明固氮酶（Fe、Fe—Mo蛋白质）中含有过渡金属与氮分子形成的金属——氮分子配合物，这种配合物能使N_2分子活化，易于被还原为氨。目前已合成了许多种过渡金属——氮分子配合物。同时又发现有些还原剂在特定条件下能将N_2还原为NH_3。这说明只要条件适宜，常温常压下合成氨是有可能进行的。

磷的生物作用

磷是生物体中不可缺少的元素之一。在植物中磷主要含于种子和蛋白质中，在动物体中则含于骨骼、牙齿、脑、血和神经组织的蛋白质中。磷与蛋白质或脂肪结合成核蛋白、磷蛋白和磷脂等。体内90%的磷是以PO_4^{3-}的形式存在于骨骼和牙齿中。磷酸是三元酸，可形成三种磷酸根离子，有助于维持机体的中性。生物上重要的三磷酸腺苷（简称ATP）是能为细胞直接提供能量的化合物。因为新陈代谢和光合作用的每个反应都涉及到三磷酸腺苷盐水解成腺苷二磷酸盐（简称ADP）的反应，此水解反应是一种大量放热的反应，故ATP又称为高能磷酸键化合物。ATP在不需要外界供能的情况下，可释放出其化学键中储存的能量而变为ADP和磷酸盐，这些能量能供细胞作功，如肌肉收缩、神经冲动的传递、保持Na^+和K^+在细胞外有较大的浓度梯度等，以及进行其他的反应如蛋白质、核酸等的合成。同时，在生物体系中碳水化合物（如葡萄糖）的氧化，释放出的能量，又可使ADP转化为ATP。因此说，ATP能将有机体代谢释放的能量以高能磷酸键的形式储存起来，需要时又可释放出来，是一种生命赖以生存的生物磷化物。

食物中钙和磷的主要来源是奶制品、蔬菜、豆类、油类种子，小虾米等含量也较多。一般说如果膳食中钙和蛋白质含量充足，则所得到的磷也能满足需要。另外维生素D也可促进磷的吸收。

思考与练习

1. 某混合气体中含有 N_2、H_2 和 NH_3。将该混合气体依次通过 H_2O、浓 H_2SO_4、灼热的 CuO 和 NaOH 固体，最后主要得到什么气体？写出整个过程中可能发生的反应的化学反应方程式。

2. 写出下列变化的化学反应方程式，并注明反应条件。

$$NH_4Cl \longrightarrow NH_3 \longrightarrow NO \longrightarrow NO_2 \longrightarrow HNO_3$$

3. 一种白色晶体 A，它和碱共热后放出一种无色气体 B，B 可使湿润的红色石蕊试纸变蓝；晶体 A 与浓 H_2SO_4 共热时，放出无色有刺激性气味的气体 C，C 可使湿润的蓝色石蕊试纸变红。C 和 B 两种气体相遇产生白烟 D，D 的水溶液显酸性，加入 $AgNO_3$ 溶液产生白色沉淀，该沉淀不溶于稀 HNO_3。试判断 A、B、C、D 各为何物质，写出有关的化学反应方程式。

4. 氨水中存在着哪些分子和离子？它与液氨相同吗？

5. 选择题。

（1）下列气体中，不会造成空气污染的是：________

A. N_2　B. NO　C. NO_2　D. SO_2

（2）只用一种试剂即可将 NH_4Cl、$(NH_4)_2SO_4$、NaCl 和 Na_2SO_4 四种溶液区分开，这种试剂是：________

A. NaOH 溶液　B. $AgNO_3$ 溶液　C. $BaCl_2$ 溶液　D. $Ba(OH)_2$ 溶液

（3）硝酸应避光保存，是因为它具有：________

A. 强酸性能　B. 强氧化性　C. 不稳定性　D. 挥发性

（4）关于白磷和红磷性质的叙述中不正确的是：________

A. 在空气中燃烧都生成五氧化二磷　B. 白磷有毒，红磷无毒

C. 都不溶于水，但都能溶于二硫化碳　D. 二者互为同素异形体

（5）下列各组物质中，常温下能起反应产生气体的是：________

A. Fe 与浓 H_2SO_4　B. Al 与浓 HNO_3　C. Cu 与稀 HCl　D. Cu 与稀 HNO_3

6. 写出氮与 Mg、H_2、O_2 反应的化学反应方程式。

7. 把铜片放到下列各种酸里各有什么现象发生？能起反应的写出化学反应方程式，不能起反应的说明的理由。

A. 浓 HCl　B. 浓 H_2SO_4　C. 稀 H_2SO_4　D. 浓 HNO_3　E. 稀 HNO_3

8. 21.4g NH_4Cl 与过量氢氧化钠起反应，在标准状况下能生成多少升氨气？若将这些氨气制成 100mL 溶液，此溶液的物质的量浓度为多少？

9. 0.3mol 铜与稀 HNO_3 反应，在标准状况下能生成一氧化氮多少升？

10. 写出碳酸氢铵、硫酸铵、硝酸铵受热分解的化学反应方程式。

11. 写出硝酸钠、硝酸钙、硝酸铁、硝酸汞受热分解的化学反应方程式？

12. 探讨题：从浓、稀 HNO_3 与金属反应中看，浓 HNO_3 主要被还原为 NO_2，稀 HNO_3 主要被还原为 NO，由此可见，稀 HNO_3 的产物价态比浓 HNO_3 的产物的价态低，因此，稀 HNO_3 比浓 HNO_3 的氧化性强。你认为对吗？说明理由。

13. 设计实验：模拟喷泉

通过查阅资料，自行设计一个模拟喷泉实验。

提示：模拟喷泉的原理是，烧瓶内外的压差将烧杯中的液体压入烧瓶中。

问题：是不是只有使用易溶于水的气体才能完成实验？

要求：几人一组，其中一人负责整个过程的记录。充分设想，实验验证。

11. 碳族元素　硼族元素

学习指南　碳族、硼族元素的学习，主要依据其原子结构特点。碳族元素原子核最外层价电子数有4个，易形成+4，+2价的化合物；而硼族元素原子最外层有3个价电子。其中最重要的元素是硼和铝，二者均形成+3价化合物。碳与硼的性质，铅与铝的性质、用途可以类比学习，如C与B都有同素异形体，Pb和Al是两性金属。当然，各自均有其特性。它们的盐的性质，如溶解性等区别较大。硅是良好的半导体材料，其氧化物SiO_2难溶于水，硅酸比碳酸的酸性更弱。在用途上，碳可用作燃料，冶炼金属的还原剂；石墨可用作电极，润滑剂；金刚石可作切割，钻孔的钻头等。铅可用于制造电缆、蓄电池、防腐、防辐射材料；而硼则是现代高科技材料硼纤维的基本原料；Al是我们所熟悉的金属材料，可用于制造电缆、合金、铝箔等，用途广泛。

本章学习要求

掌握碳的同素异形体；理解碳族、硼族元素原子结构与性质的关系及其化合物的性质；了解硅及硅酸盐的性质。

本章中心点：碳及碳酸盐

11.1 概　　述

11.1.1 碳族元素的原子结构

碳族元素包括碳（C）、硅（Si）、锗（Ge）、锡（Sn）和铅（Pb）等。这些元素位于元素周期表第ⅣA族，它们的原子核最外层电子数都是4个。所以，它们容易形成最高正价为+4价态的化合物和+2价态化合物，且其化合物以共价型化合物为主。

碳族元素原子结构及有关性质，如表11.1所示。

表11.1　碳族元素原子结构和性质

元素名称	元素符号	核电荷数	原子最外层电子数	原子半径/10^{-10}m	主要化合价	单质熔点/K	单质沸点/K	单质颜色和状态
碳	C	6	4	0.77	+4、+2、−4	3823	4593	深灰色固体(石墨)
硅	Si	14	4	1.17	+4	1683	2628	灰色固体
锗	Ge	32	4	1.22	+4、+2	1210.4	3103	淡灰色金属
锡	Sn	50	4	1.40	+4、+2	504.9	2543	银白色金属
铅	Pb	82	4	1.75	+4、+2	600.5	2013	青白色金属

11.1.2 碳族元素的性质比较

从表11.1可以看出，碳族元素随核电荷数的增加，原子半径逐渐增大，非金属性减弱、金属性增强。碳是典型的非金属元素，硅也是非金属元素，但硅晶体有金属光泽，能导电。锗虽然是金属元素，但其性质也显出一些非金属性，因此称为“半金属”，是半导体材料。

锡、铅是比较典型的金属元素。

从碳族元素的氧化物的水化物性质来看，C、Si 是成酸元素，相应氧化物的水化物为弱酸，而 Ge、Sn、Pb 的氢氧化物均有两性。碳族元素氧化物的水化物酸碱性的比较，如表 11.2 所示。

表 11.2 碳族元素氧化物的水化物的酸碱性

+4 价氧化物	CO_2	SiO_2	GeO_2	SnO_2	PbO_2
+4 价氧化物的水化物的酸碱性	H_2CO_3 弱酸	H_2SiO_3 弱酸	H_2GeO_3 两性偏酸	$Sn(OH)_4$ 两性偏碱	$Pb(OH)_4$ 两性
+2 价氧化物	CO	—	GeO	SnO	PbO
+2 价氧化物的水化物的酸碱性	—	—	$Ge(OH)_2$ 两性	$Sn(OH)_2$ 两性	$Pb(OH)_2$ 两性偏碱

这些氧化物的水化物酸碱性变化呈现出规律性，与其原子结构及单质性质具有一致性；化合价相同时，随原子核电荷数的增加，其酸性减弱，碱性增强；同一元素的氧化物对应水化物，其化合价越高，酸性越强，化合价越低，酸性越弱，相反，还显示出碱性。

11.1.3 硼族元素的原子结构

硼族元素位于元素周期表中第ⅢA 族，包括硼、铝、镓、铟和铊五种元素。它们的原子核最外层电子数都是 3 个。从硼到铝是该族元素从非金属元素到金属元素的过渡，核对最外层电子的引力有很大的变化，使得原子半径从 B 到 Al 突然增大，B 的原子半径为 0.88×10^{-10}m，而 Al 的原子半径为 1.43×10^{-10}m，而 Ga、In 和 Tl 的原子半径分别为 1.22×10^{-10}m，1.63×10^{-10}m 和 1.70×10^{-10}m。从 B 到 Al 在性质上亦有很大的突越。

11.1.4 硼族元素的性质比较

硼族元素中最重要的是 B 和 Al，因此，这里也以 B 和 Al 为主。硼族元素随原子核外电子数的增加，元素的非金属性减弱，金属性增强，B 是非金属元素，而 Al 已是两性金属元素。在形成化学键时，B 形成强烈的共价型化合物，Al 虽易失去电子形成 Al^{3+}，如 Al_2O_3，AlF_3 为离子化合物。但它的某些化合物也是共价型化合物，如 $AlCl_3$，$AlBr_3$。

11.2 碳及其化合物

11.2.1 碳的存在和同素异形体

碳在自然界分布很广，在地壳里含量 0.27%。碳在自然界既有以化合态形式存在的，如石油、天然气、煤、石灰石、碳酸盐等；也有以单质碳的形式存在的，如金刚石和石墨。

碳与硫、磷等一样，其单质也有多种同素异形体：金刚石、石墨和无定形碳。其中的无定形碳包括焦炭、木炭、炭黑等。严格地说，碳只有金刚石和石墨两种同素异形体。因为，X 射线研究结果表明，无定形碳主要是由石墨的微小晶体和少量杂质构成。

金刚石和石墨均为共价键的晶体结构。关于晶体结构参见 2.5.2 部分的内容。纯净的金刚石无色而透明，具有强的金刚石光泽，经人工琢磨后即成为钻石。金刚石是人们已发现的最坚硬的一种物质，可用来切割、钻孔、研磨。而石墨密度小，质柔软，有油腻感，是一种良好的润滑剂，可与粘土混合制成铅笔芯。石墨还有良好的导热性、导电性，可用于铸造金属的润滑剂、电极等。无定形碳中的焦炭，是一种良好的还原剂，可用来做从矿石中冶炼金属的还原剂；活性炭是一种多孔性物质，有巨大的表面积，因而有很强的吸附性。活性炭可用来吸附某些液态或气态物质，也可吸附某些金属离子及有色物质等。所以，活性炭经常用来做脱色剂，除臭味剂；木炭是一种良好的燃料，亦可用来冶炼某些有色金属；炭黑在橡胶工业中是制造轮胎的添加剂，轮胎中加入炭黑可增加其韧性，使其经久耐用，此外还可用于制造墨汁、油墨等。

11.2.2 碳的化学性质

碳是非金属元素，在常温下存在的碳不活泼，不易发生化学反应，但是随着温度升高，其活泼性大为增强。在高温下，碳可与氢气、氧气、金属氧化物，以及一些非金属反应。

11.2.2.1 碳与氧气及其他非金属反应

碳在氧气中或空气中，可以充分燃烧，生成 CO_2，同时放出大量热。当氧气不充足时，生成 CO。碳在高温下，可以与多种非金属化合。

$$C+O_2 \xrightarrow{燃烧} CO_2+393.5kJ \cdot mol^{-1}$$

$$C+\frac{1}{2}O_2 \xrightarrow{燃烧} CO+110.9kJ \cdot mol^{-1}$$

$$C+2S \xrightarrow{高温} CS_2$$

11.2.2.2 碳与金属氧化物的反应

碳与金属氧化物的反应，充分显示了碳的还原性，在高温下能使金属氧化物还原成金属单质。所以，碳可以用做从矿石冶炼金属的还原剂。

【演示实验 11.1】 如图11.1所示。将木炭少许和黑色 CuO 粉末混匀，用药匙将其放入试管中如图位置。加热，将生成的气体通入澄清的石灰水中。观察现象。

实验发现，澄清的石灰水变浑浊，将反应完后试管中的粉末倒在纸上观察，可以看到棕色的铜。

$$2CuO+C \longrightarrow 2Cu+CO_2\uparrow$$

将氧化钙和焦炭在电炉里加热可得 CaC_2。

$$CaO+3C \xrightarrow{高温} CaC_2+ CO\uparrow$$

11.2.2.3 碳与氢气和水蒸气的反应

木炭或炭黑在加热到 1473K 以上时，能与氢气化合，生成甲烷；将水蒸气通过炽热焦炭，则生成水煤气。

$$C+2H_2 \xrightarrow{高温} CH_4$$

$$C+H_2O \longrightarrow CO+H_2$$

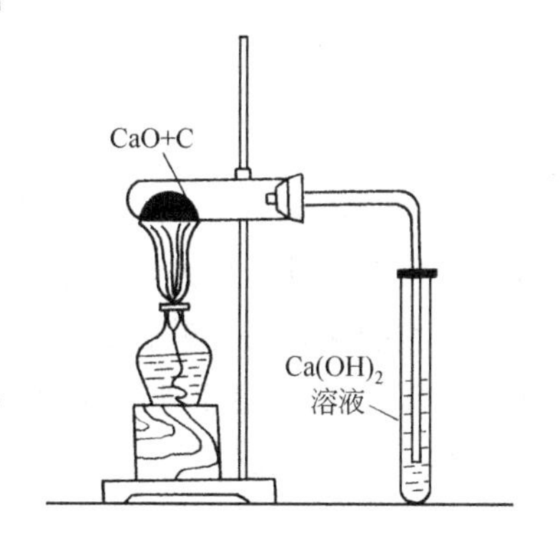

图 11.1 木炭还原氧化铜

11.2.3 碳的氧化物及其盐的主要性质和用途

11.2.3.1 碳的氧化物

碳的氧化物有 CO 和 CO_2 两种。

一氧化碳是一种无色无味的气体，几乎不溶于水。CO 有毒！吸入少量 CO 就会使人头晕、头痛、吸入较多 CO，会使人因缺氧而死亡。

CO 能燃烧，燃烧时火焰呈浅蓝色，同时产生大量热。

$$2CO+O_2 \xrightarrow{点燃} 2CO_2+567kJ \cdot mol^{-1}$$

CO 具有还原性，可从许多金属氧化物中夺取氧而将金属还原出来。因此，CO 可作还原剂用于冶炼金属。例如：

$$Fe_2O_3 + 3CO \xrightarrow{\triangle} 2Fe + 3CO_2$$

二氧化碳 CO_2 为无色略带酸味的气体，微溶于水，常温常压下，1 体积的水能溶解 1 体积的 CO_2。固态的 CO_2 叫做“干冰”，可升华。

CO_2 一般比较稳定，不会分解，也不会再与氧结合。CO_2 属酸性气体，可与碱性氧化物或碱反应，生成碳酸盐。

$$CO_2 + CaO \longrightarrow CaCO_3$$

$$CO_2 + Ca(OH)_2 \longrightarrow CaCO_3 \downarrow + H_2O$$

$$CO_2 + 2NaOH \longrightarrow Na_2CO_3 + H_2O$$

CO_2 溶解在冷水中,少数分子与水化合生成碳酸。碳酸不稳定,碳酸在受热时又分解成 CO_2 和 H_2O。

CO_2 还能与活泼金属反应,如 Mg、Na、K 等,可在 CO_2 中燃烧,生成金属氧化物,析出游离态碳。

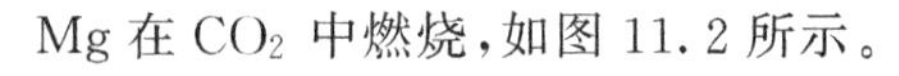

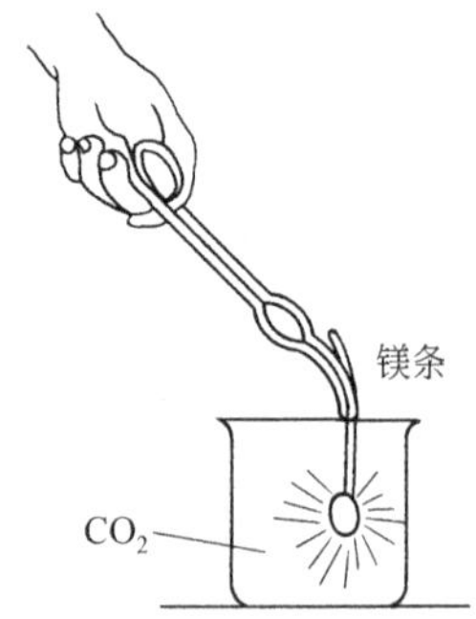

Mg 在 CO_2 中燃烧,如图 11.2 所示。

$$2Mg + CO_2 \xrightarrow{点燃} 2MgO + C$$

由于 CO_2 不能燃烧,密度比空气大。所以,CO_2 可用来灭火。灭火器就是利用了下列反应的原理。

$$2NaHCO_3 + H_2SO_4 \longrightarrow Na_2SO_4 + 2H_2CO_3$$

$$\hookrightarrow 2CO_2 \uparrow + 2H_2O$$

CO_2 还可用于制造汽水，可乐等清凉饮料，干冰可用来做制冷剂等。

图 11.2　Mg 在 CO_2 中的燃烧

11.2.3.2　碳酸及碳酸盐

CO_2 溶于水后，与水反应，部分生成碳酸 H_2CO_3，它是一种非常弱的酸，只能使紫色石蕊试纸变成浅红色。但它是二元酸，其对应的盐有两种：酸式盐和正盐。如 $NaHCO_3$ 和 Na_2CO_3；$Ca(HCO_3)_2$ 和 $CaCO_3$。

碳酸盐中，只有碱金属盐和铵盐可溶于水，其他金属盐都难溶于水。酸式盐，即碳酸氢盐，大部分都易溶于水，但钾、钠、铵的碳酸氢盐比相应的碳酸盐的溶解度小。如向 Na_2CO_3 的浓溶液中通入 CO_2 至饱和，可析出 $NaHCO_3$；

$$Na_2CO_3 + CO_2 + H_2O \longrightarrow 2NaHCO_3$$

而向澄清石灰水中通入 CO_2 时，生成白色沉淀，但继续通入 CO_2 时，沉淀又会重新溶解，再经加热所得的透明溶液又重新变混浊。反应如下：

$$Ca(OH)_2 + CO_2 \longrightarrow CaCO_3 \downarrow + H_2O$$

$$CaCO_3 + CO_2 + H_2O \longrightarrow Ca(HCO_3)_2$$

$$Ca(HCO_3)_2 \xrightarrow{\triangle} CaCO_3 \downarrow + H_2O + CO_2 \uparrow$$

碳酸盐的热稳定性比碳酸氢盐大。碳酸氢盐受热易分解成碳酸盐、CO_2 和 H_2O。例如：

$$Mg(HCO_3)_2 \xrightarrow{\triangle} MgCO_3 + CO_2 \uparrow + H_2O$$

$$2NaHCO_3 \xrightarrow{\triangle} Na_2CO_3 + CO_2 \uparrow + H_2O$$

而碳酸盐在高温下也可分解生成金属氧化物和 CO_2。

$$MgCO_3 \xrightarrow{高温} MgO + CO_2\uparrow$$

碳酸盐和碳酸氢盐均能与酸发生复分解反应，并放出 CO_2。例如：

$$Na_2CO_3 + 2HCl \longrightarrow 2NaCl + H_2O + CO_2\uparrow$$

$$NaHCO_3 + HCl \longrightarrow NaCl + H_2O + CO_2\uparrow$$

利用这一性质，可检验碳酸盐，即检验 CO_3^{2-}。

碱金属的碳酸盐和碳酸氢盐的水溶液，因水解而显碱性。

$$CO_3^{2-} + H_2O \longrightarrow HCO_3^- + OH^-$$

$$HCO_3^- + H_2O \longrightarrow H_2CO_3 + OH^-$$

例如 $0.1mol \cdot L^{-1} Na_2CO_3$ 溶液的 pH 约为 11.6；$0.1mol \cdot L^{-1} NaHCO_3$ 溶液的 pH 值约为 8.3。因此，Na_2CO_3 称为纯碱，可作碱用；$NaHCO_3$ 叫小苏打，亦可作溶液 pH 调节剂。

碳酸盐中较为重要的有 Na_2CO_3、K_2CO_3、$(NH_4)_2CO_3$、$CaCO_3$ 等，在化工、冶金、建材、食品工业和农业上有广泛应用，还可用于医药、橡胶、发酵等方面。$CaCO_3$ 用于生产水泥、石灰、陶瓷、粉笔等。

11.3 硼、铝、硅、铅及其重要化合物的性质和用途

11.3.1 硼及硼的重要化合物和用途

11.3.1.1 硼及用途

硼在地壳中的含量较少。自然界中主要以矿石中的化合物存在。

硼单质有两种同素异形体，即无定形硼和晶形硼，其熔点沸点高，晶形硼的硬度很大，仅次于金刚石。

硼可以用于制造现代高科技材料—硼纤维复合材料。这种材料具有较高的韧性，并能承受剧烈的机械振动和温度剧变。可用在航空航天技术和洲际导弹技术上。

11.3.1.2 硼的化合物及用途

(1) 三氧化二硼（B_2O_3） 将硼酸 H_3BO_3 加热到其熔点以上脱水得到 B_2O_3，也可将无定形硼与氧加热，直接化合成 B_2O_3，B_2O_3 具有很高的热稳定性。

$$4B + 3O_2 \xrightarrow{\triangle} 2B_2O_3$$

$$2H_3BO_3 \xrightarrow{\triangle} B_2O_3 + 3H_2O$$

B_2O_3 溶于水生成正硼酸 H_3BO_3 和偏硼酸 HBO_2：

$$B_2O_3 + H_2O \longrightarrow 2HBO_2$$

$$B_2O_3 + 3H_2O \longrightarrow 2H_3BO_3$$

因此，B_2O_3 是硼酸的酸酐。熔融态的 B_2O_3 可溶解许多金属氧化物，因此，可用于制造有色硼玻璃，耐高温的硼玻璃纤维，抗化学腐蚀的硼玻璃等。

(2) 硼酸（H_3BO_3） H_3BO_3 是白色鳞片状晶体，微溶于冷水，热水中溶解度增大。溶于水的 H_3BO_3 为一元弱酸（$K_a = 5.8\times10^{-10}$），但它的酸性不是因为它本身给出 H^+，而是因为 H_3BO_3 为缺电子化合物，由于 B 原子的缺电子性可从 H_2O 中夺取电离出的 OH^-，从而使其水溶液显酸性，其反应如下：

$$\begin{array}{c} OH \\ | \\ HO-B-OH \\ | \\ OH \end{array} + HO-H \rightleftharpoons \left[\begin{array}{c} OH \\ | \\ HO-B\leftarrow OH \\ | \\ OH \end{array}\right]^- + H^+$$

H_3BO_3 也可用硼砂（$Na_2B_4O_7 \cdot 10H_2O$）的热溶液与强酸反应，再冷却后可得到 H_3BO_3 晶体。

$$Na_2B_4O_7 + H_2SO_4 + 5H_2O \longrightarrow Na_2SO_4 + 4H_3BO_3$$

H_3BO_3 主要用于搪瓷和玻璃工业以及制取硼的其他化合物。硼酸也可用作防腐剂，医用消毒剂和润滑剂等。

（3）硼砂即四硼酸钠（$Na_2B_4O_7$） 硼砂其实是四硼酸钠含结晶水的水合物 $Na_2B_4O_7 \cdot 10H_2O$，$Na_2B_4O_7$是最重要的硼酸盐。除天然的硼砂外，工业上还可用硼镁矿（$Mg_2B_2O_5 \cdot H_2O$）为原料生产 $Na_2B_4O_7$：

$$2Mg_2B_2O_5 + Na_2CO_3 + 2CO_2 + H_2O \xrightarrow{\triangle} 3MgCO_3 \cdot Mg(OH)_2 \downarrow + Na_2B_4O_7$$

硼砂是无色半透明晶体或白色结晶粉末，在干燥空气中易失水。加热至 1151K 时熔化，冷却后成为透明的玻璃状物质。硼砂可溶于水，且水溶性随温度升高而明显增加。由于它是强碱弱酸盐，其水溶液显碱性：

$$B_4O_7^{2-} + 7H_2O \longrightarrow 4H_3BO_3 + 2OH^-$$

熔融态的硼砂可以溶解 Fe，Co，Ni，Mn 等许多金属的氧化物，形成不同的偏硼酸复盐，且呈现出相应的特征颜色，这一现象分析化学上常称为硼砂珠试验。利用这一性质可鉴定某些金属离子或金属氧化物。如：

$$Na_2B_4O_7 + CoO \longrightarrow 2NaBO_2 \cdot Co(BO_2)_2\text{（蓝色）}$$

$$Na_2B_4O_7 + MnO \longrightarrow 2NaBO_2 \cdot Mn(BO_2)_2\text{（绿色）}$$

硼砂主要用于制备其他硼化合物，金属焊接的助熔剂及生产耐高温的硼钢，还可用于制造耐酸搪瓷及特种光学玻璃、人造宝石、玻璃纤维等。

11.3.2 铝及铝的重要化合物和用途

11.3.2.1 铝

铝是银白色的金属，具有良好的导电、导热性。铝的资源相对较为丰富。

铝的化学性质相对比较活泼，能与氧、卤素、硫等非金属单质起反应，生成相应的化合物。如：

$$4Al + 3O_2 \xrightarrow{\text{燃烧}} 2Al_2O_3 + \text{热量}$$

$$2Al + 3S \xrightarrow{\triangle} Al_2S_3$$

铝是两性金属，既可与酸反应，又可与强碱反应：

$$2Al + 6HCl \longrightarrow 2AlCl_3 + 3H_2 \uparrow$$

$$2Al + 2NaOH + 2H_2O \longrightarrow 2NaAlO_2 + 3H_2 \uparrow$$

生成的盐 $NaAlO_2$ 称为偏铝酸钠。

铝与冷的浓硝酸或浓硫酸作用时，在铝表面会生成一层致密的氧化物保护膜，使内层铝不再被继续氧化，这种现象叫钝化现象。所以，铝容器可用来贮存和运输浓硝酸或浓硫酸。

铝作为活泼金属，不但可从其他相对不活泼金属的可溶盐中置换出该金属，而且还在一定温度下从某些相对不活泼金属的氧化物中置换出该金属。并且反应过程中还放出大量热，使置换出的金属达到熔化状态，利用此法可冶炼这些金属。如由铝粉和 Fe_3O_4 或 Fe_2O_3 粉末按一定比例组成的混合物(称为铝热剂)，用助燃剂 BaO_2 和镁条引燃，即可发生反应，反应温度可达 3273K 以上，使生成的 Fe 熔化。利用此反应可焊接钢材部件。

$$8Al + 3Fe_3O_4 \xrightarrow{点燃} 4Al_2O_3 + 9Fe + 3329kJ$$

铝单质在工业上可用纯净的 Al_2O_3 为原料电解熔融的 Al_2O_3 制得。

$$2Al_2O_3 \xrightarrow[1273K]{电解} 4Al(阴极) + 3O_2\uparrow(阳极)$$

铝除了可作导线、电缆外，还可用来制含铝的合金，不但化学稳定性好，而且质量轻，硬度大，机械性能好，广泛用于汽车、飞机宇航工业及民用，铝箔还可用做包装材料等。

11.3.2.2 铝的重要化合物

氧化铝和氢氧化铝

氧化铝 Al_2O_3 是一种难溶于水的白色粉末状固体，是典型的两性氧化物。

$$Al_2O_3 + 6HCl \longrightarrow 2AlCl_3 + 3H_2O$$

$$Al_2O_3 + 2NaOH \longrightarrow 2NaAlO_2 + H_2O$$

或写成离子方程式：

$$Al_2O_3 + 6H^+ \longrightarrow 2Al^{3+} + 3H_2O$$

$$Al_2O_3 + 2OH^- \longrightarrow 2AlO_2^- + H_2O$$

刚玉是天然无色氧化铝晶体，其硬度大，仅次于金刚石，可用于制造砂轮，机器轴承，制造耐火材料等。刚玉中含有微量氧化铬时为红宝石，含有铁和钛的氧化物时为蓝宝石。红宝石则是优良的激光材料。

氢氧化铝 $Al(OH)_3$ 是不溶于水的胶状物质。

【演示实验 11.2】 在试管中加入 4mL 0.5mol·L^{-1}的 $Al_2(SO_4)_3$ 溶液，再滴加氨水，生成白色胶状氢氧化铝沉淀。继续加氨水，直到不再产生沉淀为止。把沉淀分别装在两支试管中，向一支试管中滴加 2mol·L^{-1}的盐酸；向另一支试管中滴加 2mol·L^{-1}的 NaOH 溶液，观察两支试管中发生的现象。

实验中可看出，$Al(OH)_3$ 可由含 Al^{3+} 的盐溶液和氨水反应来制备。

$$Al_2(SO_4)_3 + 6NH_3 \cdot H_2O \longrightarrow 2Al(OH)_3\downarrow + 3(NH_4)_2SO_4$$

当向两支试管分别加入盐酸和氢氧化钠时，其中的白色沉淀都消失了，变成澄清的无色溶液。说明 $Al(OH)_3$ 是两性氢氧化物，既是弱碱又是弱酸，既能与强酸反应，又能与强碱反应：

$$Al(OH)_3 + 3H^+ \longrightarrow Al^{3+} + 3H_2O$$

$$Al(OH)_3 + OH^- \longrightarrow AlO_2^- + 2H_2O$$

$Al(OH)_3$ 是弱电解质，在溶液中存在下列平衡：

$$Al^{3+} + 3OH^- \rightleftharpoons Al(OH)_3 = H_3AlO_3 \rightleftharpoons H^+ + AlO_2^- + H_2O$$

氢氧化铝主要用于制备铝盐和纯净 Al_2O_3，在医药上还可作治疗胃酸的药物。在水处理上，还可作为净水剂。

铝盐中，有氯化铝、硫酸铝

$AlCl_3$ 为无色晶体、易挥发，453K 时升华，遇水强烈水解。不仅溶于水，而且还溶于乙醇、乙醚等有机溶剂，显示出其共价特性。常用于有机合成工业的催化剂，水处理的净水剂等。

无水硫酸铝 $Al_2(SO_4)_3$ 是白色粉末，含结晶水的 $Al_2(SO_4)_3 \cdot 18H_2O$ 为无色针状晶体。$Al_2(SO_4)_3$与等物质的量的 K_2SO_4 溶液混合，蒸发结晶后可得到一种复盐 $KAl(SO_4)_2 \cdot 12H_2O$，俗称明矾。明矾为无色晶体，易溶于水，在水中可完全电离：

$$KAl(SO_4)_2 \cdot 12H_2O \longrightarrow K^+ + Al^{3+} + 2SO_4^{2-} + 12H_2O$$

电离后的 Al^{3+} 能发生水解，逐渐产生胶状的 $Al(OH)_3$ 沉淀，使溶液显酸性：

$$Al^{3+} + 3H_2O \rightleftharpoons Al(OH)_3 \downarrow + 3H^+$$

Al^{3+} 的检验：在 pH=4～9 的介质中，Al^{3+} 与茜素磺酸钠(茜素 S)生成红色沉淀，即可检验 Al^{3+} 的存在。具体作法是：在滤纸上滴加 0.1%茜素 S 和要检验的试液各 1 滴，再滴加 $6mol \cdot L^{-1}$的氨水 1 滴，若生成红色斑点(茜素铝)，即表明试液中含 Al^{3+}。

11.3.3 铅及铅的重要化合物和用途

11.3.3.1 铅及用途

铅为银白色软金属，熔点 601K，密度 $11.3g \cdot mL^{-3}$，延性弱，但展性强。铅对人能产生积累性中毒！铅在地壳中含量较少。我国湖南铅矿较闻名。铅在空气中，表面会迅速被氧化成一层 PbO 保护膜。铅与酸或碱反应，如表 11.3 所示。

表 11.3 铅与酸或碱的反应

酸或碱	铅与酸或碱反应情况及产物
HCl	因反应生成 $PbCl_2$ 沉淀覆盖在铅表面，反应很快终止
H_2SO_4	因反应生成 $PbSO_4$ 沉淀覆盖在铅表面，反应很快终止 $Pb + 3H_2SO_4(浓) \xrightarrow{\triangle} Pb(HSO_4)_2 + SO_2 \uparrow + 2H_2O$
HNO_3	$3Pb + 8HNO_3(稀) \longrightarrow 3Pb(NO_3)_2 + 2NO \uparrow + 4H_2O$ $Pb + 4HNO_3(浓) \longrightarrow Pb(NO_3)_2 + 2NO_2 \uparrow + 4H_2O$
NaOH	$Pb + 2NaOH(浓) + 2H_2O \longrightarrow Na_2[Pb(OH)_4] + H_2 \uparrow$

铅主要用作电缆、蓄电池、耐酸管道、铸字合金和防 X 射线的材料。

11.3.3.2 铅的化合物及用途

PbO，黄色的晶体或粉末，熔点 1161K；PbO_2，暗褐色或棕黑色粉末。二者均有毒！都难溶于水，均具有两性。

$Pb(OH)_2$ 和 $Pb(OH)_4$ 均难溶于水。均具有两性，既可溶于酸又可溶于强碱：

$$Pb(OH)_2 + 2H^+ \longrightarrow Pb^{2+} + 2H_2O$$

$$Pb(OH)_2 + 2OH^- \longrightarrow [Pb(OH)_4]^{2-}$$

PbO 用作铅玻璃及铅盐原料、陶瓷原料，油漆催化剂及蓄电池工业；PbO_2 可用于制造染料、火柴、焰火等，还可用于合成橡胶工业；铅的氢氧化物主要用于制铅盐的原料。

铅盐的溶解度都很小或难溶，且铅盐大多有颜色。其盐的溶解性和颜色见表 11.4 所示。

表 11.4 一些铅盐的溶解性和颜色

铅盐	$Pb(NO_3)_2$	$PbAc_2$	$PbCl_2$	$PbSO_4$	PbI_2	$PbCrO_4$	PbS
溶解性	易溶	易溶	微溶	微溶	难溶	难溶	难溶
颜色	白色	无色	白色	白色	黄色	黄色	黑色

由于醋酸铅 $PbAc_2$ 是弱电解质，且可溶，所以，微溶的 $PbSO_4$、$PbCl_2$ 可溶于饱和的 NaAc 溶液中：

$$PbSO_4 + 2Ac^- \longrightarrow PbAc_2 + SO_4^{2-}$$

$$PbCl_2 + 2Ac^- \longrightarrow PbAc_2 + 2Cl^-$$

铅与锡具有类似的性质，但锡的盐易溶。Sn^{2+} 具有强的还原性。铅盐主要用于制作颜料。

Pb^{2+} 的检验。

K_2CrO_4 法：Pb^{2+} 与 CrO_4^{2-} 反应，生成黄色 $PbCrO_4$ 沉淀。

$$Pb^{2+} + CrO_4^{2-} \longrightarrow PbCrO_4\text{（黄色）}\downarrow$$

而 $PbCrO_4$ 具有两性，可溶于强酸，强碱，但不溶于 HAc。Ba^{2+} 和 CrO_4^{2-} 也可生成黄色沉淀，但 $BaCrO_4$ 不溶于强碱。

H_2SO_4—Na_2S 法：Pb^{2+} 与 SO_4^{2-} 生成白色沉淀 $PbSO_4$，遇 S^{2-}，$PbSO_4$ 转变为黑色的 PbS。

$$Pb^{2+} + SO_4^{2-} \longrightarrow PbSO_4\text{（白色）}\downarrow$$

$$PbSO_4 + S^{2-} \longrightarrow PbS\text{（黑色）}\downarrow + SO_4^{2-}$$

11.3.4 硅及硅酸盐

11.3.4.1 硅

硅在地壳中含量占地壳总质量的 26%～27%，居第二位，仅次于氧。自然界里没有游离硅存在，它主要以化合态的二氧化硅和硅酸盐形式存在于地壳中。如：常见的沙子、水晶、玛瑙等，主要成分为 SiO_2。

硅有无定形硅和晶体硅两种同素异形体。无定形硅为黑色粉末。晶体硅是灰黑色，有金属光泽，脆而硬，熔点沸点较高的固体，具有与金刚石正四面体相似的结构，属原子晶体。硅的导电性界于金属和绝缘体之间，是良好的半导体材料，但它的导电性随温度升高而增强。这点与金属导体不同。

硅的化学性质不活泼。常温下，与氧气、氯气、硝酸、硫酸等不发生反应，但能与强碱和强碱溶液反应：

$$Si + 2NaOH + H_2O \longrightarrow Na_2SiO_3 + 2H_2\uparrow$$

但在高温下，Si 也能与一些非金属起反应。如，将硅研细后加强热，硅燃烧生成 SiO_2，同时放出大量热。

$$Si + O_2 \xrightarrow{\triangle} SiO_2$$

硅是良好的半导体材料，高纯硅可用于制造半导体器件，集成电路元件，太阳能电池等。还可用以制造合金，如含 4%硅的硅钢有导磁性，可用于变压器的铁芯；15%硅的硅钢有耐酸性，可用耐酸防腐材料。有机硅可用于高科技国防工业。

11.3.4.2 二氧化硅、硅酸及硅酸盐

二氧化硅 SiO_2 有晶体和无定形两大类。较纯净的 SiO_2 晶体叫石英，无色透明的纯石英叫水晶。含微量杂质的水晶带有各种不同颜色，如紫晶、墨晶和茶晶等。普通石英如石英砂、黄沙是很好的建筑材料。

利用石英的硬度大，耐高温，膨胀系数小等性质，可用于制造光学仪器，耐高温玻璃化

学仪器。

SiO_2 是酸性氧化物，但难溶于水。其与大部分酸不起反应，但可与氢氟酸反应。此反应见 3.5.1 中的介绍。

SiO_2 能与碱性氧化物或强碱反应，在高温下，也能与 Na_2CO_3 反应生成硅酸盐。

$$SiO_2 + CaO \xrightarrow{高温} CaSiO_3$$

$$SiO_2 + 2NaOH \longrightarrow Na_2SiO_3 + H_2O$$

实验室的玻璃仪器（含 SiO_2 成分）能被强碱溶液腐蚀。盛碱溶液的试剂瓶不能用玻璃塞，而用橡皮塞，否则碱会使玻璃塞和瓶口因生成 Na_2SiO_2 而被粘结在一起，并且玻璃瓶不宜长期盛放浓碱。

硅酸有多种形式，常以 H_2SiO_3 代表，H_2SiO_3 是很弱的弱酸。其不能用 SiO_2 溶于水得到，只能用可溶性硅酸盐与酸作用制得。如在硅酸钠水溶液中加入少量盐酸时，可以得到白色胶状物：

$$Na_2SiO_3 + 2HCl \longrightarrow H_2SiO_3 \downarrow + 2NaCl$$

硅酸失水后，变成一种网状多孔物质，有很强的吸附能力，这就是实验室常用的硅胶干燥剂。变色硅胶是将无色硅胶用 $CoCl_2$ 溶液浸泡，干燥后制得。无水 $CoCl_2$ 为蓝色，结合水后的 $CoCl_2 \cdot 6H_2O$ 显红色，所以根据颜色的变化，可以判断硅胶的吸水程度。

硅酸盐种类很多，结构也很复杂，它是构成地壳岩石的主要成分，也是陨石和月球岩石的成分。由于硅酸盐的组成复杂，所以常用 SiO_2 和金属氧化物的形式表示硅酸盐的组成。如：

硅酸钠　$NaSiO_3$ 亦可表示为 $Na_2O \cdot SiO_2$

镁橄榄石　Mg_2SiO_3 亦可表示为 $2MgO \cdot SiO_2$

硅酸盐中除了碱金属盐可溶于水外，其他金属的硅酸盐均难溶于水。常见的硅酸钠，其水溶液俗名叫水玻璃，又称泡花碱。水玻璃是无色粘稠溶液，有一定粘合力，是一种矿物胶，可作建筑上的粘合剂，耐酸水泥和耐火材料。

科 海 拾 贝

气候变暖与人类健康

全球气候变暖以及随之而来的气候的不稳定性将给人类的生活和健康带来严重的威胁，气候条件是限制许多带菌动物分布的主要因素，而天气则影响着疾病爆发的时间和严重程度。如今越来越多的迹象表明，世界疾病分布格局已出现令人担忧的变化。国际气候变化委员会 2500 多名科学家一致认为全球气候变暖是造成疾病蔓延的主要因素之一。1997 年是人类对气候有记录以来最炎热的 1 年，而 1998 年从 1～8 月，每一个月的温度都打破了以往该月最高气温的记录，虽然人类对气候研究仅仅在 100 多年前才开始，但通过对树木年轮、冰样和化石花粉记录的研究已表明，20 世纪 90 年代是地球气温最热的十年。

全球变暖的主要原因是人类近几个世纪的活动造成温室气体的大量排放，人类使用煤炭、石油、天然气这些有机燃料致使二氧化碳的排放增多，目前大气层中 80%～85% 的二氧化碳是人类燃烧这些燃料造成的。同时，森林破坏和植被消失使大自然吸收二氧化碳的能力大大减弱。在过去的几百年间，由于毁林开垦和不合理的土地使用方式造成的二氧化碳排放量占目前大气层中二氧化碳增加量的15%～20%。

甲烷是人类活动造成的第二大温室气体。它主要产生于水稻种植、牧羊或牧牛场，以及填埋场地腐烂的垃圾中。人类活动造成大气层中甲烷含量超过其原本自然含量的145%。氧化氮这种温室气体产生于农业和工业生产过程中，它在大气层中的含量增加了15%。与许多人想象的不同，南极上空的臭氧层空洞并不会增加全球变暖。相反，一些物质造成的臭氧层变薄已开始起到一定的“制冷”作用。

气候变化的3个方面可以表明它对人类健康的威胁。

不断增暖的趋势；夜晚和冬季的非正常性变暖；极端的天气现象的增多。

科学家们正关注着全球变暖的速度。他们认为温室气体如二氧化碳的排放是造成全球变暖的重要原因。这些气体是在用有机燃料如石油和煤发电，以及发动诸如汽车等交通工具过程中造成的。这种气候变化的一个重要后果是夜间的最低气温的增高速度过快。这一点对疾病的传播和人类健康影响极大，因为许多带病菌的昆虫的分布主要受夜晚和冬季气温而决定的。同时，科学家们指出，在世界许多地方，灾害天气如干旱、洪水和暴风雨变得越来越常见，而且程度也愈加严重。这些灾害天气直接影响人类，并导致传染病的大规模爆发。

中国研制出世界上最细的碳纳米管

中国科学院的科学家已成功地制备出世界上最细的碳纳米管，这一成果将碳纳米管的研究又向前推进了一大步。

2001年10月中国科学家研制出了直径0.5nm的碳纳米管，已十分接近碳纳米管的理论极限值0.4nm。在此之前，国际上报道的碳纳米管的最小直径为0.7nm。

碳纳米管的项目自1991年开始以来，引起了各国科学家的极大兴趣，目前已成为物理学、化学、材料学领域的国际热点课题。1nm仅为1m的十亿分之一，直径如此微小的碳纳米管却因其具有金属和半导体的一些特性，在微电子工业中有巨大的应用前景。

碳纳米管的管径越小，其分子结构就越单一；因此，通过碳纳米管管径的控制可以得到稳定的碳纳米管结构，为这种特殊材料的进一步研究和应用奠定基础。

中国科学家取得的这一世界领先成果已发表在2002年1月27日的英国权威科学杂志《自然》上。据介绍中国从1992年开始碳纳米管合成研究，并成功地合成出世界上最长的碳纳米管，使得中国在这一领域的研究进入世界领先水平。

思考与练习

一、填空

1. 碳族元素包括__________五种元素，其价电子数为____。
2. 硼族元素中最重要的是________两种元素，其价电子数______。
3. 碳族元素随核电荷数的增加，其非金属性__________，其氧化物的酸性______。
4. 碳有______种同素异形体，可分为___________。
5. 把碳与 Fe_2O_3 一起加热，则会生成________和________。
6. CO是一种________气体，人吸入一定量会使死亡。CO可继续燃烧，燃烧时发出________色火焰。
7. 把 CO_2 通入紫色石蕊试液中，溶液由紫变成____色，如果把溶液煮沸，则又会变成____色。
8. H_3BO_3 是________元弱酸，在水溶液中给出 H^+ 的方程式为____________。
9. 熔融态的 B_2O_3 和 $Na_2B_4O_7$ 都可溶解许多金属氧化物而形________的硼砂珠。
10. 铝是一种______色有金属光泽的轻金属，常温下其表面生成一层______而出现________现象，因而铝在空气或水中很稳定。

11. “铝热剂”是由__________和__________混合而成的，经引燃后发生反应，产生__________而使金属熔化。

12. 向 $Al_2(SO_4)_3$ 的溶液中加入氨水，会产生______，向溶液中加入浓 NaOH，则__________，生成________和________；如果向溶液中加入稀盐酸，溶液中也会出现________，生成__________和________。

13. 在氧化还原反应中，PbO_2 常作________剂，而 $SnCl_2$ 常作________剂。

14. +2 价铅盐中，除________和________外，其余都难溶于水，可溶+2 价铅盐在水溶液中会发________解反应。

15. 写出对应物质的化学式：硼砂______，明矾______，纯碱______，小苏打________，干冰________，泡花碱__________。

二、计算

1. 在标准状况下，14g 的 CO 占有多少体积？用 5L CO 能够从 CuO 里还原多少克 Cu?

2. 若将 CO_2 通到含 0.05mol $Ca(OH)_2$ 的澄清石灰水中，生成 2.5g 白色沉淀，则通入的 CO_2 的体积在标准状况下是多少升？[提示：注意沉淀的转化，转化的 $Ca(HCO_3)_2$ 亦可溶]。

三、简答

1. $Fe(OH)_3$ 中含有少量 $Al(OH)_3$ 杂质及 SiO_2 中含有少量 CaO 杂质，如何除去其中的少量杂质？写出化学方程式。

2. 有一包白色固体，可能是 Na_2CO_3，$PbSO_4$，NH_4Cl，$CaCl_2$ 四种之一，或是其中的几种混合物。用水处理后（在溶液中可能互相反应），出现沉淀，把残渣与溶液分开。

A. 残渣用盐酸处理，完全溶解，并产生气泡。

B. 把溶液放入试管，加入 NaOH，并加热，在试管口用湿润的红色石蕊试纸检验，试纸不变色。根据以上实验现象判断这一包白色固体可能是什么？写出有关离子方程式。

3. 如何分离 Pb^{2+} 和 Al^{3+}？

四、趣味实验：自制灭火器

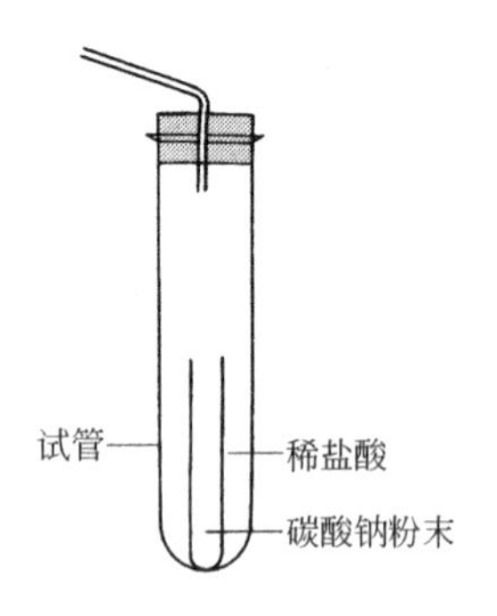

1. 将 5mL 的稀盐酸放入 1 支较大的试管中。

2. 将 1 支加了碳酸钠(Na_2CO_3)粉末的较小的试管放入较大的试管中。

3. 用接了玻璃管的活塞盖好较大的试管，再倒转试管使稀盐酸和碳酸钠发生反应，释出的二氧化碳便会随灭火器中的水喷射出来。

12. 配　合　物

学习指南　在化学发展过程中，人们除了研究简单的化合物以外，还发现了两类复杂的无机化合物：复盐和分子加合物。分子加合物是由配位键组成的，因此可以将这类含有配位键的化合物，叫做配位化合物，简称配合物。配合物是组成复杂、应用广泛的一类化合物，单从数量上来说，超过一般无机化合物。配合物是我们必须了解和掌握的知识之一。

本章学习要求

掌握配合物的有关概念和命名等；掌握配位平衡的原理；理解配合物的性质；了解配合物的应用及内配合物（螯合物）的概念。

本章中心点　配合物及概念

历史上有记载的人类第一个发现的配合物，就是亚铁氰化铁（普鲁士蓝）。1704 年普鲁士人在染料作坊中，为了寻找蓝色染料，用捕获的野兽的皮毛等与碳酸钠一起放在大铁锅中强烈煮沸，最后得到了一种蓝色的物质。后经研究确定其化学式为 $Fe_4[Fe(CN)_6]_3$。近代的配合物化学所以能迅速发展，是受到其他学科的促进，以及生物无机化学等方面的实际需要而推动的。

配合物是一类较为复杂而又相当普遍存在的化合物，它不仅在稀有元素的提取、冶金、染料等工业上有着广泛的应用，而且在生物体内也有重要的作用。

12.1　配合物的基本概念

12.1.1　配合物的概念

12.1.1.1　配合物

我们通过演示实验来了解配合物。

【演示实验 12.1】　① 取 3 支试管分别加入 2mL $CuSO_4$ 溶液。

在第 1 支试管中，加入少量 NaON 溶液，立即出现蓝色 $Cu(OH)_2$ 沉淀。

这表明溶液中有 Cu^{2+} 存在。反应式为：

$$CuSO_4 + 2NaOH \longrightarrow Cu(OH)_2 \downarrow + Na_2SO_4$$

在第 2 支试管中，加入少量 $BaCl_2$ 溶液，立即出现白色 $BaSO_4$ 沉淀。这表明溶液中有 SO_4^{2-} 存在。反应式为：

$$CuSO_4 + BaCl_2 \longrightarrow BaSO_4 \downarrow + CuCl_2$$

在第 3 支试管中，先加入适量的 $NH_3 \cdot H_2O$，出现浅蓝色碱式硫酸铜 $Cu_2(OH)_2SO_4$ 沉淀。反应式为：

$$2CuSO_4 + 2NH_3 \cdot H_2O \longrightarrow Cu_2(OH)_2SO_4 \downarrow + (NH_4)_2SO_4 \qquad (a)$$

继续加入 $NH_3 \cdot H_2O$，沉淀消失，变成深蓝色溶液。这种深蓝色溶液是什么？溶液中是否还有 Cu^{2+} 存在？

② 将上述深蓝色溶液（a）分别装在2支试管里。

在第一支试管中，加入少量$BaCl_2$溶液，立即出现白色$BaSO_4$沉淀。这表明溶液中仍有SO_4^{2-}存在。

在第二支试管中，加入少量NaOH溶液，几乎没有出现蓝色$Cu(OH)_2$沉淀。这表明溶液中几乎没有Cu^{2+}存在。

经过分析证实，在这种深蓝色的溶液中，生成了一种复杂的离子$[Cu(NH_3)_4]^{2+}$四氨合铜（Ⅱ）配离子，它和带相反电荷的SO_4^{2-}结合而成$[Cu(NH_3)_4]SO_4$硫酸四氨合铜（Ⅱ）。反应式为：

$$Cu_2(OH)_2SO_4+(NH_4)_2SO_4+6NH_3\cdot H_2O \longrightarrow 2[Cu(NH_3)_4]SO_4+8H_2O \qquad (b)$$

将（a）式与（b）式相加，可以得出下述反应式

$$CuSO_4+4NH_3\cdot H_2O \longrightarrow [Cu(NH_3)_4]SO_4+4H_2O$$

上述实例表明，配合物是一种化合物。在配合物中有由一个金属阳离子和一定数目的中性分子或阴离子通过配位键结合而成的复杂离子，这样的复杂离子称为配离子。配离子与带相反电荷的其他离子所组成的化合物叫做配合物。

12.1.1.2 配位键

配位键是一种特殊的共价键。成键的原子间所共用的电子对是由一个原子单方面提供，而和另一个原子共用的，这样的共价键叫做配位键。配位键用A→B表示，其中A原子是提供电子对的原子，叫做电子对的给予体；B原子是接受电子对的原子，叫做电子对的接受体。

以铵离子（NH_4^+）为例，来说明配位键的形成。

铵离子（NH_4^+）是由氨分子（NH_3）与氢离子（H^+）结合而成的。NH_3中的N有一对没有与其他原子共用的孤对电子；H^+是氢原子失去一个1s电子得到的，它具有一个1s空轨道。当NH_3分子与H^+相遇时，它们一个提供一对孤对电子由两方共用，另一个提供容纳电子的空轨道，通过配位键形成NH_4^+。如图12.1所示。

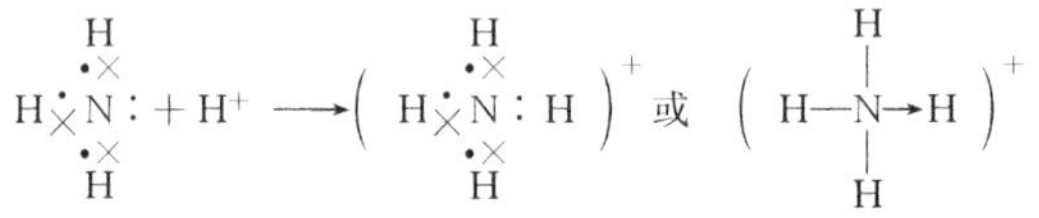

$$H\!:\!\ddot{N}(H)(H)\!: + H^+ \longrightarrow \left(H\!:\!\ddot{N}(H)(H)\!:\!H\right)^+ \text{或} \left(H-\overset{H}{\underset{H}{N}}\rightarrow H\right)^+$$

图12.1 电子式表示NH_4^+的形成过程

从NH_4^+的形成可以看出，配位键的形成必须具备两个条件：

① 电子对的给予体必须具有孤对电子；

② 电子对的接受体必须具有空轨道。

12.1.2 配合物的组成及结构

配位化合物简称为配合物，配合物结构较为复杂，通常配合物是由配离子和带相反电荷的其他离子所组成的化合物。

在配离子中，含有一个中心离子，在中心离子的周围结合着几个中性分子或阴离子叫做配位体。中心离子和配位体共同构成了配离子（书写化学式时，用[ ]括起来表示），由于两者相距较近，常称为配合物的内界。配合物中，除配离子外的其他离子，距离中心离子较远，常叫做配合物的外界。

下面我们以$[Cu(NH_3)_4]SO_4$[硫酸四氨合铜（Ⅱ）]为例，说明配合物的组成，并分

别阐明中心离子、配位体、外界离子等概念。硫酸四氨合铜（Ⅱ）的结构示意图如图 12.2 所示。配合物的组成如图 12.3 所示。

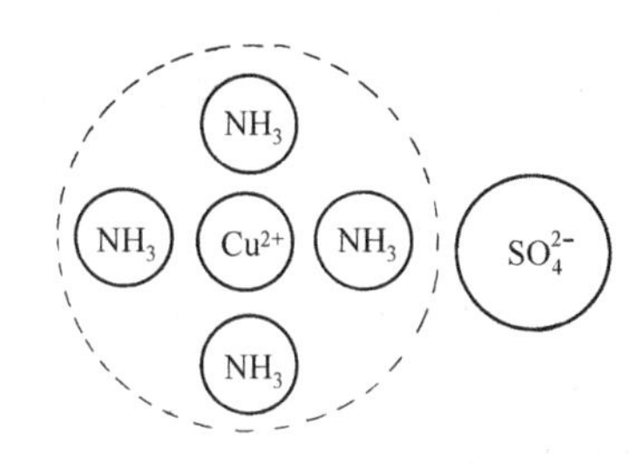

图 12.2　硫酸四氨合铜（Ⅱ）的结构示意图

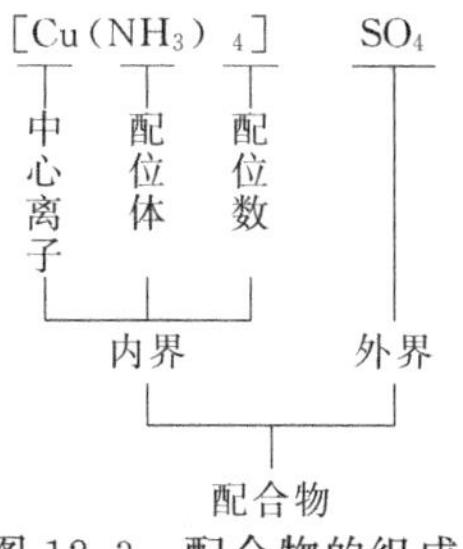

图 12.3　配合物的组成

（1）中心离子　中心离子位于配合物中心位置的金属阳离子，是配合物的形成体，又叫做中心体。在 $[Cu(NH_3)_4]SO_4$ 硫酸四氨合铜（Ⅱ）中，Cu^{2+} 就叫做中心离子。常见的中心离子大多为过渡金属，如：Ag^+、Cu^{2+}、Zn^{2+}、Fe^{2+}、Fe^{3+} 等。

（2）配位体和配位数　配位体是一些中性的分子或阴离子，紧靠在中心离子周围，并直接与中心离子通过配位键相结合。常见的配位体，如：NH_3、H_2O、I^-、CN^-、SCN^- 等。在配合物中直接与中心离子相结合的原子叫做配位原子，配位原子与中心离子形成的配位键的键数，叫做该中心离子的配位数。在 $[Cu(NH_3)_4]SO_4$ 硫酸四氨合铜（Ⅱ）中，Cu^{2+} 的配位数为 4。

每一种金属离子都有其特征的配位数，一些离子的常见配位数见表 12.1。

表 12.1　一些离子的常见配位数

配位数	金属阳离子
2	Ag^+、Cu^+、Au^+
4	Cu^{2+}、Zn^{2+}、Hg^{2+}、Ni^{2+}、Co^{2+}、Pt^{2+}
6	Fe^{2+}、Fe^{3+}、Co^{2+}、Co^{3+}、Cr^{3+}、Al^{3+}、Ca^{2+}

（3）外界离子　外界离子是距离中心离子较远的带相反电荷的离子，构成了配合物的外界。通常外界离子是带正、负电荷的简单离子或原子团。如：SO_4^{2-}、Cl^-、K^+、NH_4^+ 等。

配合物是由中心离子及配位体构成的配离子和带相反电荷的外界离子所组成的复杂化合物。常见配合物的分子组成，如表 12.2 所示。

表 12.2　常见配合物的分子组成

配合物	配离子			外界离子
	中心离子	配位体	配位数	
$[Cu(NH_3)_4]SO_4$	Cu^{2+}	NH_3	4	SO_4^{2-}
$[Ag(NH_3)_2]Cl$	Ag^+	NH_3	2	Cl^-
$K_2[HgI_4]$	Hg^{2+}	I^-	4	K^+
$K_3[Fe(CN)_6]$	Fe^{3+}	CN^-	6	K^+

配离子带有电荷，配离子的电荷数是中心离子的电荷数和配位体电荷数的代数和。如 $[Fe(CN)_6]^{3-}$ 配离子中，中心离子 Fe^{3+} 带有 3 个单位的正电荷，配位体共 6 个 CN^- 离子，每一个带一个单位的负电荷，共 6 个单位的负电荷

$$[Fe(CN)_6]^{3-} \text{配离子的电荷数} = +3 + (-1) \times 6 = -3$$

所以，$[Fe(CN)_6]^{3-}$配离子带 3 个单位负电荷。

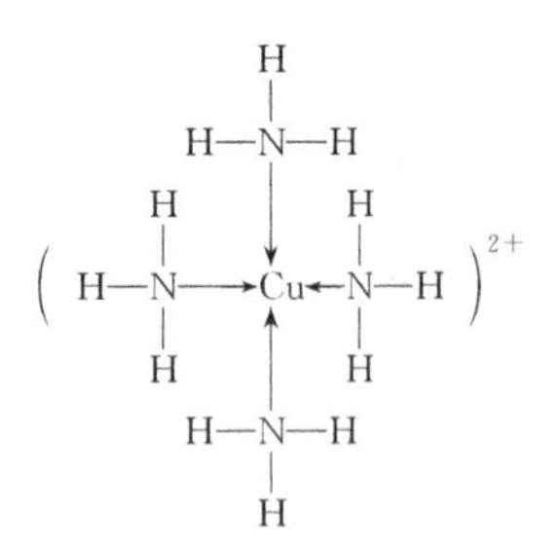

图 12.4　四氨合铜（Ⅱ）离子（铜氨配离子）结构

如果配位体不是带负电荷的离子，而是中性分子，则配离子的电荷数就是中心离子的电荷数。

在 $[Cu(NH_3)_4]^{2+}$ 中，由于配位体 NH_3 不带电，而 Cu^{2+} 带 2 个单位正电荷

$[Cu(NH_3)_4]^{2+}$配离子的电荷数$=+2+0\times4=+2$

所以，$[Cu(NH_3)_4]^{2+}$配离子带 2 个单位的正电荷。铜氨配离子结构如图 12.4 所示。

12.1.3　配离子及配合物的命名

配合物的种类很多,范围也很广。通常配合物的命名与无机化合物的命名原则基本相同,所不同的在于配离子本身组成比较复杂,有它自身的一套命名方法。

12.1.3.1　配离子的命名

配离子按以下顺序系统命名：

配位数(中文数字表示)→配位体→合→中心离子→化合价(罗马数字表示)

有的配离子可以用简称表示,例如：

$[Ag(NH_3)_2]^+$二氨合银（Ⅰ）离子或（银氨配离子）

$[Cu(NH_3)_4]^{2+}$四氨合铜（Ⅱ）离子或（铜氨配离子）

$[Fe(CN)_6]^{3-}$六氰合铁（Ⅲ）离子（铁氰根配离子）

$[Fe(CN)_6]^{4-}$六氰合铁（Ⅱ）离子（亚铁氰根配离子）

12.1.3.2　配合物的命名

配合物的命名一般按照盐类命名原则命名。阴离子在前，阳离子在后，称为“某酸某”或“某化某”

当配离子为阳离子时，配合物的命名顺序：

外界离子（或加“化”字）→配离子

例如：$[Cu(NH_3)_4]SO_4$ 硫酸四氨合铜（Ⅱ）

$[Ag(NH_3)_2]Cl$ 氯化二氨合银（Ⅰ）

当配离子为阴离子时，配合物命名顺序：

配离子→酸→外界离子

例如：$K_3[Fe(CN)_6]$六氰合铁（Ⅲ）酸钾

$K_4[Fe(CN)_6]$六氰合铁（Ⅱ）酸钾

12.2　内配合物

12.2.1　内配合物的基本概念

内配合物又叫螯合物，它是配合物的一种类型，是每个配位体以 2 个或 2 个以上的配位原子与同一个中心离子形成的具有稳定环状结构的配合物。其中配位体好像螃蟹的螯钳一样钳牢中心离子，从而形象的称为螯合物。能与中心离子形成螯合物的配位体叫做螯合剂。

氨羧酸类化合物是最常见的螯合剂，其中最典型的是乙二胺四乙酸及其盐，简写为 EDTA。EDTA 中 2 个氨基氮和 4 个羧基氧都可提供电子对，与中心离子结合成六配体，是 5 个五元环的螯合物。

以二乙二胺合铜（Ⅱ）配离子为例，来认识螯合剂。

乙二胺分子是一种有机化合物，每个分子上有 2 个氨基（—NH_2），其结构式为：

$$H_2N—CH_2—CH_2—NH_2$$

当乙二胺和铜离子配合时，每个乙二胺分子上 2 个氨基的氮原子，各可提供一对未共用的电子，它们和中心离子配位。也就是说，每个乙二胺分子上有 2 个配位原子，可以形成 2 个配位键。由于 2 个配位原子在分子中相隔 2 个其他原子，因此 1 个乙二胺分子和铜离子配合形成了 1 个由 5 个原子组成的环状结构。当有 2 个乙二胺分子和铜离子配合时，就形成了具有 2 个 5 原子环所组成的稳定的配离子，其反应方程式如下：

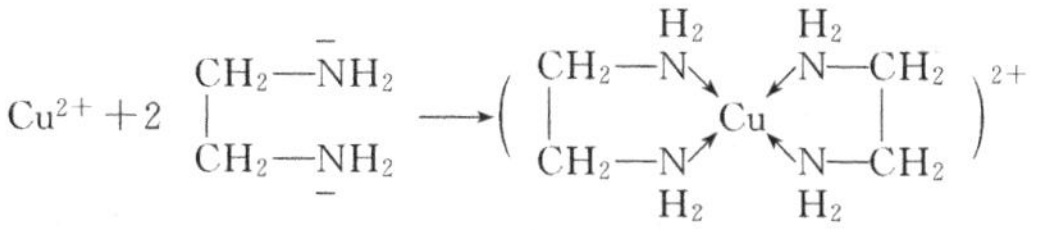

$$Cu^{2+} + 2\begin{array}{l} CH_2—\overline{N}H_2 \\ | \\ CH_2—\underline{N}H_2 \end{array} \longrightarrow \left(\begin{array}{ccccc} & H_2 & & H_2 & \\ CH_2— & N & & N & —CH_2 \\ | & & \searrow Cu \swarrow & & | \\ CH_2— & N & \nearrow \quad \nwarrow & N & —CH_2 \\ & H_2 & & H_2 & \end{array} \right)^{2+}$$

常见的配位原子是 N、O、S、P 等。

12.2.2 内配合物的形成条件

形成内配合物（螯合物）的中心离子和螯合剂必须具备如下条件：

① 中心离子必须具有空轨道；

② 螯合剂必须含有 2 个或 2 个以上能提供孤对电子的原子；

③ 该 2 个原子必须相隔 2 个或 3 个其他原子，以便形成稳定的五元环或六元环。

12.2.3 常见内配合物

除乙二胺外，氨基乙酸是另一种常见的螯合剂。当氨基乙酸与铜离子配合时，每分子氨基乙酸上氨基的氮原子和羧基的氧原子都可供出一对未共用的电子和中心离子配位，从而形成稳定的环状螯合物。此时，铜离子所带的正电荷和 2 个氨基乙酸分子羧基上所带的负电荷中和，形成了中性的配合分子，而不是配离子。氨基乙酸铜分子结构式，如图 12.5 所示。

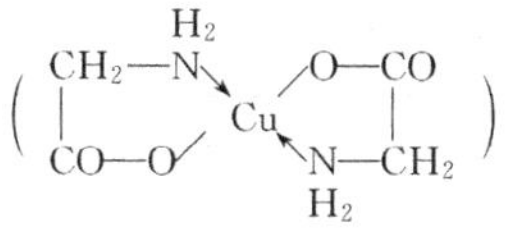

$$\left(\begin{array}{ccccc} & H_2 & & & \\ CH_2— & N & & O & —CO \\ | & & \searrow Cu & & | \\ CO— & O & \nearrow \quad \nwarrow & N & —CH_2 \\ & & & H_2 & \end{array} \right)$$

图 12.5 氨基乙酸铜结构式

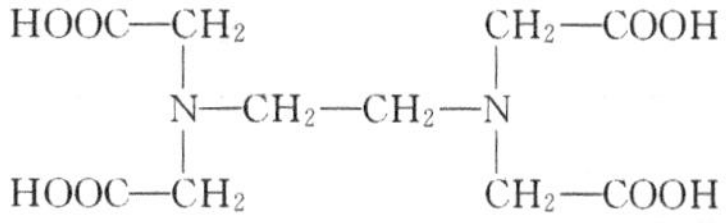

$$\begin{array}{lll} HOOC—CH_2 & & CH_2—COOH \\ \quad\quad | & & | \\ \quad\quad N—CH_2—CH_2—N & & \\ \quad\quad | & & | \\ HOOC—CH_2 & & CH_2—COOH \end{array}$$

图 12.6 乙二胺四乙酸（EDTA）结构式

在实际应用上使用较多的螯合剂是乙二胺四乙酸（EDTA），是有机四元酸，这种既有氨基，又具有羧基的配合剂叫做氨羧配合剂。EDTA 的结构式，如图 12.6 所示。

当 EDTA 与铜离子螯合时，每分子 EDTA 上 2 个氨基的氮原子和 4 个羧基上的氧原子都可以提供一对未共用的电子和中心离子配位，因此形成了由 5 个五原子环组成的更为复杂的多环螯合物。其结构如图 12.7 所示。

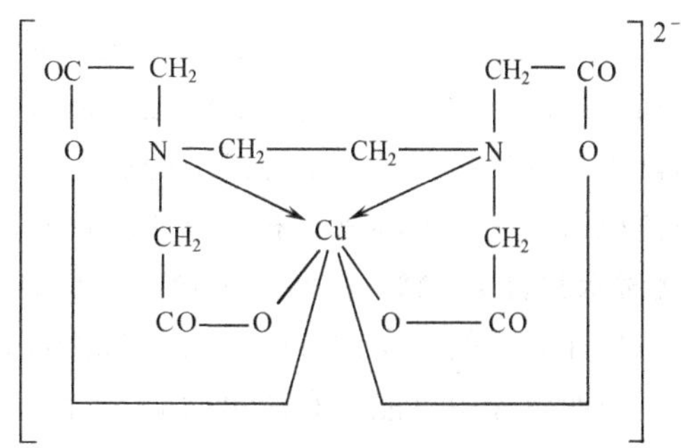

图 12.7 乙二胺四乙酸铜离子螯合物结构

螯合剂 EDTA 也可以简写为 H_4Y，它在冷水中溶解度较小（室温时，每 100g 水，约溶解 0.02g）；不溶解于酸；仅能溶解于碱和氨水中，因此使用上受到限制，不适合作分析用的滴定剂。在分析工作中，我们常使用它的二钠盐 Na_2H_2Y，它在水中溶解度比较大（室温时，每100g水溶解约11g）。当用EDTA的二钠盐（习惯上也叫EDTA）和一些金属离子螯合时，配位比简单，一般情况下都是按照1∶1的比例螯合的。

12.3 配位平衡及应用

12.3.1 配合物的稳定性

配合物和一般的无机、有机化合物在性质上有很大的差异，这与配离子的特殊结构有着密切的关系。配合物具有如下的主要特征。

12.3.1.1 金属离子形成配离子时性质改变

当一个简单的化合物与配合剂反应生成配合物后，它的性质就会发生很大的变化。

（1）溶解度改变　一些难溶于水的金属氯化物、溴化物、碘化物、氰化物可以依次溶于过量的Cl^-、Br^-、I^-、CN^-等离子或$NH_3 \cdot H_2O$中，形成可溶性的配合物。

如我们非常熟悉的AgCl是一种溶解度很小的固体，当在AgCl中加入$NH_3 \cdot H_2O$时，可以生成可溶的$[Ag(NH_3)_2]Cl$，水溶性大大增加，反应式为：

$$\underset{\text{难溶}}{AgCl}+2NH_3 \cdot H_2O \longrightarrow \underset{\text{可溶}}{[Ag(NH_3)_2]Cl}+2H_2O$$

（2）颜色改变　通常有色金属离子与配位体形成配离子时，离子颜色加深。如：我们做过的演示实验，在浅蓝色的$CuSO_4$溶液中加入$NH_3 \cdot H_2O$，生成$[Cu(NH_3)_4]SO_4$后溶液变为深蓝色，反应方程式如下：

$$\underset{\text{浅蓝色}}{CuSO_4}+4NH_3 \cdot H_2O \longrightarrow \underset{\text{深蓝色}}{[Cu(NH_3)_4]SO_4}+4H_2O$$

将常见的金属离子形成配合物后颜色的改变情况，列于表12.3：

表12.3　常见金属离子形成配合物颜色改变

颜色 \ 金属离子	Ni^{2+}/NiY^{2-}	Cu^{2+}/CuY^{2-}	Co^{3+}/CoY^-	Mn^{2+}/MnY^{2-}	Fe^{3+}/FeY^-
金属离子颜色	绿	蓝	红	肉色	淡黄
配离子颜色	蓝绿	深蓝	紫红	紫红	黄

生成配合物以后，溶液中很少有游离的金属离子存在，因此配合物在溶液中的性质，主要决定于配离子的性质。

12.3.1.2 配合物的稳定性

在配合物中，配离子与外界离子之间是以离子键的形式相结合的，在溶液中能完全电离。而在配离子中，中心离子和配位体是以配位键的形式相结合的，比较稳定，因此配合物在溶液中的性质主要决定于配离子的稳定性。配合物的稳定性，是指配离子在溶液中是否容易电离成组成它的中心离子和配位体。我们通过演示实验来认识一下：

【演示实验12.2】　在两支试管中分别加入$[Cu(NH_3)_4]SO_4$溶液。

（1）在其中的一支试管中，滴入NaOH溶液，无变化。即没有天蓝色的$Cu(OH)_2$沉淀生成。说明溶液中可能没有游离的Cu^{2+}存在。

（2）在另一支试管中滴入Na_2S溶液，可见到黑色的CuS沉淀生成，说明溶液中有少量的Cu^{2+}存在。生成沉淀的原因是CuS的溶解度要大大低于$Cu(OH)_2$的溶解度，因此更容易生成沉淀的缘故。

以上实验说明，铜氨配离子在溶液中还是可以微弱地离解出少量的游离 Cu^{2+}，存在着一个类似弱电解质电离的离解平衡，总离解式为：

$$[Cu(NH_3)_4]^{2+} \underset{配合}{\overset{离解}{\rightleftharpoons}} Cu^{2+} + 4NH_3$$

12.3.2 配位平衡

在配位反应中，配离子的形成和离解同处于相对平衡状态中，配离子在溶液中的离解平衡与弱电解质的电离平衡相似，因此也可以写出配离子的离解平衡常数表达式。如 $[Cu(NH_3)_4]^{2+}$ 离解时，平衡反应式为

$$[Cu(NH_3)_4]^{2+} \underset{配合}{\overset{离解}{\rightleftharpoons}} Cu^{2+} + 4NH_3$$

其平衡常数表达式为：

$$K_{(不稳)} = \frac{[Cu^{2+}][NH_3]^4}{[Cu(NH_3)_4^{2+}]}$$

常数 K 叫做 $[Cu(NH_3)_4]^{2+}$ 配离子的不稳定常数，用 $K_{(不稳)}$ 表示。这个常数越大，表示 $[Cu(NH_3)_4]^{2+}$ 越容易离解，即配离子越不稳定。

在实际工作中，除了用 $K_{(不稳)}$ 常数表示配离子的稳定性外，也常用稳定常数表示配离子的稳定性。如当 $[Cu(NH_3)_4]^{2+}$ 配离子形成时，平衡反应式为

$$Cu^{2+} + 4NH_3 \underset{离解}{\overset{配合}{\rightleftharpoons}} [Cu(NH_3)_4]^{2+}$$

其平衡常数表达式为

$$K_{(稳)} = \frac{[Cu(NH_3)_4^{2+}]}{[Cu^{2+}][NH_3]^4}$$

常数 K 叫做 $[Cu(NH_3)_4]^{2+}$ 配离子的稳定常数，这个常数越大，说明其生成配离子的倾向越大，而离解的程度越小，即配离子越稳定。由此可见，稳定常数和不稳定常数互为倒数。

$$K_{(稳)} = \frac{1}{K_{(不稳)}}$$

稳定常数和不稳定常数在应用上十分重要，通常配合物的稳定常数都比较大，为了书写方便，我们常用它的对数值 $\lg K_{(稳)}$ 来表示。常见配合物的 $\lg K_{(稳)}$ 值，如表 12.4 所示。

表 12.4　一些常见配离子的 $\lg K_{(稳)}$ 值

配离子	$[FeF_6]^{3-}$	$[Fe(SCN)_6]^{3-}$	$[Ag(NH_3)_2]^+$	$[Zn(NH_3)_4]^{2+}$	$[Cu(NH_3)_4]^{2+}$
$\lg K_{(稳)}$	12.06	3.36	7.05	9.46	13.32

内配合物（螯合物）与一般的配合物相比，其特点之一就是稳定常数更大，因此螯合物更稳定。一些常见的 EDTA 金属螯合物 $\lg K_{(稳)}$ 值，如表 12.5 所示。

表 12.5　一些常见的 EDTA 金属螯合物 $\lg K_{(稳)}$ 值

金属离子	Na^+	Ba^{2+}	Mg^{2+}	Ca^{2+}	Zn^{2+}	Pb^{2+}	Cu^{2+}	Fe^{3+}
$\lg K_{(稳)}$	1.7	7.8	8.6	11.0	16.4	18.3	18.7	24.2

12.3.3 配合物的应用

12.3.3.1 配合物在元素分离和分析中的应用

配位体作为试剂所参与的反应，几乎涉及到分析化学的所有领域。利用元素与不同配位体形成的配合物，特别是形成螯合物后在性质上表现出的极大差异，达到对微量元素的分离和分析的目的。如由于 EDTA 与金属离子的螯合反应进行迅速，所生成的螯合物性质又比较稳定、易溶解于水，所以在容量分析中，可以利用配合物的形成与相互转化的原理，用 EDTA 做标准滴定溶液，通过铬黑 T 等指示剂在不同条件、不同组成下颜色的改变，测定水中硬度及盐中金属离子含量等。

溶剂萃取是提纯金属元素的有效方法之一，金属元素与萃取剂形成的螯合物为中性时，一般可溶于有机溶剂，因此可以使用萃取法进行萃取分离。

同一种元素与不同配位体或同一种配位体与不同元素形成的配合物颜色经常会有差异。可以利用所形成的配合物其颜色上的差异，进行定性和定量分析。如在定量分析中，配位体可以作为吸光光度法中的显色剂。由于在一定浓度范围内，溶液的颜色与金属离子的浓度成比例关系，通过吸光度的测定就可以计算出金属离子的浓度。

12.3.3.2 在电镀工业中的应用

许多金属制件，经常使用电镀法镀上一层既耐腐蚀又美观的锌、铜、镍、铬银等金属。为使金属镀层均匀、光亮、致密，必须控制电镀液中的上述金属离子，以很小的浓度在作为阴极的金属制件上源源不断地放电沉积，这些金属离子的配合物可以达到此要求。由于配位体 CN^- 能与大部分金属离子形成稳定的配离子，所以电镀工业中长期使用氰化物作为电镀液。但是含氰废电镀液有剧毒，对环境造成极大的污染。近年来人们根据配位化学的基本原理，已经逐步找到能够替代氰化物作为配合剂的新型电镀液，如焦磷酸盐、氨三乙酸盐等，无毒电镀新工艺也正在逐步建立。

12.3.3.3 在生物化学中的作用

配合物在生物化学中具有广泛和重要的作用。如人体中的血红素就是典型的金属配合物。氧以血红蛋白配合物的形式，被红血球吸收，并担任输送氧的任务。某些分子或阴离子，如 CO 和 CN^- 等，能与血红蛋白形成比血红蛋白 · O_2 更为稳定的配合物，使血红蛋白中断输送氧，造成组织缺氧而中毒。这就是煤气（含 CO）及氰化物（含 CN^-）中毒的基本原理。

除上述领域以外，配合物还在原子能、半导体、激光材料、太阳能储存等高科技领域和环境保护、印染、皮革鞣制、冶金等部门有着广泛的应用。

科 海 拾 贝

新型配合物

金属羰基配合物

金属羰基配合物是过渡金属元素与配位体 CO 所形成的一类配合物。金属羰基配合物用途广泛，利用金属羰基配合物的分解可制备纯金属。所制纯铁粉特别适用于做磁铁芯和催化剂；金属羰基配合物还可以作为汽油的抗震剂，替代四乙基铅，减少汽车尾气中铅的污染；金属羰基配合物也可以广泛应用于某些有机化合物的合成反应中的催化剂。

夹心配合物

夹心配合物通常是中心离子对称地夹在两平行的配位体之间，具有夹心面包式的结构。夹心配合物可以用作火箭燃料的添加剂，以改善燃烧性能；也可用作汽油的抗震剂，有消烟节能的作用；还能作为硅树脂和橡胶的熟化剂（在高分子中，指能够促进高分子起交链反应的一类物质），紫外光的吸收剂及乙烯聚合的催化剂。

金属簇状配合物

金属簇状配合物是指含有金属—金属键的多面体分子。金属簇状配合物可以作为很多反应的催化剂，它的再加工品是具有优良的磁性能和电性能的材料。

大环配位体配合物

大环配合物大量存在于自然界，其在生物体内起到了十分重要的作用。例如：人体血液中具有载氧功能的血清蛋白；在光合作用中起捕集光能作用的叶绿素 a。大环配合物的生理机能与生物活性物质的模型研究，都属于近代科学发展的前沿。21 世纪领先的科学是生命科学，大环配合物化学无疑将是其中的重要组成部分之一。

新材料与制造技术

材料是人类社会文明大厦的基石，制造技术是人类社会进化的里程碑。在新的世纪将发展功能化、复合化、智能化、利于环境保护的可再生材料，纳米材料与加工技术，表面技术、微细工艺、微机电系统、智能、柔性、虚拟制造体系等，使人类走向富裕。

人类自诞生以来，就与材料结下了不解之缘。从原始社会的“石器时代”到逐步进化的“青铜器时代”，人类由蒙昧走向开化。“铁器时代”的到来，将人类带入农业社会。而“钢铁时代”的来临，又造就了工业社会的文明。材料的发展，标志着人类社会的历史进程，材料作为生产力要素之一，直接进入生产过程，改变着人类社会的生产方式。20 世纪 40 年代以来所发生的新材料革命，正在影响和改变着我们的世界。源源不断地涌现出的新材料在生产中的突出作用，更可印证科学技术是第一生产力的科学命题。

材料、能源、信息技术被认为是现代文明的三大支柱，从现代科技发展史可以看出，每一项重大的新技术发现，往往都依赖于新材料的发展。所谓新材料是指最近发展或正在发展中的具有比传统材料更为优异的性能的一类材料。目前世界上的传统材料已有几十万种，而新材料正以每年大约 5%的速度增长。现今全世界已有 800 多万种人工合成的化合物，其中有相当一部分将成为新材料。当前所进行的这场新材料技术革命，对材料提出了前所未有的高要求：一是超高温；二是超强度；三是超微比重；四是多功能；五是无污染；六是可再生。随着科学技术的发展，现在具有上述性能的各种材料已展现在人类面前，并在社会生产和人民生活中日益发挥着重要的作用。

思考与练习

1. 指出下列配合物的中心离子、配位体、配位数、配离子的电荷数及名称。

配 合 物	中心离子	配位体	配位数	配离子电荷	名　称
$[Cu(NH_3)_4]SO_4$					
$K_3[PtCl_6]$					
$K_3[FeF_6]$					
$[Co(NH_3)_6]Cl_3$					
$[Ni(NH_3)_6]SO_4$					

2. 写出下列配合物的化学式

(1) 六氯合锑（Ⅴ）酸铵　　(2) 四碘合汞（Ⅱ）酸钾

(3) 铁氰酸钾　　(4) 银氨配离子

3. 简述配合物的稳定常数和不稳定常数之间的关系？

4. 简述 EDTA 的应用？

5. 配合物与复盐有何不同？

6. 什么叫螯合物？螯合物的形成条件是什么？

7. 金属离子形成配离子后，有哪些改变？

8. 趣味实验：橙汁变清水

(1) 在一支洁净的试管中，加入 5mL 稀释的氯化汞溶液，再将无色的碘化钾溶液逐滴加入试管，形成碘化汞。

$$Hg^{2+} + 2I^- \longrightarrow \underset{\text{碘化汞}}{HgI_2}$$

由于碘化汞是橙色的，所以制得的液体就像橙汁一样。

(2) 将碘化钾溶液继续逐滴加入试管，碘化汞就会成为无色的配合物，这样橙色的液体又变成了透明的液体。

$$\underset{\text{碘化汞}}{HgI_2} + 2I^- \longrightarrow \underset{\text{四碘合汞（Ⅱ）配离子}}{[HgI_4]^{2-}}$$

【注意】此实验必须在老师的指导下进行，整个操作应该在通风橱中。

13. 过渡元素

学习指南 过渡元素是我们生活中最常见的金属，如铁、铜、锌、银、金等。由于其原子结构的特点，过渡元素显示出一定的共性，如它们都是具有一定金属光泽的金属，可形成多种变价的化合物，对应金属离子具有特征的颜色，几乎所有的过渡金属元素都易形成配合物，其最高价态的氢氧化物有一定酸性，而低价态的氢氧化物显碱性等。在过渡元素的学习中应紧紧抓住这些共性，进行类比，再学习几个重要元素（如铜、银、锌、锰、铁等），特别是它们的重要化合物及其离子检验。在用途上，过渡元素主要用作化学合成工业的催化剂，利用其导热导电性制作传热、导电原件，制造各种合金以及各种金属零部件和其他用途的金属材料。

本章学习要求

掌握铜、银、铬、铁及其化合物的性质；了解金属通性及合金；了解锌、汞、锰及其化合物的性质。

本章中心点：过渡金属及其化合物

13.1 金属通性

13.1.1 金属通性

13.1.1.1 金属键

金属一般是以晶体形式存在，也就是说它们具有晶体结构。金属内部或金属晶格上有金属原子、金属阳离子和从金属原子上脱落下的电子，如图13.1所示，这些电子并不是固定的，而是在整个晶体中自由移动和交换，所以叫自由电子。正是由于这些自由电子的运动将金属中的原子、离子联结在一起的。我们把靠自由电子的运动而引起金属原子和离子间相互结合的作用力叫做金属键。

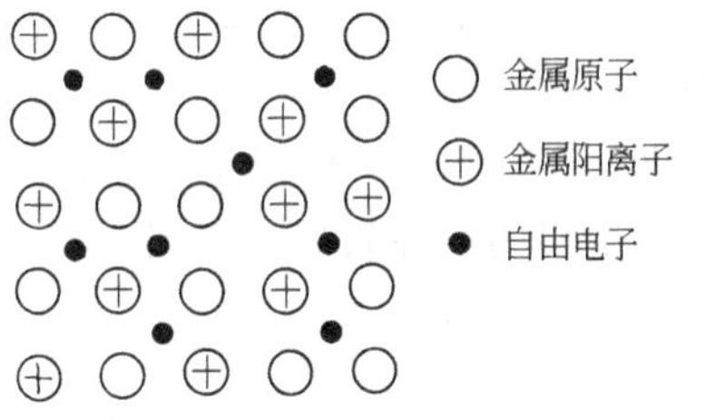

○ 金属原子
⊕ 金属阳离子
● 自由电子

图13.1 金属晶体

由于金属特殊的晶体结构，使得金属具有许多共性。

13.1.1.2 金属的物理性质

金属占化学元素总数的4/5。在元素周期表中，除右上三角区的22种非金属及稀有气体外，其余都是金属元素（H除外）。如表13.1所示。

金属的物理性质基本相似 例如：在常温下除汞外都是固体，一般体积质量较大，硬度也较大，如铬在金属中最硬；金属的熔点、沸点一般较高，如钨的熔点为3680K，其沸点在所有金属中最高，为5930K。

具有银白色金属光泽 大部分金属具有银白色金属光泽，只有少数金属具有特殊的颜色，如：金为黄色，铜为紫红色等。很多金属在粉末状时呈现灰或黑色。有些金属表面常覆盖一层该金属的黑色粉末而呈黑色，故亦称黑色金属。由于金属有各种不同的颜色，在工业生产上根据金属的颜色可将金属分为黑色金属和有色金属两大类。黑色金属包括铁、锰和铬及它们的合金，主要是铁碳合金（钢铁）；有色金属是指除去铁、锰和铬之外的所有金属。

表 13.1　金属元素在周期表中的位置

族 周期	ⅠA	ⅡA	ⅢB	ⅣB	ⅤB	ⅥB	ⅦB	Ⅷ			ⅠB	ⅡB	ⅢA	ⅣA	ⅤA	ⅥA	ⅦA	0
1																		
2																		
3																		
4																		
5																		
6																		
7																		

具有良好的导电和导热性能　一般地说，金属的导电性好，其导热性能就好。金属的导电性能随温度升高而下降，这是其晶体结构中的原子和离子随温度升高振动幅度加大，对电子的运动起到阻碍作用也加大，电子运动速度下降而致。金属导电性由强至弱的顺序为：

Ag，Cu，Au，Al，Zn，Pt，Sn，Fe，Pb，Hg

具有延展性　金属延展性表现在金属可以压片，抽丝以及加工成各种不同形状的零部件。但也有少数金属不具有这种可塑性，如锑、铋等延展性很差。

13.1.1.3　金属的化学性质

金属的化学性质主要表现在容易失去电子而变成带正电荷的阳离子。这是因为，金属元素的原子最外层电子数量少（一般为 1～3 个），且与同周期的非金属元素相比原子半径较大，化学反应中易失去电子而被氧化，表现出金属的强还原性。不同金属失去电子的能力是不同的，在反应中越容易失去电子的金属，还原性就越强，越容易被氧化剂氧化，金属的金属性越强，化学性质越活泼。常见金属的化学活泼性由强至弱的顺序为（即金属活动性顺表）：

K，Ca，Na，Mg，Al，Mn，Zn，Cr，Fe，Ni，Sn，Pb，H，Cu，Hg，Ag，Pt，Au

金属的特性表现在金属与非金属的化学反应上，也表现在金属与水、酸类及盐类的置换反应上。如表 13.2 所示。

表 13.2　常见金属的性质与活动性顺序的关系

按活动性排列的顺序	K Ca Na	Mg Al	Mg Zn Cr Fe Ni Sn Pb	Cu	Hg Ag	Pt Au
原子失去电子能力	→逐渐减弱					
离子获得电子能力	→逐渐增强					
与空气中 O_2 的作用情况	很容易氧化	常温时能被氧化	加热时被氧化			不能被氧化
和水的作用	常温时能置换水中氢	加热时可置换水中氢	不能与之反应			
和酸的作用	能与酸反应，被酸氧化，能置换出盐酸和稀 H_2SO_4 中的氢			不能置换出稀酸中的氢		
自然界在存在状态	仅以化合态存在			呈化合态和游离态		呈游离状态存在
从矿石中提炼方法	电解熔融态化合物	用碳还原或铝热法，电解法还原其化合物			其他方法	

13.1.2 合金简介

工业生产上直接用纯金属的情况很少，因为纯金属的性能难以适应由于科学技术的发展而对材料的性能提出的特殊要求，如耐高温、耐高压、高强度、耐酸、易熔等等。因此，工业上通常使用的金属材料大多是合金。

合金也可称为“合成金属”，它是由一种金属和其他一种或几种金属或非金属共熔后所形成的固体物质。多数合金的熔点低于组成它的任何一种组分金属的熔点。如锡的熔点为505K，铋为544K，镉为594K，铅为600K，而这些金属按1∶4∶1∶2的质量比组成的伍德合金（用作保险丝）的熔点却只有340K，比其中的任何一种组分的熔点都低。

合金的硬度一般都比组成它的各组分金属的硬度要大，如生铁和钢的硬度就比纯铁要大。

合金的化学性质也与组成它的纯金属有些不同，如不锈钢（其中含铬12%～30%）与金属铁比较，就不易腐蚀得多。

合金在工业上有重要的用途，如机器制造、飞机制造、宇宙飞船制造等等以及化学工业和原子能工业，都离不开各种性能优良的合金。

合金的结构比纯金属复杂得多，通常合金内部同时由几种不同结构的物质所组成，而且合金的成分比例能够在很大范围内变化，并以此来调节合金的性能，以满足工业上提出的各种要求。使用不同的原料，改变这些原料用量的比例，控制合金形成的条件，可以制得具有各种特性的合金。如表13.3所示。

表13.3 工业上几种重要的合金

种　类	成　　分	性　　质	用　　途
黄　铜	Cu60%，Zn40%	硬度比铜大	制造仪器、仪表零件
青　铜	Cu80%，Sn15%，Zn5%	硬度大、耐磨	制造轴承、齿轮
白　铜	Cu50%～70%，Ni13%～15%，Zn13%～25%	硬度大	制造器皿
坚　铝	Al93%～94%，Cu2.6%～5.2%，Mg0.5%，Mn0.2%～1.2%	硬度大，密度小	航空制造业
焊　锡	Sn25%～90%，Pb75%～10%	易熔，熔化时易吸附金属表面	焊接金属
镍铬合金	Ni60%，Cr20%，Fe25%	电阻大，高温下不易被氧化	制造电阻丝
伍德合金	Sn12.5%，Cd12.5%，Pb25%，Bi50%	熔点低	制造保险丝
印刷合金	Pb83%～88%，Sb10%～13%，Sn24%	凝固时略有膨胀，易熔，坚硬	铸造铅字
低碳钢	含碳<0.25%的铁合金	强度小，塑性大，焊接性能好	机器零件，管子等
中碳钢	含碳0.25%～0.6%的铁合金	韧性硬度介于低碳钢和高碳钢之间	轴承、接合器等
高碳钢	含碳>0.60%的铁合金	硬度大，韧性小	刀具、量具、模具

13.2 过渡元素

一般认为元素周期表中第4、5、6周期，从ⅢB族到ⅡB族的30多种元素（不包括镧、锕以外的镧系和锕系元素），统称为过渡元素，由于过渡元素均为金属，所以亦称过渡金属。

如表 13.4 中方框内的元素。

过渡元素大多都比较贵重，自然界含量不一，有的含量丰富，如 Fe，Mn，Cu，Zn 等，有的却比较稀少，如 Au，Pt，Ag 等。这些金属在工业生产中非常重要。

表 13.4 过渡元素在元素周期表中的位置

周期＼族	1	2	3	4	5	6	7	8	9	10	11	12	13	14……
1	H													
2	Li	Be											B	C……
3	Na	Mg											Al	Si……
4	K	Ca	Sc	Ti	V	Cr	Mn	Fe	Co	Ni	Cu	Zn	Ga	Ge……
5	Rb	Sr	Y	Zr	Nb	Mo	Tc	Ru	Rh	Pd	Ag	Cd	In	Sn……
6	Cs	Ba	La	Hf	Ta	W	Re	Os	Ir	Pt	Au	Hg	Tl	Pb……
7	Fr	Ra	Ac											

13.2.1 过渡元素的结构特点

过渡元素在原子结构上的共同特点是，随着核电荷数的增加，电子依次填充在次外层 d 轨道上，从填 1 个电子到 10 个电子，而最外层 s 轨道上只有 1～2 个电子。按其原子结构的周期把过渡金属分类三个过渡系：

第 4 周期从 Sc 到 Zn 为第一过渡系；

第 5 周期从 Y 到 Cd 为第二过渡系；

第 6 周期从 La 到 Hg 为第三过渡系。

元素原子半径基本符合一般规律，同周期过渡元素从左到右，随核电荷数增加，核对外层电子引力增大，原子半径减小；同族的过渡元素原子半径自上而下增加，但增加不大，第三和第二过渡系元素原子半径非常接近。

13.2.2 过渡元素的主要特性

13.2.2.1 过渡元素的物理特性

由过渡元素的结构特点，最外层电子数不超过 2 个，所以它们都是具有一定色泽的金属元素，且硬度较大，熔点沸点较高。过渡元素的一些物理性质，如表 13.5 所示。

表 13.5 过渡元素的一些物理特性

第一过渡系	Sc	Ti	V	Cr	Mn	Fe	Co	Ni	Cu	Zn
颜色	银白	银灰	浅灰	银灰	灰红	银白	银白	银白	紫红	青白
密度/($g \cdot cm^{-3}$)	2.99	4.50	4.93	7.10	7.44	7.55	7.33	7.85	8.92	7.14
熔点/℃	1359	1800	1725	1900	1247	1535	1492	1455	1083	419
沸点/℃	2727	3260	2300	2482	2095	3000	2000	2732	2596	907
莫氏硬度		4		9	6	4.5	5.5	4	3	2.5
第二过渡系	Y	Zr	Nb	Mo	Tc	Ru	Rh	Pd	Ag	Cd
颜色	暗灰	浅灰	钢灰	银白		灰	灰白	银白	银白	银白
密度/($g \cdot cm^{-3}$)	4.47	6.52	8.56	10.23	11.50	12.30	12.42	12.03	10.49	8.64
熔点/℃	1500	1900	2415	2520	2440	2500	1966	1555	961	321
沸点/℃	2500	3578	4027	5560		3727	3727	3127	2212	707
莫氏硬度		4.5		6		6.5		5	2.5	2
第三过渡系	La	Hf	Ta	W	Re	Os	Ir	Pt	Au	Hg
颜色	银白	灰	灰黑	灰黑	银白	灰蓝	灰	银白	黄	银白
密度/($g \cdot cm^{-3}$)	9.541	13.08	16.6	19.3	21.3	22.48	22.4	21.45	49.3	13.59
熔点/℃	1672	2207	3000	3370	2167	3700	2450	1773	1063	36.9
沸点/℃		5400	5424	5527	5627	4230	4130	4300	2707	366.6
莫氏硬度			7	7		7	6.5	4.5		

13.2.2.2 过渡元素的化学特性

（1）同一元素一般有多种化合价态的不同化合物　过渡元素的结构特点：在化学反应中易失去电子。失去电子时，可失去最外层上1～2个电子，也可以失去次外层d轨道上的电子而参与成键。所以，该系元素一般均有变价，可以不同的价态形成不同的化合物。如：Mn的化合价有+2，+4，+6，+7，其对应的物质可以有$MnSO_4$，MnO_2，K_2MnO_4，$KMnO_4$等。

（2）水合离子具有特征的颜色　过渡元素在水溶液中，如果以离子形式存在即水合离子，往往具有一定的颜色。这亦与过渡元素的结构特征——d轨道是否有成单的电子有关。一般是d轨道上电子成对，水合离子无色。成单电子与水合离子颜色可参见表13.6所示。

表13.6　d轨道成单电子数与水合离子颜色

离子中成单的d轨道电子数	水合离子颜色	离子中成单的d轨道电子数	水合离子颜色
0	Ag^+，Zn^{2+}，Cd^{2+}，Sc^{3+}，Ti^{4+}无色	3	Cr^{3+}绿色，Co^{2+}桃红色
1	Cu^{2+}蓝色，Ti^{3+}紫色	4	Fe^{2+}浅绿色
2	Ni^{2+}绿色，V^{3+}绿色	5	Mn^{2+}浅粉红色

（3）氧化物及其水化物的酸碱性　一般氧化物中的最高价态的氧化物可看作是酸性氧化物，其相应的水化物为酸；低氧化态的氧化物为碱性氧化物，其相应的水化物是碱。但一般它们的氧化物难溶，其水化物不能直接由氧化物与水化合得到。同一周期的过渡元素的氧化物及其水化物的碱性，从左到右逐渐减弱；而高价态的氧化物对应的水化物则从碱性到酸性。

（4）易形成配合物　过渡元素的原子或离子的最外层和次外层具有多个空轨道，这些空轨道可接受配位体的孤对电子，形成配位键。所以，过渡元素一般都能与不同配体形成不同的配合物或配离子。如：金属原子与中性分子形成的加合物$[Fe(CO)_5]$，$[Cr(C_6H_6)_2]$；以及其他配离子$[Ag(NH_3)_2]^+$，$[Cu(CN)_4]^{2-}$等。

（5）具有催化性能　许多过渡金属及其化合物表现出特有的催化活性。这与过渡元素容易形成配位化合物和多种氧化态的化合物有着密切关系。如合成氨用的Fe作催化剂，接触法制造硫酸中SO_2氧化成SO_3用V_2O_5作催化剂，天然气合成甲醇用$CuO—Zn—Al_2O_3$作催化剂，氨氧化法制NO_2用Pt作催化剂等等。

13.3　过渡元素及其重要化合物

13.3.1　铜、银及其重要化合物

铜、银单质性质不太活泼。铜在适当条件下可与几种非金属反应，银只在特定条件下才能与几种非金属反应。铜和银不能从酸中置换出氢，铜可与浓硫酸及硝酸发生氧化还原反应，而银只能和硝酸反应。下面就其化合物作简要介绍。

铜通常有+1价，+2价的两种化合物，以+2价化合物常见。重要的有CuO，$Cu(OH)_2$，$CuSO_4$等；银主要是+1价的化合物，重要的有Ag_2O，$AgNO_3$及卤化银。

13.3.1.1　氧化物及氢氧化物

铜、银的氧化物及其氢氧化物一些性质见表13.7所示。

表 13.7 铜、银的氧化物及其氢氧化物的一些性质

价　态	Cu(Ⅰ)		Cu(Ⅱ)		Ag(Ⅰ)	
氧化物和氢氧化物	Cu_2O	CuOH	CuO	$Cu(OH)_2$	Ag_2O	AgOH
颜　色	黄或砖红色	黄	黑	浅蓝	暗棕	白
酸碱性	弱碱性	弱碱	碱性稍弱显两性	弱碱稍显两性	碱性	碱性
热稳定性	很稳定	很不稳定	稳定	不稳定	较稳定	不稳定
溶解性	难溶	难溶	难溶	难溶	难溶	难溶

(1) 氧化物　Cu_2O 潮湿空气中缓慢氧化成 CuO；溶于稀酸，氨水中。CuO 可由 $Cu(NO_3)_2$ 或 $Cu_2(OH)CO_3$ 加热分解得到。

Ag_2O 由其氢氧化物分解得到。

【演示实验 13.1】 向盛有 $AgNO_3$ 的试管中，加入 $2mol \cdot L^{-1}$ 的 NaOH 溶液，观察沉淀的产生及颜色的变化。再向溶液中加入 $2mol \cdot L^{-1}$ $NH_3 \cdot H_2O$，观察现象。可以看出 $AgNO_3$ 溶液中加入 NaOH，首先析出白色的 AgOH 沉淀，AgOH 很不稳定，立即又分解为棕黑色的 Ag_2O 和水。

$$AgNO_3 + NaOH \longrightarrow AgOH\downarrow + NaNO_3$$

$$2AgOH \longrightarrow Ag_2O + H_2O$$

难溶于水的 Ag_2O 可溶解于 $NH_3 \cdot H_2O$ 中，形成银氨配位离子而溶解，形成无色溶液。

$$Ag_2O + 4NH_3 \cdot H_2O \longrightarrow 2[Ag(NH_3)_2]^+ + 2OH^- + 3H_2O$$

此法也可用于 Ag^+ 的鉴别反应。

(2) 氢氧化物　$Cu(OH)_2$ 可由 Cu 的可溶性盐，加入适量碱即可生成淡蓝色的 $Cu(OH)_2$ 沉淀。

$$Cu^{2+} + 2OH^- \longrightarrow Cu(OH)_2\downarrow$$

【演示实验 13.2】 向四支试管中分别注入 $0.1mol \cdot L^{-1}$ $CuSO_4$ 溶液 2mL，再向各试管中分别加入少量 $2mol \cdot L^{-1}$ NaOH 溶液至生成大量淡蓝色 $Cu(OH)_2$ 沉淀。摇匀将第一支试管在酒精灯上加热，观察颜色的变化；向第二支试管中加 $2mol \cdot L^{-1}$ H_2SO_4 溶液，边加边振荡，观察沉淀溶解情况；向第三支试管中加入 $6mol \cdot L^{-1}$ NaOH 溶液，边加边振荡，观察沉淀溶解：向第四支试管中加入 $2mol \cdot L^{-1}$ $NH_3 \cdot H_2O$，至沉淀完全消失并转变成深蓝色溶液。

从实验可以看到：第一支试管中的 $Cu(OH)_2$ 受热分解成黑色 CuO 和 H_2O。

$$Cu(OH)_2 \xrightarrow{\triangle} CuO(黑色) + H_2O$$

第二支试管中，加 H_2SO_4 时，浅蓝色沉淀溶解于酸成蓝色溶液，$Cu(OH)_2$ 为弱碱。

$$Cu(OH)_2 + 2H^+ \longrightarrow Cu^{2+}(蓝色) + 2H_2O$$

第三支试管加入浓 NaOH 溶液，$Cu(OH)_2$ 沉淀亦溶成深蓝色的溶液，说明 $Cu(OH)_2$ 显微酸性，即 $Cu(OH)_2$ 显两性。

$$Cu(OH)_2 + 2OH^- \longrightarrow [Cu(OH)_4]^{2-}(深蓝色)$$

第四支试管表明 $Cu(OH)_2$ 溶于氨水，生成深蓝色 $[Cu(NH_3)_4]^{2+}$。

$$Cu(OH)_2 + 4NH_3 \cdot H_2O \longrightarrow [Cu(NH_3)_4]^{2+} + 2OH^-$$

AgOH 很不稳定，易分解成 Ag_2O。

13.3.1.2 铜、银的盐

重要的铜盐有 $CuSO_4$ 为白色粉末，有毒，易吸水而成为蓝色水合物$[Cu(H_2O)_4]^{2+}$，因而可用来检验或除去有机物中的微量水分。$CuSO_4 \cdot 5H_2O$ 俗称蓝矾或胆矾，为蓝色晶体。硫酸铜与石灰乳混合的溶液叫做波尔多液，作果园中的杀虫剂。硫酸铜是工业上的重要原料。

卤化铜中以 $CuCl_2$ 常见，也有 $CuBr_2$，但不存在 CuI_2。因为 Cu^{2+} 能氧化 I^- 为 I_2，而 Cu^{2+} 被还原为 Cu^+，得到难溶的 CuI。

CuCl 是重要的亚铜化合物，即可作有机合成工业的催化剂又可作为石油工业的脱硫剂和脱色剂。化学分析上还可用氯化亚铜的盐酸或氨性溶液吸收 CO 气而形成氯化碳酰铜(Ⅰ)，进行 CO 气体吸收分析。

银盐主要有 $AgNO_3$ 和卤化银。硝酸银是银盐中惟一可溶性盐。硝酸银遇到蛋白质即生成黑色的蛋白银，对有机组织有破坏作用，滴在皮肤上会使皮肤变黑，使用时应小心。

大多数卤化银都是难溶银盐且颜色不同。如：AgCl 为白色沉淀，AgBr 为淡黄色沉淀，AgI 为黄色沉淀。均可由 $AgNO_3$ 与卤素离子反应得到。卤化银见光易分解，如 AgBr 是常用的照相胶片的感光材料。

$$2AgBr \xrightarrow{\text{光}} 2Ag + Br_2$$

13.3.1.3 Cu^{2+}、Ag^+ 的检验

Cu^{2+} 可根据它特征的蓝色来检验，或生成淡蓝色 $Cu(OH)_2$ 沉淀。

Ag^+ 可根据生成卤化物沉淀及其颜色检验。

13.3.2 锌、汞及其化合物

13.3.2.1 锌、汞单质的性质

Zn 是活泼的金属，既易溶于酸又易溶于碱，是典型的两性金属。Hg 是惟一常温下的液体金属，易挥发。锌、汞能和许多非金属元素反应，生成相应化合物。锌能从稀酸中置换出氢，但汞不能。Hg 及其化合物都有毒，必须密封保存。

13.3.2.2 锌、汞的重要化合物

Zn、ZnO、Zn $(OH)_2$ 均显两性，既可溶于酸，又可溶于碱，与 Al 的性质类似。

$$Zn + 2NaOH \longrightarrow Na_2ZnO_2 + H_2\uparrow$$

$$ZnO + 2H^+ \longrightarrow Zn^{2+} + H_2O$$

$$ZnO + 2NaOH \longrightarrow Na_2ZnO_2 + H_2O$$

$Zn(OH)_2$ 不溶于水,但可溶于氨水。

$$Zn(OH)_2 + 4NH_3 \longrightarrow [Zn(NH_3)_4]^{2+} + 2OH^-$$

ZnS 不溶于水，也不溶于碱和 HAc 中，但可溶于盐酸和稀硫酸中。可溶性锌盐溶液中加入可溶性硫化物如$(NH_4)_2S$，则析出白色的 ZnS。硫化锌中加入微量的 Cu，Mn，Ag 作激活剂，经光照后能发出不同颜色的荧光，用于制作荧光屏，液光表，发光油漆等。硫酸锌还可与硫化钡共沉淀成一种白色的锌钡白（立德粉），是一种优良的白色颜料。

$$ZnSO_4 + BaS \longrightarrow ZnS \cdot BaSO_4\downarrow$$

$ZnCl_2$ 能溶解钢铁（钢材）表面氧化物，焊接时可用 $ZnCl_2$ 作焊药，清除金属表面氧化物。

$$FeO + ZnCl_2 + H_2O \longrightarrow Fe[ZnCl_2(OH)]_2$$

汞主要有+2价和+1价的化合物。其化合物主要是氯化物，$HgCl_2$ 和 Hg_2Cl_2。

13.3.2.3 Zn^{2+}，Hg^{2+}，Hg_2^{2+} 的检验

（1）Zn^{2+}的检验 利用适当加 $NH_3 \cdot H_2O$ 生成 $Zn(OH)_2$ 白色沉淀，加入过量氨水沉淀又可溶解的性质检验，或利用 $Zn(OH)_2$ 的两性检验。

（2）Hg^{2+}与 Hg_2^{2+} 的检验 Hg_2^{2+} 离子可转化为 Hg_2Cl_2 白色沉淀，Hg_2Cl_2 与 $NH_3 \cdot H_2O$ 发生歧化反应而生成灰色（白色的 $Hg(NH_2)Cl$ 和黑色的 Hg 的混合色）沉淀：

$$Hg_2^{2+} + 2Cl^- \longrightarrow Hg_2Cl_2(白色)\downarrow$$

$$Hg_2Cl_2 + 2NH_3 \longrightarrow Hg(NH_2)Cl\downarrow(白色) + Hg(灰色)\downarrow + NH_4Cl$$

Hg^{2+}在酸性溶液中，也是一种较强的氧化剂，可利用 $SnCl_2$ 的还原性检 Hg^{2+}，或用 Hg^{2+}检验 Sn^{2+}。反应为：

$$2HgCl_2 + SnCl_2 + 2HCl \longrightarrow Hg_2Cl_2(白色) + H_2SnCl_6$$

加入过量 $SnCl_2$ 时，则析出黑色的金属汞：

$$Hg_2Cl_2 + SnCl_2 + 2HCl \longrightarrow 2Hg\downarrow + H_2SnCl_6$$

Hg^{2+}也可用其与 KI 反应来检验。随 KI 的加入首先生成红色的 HgI_2 沉淀，当 KI 过量时，红色沉淀又消失，而生成四碘合汞（Ⅱ）配离子：

$$Hg^{2+} + 2KI \longrightarrow HgI_2\downarrow(红色) + 2K^+$$

$$HgI_2 + 2KI \longrightarrow K_2[HgI_4]$$

$K_2[HgI_4]$和 KOH 的混合溶液称为奈斯特试剂，当溶液中有微量 NH_4^+ 时，立即与之生成特殊的红棕色沉淀，这个反应可用来检验 NH_4^+ 的存在。

13.3.3 铬及其化合物

13.3.3.1 铬单质

铬在自然界中含量较多，主要以铬铁矿，组成为 $FeO \cdot Cr_2O_3$ 或 $FeCr_2O_4$ 形式存在。

13.3.3.2 铬的重要化合物

铬的重要化合物主要有铬的氧化物、氢氧化物和铬酸盐、重铬酸盐。

铬的氧化物中氧化铬（Cr_2O_3）、三氧化铬（CrO_3）和氧化亚铬（CrO），以氧化铬最稳定，而氧化亚铬最不稳定。

Cr_2O_3 为难溶于水的绿色晶体。与 ZnO 类似，具有两性，溶于酸成+3价盐，溶于强碱生成亚铬盐（如亚铬酸钠）。

$$Cr_2O_3 + 3H_2SO_4 \longrightarrow Cr_2(SO_4)_3 + 3H_2O$$

$$Cr_2O_3 + 2NaOH \longrightarrow 2NaCrO_2 + H_2O$$

Cr_2O_3 和硅酸盐互熔时（如使玻璃或瓷器）着色（为铬绿色），因而广泛用于陶瓷、玻璃和油漆工业，还可作有机合成催化剂。

氢氧化铬 $Cr(OH)_3$ 为难溶于水的灰蓝色胶状物，也具有明显的两性。所以，$Cr(OH)_3$ 与 $Zn(OH)_2$ 制法类似，只能用其可溶盐与氨水作用，生成氢氧化物。

$$CrCl_3 + 3NH_3 \cdot H_2O \longrightarrow Cr(OH)_3\downarrow + 3NH_4Cl$$

在 $Cr(OH)_3$ 的溶液中存在下列平衡：

$$Cr^{3+} + 3OH^- \rightleftharpoons Cr(OH)_3 \rightleftharpoons H_2O + H^+ + CrO_2^-$$

所以，$Cr(OH)_3$ 既溶于酸，又可溶于碱，与 $Al(OH)_3$ 类似。

铬的+3价盐常见的有三氯化铬（$CrCl_3 \cdot 6H_2O$）、硫酸铬（$Cr_2(SO_4)_3 \cdot 18H_2O$）以及铬钾矾[$KCr(SO_4)_2 \cdot 12H_2O$]。都易溶于水。

铬的+6价化合物 CrO_3 显酸性，强烈吸水，与水可生成两种含氧酸，一种是铬酸（H_2CrO_4），另一种是重铬酸（$H_2Cr_2O_7$），均为强酸，但都不稳定，只能存在于溶液中。

$$CrO_3 + H_2O \longrightarrow H_2CrO_4$$

$$2CrO_3 + H_2O \longrightarrow H_2Cr_2O_7$$

二者的存在与溶液中的pH值有关，pH<2的酸性溶液中，主要以 $Cr_2O_7^{2-}$ 存在，溶液呈橙色；pH>6的溶液中，主要以 CrO_4^{2-} 存在，溶液呈黄色。

$$2CrO_4^{2-}(\text{黄色}) + 2H^+ \rightleftharpoons Cr_2O_7^{2-}(\text{橙色}) + H_2O$$

对应的盐常见的有红钾矾（$K_2Cr_2O_7$），红钠矾（$Na_2Cr_2O_7$）。重铬酸钾（$K_2Cr_2O_7$）和铬酸钠（Na_2CrO_4）都是黄色晶体。$K_2Cr_2O_7$ 可以制得纯品，因此，分析化学上可用 $K_2Cr_2O_7$ 做基准物，其在酸性介质中是强氧化剂。等体积的重铬酸钾饱和溶液与浓硫酸的混合液，就是常用的铬酸洗液，用来洗涤玻璃器皿的油污，当溶液变为暗绿时，洗液失效。重铬酸钾在工业上用于皮革的鞣制、印染、电镀以及医药等方面。

13.3.3.3　Cr^{3+}，CrO_4^{2-} 和 $Cr_2O_7^{2-}$ 的检验

Cr^{3+} 检验：在含有 Cr^{3+} 的溶液中加氨水，产生灰蓝色沉淀。

$$Cr^{3+} + 3NH_3 \cdot H_2O \longrightarrow Cr(OH)_3 \downarrow (\text{灰蓝色}) + 3NH_4^+$$

CrO_4^{2-} 检验：可利用不同重金属的铬酸盐的颜色不同区别。

$$Pb^{2+} + CrO_4^{2-} \longrightarrow PbCrO_4 \downarrow (\text{黄色})$$

$$Ba^{2+} + CrO_4^{2-} \longrightarrow BaCrO_4 \downarrow (\text{柠檬黄色})$$

$$2Ag^+ + CrO_4^{2-} \longrightarrow Ag_2CrO_4 \downarrow (\text{砖红色})$$

$Cr_2O_7^{2-}$ 检验：$Cr_2O_7^{2-}$ 本身是橙色，利用其氧化性，其还原态 Cr^{3+} 为绿色，根据颜色的变化判断。

$$Cr_2O_7^{2-}(\text{橙色}) + 6Fe^{2+} + 14H^+ \longrightarrow 2Cr^{3+}(\text{绿色}) + 6Fe^{3+} + 7H_2O$$

13.3.4　锰及其化合物

锰是灰色金属，性质较活泼，块状锰在空气中不被氧化，因为，在其表面上能生成一层氧化物保护膜。而粉末状在空气中却很容易氧化，与稀硫酸或盐酸反应放出氢气。

在锰的重要化合物中，这里只介绍二氧化锰和高锰酸钾。

13.3.4.1　二氧化锰

二氧化锰 MnO_2，常温下比较稳定，为黑色固体，不溶于水。在酸性溶液中是强氧化剂，与浓盐酸反应放出氯气，实验室常用此法制取氯气。

$$MnO_2 + 4HCl(\text{浓}) \xrightarrow{\triangle} MnCl_2 + 2H_2O + Cl_2 \uparrow$$

与浓硫酸反应放出氧气。

$$MnO_2 + 2H_2SO_4(\text{浓}) \xrightarrow{\triangle} MnSO_4 + O_2 \uparrow + 2H_2O$$

二氧化锰可用于制造各种锰的化合物，制造干电池，玻璃、火柴以及作为有机化学反应的催化剂。

13.3.4.2　高锰酸钾

高锰酸钾 $KMnO_4$，深紫色晶体，易溶于水。加热到473K时，放出氧气。实验室也可

用此法制取氧气。

$$2KMnO_4 \xrightarrow{\triangle} K_2MnO_4 + MnO_2 + O_2\uparrow$$

高锰酸钾受日光照射也会分解，所以，不论是高锰酸钾的固体还是其溶液都应存放在棕色玻璃瓶内保存。

【演示实验 13.3】 在 3 支试管中各加入 10 滴 $0.1mol\cdot L^{-1}$ $KMnO_4$ 溶液，分别依次加入 1mL $2mol\cdot L^{-1}$ H_2SO_4，1mL $2mol\cdot L^{-1}$ NaOH，1mL H_2O。然后各加入少量 Na_2SO_3 固体，摇匀并观察现象。

实验可以看到，第一支试管，紫红色消失变为无色。在酸性溶液中，MnO_4^- 被还原成 Mn^{2+}，稀溶液中的 Mn^{2+} 粉红近无色。反应为：

$$2MnO_4^- + 5SO_3^{2-} + 6H^+ \longrightarrow 2Mn^{2+} + 5SO_4^{2-} + 3H_2O$$

第二支试管，溶液由紫红变为深绿色。在强碱性溶液中，MnO_4^- 被还原为 MnO_4^{2-}。反应为：

$$2MnO_4^- + SO_3^{2-} + 2OH^- \longrightarrow 2MnO_4^{2-} + SO_4^{2-} + H_2O$$

第三支试管由紫色溶液，出现棕黑色沉淀。在中性溶液，MnO_4^- 被还原为 MnO_2。反应为：

$$2MnO_4^- + 3SO_3^{2-} + H_2O \longrightarrow 2MnO_2\downarrow + 3SO_4^{2-} + 2OH^-$$

高锰酸钾在分析化学中是一种重要的分析试剂，此外还有其他方面的应用，如 0.1% 质量分数的 $KMnO_4$ 溶液可用于洗涤水果、杯及碗等用具的消毒、杀菌液；4%～5% 的 $KMnO_4$ 溶液还可用于治疗轻度烫伤等。

13.3.5 铁及其化合物

13.3.5.1 铁及其化合物

铁为银白色金属，在干燥空气中稳定。在加热条件下，可与氧、硫、氯等非金属元素起反应，生成相应的化合物。如：

$$3Fe + 2O_2 \xrightarrow{\triangle} Fe_3O_4$$

铁在浓硫酸和浓硝酸中，产生钝化现象。因此，可用铁器盛装和运输浓硫酸和浓硝酸。铁的氧化物有氧化铁（Fe_2O_3）、氧化亚铁（FeO）、四氧化三铁（Fe_3O_4）。其中 Fe_2O_3 是不溶于水的红棕色粉末，俗称铁红，可用于陶瓷涂料的颜料、某些反应的催化剂等。Fe_2O_3 可溶于酸，成三价铁盐；FeO 是不溶于水的黑色粉末，易被氧化成 Fe_2O_3。FeO 亦可溶于酸而成亚铁盐。

Fe_3O_4 是黑色有磁性的物质，故又称磁性氧化铁。经 X 射线研究证明，Fe_3O_4 是一种铁酸盐：$Fe(FeO_2)_2$。

氢氧化物中氢氧化亚铁 $Fe(OH)_2$ 极不稳定，在空气中被氧化成棕红色的氢氧化铁 $Fe(OH)_3$，二者都不溶于水，但都可溶于酸。

$$Fe^{2+} + 2OH \longrightarrow Fe(OH)_2(白色)\downarrow$$

$$4Fe(OH)_2 + O_2 + 2H_2O \longrightarrow 4Fe(OH)_3(棕红色)\downarrow$$

铁的盐类重要的有硫酸亚铁、硫酸铁、氯化铁等。

硫酸亚铁 $FeSO_4$ 为白色粉末，带结晶水的 $FeSO_4\cdot 7H_2O$ 为绿色晶体，俗称绿矾。空气中易氧化为黄褐色碱式硫酸铁，亚铁盐也是分析上常用的还原剂。

$$4FeSO_4 + O_2 + 2H_2O \longrightarrow 4Fe(OH)SO_4$$

$$10FeSO_4 + 2KMnO_4 + 8H_2SO_4 \longrightarrow K_2SO_4 + 2MnSO_4 + 5Fe_2(SO_4)_3 + 8H_2O$$

硫酸铁 $Fe_2(SO_4)_3$ 和 $FeCl_3$ 都是可溶性盐，其溶液中电离的 Fe^{3+} 具有强的氧化性，$Fe_2(SO_4)_3$ 和 $FeCl_3$ 可作为氧化剂，可氧化 $SnCl_2$，KI，H_2S，SO_2 等。如：

$$Fe_2(SO_4)_3 + SnCl_2 + 2HCl \longrightarrow 2FeSO_4 + SnCl_4 + H_2SO_4$$

$$FeCl_3 + 2KI \longrightarrow 2FeCl_2 + I_2 + 2KCl$$

13.3.5.2　Fe^{2+} 和 Fe^{3+} 的检验

Fe^{2+} 可用铁氰化钾 $K_3[Fe(CN)_6]$ 检验，生成滕氏蓝沉淀。

$$3Fe^{2+} + 2[Fe(CN)_6]^{3-} \longrightarrow Fe_3[Fe(CN)_6]_2 \downarrow$$

Fe^{3+} 可用亚铁氰化钾 $K_4[Fe(CN)_6]$ 检验，生成普鲁士蓝沉淀，亦可用硫氰化铵 NH_4SCN 或 KSCN 检验，Fe^{3+} 溶液立即出现血红色的硫氰化铁。

$$4Fe^{3+} + 3[Fe(CN)_6]^{4-} \longrightarrow Fe_4[Fe(CN)_6]_3 \downarrow$$

$$Fe^{3+} + nSCN^- \longrightarrow [Fe(SCN)_n]^{3-n}\text{(血红色)}, n=1\sim6$$

13.4　废弃金属的回收及利用

13.4.1　废弃金属的回收

废弃金属有各种存在形式，有以废金属单质存在的，也有以金属离子溶液形式以及其他形式存在的。不论哪种存在形式，都是对资源的浪费，对环境的污染。特别是重金属的离子或其他化合物形式都是有毒的，对动植物以及人类健康都有严重的危害。如含铅废水、烟尘等，会在人体内逐渐积累，一旦中毒，较难治疗。不但对人的心血管系统、肾脏有严重危害，还会对人的神经系统造成严重影响。所以，有关含废弃金属化合物的烟、气、水的排放，国家有严格的标准。对超标的应事先进行处理、回收后才能排放。

对废弃金属的回收，根据不同存在形式，含量不同以及条件不同，回收的方法亦不同。如对金属离子或其他化合物形式一般有沉淀法、氧化还原法、电解法、离子交换法等。这里仅就废水中含废弃金属盐溶液的回收举例说明，旨在介绍利用已学的化学知识对废弃金属进行回收的一般方法。

含铬废水主要来源于化工、冶金、制药、油漆、颜料、电镀等工业部门。铬的化合物中，以+6价铬的毒性最强。目前，世界上金额最大的工业废水排放造成环境污染赔偿案，就是由于+6价铬的非正当排放引出的。而+3价是一种微量营养元素，是人体必需的，它能维持人及动物体内的胰岛素发挥正常功能。

含+6 价铬的废水先用还原剂 $FeSO_4$、Na_2SO_3 或水合肼($N_2H_4 \cdot 2H_2O$)等物质，将+6价还原成+3 价铬，再用石灰乳将其转变成 $Cr(OH)_3$ 沉淀，最后过滤而回收。

$$Cr_2O_7^{2-} + 6Fe^{2+} + 14H^+ \xrightarrow{pH=2\sim3} 2Cr^{3+} + 6Fe^{2+} + 7H_2O$$

$$Cr^{3+} + 3OH^- \longrightarrow Cr(OH)_3 \downarrow$$

+6 价铬常以 $Cr_2O_7^{2-}$ 或 CrO_4^{2-} 形成存在，也可用离子交换法，让废水流经阴离子交换树脂进行离子交换，交换后的树脂用 NaOH 处理，树脂可重复使用，洗脱下来的高浓度的 CrO_4^{2-} 溶液即可回收，亦可直接利用。

再如含镉离子的废水，给废水中加入石灰或电石渣[主要含 $Ca(OH)_2$]，可使 Cd^{2+} 生成 $Ca(OH)_2$ 沉淀。

$$Cd^{2+} + 2OH^- \longrightarrow Cd(OH)_2 \downarrow$$

如果是含$[Cd(CN)_4]^{2-}$的废水（如电镀厂废水），则可用漂白粉氧化法，在形成氢氧化镉沉淀的同时，漂白粉中的次氯酸根离子 ClO^- 也将有毒的 CN^- 氧化成了无毒的 N_2 和 CO_3^{2-}。

$$CN^- + ClO^- \longrightarrow OCN^- + Cl^-$$

$$2OCN^- + 3ClO^- + 2OH^- \longrightarrow 2CO_3^{2-} + N_2 \uparrow + 3Cl^- + H_2O$$

$$CO_3^{2-} + Ca^{2+} \longrightarrow CaCO_3 \downarrow$$

$$Ca^{2+} + 2OH^- \longrightarrow Ca(OH)_2 \downarrow$$

13.4.2 废弃金属的利用

废弃金属的利用就是资源的再利用。对废弃的金属单质可进行分类，重新熔炼，或精制，再利用。对于废弃的含金属离子的水溶液经回收后，有的可直接进行利用（如上述回收的 CrO_4^{2-}，经提纯分离后就可作为化学药品直接用）；有的经化学转化后，可再利用（如上述得到的氢氧化镉沉淀，可转化成各种盐，作为化学药品利用）。

例如，机械加工的表面处理车间，有很多情况使用的无氰镀银溶液，其他如胶片定影也是含银的无氰溶液，回收这部分溶液，进行电解回收白银。此法回收的白银纯度高达 99.9%。

再如，含铬废水经处理回收产生 $Cr(OH)_3$ 沉淀（生产上也称为废水处理污泥），可以利用此沉淀物制成皮革的“铬鞣剂” $Cr(OH)SO_4$。

$$Cr(OH)_3 + H_2SO_4 \longrightarrow Cr(OH)SO_4 + 2H_2O$$

科 海 拾 贝

微量元素与人体健康

生物体内发生的化学反应，都是在一定的酶的催化下进行的，而其中金属酶约占酶的 1/3，达数百种之多。这些酶要靠金属离子来表现其活性，血液的凝固，肌肉的收缩，都与金属离子有关。可以说，所有生物功能都是直接或间接地依靠金属离子。

人体必需的元素，按其含量高低，分为宏量元素（常用元素）和微量元素。构成人体的宏量元素有：C，H，O，N，Na，K，Ca，Mg，S，P 等。其中 C,H,O,N 占人体质量的 95%，其他宏量元素占人体质量的 4%。微量元素主要有：Fe、Co、Mn、Mo、Cr、V、Se、Zn、Cu、Ni、As、F、I 等。约占人体质量的 1%。微量元素大多是金属元素，这些元素在人体中的含量很小，但它们起着重要的作用。例如，铁是合成血红蛋白的必需元素。血红蛋白分子的中心被亚铁离子（Fe^{2+}）占据，血红蛋白的功能是输氧，在血红蛋白中吸收和放出氧气的正是亚铁离子。100mL 水只能溶解 0.5mL 氧气。而 100mL 血液要溶解 20mL 氧气。如果依赖血液中的水来携带氧气，人们恐怕马上就会窒息而死。

又如锌是合成人体各种激素、酶、遗传物质等的必需元素。缺锌会影响发育，对正在生长发育的青少年，锌尤其重要。为什么人的手、脚破裂后贴上一条氧化锌橡皮膏就会很快长好呢？这是因为锌跟人体体液中的酸性物质作用，生成的锌离子（Zn^{2+}）能促进蛋白质合成。许多外科用药都含有氧化锌，如氧化锌软膏等。手术后的病人内服氧化锌，可以加快伤口的愈合。

近年来，人们越来越重视微量元素与人体健康的关系。这些元素在人体中的含量会因人因地略有差别，但平均正常值基本上是恒定的。

一般来说，各种食物里都含有丰富的金属元素，食盐和天然水中也含有各种金属盐类，它们是人体金属元素的主要来源。但人体中的金属元素有一定的含量，过少会影响健康，过多也会造成疾病。如钠过多易引起水肿和高血压，钾过多会恶心和腹泻，铁过多易患糖尿病等。

中国古代的宝刀

中国古代很讲究使用钢刀，优质锋利的钢刀称为“宝刀”。战国时期，相传越国就有人制造“干将”、“莫邪”等宝刀宝剑，那真是锋利无比，“削铁如泥”，头发放在刃上，吹口气就会断成两截。当然，传说难免有点夸张，但是“宝刀”锐利却是事实。过去只有少数工匠掌握生产这类“宝刀”的技术。现在我们通过科学研究知道，制造这类“宝刀”的主要秘密就是其中含有钨、钼一类的元素。

事实上，往钢里加进钨和钼，那怕只要很少的一点点，比如百分之几甚至千分之几，就会对钢的性质产生重大的影响。这个事实直到19世纪中叶才被人们所认识，接着大大地促进了钨、钼工业的发展。有计划地往普通钢里加进一种或几种像钨、钼一类的元素——合金元素，就能制造出各种性能优异的特殊钢材——合金钢。

思考与练习

1. 金属导电与溶液导电有何不同？

2. 什么是合金？合金性质与纯金属有哪些不同？

3. 铜与碱金属原子结构及性质的异同点为________。

4. 工业上根据金属颜色不同将金属的分为________与________两大类，其中黑色金属主要指____________。

5. 金属有许多共同的物理性质，如________，________，________，这是金属键的缘故。

6. 金属原子的价电子数较________，所以金属原子容易______电子，变成________离子。由金属键形成的单质晶体叫做________。

7. 过渡元素原子在结构上的共同点是它们的最外层只有________个电子，随核电荷的递增，增加的电子依次填充在________层上。

8. 胆矾的化学式为________，将其加热，可失去结晶水。失水前是______色晶体，失水之后是________色粉末。胆矾与石灰乳的混合液叫做________液。

9. 锌与盐反应方程式为____________________，锌与氢氧化钠反应的化学方程式为____________________，所以锌是________性元素。在上述反应中，锌作________剂。

10. $Cr(OH)_3$ 的性质与 $Al(OH)_3$ 和 $Zn(OH)_2$ 相似，也具有________性。将 $Cr(OH)_3$ 与盐酸反应，方程式为____________________。向含 Cr^{3+} 和 Zn^{2+} 溶液中加入过量氨水，则 Cr^{3+} 生成____________；Zn^{2+} 生成____________。

11. 有五瓶分别含有 Mg^{2+}，Fe^{3+}，Fe^{2+}，Zn^{2+} 和 Cu^{2+} 离子的溶液，请你用最简便的方法予以区别。

12. 有四组溶液：A组有 Cu^{2+}，Na^{+}，CO_3^{2-}，NO_3^{-}；B组有 Fe^{3+}，H^{+}，I^{-}，Cl^{-}；C组有 Fe^{2+}，Cu^{2+}，

Cl^-，SO_4^{2-}；D组有 H^+，Na^+，SO_4^{2-}，CO_3^{2-}。当溶液离子浓度较大时能共存的是哪组？

13. 在托盘天平上各放一质量相等的烧杯，并各加 100mL $2mol \cdot L^{-1}$ 盐酸，然后各加入质量相等的 Fe 和 Zn。问反应后天平是否仍能保持平衡？

14. 用化学方法区别含有 Ag^+，Hg^{2+}，Hg_2^{2+} 的盐。

15. 已知水溶液中，CrO_7^{2-} 为橙红色，CrO_4^{2-} 为黄色，Cr^{3+} 为绿色，当 K_2CrO_7 溶于水时存在下列平衡：$CrO_7^{2-} + H_2O \rightleftharpoons 2CrO_4^{2-} + 2H^+$

若往 K_2CrO_7 溶液里滴加硫酸，有何现象？

滴加硫酸后，再往溶液通入 H_2S 气体，观察溶液呈绿色，并有黄色沉淀（提示：此黄色沉淀为硫单质）生成，写出离子方程式。

往另一平衡溶液中滴加氢氧化钠，有何现象？

16. 镁、铝、铜合金为 1.00g，与足量盐酸反应后，残留固体为 0.25g，生成氢气为 0.07g。求合金的质量分数。

17. 把一根 200g 的铁棒放在硫酸铜溶液，经一段时间后，取出烘干，称量铁棒质量增加到 204g，问析出铜多少克？

18. 在 750mL 硝酸银溶液中，加入过量氯化钠，可得到 4.31g 氯化银沉淀。求硝酸银溶液的物质的量浓度。

19. 趣味实验：煮鸡蛋

（1）一只锅、两个鸡蛋

（2）将鸡蛋放入锅中，加水烧开。其中一个鸡蛋在水沸腾后煮 4～5min 取出，另一个鸡蛋于水沸腾后煮 9～10min 取出

（3）观察两个鸡蛋内部的差别

（4）想一想为什么？

20. 设计实验：转化

设计出 Fe、Fe^{2+}、Fe^{3+} 之间相互转化的实验。

提示：结合氧化剂、还原剂的概念。

要求：注意前后知识的联系、开阔思路、尊重实验事实。

*14. 能源的开发与利用

学习指南 能源是人类生存和发展的重要物质基础，是从事各项经济活动的原动力，也是社会经济发展水平的重要标志。一种新能源的出现和能源科学技术的每一次重大突破，都带来世界性的经济飞跃和产业革命，极大地推动着社会的进步。

本章学习要求

了解能源及其分类；了解能源的利用；展望新能源的发展前景。

本章中心点：能源

14.1 能源及利用

14.1.1 能源

能源是指能够提供某种形式能量的资源。它既包括能提供能量的物质资源，又包括能提供能量的物质运动形式。

提供能量的物质资源包括：煤、石油、天然气等燃料燃烧时提供的热能；提供能量的物质运动形式包括：太阳光放出的太阳能等。总之，燃料、太阳光、风力、水力等都是能源。

能源的种类很多，我们从不同角度可以将能源大致分为几类。

(1) 按能源的形成可分为：

a. 一次能源 即自然界中存在的可直接使用的能源。如：煤、石油、天然气、太阳能等，也叫做天然能源；

b. 二次能源 是指经过人类的加工而转化成的能源。如：电、蒸汽、煤气、氢气、合成燃料等，又叫做人工能源。

(2) 按能源能否再生可分为：

a. 再生能源 是指不随人类的使用而减少的能源。如：太阳能、生物质能等；

b. 非再生能源 是指随着人类的使用而逐渐减少的能源。如煤、石油、天然气等。

(3) 按能源使用的成熟程度可分为：

a. 常规能源 是指人类已经长期广泛使用的、技术上比较成熟的能源。如：煤、石油、天然气等；

b. 新能源 是指虽然已经开发利用，但技术上还不成熟的、具有潜在应用价值的能源。如：太阳能电池、氢能源等。

随着科学技术的进步和发展，上述分类也会随之发生变化。

能源的分类，如表 14.1 所示。

表 14.1 能源的分类

种类	一次能源	二次能源
常规能源	煤	煤气、煤油
	石油	汽油、柴油
	天然气	
		甲醇、乙醇
	植物秸秆	苯胺
	水力	电、蒸汽
	风力	
新能源	核燃料	氢能
	生物质能	沼气
	太阳能	激光

14.1.2 能源的利用

能源与能量既有联系又有区别。能量

来自于能源，能量是量度物质形式和量度物体做功的物理量。人类利用各种形式的能量都是由一次能源转换而来的，在人们的生产和生活中，每时每刻都在消耗着大量的能源，但并不是在消耗能量而是在利用能量。因此能源的利用，实际上就是要更合理更有效的利用能量。

煤在燃烧时，可以产生上千度的高温，如果直接用来取暖，就是大材小用，造成巨大的浪费。相反，我们用煤燃烧时的高热产生高温的蒸汽，用来带动发电机发电，再用来取暖，就能提高热能的利用率，使得煤所蕴含着的能量得到充分的利用。

14.1.3 化学电源

借助于氧化还原反应，将化学能直接转化为电能的装置就叫做化学电源，又称为化学电池。根据化学电池的用途，我们可以将其分为常规电池和燃料电池。

14.1.3.1 常规电池

常规电池包括原电池和蓄电池等。这类电池可以作为收音机、照相机、汽车发动机等的电源。这些电池的反应物都是预先封闭在电池中，当反应物质全部消耗完时，不能很方便的补充，因此它们只能用于短时间、小范围、低电压、小电流的局部供电。原电池我们已经在 9.1 中学习过，主要用于人们的日常生活。蓄电池属于二次电池，是一种能够储存电能的装置。常见的蓄电池为铅蓄电池，其组成如图 14.1 所示。

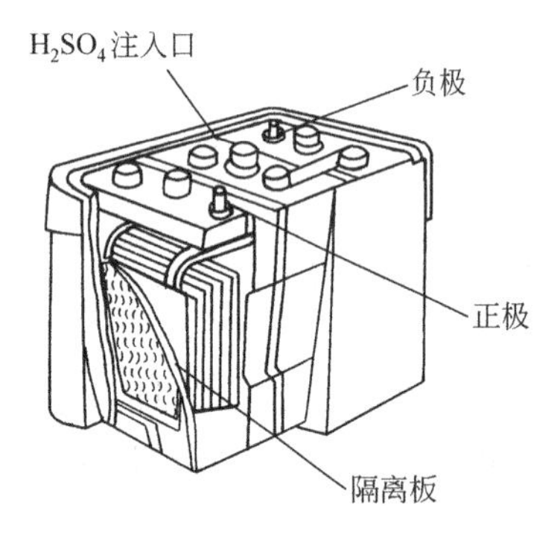

图 14.1　铅蓄电池的组成

蓄电池在使用前，应该先充电，即先将电能转化为化学能储存起来，充电后的蓄电池即可作为电源使用。使用过程中，化学能又转化为电能，叫做放电。蓄电池可以反复的进行充电和放电，在运输行业使用广泛。铅蓄电池的充电、放电过程，如图 14.2 所示。

我们还应该注意，废电池对环境的污染，一粒钮扣电池可污染 60 万升水，相当于 1 个人一生的饮水量，一节一号废电池烂在地里可以使 $1m^2$ 的土地失去利用价值。因此要注意废旧电池的回收。

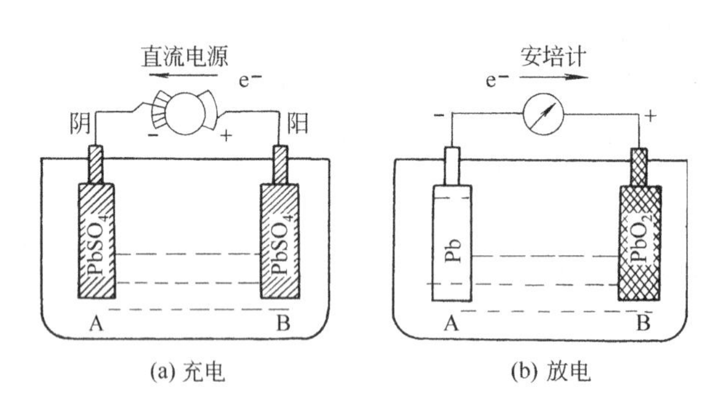

图 14.2　铅蓄电池的充电、放电示意图

14.1.3.2 燃料电池

这类电池可用于航空航天、海洋开发和通讯电源等方面。由于其反应物质是储存在电池之外，所以可以随着反应物质的不断输入，而连续发电。因此燃料电池展现出了特殊的发展前景。

燃料电池和其他电池的主要差别在于，它不是将反应物质全部储存在电池内，而是在工作时不断从外界输入氧化剂和还原剂，同时将电极反应产物不断排出电池。因此，燃料电池是名符其实的把能源中燃料燃烧反应的化学能连续和直接转化为电能的“能量转换机器”。能量转化率很高，可达80%以上，为热机效率的一倍多。燃料电池的高能量转化率可达到节省燃料的目的。

众所周知，燃料在空气中燃烧时要产生大量的烟、雾、尘和有害气体污染大气，危害生态环境，而燃料电池不会产生这些污染问题。所以科学家预言，燃料电池将成为下世纪世界上获得电力的重要途径，是继水力、火电、核能发电后的第四类发电——化学能发电。

燃料电池是利用燃料在氧气中燃烧时直接将化学能转化为电能的装置。其原理如图14.3所示。

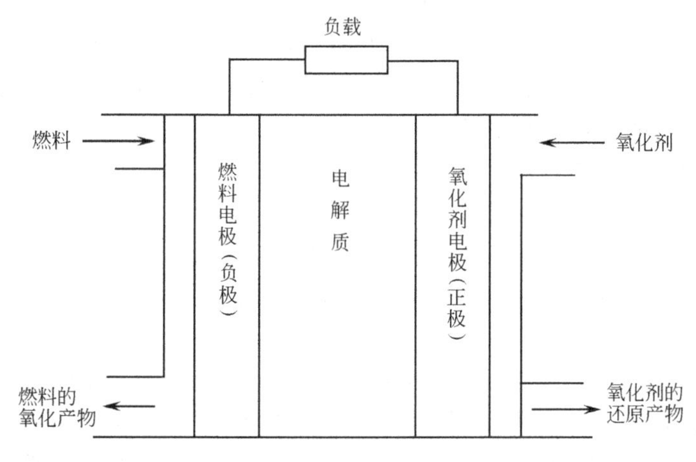

图14.3　燃料电池工作原理

燃料电池以还原剂为负极反应物，以氧化剂为正极反应物。为了使燃料便于进行电极反应，要求电极材料兼具有催化剂的特性。用作燃料电池的燃料主要有氢气、甲醇、煤气、天然气等；用作氧化剂的主要有氧气、空气以及氯溴等卤素单质；构成电池内部离子通道的电解质通常是碱性、酸性物质或熔融盐等；电池的电极为多孔石墨、多孔镍以及铂、银等。

碱性氢氧燃料电池　采用氢氧化钾作电解质，早已于20世纪60年代就应用于美国载人宇宙飞船上，也曾用于叉车、牵引车等，但其作为民用产品的前景还评价不一。否定者认为电池所用的电解质KOH很容易与来自燃料气或空气中的CO_2反应，生成导电性能较差的碳酸盐。另外，虽然燃料电池所需的贵金属催化剂载量较低，但实际寿命有限。肯定者则认为该燃料电池的材料较便宜，若使用天然气作燃料时，它比惟一已经商业化的磷酸型燃料电池的成本还要低。

磷酸型燃料电池　它采用磷酸为电解质，利用廉价的炭材料为骨架。除以氢气为燃料外，现在还有可能直接利用甲醇、天然气、城市煤气等低廉燃料，与碱性氢氧燃料电池相比，最大的优点是它不需要CO_2处理设备。磷酸型燃料电池已成为发展最快的，也是目前最成熟的燃料电池，它代表了燃料电池的主要发展方向。磷酸型燃料电池目前有待解决的问题是：如何防止催化剂结块而导致的表面积收缩和催化剂活性降低，以及如何进一步降低设备费用。

很多新型电池都在研究开发中，如锂离子电池、银锌镍电池等，这些新型电池具有质量轻、体积小、储存能量大以及无污染的优点，因此叫做无污染的绿色电池。

化学电源的种类还有很多，随着科学技术的发展，化学电源在我们未来社会中将扮演更为重要的角色。随着新型绿色电池性能水平的不断提高，生产工艺日益完善，今后的电池将向环保型、多元化方向发展。

为了满足日益增长的能源需求，人类正在积极寻找新能源并更为有效的加以利用。

14.2 新能源及利用

14.2.1 新能源

新能源包括太阳能、氢能、生物质能、风能、地热能、海洋能等。

近几十年来，世界能源消耗急剧增长，能源问题已经成为当今世界的重大问题之一。中国是一个能源较为丰富的国家，但是由于人口众多，所以人均能源水平较低，能源的利用率也比较低，能源供应仍然比较紧张。因此新能源的开发与利用对我们有着极其深远的意义。下面对前景诱人的新能源做简单介绍。

14.2.2 新能源的开发前景

14.2.2.1 太阳能

太阳能是一种资源丰富、不需要运输、不会产生污染的最佳自然能源。太阳每秒钟照射到地球上的能量约为5000万t标准煤（吨标准煤是一种实用的能量单位）。太阳能几乎是人类取之不尽的能源。

（1）太阳能电池　人类已经能够利用太阳能直接转化为电能，制成太阳能电池。太阳能电池是利用“光伏效应”的原理制成的。太阳能电池可以作为人造卫星、宇宙飞船的能源，人类还可以制造以太阳能电池为动力的飞机、小型汽车等。随着对太阳能电池结构、性能的不断深入研究，太阳能电池有望成为21世纪人们日常生活的重要新能源。

（2）太阳能集热器　利用太阳能直接转化为热能，制成太阳能集热器。太阳能集热器大多是利用抛物面聚光原理制成的。目前中国已经能将太阳能集热器用于农业生产。太阳能热水器是中国现阶段利用太阳能的最成熟、最实用的装置之一。

（3）太阳能发电　将太阳能转化为热能，再将热能转换为电能，就是太阳能发电的基本原理。如太阳能热电站，就是利用聚光镜将太阳光集中反射到专用锅炉上，使锅炉里的水变成高压水蒸气，再经换热器和发电机转化为电能。目前太阳能发电机正在向大功率、实用化方向发展，有着十分广阔的开发前景。

14.2.2.2 氢能

氢能是可以利用其他能源来制取的二次能源。具有质量轻、热值高、无污染的特点。由于氢的能量密度高，所以氢能对于减轻燃料自重、增加有效载荷极为重要，氢能已经作为动力燃料在航天飞机上应用。用氢气制成的燃料电池可以直接发电，能量转换效率比火力发电站的最大热效率高出近1倍。这无疑成为氢能的一个重要的用途。

14.2.2.3 生物质能

生物质能是一种无害的能源。在动物、植物以及微生物体内所蕴藏的能量叫做生物质能。它是由太阳能经由生物体转化而来的。利用现代技术，可以将生物质能转化并直接燃烧，也可以用生物化学和热化学法，将生物质能转换成固体、液体或气体燃料。人工制取沼气是生物质能的最佳用途之一，沼气能有着诱人的开发前景。

在千姿百态的生物世界中，存在一种我们肉眼看不见、摸不着的微生物，能为人类提供能源。提起微生物，往往会使人们想起它会使食物腐烂变质，也会使人感染上各种疾病。因此，对它们又害怕、又憎恶。在微生物的家族中，因为种类不同，它们的作用也不尽相同，有的会给人类带来灾难，有的会给人类带来幸福。微生物中，能为人类提供能量的甲烷细菌和酵母菌，可以生产出沼气和酒精，为人类做出贡献。说到沼气，顾名思义就是沼泽里的气体。人们经常看到，在沼泽地、污水沟或粪池里，常会有气泡冒出来，如果我们划着火柴，可以把它点燃，这就是自然界天然发生的沼气。沼气是各种有机物质在隔绝空气（还原条件），并在适宜的温度、湿度下，经过微生物的发酵作用产生的一种可燃烧气体。沼气的主要成分是甲烷，约占所产生的各种气体的60%～80%。甲烷是一种理想的气体燃料，它无色无味，与适量空气混合后即可燃烧。每立方米纯甲烷的发热量为34000 J，每立方米沼气的发热量约为20800J～23600J 。即 $1m^3$ 沼气完全燃烧后，能产生相当于0.7kg无烟煤提供的热量。

近年来，我国沼气事业获得了迅速的发展，沼气池总数已达到1000多万个。专家们认为，21世纪沼气在农村之所以能够成为主要能源之一，是因为它具有不可比拟的特点，特别是在我国的广大农村，这些特点就更为显著。

科　海　拾　贝

可燃冰——人类的新能源

可燃冰又称“天然气水合物”，是水与天然气相互作用形成的晶体物质，被统称为气水化合物。用天然气生产的化肥、化纤等物品，都可以使用可燃冰来制造。据说，可燃冰的总能量将是煤、石油和天然气的3倍。美国和日本已经提出，在2010年要实现对可燃冰的大规模开采。

海　底　宝　藏

据专家初步估算，可燃冰在世界各大洋中均有分布，其总面积约占大洋面积的1/10，是迄今为止海底最具价值的矿产资源。在陆地上，适合可燃冰形成的程度、压力条件的地质环境主要是高纬度永冻区（包括陆上和近海）、大陆斜坡和大洋盆地。可燃冰不仅可以存在于永冻区中，而且可以出现于冰点温度以上的永冻层下面。专家还指出，许多行星上都有可燃冰。一些天文学家和行星学家已经认识到在巨大的外层天体及其卫星中，可燃冰是重要的化合物。这种化合物也很可能存在于包括哈雷彗星在内的彗星头部。

“不　速　之　客”

早在1810年，可燃冰就由科学家达威(H. Davy)在实验室里发现了。而自然界中的可燃冰最早是在20世纪30年代作为“不速之客”被人认识的，这种气水合物的生成和沉淀常给高压输气管道、气井和一些工厂设备带来许多麻烦，于是工厂请来专家预报它在管道中的形成，并研究如何消除这种令人讨厌的“管道堵塞”。

世界上第一个气水合物矿田——前苏联的麦索亚哈气田中可燃冰的发现也极其偶然。这个气田的矿井本来是为开采可燃冰层下面的天然气而打的，在打井的过程中，学者们发现有一层的温度比预计的要低得多，并存在冰一样的物质，就是可燃冰。

世界上虽然在很多地方勘测出了可燃冰矿藏，但真正投入工业性生产的只有原苏联的麦索亚哈气田。开采，尤其是海上的开采技术一直是阻碍各国步伐的因素。收集海中的气体十分困难，一旦分解出来的气体由海水进入了大气层，全球的温室效应将迅速扩大，后果不堪设想。除了环境问题，海底开采还会涉及到工程问题。海底本来处于平衡的状态，如果挖去其中的一部分，周围的可燃冰固体会流向这个空缺造成的滑坡，而海底铺设的通讯电缆通常就埋藏在这个层面，电缆很可能因此受到破坏，而滑坡还会对航行造成危险，对鱼的生长造成影响。

目前来看，可燃冰的开采成本还比较高，在经济上不划算。专家预计用 10 年左右的时间可以将成本降低到值得投入工业生产的水平。

进入 20 世纪 90 年代，可燃冰的研究领域在世界范围内迅速扩大，日本、英国、挪威、印度和巴基斯坦等国纷纷加入研究行列，研究重点也转向了实用开发阶段。中国是世界上第二耗能大国，但目前还没有真正开采出天然的可燃冰，研究工作也落后于西方国家。据专家分析，青藏高原的羌塘盆地和东海、南海、黄海的大陆坡及其深海，都可能存在着体积巨大的可燃冰。

用核能为微型装置提供动力

目前，世界各地的研究人员正在开发宽度小于人的头发的微型装置，用于从生化传感器到医学植入体的各种用途。但这方面存在着一个障碍，目前还没人能拿出一种与这么小的微型机械装置相匹配的能源。

任何一个随身携带过使用五磅重电池、而自重仅一磅的便携式电脑的人都该明白这句话的意思。为了实现这些装置的全部潜在用途，需要有这样一种能源，它既能提供强大的动力，又要小得足以安装在同一块芯片上。

现在，美国威斯康星大学的工程师们相信他们找到了正确的方法。他们已经开始了一个利用核能来提供能量的项目，但这些发电机将与向家庭和工厂提供电力的带穹顶的核电厂完全不同。

这些微型装置的能源不是靠转动的涡轮机来发电，而是利用微量的放射性物质，通过它们的衰变来产生电能。以前也有过这种做法，但规模要大得多。人们曾用这种方法给从心脏起搏器到探索太阳系外层黑暗空间的航天器等各种装置提供能源。

尽管单单提起核能就会使一些人的后背生出丝丝凉气，但研究人员称他们的发电机只使用极少的放射性物质，安全应该不是问题。他们说，最适合这种技术的元素是 1898 年由居里夫妇发现的钋。

放射性物质已广泛应用在许多装置中，包括烟雾探测器。另外一些复印机上也使用条状的放射性物质消除纸张间的静电。但如果核电要成为未来的微型“机器”的能源，这项技术必须缩小到微观水平。

这项技术最直接的应用很可能是用来研制各种各样的微型传感器。一种合适的能源能够用无线联络的方式把数以百计的微型传感器联系起来，这是一项在军事上很有潜力的用途。这样的传感器小至肉眼无法看到，可以在恶劣环境中探测化学物质的存在。假如它们发现了它们不喜欢的化学物质，它们能向某个中心位置发回信号，这样人们不用到现场就能找到这些化学武器了。这些传感器也能用来探测工厂内微量的有害化学物质和气体。一个有趣的前景是我们可以把这些传感器造得很小，把它们混入重型机械上使用的润滑油中，以便探测什么时候需要对机器进行保养。

人们对这项技术的原理已经了如指掌。而威斯康星大学的这个研究小组所面临的挑战就是缩小这项技术的规模，使之达到很小的程度，比其他任何人所能做到的还要小很多。

思考与练习

1. 举例说明能源的分类？
2. 化学电源主要有哪些？
3. 常规电池包括哪些？
4. 燃料电池与其他电池的主要区别是什么？
5. 新型的燃料电池有哪些？各有何种利弊？
6. 什么是新能源？当前有良好发展前景的新能源有哪些？
7. 太阳能利用的方式有哪些？
8. 为什么说氢能是未来理想的新能源？
9. 趣味实验：自制电话

（1）从废旧电话中找两个转换器，一根电线，一节电池。

（2）用电线将电池和转换器连接起来，试着和对方通话。

（3）体会一下能量的转换。

化学实验知识

化学实验目的

化学是一门以实验为基础的学科，化学实验在化学教学中占有十分重要的地位。通过化学实验可以帮助我们形成化学概念，了解和巩固化学知识，掌握化学实验的基本操作方法和基本技能。同时可以进一步培养我们的观察能力、思维能力；提高我们的分析问题和解决问题的能力。通过化学实验我们要注意培养良好的实验习惯，提高环境保护意识和严谨求实的科学态度。

化学实验规则

1. 化学实验前要认真复习课本中的有关知识、认真预习实验教材，明确实验目的、了解实验步骤和内容。

2. 实验开始前要检查实验用品是否齐全。

3. 实验过程中，要按照老师的指导，根据规定的实验步骤、试剂规格和用量进行实验。若要改变实验内容，需征得老师同意。

4. 进入实验室后，要保持安静；做实验时要精神集中，认真操作、细心观察、积极思考、随时记录。

5. 在实验室必须注意安全，严格遵守操作规程和实验安全规则。如发生意外事故，应该立即报告老师，实验过程中不能擅自离开操作岗位。

6. 要爱护实验室设备，注意节约，增强环境保护意识。仪器如有损坏要报告老师，办理登记手续。

7. 实验过程中，要保持实验台面和地面的整洁。实验完毕，要将仪器洗涮干净，将废物处理掉。

8. 根据实验教材的要求，认真完成实验报告。

化学实验常用仪器

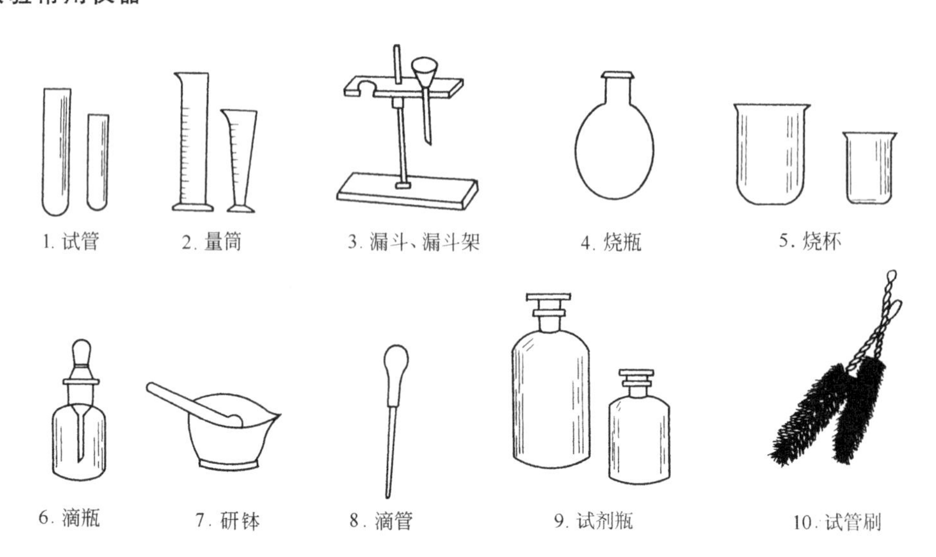

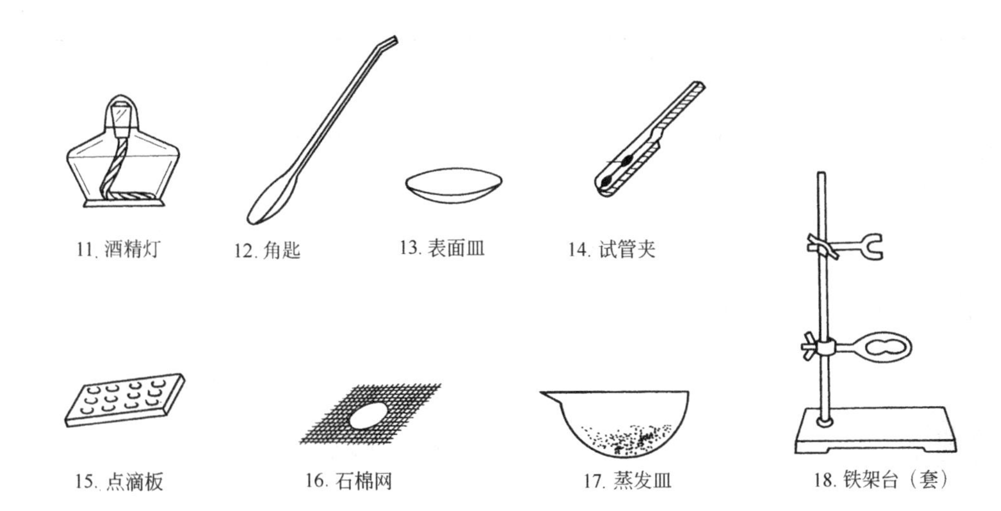

安全与事故预防处理

1. 防止火灾　易燃、易爆试剂不能靠近火焰及高温物体。万一发生火灾，必须沉着冷静，迅速停止加热，断电并停止通风，移开周围一切易燃物，并根据失火情况采用不同方法灭火。不允许随意混合化学试剂。

2. 防毒　凡做有毒气体和有恶臭物质的实验时，均应在通风橱内进行。不能品尝试剂味道，皮肤有破、伤时，不能接触试剂，更不能接触有毒物质。

3. 受伤后处理

（1）割伤　在伤口抹红药水或紫药水，消炎后包扎。如果是玻璃器皿扎伤，应该将玻璃碎片挑出，再包扎。

（2）烫伤　先用冷水冲洗再抹烫伤膏。

（3）受强酸、浓碱腐蚀时，先用大量水冲洗，再做处理。

实验室中常见危险警告标签

危险警告标签	危　险　性	例　　子
	爆炸性(explosive)	钾(potassium)
	氧化性(oxidizing)	浓硝酸(concentrated nitric acid)
	易燃性(flammable)	酒精(alcohol)
	致癌物(carcinogenin)	石棉(asbestos)

续表

危险警告标签	危险性	例子
	有毒的(toxic)	山奈(cyanide 氰化物) 水银(mercury)
	腐蚀性(corrosive)	浓硫酸(concentrated sulphuric acid)
	有害的(harmful)	哥罗仿(chloroform)

注：哥罗仿——麻醉剂；如三氯甲烷。

化学实验报告

班级________姓名________学号________实验日期____________

实验名称

实验目的

实验内容及装置图	实验现象	结论、解释及化学反应方程式

实验一　化学实验基本操作

实验目的

1. 掌握试管、烧杯、容量瓶等玻璃仪器的洗涤和干燥；
2. 能正确使用托盘天平、量筒等仪器；
3. 掌握一般化学药品的取用。

实验用品

试管、试管夹、试管刷、烧杯、酒精灯、托盘天平及砝码、药匙、蒸发皿、研钵、玻璃棒、铁架台（附铁圈、铁夹）、石棉网、量筒、去污粉（或洗衣粉）、蒸馏水

实验内容与步骤

一、玻璃仪器的洗涤与干燥

1. 洗涤

为了保证实验结果的准确，实验所用的玻璃仪器都应该洁净，所以，要学会玻璃仪器的洗涤方法。

应根据实验要求、污物性质和污染程度选用适当洗涤方法。

(1) 用水刷洗　一般的玻璃仪器可先用自来水冲洗，再用试管刷刷洗。刷洗时，将试管刷在器皿里转动或上下移动，然后再用自来水冲洗几次，最后用少量蒸馏水淋洗1～2次。

此方法可洗去器皿上的可溶物，但往往不能洗去油污和有机物质。

（2）用去污粉（或洗衣粉）洗　先把器皿用水润湿，用试管刷蘸少量去污粉刷洗，再依次用自来水、蒸馏水冲洗，此法适宜洗涤油污。

（3）用铬酸洗液洗　如果仪器污染严重，可用铬酸洗液洗涤。洗液有强烈的腐蚀性，使用时要注意安全，防止溅到皮肤或衣服上。

把洗涤过的仪器倒置，如果观察内壁附有一层均匀的水膜，证明已洗干净；如果挂有水珠，表明仍有残存油污，还要洗涤。

2. 干燥

（1）晾干　不急等用的仪器可放置于干燥处，任其自然晾干。

（2）烘干　把仪器内的水倒干后，放进电烘箱内烘干。

（3）烤干　急用的烧杯、蒸发皿可置于石棉网上用小火烤干；试管可直接烤干，但要从底部加热，试管口向下倾斜，以免水珠倒流炸裂试管。不断来回移动试管，不见水珠后，将试管口向上，赶尽水气。

（4）吹干　带有刻度的计量仪器，不能用加热的方法进行干燥，而应在洗净的仪器中加入少量易挥发的有机溶剂（酒精或酒精与丙酮按体积比 1∶1 的混合物），用电吹风吹干，如不急用可晾干。

二、常用化学仪器的装配

1. 仪器与零件的连接

（1）将玻璃管插入橡皮塞（或软木塞）里的方法　左手拿着塞子，右手拿着用清水或肥皂水浸湿过的玻璃管，使玻璃管的一端对准塞子的圆孔，然后稍稍用力转动往前推玻璃管，使玻璃管穿过塞孔。

（2）把橡皮管套在玻璃管上的方法　左手拿橡皮管，右手拿着用清水或肥皂水浸湿过的玻璃管。如实图 1.1 所示。使玻璃管口对准橡皮管口，稍稍用力把玻璃管插入橡皮管内约 1～2cm。

实图 1.1　套管方法

实图 1.2　塞塞子方法

（3）在烧瓶口塞橡皮塞（或软木塞）的方法　左手握住烧瓶颈，右手拿橡皮塞（或软木塞）慢慢转动着塞进瓶口。如实图 1.2 所示。切不可将烧瓶立在台上，然后把塞子压进去，这样做容易压破烧瓶。塞子塞入烧瓶口应该使塞子的 1/3 露在外面。将塞子塞进试管口也用同样的方法。

2. 查仪器装置气密性的方法

要检查配有橡皮塞和导气管的烧瓶（或试管）的气密性，可以把导气管的一端浸入水里，用双手手掌紧贴烧瓶（或试管）的外壁，使容器里的空气受热膨胀。如果装置不漏气，导管口就有气泡冒出。如实图 1.3（a）所示。将手移开，稍等片刻待容器冷却后，水就升进导管里，形成一段水柱。如实图 1.3（b）所示。

如果没有上述现象，就说明这套装置漏气，应该查明漏气的原因，进行修理或更换零件。

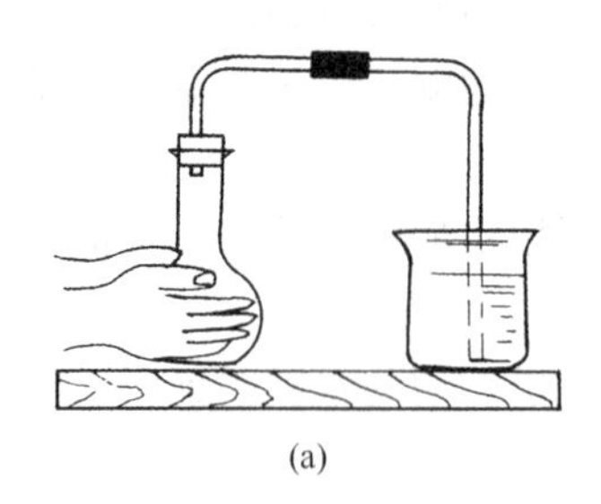

(a)

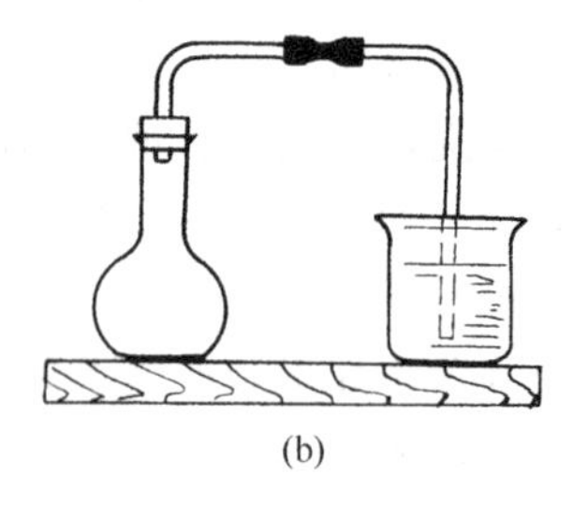

(b)

实图 1.3　检验装置气密性的方法

3. 固定仪器装置的方法

把烧瓶或试管固定在铁架台上时，必须使仪器装置跟底座在同一侧，以防铁架台-翻倒。在铁架台上固定烧瓶时，先在铁圈上放一块石棉网，再把烧瓶放在石棉网上，烧瓶的颈部用铁夹固定好。

在铁架台上固定试管时，应将铁夹夹在距试管口 2～3cm 的地方。如果试管内装有固体药品，实验时需要加热，应该使管口略向下倾斜，以防固体吸附的少量水或反应生成的水蒸气冷凝成的水滴，向下流到加热的试管底部，而导致试管炸裂。

三、常用仪器及化学药品的取用

1. 托盘天平的使用

托盘天平如实图 1.4 所示。

用于精密度不高的称量，能称准到 0.1g。它附有一套砝码，放在砝码盒中。砝码的总质量等于天平的最大载重量。砝码须用镊子夹取。托盘天平使用步骤如下。

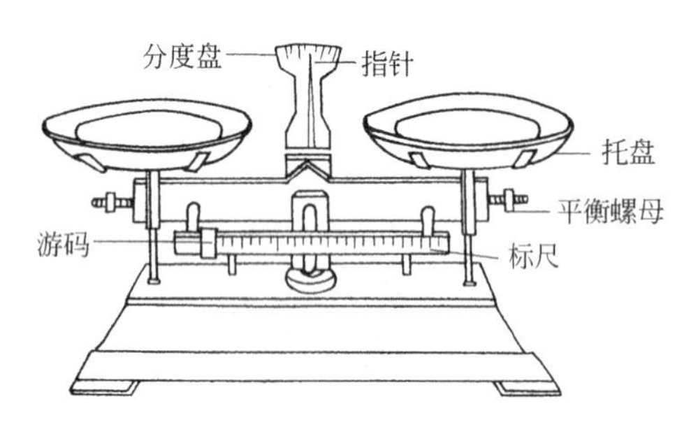

实图 1.4　托盘天平示意图

(1) 调零点　在称量前，先检查天平的指针是否停在刻度盘上的中间位置，若不在中间，可调节天平下面的螺旋钮，使指针指在中间的零点。

(2) 称量　左盘放物品，右盘放砝码。如果要称量一定质量的药品，则先在右盘加够砝码，在左盘加减药品，使天平平衡；如果称量某药品的质量，则先将药品放在左盘，在右盘加减砝码，使天平至平衡为止。有些托盘天平附有游码及刻度尺，称少量药品可用游码，游码刻度尺上每一大格表示 1g。称量时不可将药品直接放在天平盘上，可在两盘放等质量的纸片或用已称过质量的小烧杯盛放药品。

(3) 称量后，把砝码放回砝码盒中，并将天平两盘重叠一起，以免天平摆动磨损刀口。

2. 量筒的使用

量筒是常用的有刻度的量器，用于较粗略地量取一定体积的液体，可根据需要选用不同容积的量筒，可准确到 0.1mL。

量取液体时，如实图 1.5 所示，应该使视线与量筒内液体的凹液面底部，处于水平位置，凹液面所切的刻度就是所要取用的溶液的体积。若视线偏高或偏低都会产生误差。

当量取的溶液为深色溶液时，通常是看液体的凸面与刻度相切。

量筒等带有刻度的量器都不能加热，也不可作为反应容器。

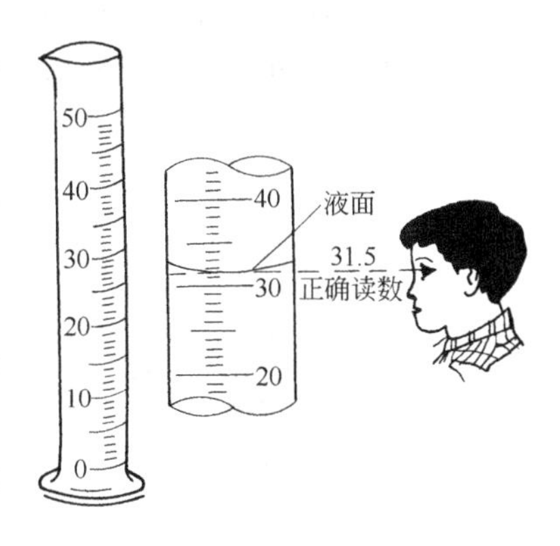

实图 1.5　量筒及数据读取

3. 化学试剂的取用

① 不要用手直接接触试剂，更不要品尝试剂的味道。不能直接嗅闻气体，应用手扇闻。如实图 1.6 所示。

② 取用一定体积的液体时，要用量筒。向量筒或试管中倒入液体的方法如实图 1.7 所示。倾倒完毕将瓶口在容器中轻轻碰一下，使残留的液滴流入容器。

③ 取少量液体时，要用滴管吸取。操作时不要把滴管口伸入容器内或与器壁接触，以免玷污滴管。如实图 1.8 所示。

④ 取用粉末状固体试剂应用药匙或纸槽，将装有试剂的纸槽平伸入试管底部，然后竖直取出纸槽。块状固体试剂的取用要用镊子，将试剂平放入试管口，再将试管慢慢竖起，使试剂缓慢滑到试管底部。如实图 1.9 所示。

实图 1.6　闻气体的方法

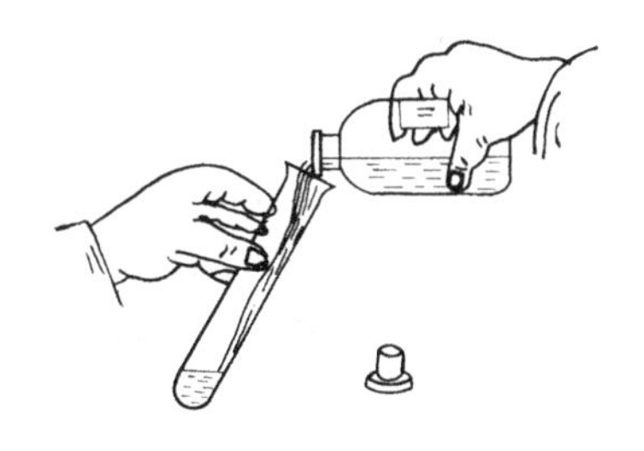

实图 1.7　液体的倾倒

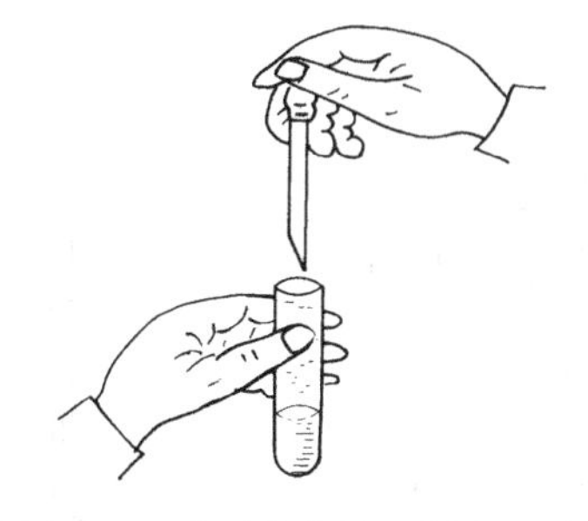

实图 1.8　使用滴管将试剂滴入试管

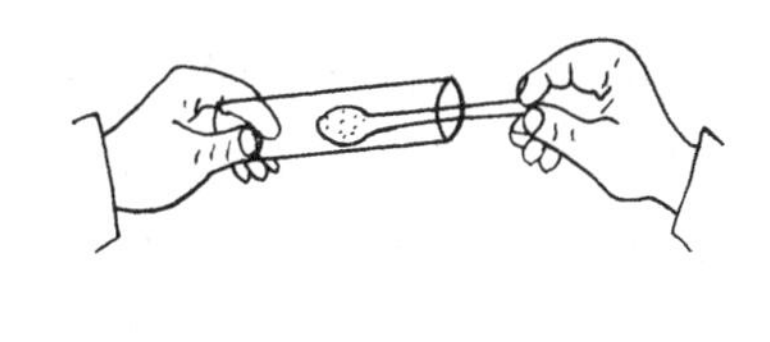

实图 1.9　固体药品的取用

⑤ 取放试剂特别要注意：一定不要使试剂溅到皮肤、眼睛、桌子及其他地方！如果不小心把腐蚀性药剂溅到人的身上，应立即用水冲洗，并及时报告老师进行处理。

4. 酒精灯的使用

① 使用酒精灯时，应先摘去灯帽，再将火柴移进灯心点燃。绝对不能将灯移近另一个酒精灯去点燃，这样，很容易使酒精漏出发生危险。如实图 1.10 所示。

酒精灯使用完毕后，要用灯帽将火焰罩熄，不可吹灭，吹会使灯内酒精燃烧着火。少量酒精着火时，只需用湿抹布覆盖即可熄灭。

② 加热时要使受热容器接触火焰的外焰部分，不要用内焰加热。

③ 加热液体可用试管、烧瓶、烧杯等。加热固体可用干燥的试管和蒸发皿等。

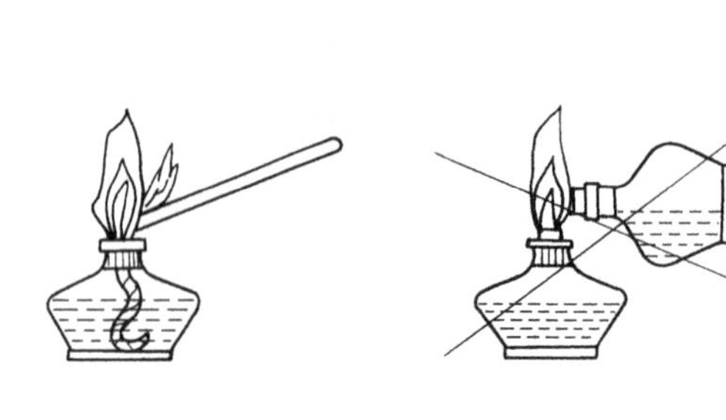

实图 1.10　酒精灯的点燃

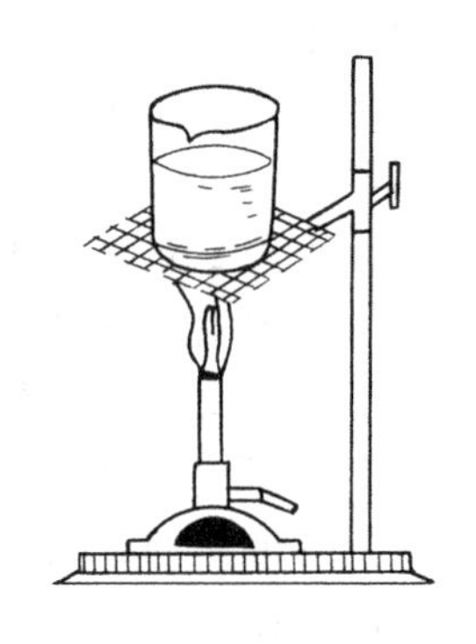

实图 1.11　烧杯的加热

④ 加热容器里的物质，应用试管夹夹持住容器或固定在铁架台上。加热前应将容器外部擦干，用烧杯或烧瓶加热时底部应垫上石棉网，使其均匀受热，同时烧热的玻璃器皿绝对不能和冷物体接触。如实图 1.11 所示。

⑤ 用试管加热时试管夹应夹在距试管口 $^1/_3$ ～ $^1/_4$ 处，不得压住短柄，以免松脱试管夹。如实图 1.12 所示。

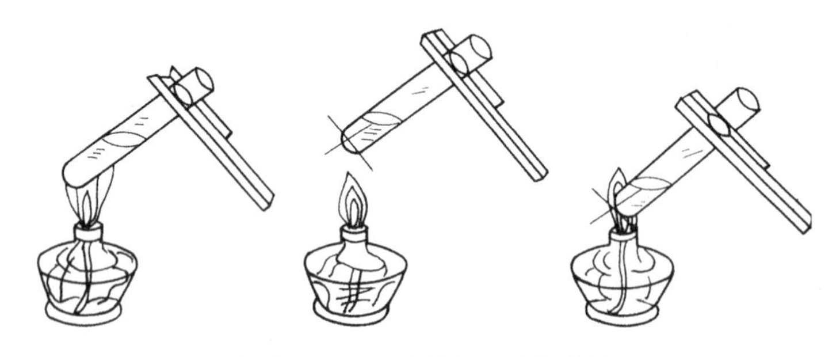

实图 1.12　用试管加热液体药品

⑥ 加热盛有液体的试管时，液体的体积一般不要超过试管容积的 1/3。加热时，试管与桌面成 45°，先将试管均匀受热。然后在试管中下部加热，并不断上下移动试管，火焰高度不能超过液面。加热时，一定不要将管口对着人体，以防液体沸腾喷出伤人。

⑦ 加热试管里的固体药品时，应将固体试剂斜铺在试管底部，试管口略向下倾斜，均匀加热后再集中加热，火焰由前向后缓慢移动。如实图 1.13 所示。

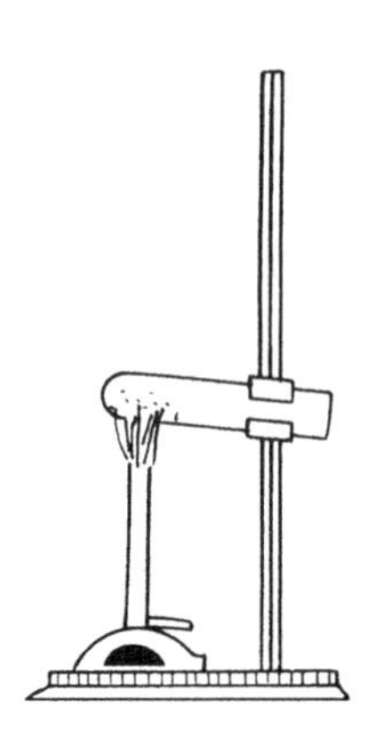

实图 1.13　加热试管中的固体

有关分液漏斗、移液管等仪器的操作见后面相应的介绍。

思考与提示

1. 如何洗涤，才能使各种玻璃仪器洗涤干净？
2. 取用固体和液体药品时，应该注意什么问题？
3. 如何检查气密性？
4. 加热时应该注意哪些问题？

实验二　溶液的配制和稀释

实验目的

1. 学会配制一定物质的量浓度溶液的方法；

2. 掌握容量瓶的使用和药品的称量；

3. 通过实验对溶液的概念有进一步的了解。

实验用品

1. 实验仪器

托盘天平、量筒(10mL、50mL)、容量瓶(250mL)、烧杯、滴管、药匙。

2. 实验药品

固体氢氧化钠、浓硫酸、蒸馏水。

实验内容与步骤

1. 配制 $1mol \cdot L^{-1}$的氢氧化钠溶液 250mL

(1) 计算　计算出配制 $1mol \cdot L^{-1}$ 的氢氧化钠溶液 250mL 所需要的固体氢氧化钠的质量。

(2) 称量　用托盘天平称量一个干燥洁净的烧杯的质量，再将氢氧化钠放入烧杯中，按照计算结果，称出所需质量的氢氧化钠见实图所示。

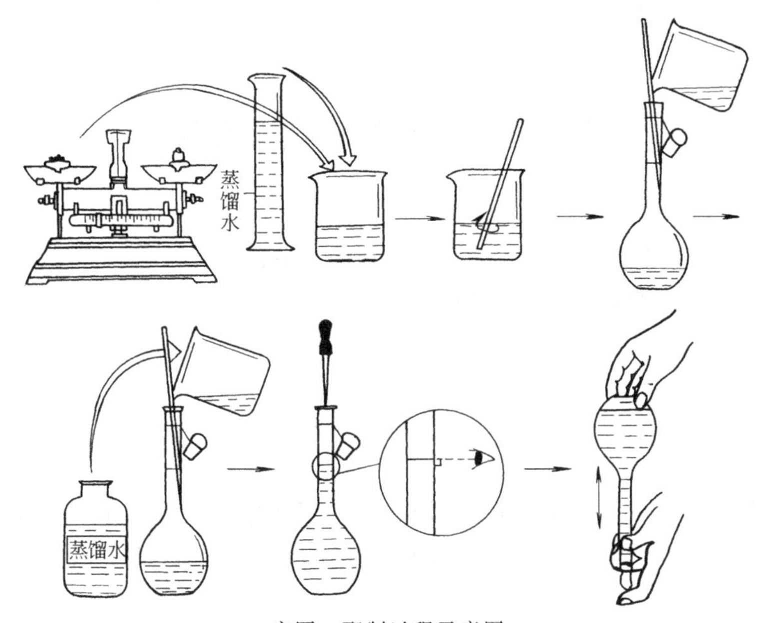

实图　配制过程示意图

说明：使用容量瓶配制溶液时，不应该使用托盘天平称量药品，此处只是为了强调容量瓶的使用。以后分析化学课中会讲解与容量瓶配套使用的分析天平等仪器的使用。

(3) 配制溶液　向烧杯中加入适量蒸馏水，用玻璃棒搅拌使氢氧化钠完全溶解，冷却后将溶液移至容量瓶中。并分别用少量水洗涤烧杯和玻璃棒 2～3 次，洗液全部转移至容量瓶中。然后按照上图配制成 250mL 溶液（注意：使用容量瓶前，应先检查容量瓶塞是否严密。振荡之前，要将瓶塞塞紧）。

（4）倒入试剂瓶中，贴上标签。

2. 用市售浓硫酸配制 250mL　$c(H_2SO_4)=1mol \cdot L^{-1}$的稀硫酸

（1）市售浓硫酸的质量分数为 98.0%，密度为 $1.84g \cdot cm^{-3}$，使用浓度换算公式

$$c=\frac{1000\times\rho\times w/M}{1}$$

计算出浓硫酸的物质的量浓度。并根据稀释公式：$c_1V_1=c_2V_2$ 求所需浓硫酸的体积。

（2）量取　用量筒量取所需浓硫酸的体积。

说明：使用容量瓶配制溶液时，不应该使用量筒量取溶液。此处只是为了强调容量瓶的使用。

以后分析化学课中会讲解与容量瓶配套使用的移液管等仪器的使用。

（3）稀释　将上述量取的浓硫酸慢慢地沿着烧杯内壁倒入盛有约 100mL 蒸馏水的烧杯中，边倒边搅拌并冷却。

【注意】不可将水倒入浓硫酸中。

（4）配制溶液　如实图所示，即可配制。

（5）倒入试剂瓶中，贴上标签。

思考与提示

1. 称量氢氧化钠时，为什么要使用烧杯？

2. 浓硫酸配制稀硫酸时，应该注意哪些问题？

3. 将烧杯里的溶液倒入容量瓶后，为什么还要洗涤烧杯 2～3 次？并将洗液全部转移至容量瓶中？

实验三　元素性质递变规律

实验目的

1. 巩固对同周期、同主族元素性质递变规律的认识；

2. 初步理解元素周期表中元素性质递变规律。

实验用品

1. 实验仪器

试管、试管夹、酒精灯、烧杯、砂纸、药匙、玻璃片。

2. 实验药品

钾、钠、镁条、铝片、NaOH($0.1mol \cdot L^{-1}$)、$MgCl_2$($0.1mol \cdot L^{-1}$)、$AlCl_3$($0.1mol \cdot L^{-1}$)、NaCl($0.1mol \cdot L^{-1}$)、NaBr($0.1mol \cdot L^{-1}$)、NaI($0.1mol \cdot L^{-1}$)、氢硫酸、氯水、溴水、酚酞等。

实验内容与步骤

1. 同周期元素性质的递变规律

① 取一个 100mL 的烧杯，向烧杯中加入约 50mL 水，然后取绿豆粒大小的一小块金属钠，擦干煤油，放入烧杯中，观察现象。另取两支试管各注入 5mL 水，取一条镁条，用砂纸擦去表面的氧化物后，放入其中的一支试管中。再取一片铝片，浸入氢氧化钠溶液中以除去表面的氧化膜，然后取出用水洗净，放入另一支试管中。注意观察反应现象，如果反应缓慢，可在酒精灯上稍微加热。

② 向上述烧杯和两支试管中，各滴入 2～3 滴酚酞指示剂，观察颜色变化。

③ 取两支试管分别加入 3mL 氯化镁溶液和 3mL 氯化铝溶液。然后逐渐滴入过量的氢氧化钠溶液，观察发生的现象。

④ 在试管中加入 3mL 氢硫酸，然后滴入氯水，观察发生的现象。

根据上述实验可得出什么结论？

2. 同主族元素性质的递变规律

① 在一个 100mL 的烧杯中，加入约 50mL 水。然后加入一块绿豆粒大小的金属钾，并用玻璃片将烧杯盖住。注意观察反应的剧烈程度，并与前述金属钠与水的反应的剧烈程度作一比较。

② 在 3 支试管中，分别加入少量氯化钠、溴化钠、碘化钠晶体，并且各加入少量蒸馏水，使其溶解。然后分别加入 1mL 氯水，注意观察溶液颜色的变化。

③ 另取 3 支试管，用溴水代替上述实验中的氯水做相同的实验。

根据上述 3 个实验，可以得出什么结论？

思考与提示

1. 同一周期，从左到右元素的金属性逐渐减弱，非金属性逐渐增强；同一主族，从上到下元素的金属性逐渐增强，非金属性逐渐减弱，这与元素的原子结构和核外电子排布有什么关系？

2. 取用金属钠、钾时，为何要用镊子夹取，不能用手直接拿？

实验四　硫酸铜晶体的制取和结晶水含量的测定

实验目的

1. 掌握称量、溶解、过滤，蒸发、结晶和干燥的基本操作；

2. 了解制取晶体和用重结晶法提纯晶体的过程；

3. 了解测定晶体里结晶水含量的方法；了解灼烧的技能。

实验用品

1. 实验仪器

托盘天平、烧杯、量筒、漏斗、玻璃棒、铁架台、石棉网、表面皿、瓷坩埚、坩埚钳、干燥器、酒精灯及滤纸。

2. 实验药品

氧化铜固体、硫酸（$12mol \cdot L^{-1}$）、蒸馏水。

实验原理

用硫酸与氧化铜发生反应可以制取硫酸铜晶体

$$CuO + H_2SO_4 \longrightarrow CuSO_4 + H_2O$$

实验内容与步骤

1. 制取硫酸铜晶体

（1）制成饱和硫酸铜溶液　用量筒量取 10 mL $12mol \cdot L^{-1}$ 硫酸，倒入蒸发皿中，加热到将要沸腾时，用药匙慢慢地撒入氧化铜粉末，一直到氧化铜不能再反应为止。同时用玻璃棒不断地搅拌溶液。

（2）过滤　待氧化铜溶解完全，停止加热。蒸发皿冷却后，倒入用量筒量取的 10mL 蒸馏水，用玻璃棒搅拌溶液，使其混合均匀，然后将溶液倾入到事先组装好的过滤器的漏斗中，用一个小烧杯接滤液，如实图 4.1 所示。

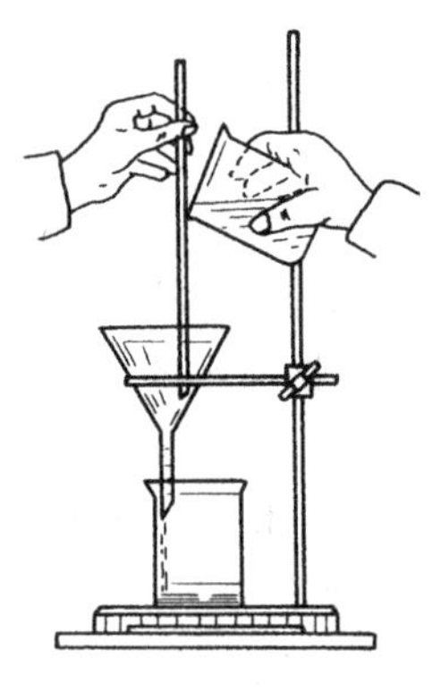

实图 4.1　过滤

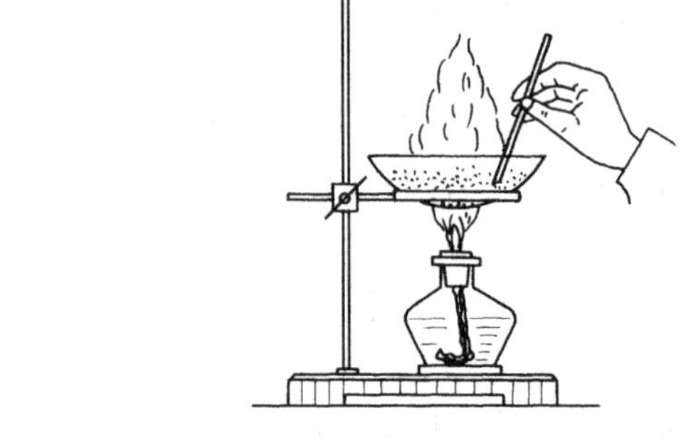

实图 4.2　蒸发

(3) 蒸发和结晶　将滤液倒入洁净的蒸发皿中加热，用玻璃棒搅拌溶液，待硫酸铜晶体刚一析出，就停止加热。待冷却后，析出硫酸铜晶体，如实图 4.2 所示。

(4) 干燥　小心倾倒出蒸发皿内的母液（回收），用药匙将晶体取出放在表面皿上，用滤纸吸干晶体表面的水分（待用）。

2. 重结晶法提纯硫酸铜晶体

为了得到纯度更高的晶体，可以将结晶出来的晶体重新溶解在蒸馏水里，加热，制成饱和溶液，待冷却后，使它再一次结晶，杂质留在母液里。这就是重结晶或再结晶。步骤如下：

(1) 称量和溶解　用托盘天平称取上面制得的硫酸铜晶体 5g，放在洁净的小烧杯中，再用量筒量取 10mL 蒸馏水倒入烧杯，并加热，使硫酸铜完全溶解。

(2) 过滤　趁热把溶液倾入事先组装好的过滤器的漏斗中，用一个小烧杯接滤液。

(3) 蒸发　把烧杯放在石棉网上加热，蒸去 1/3 体积的溶液。

(4) 结晶　把烧杯浸到冷水里，溶液中即有硫酸铜晶体析出。

(5) 干燥　小心倾倒出烧杯内的母液（回收），用药匙把晶体取出放在表面皿上，用滤纸吸收晶体表面的水，再把晶体放在两层滤纸上，用玻璃棒铺开，上面再盖一张滤纸，用手指轻轻挤压，以吸去晶体表面的水。更换新的滤纸，重复操作一次或两次，直到晶体干燥为止。

3. 称量

(1) 称量　准确称量干燥的瓷坩埚的质量，并用这坩埚称取 2g 已经研碎的硫酸铜晶体。

(2) 加热　把盛有硫酸铜晶体的瓷坩埚放在三脚架上的泥三角上，用酒精灯慢慢地加热，直到硫酸铜晶体的蓝色消失，完全变白，且不再有水蒸气逸出为止。然后将坩埚放在干燥器里冷却。

(3) 称量　待瓷坩埚在干燥器里冷却后，放在天平上称量，记下瓷坩埚和无水硫酸铜的质量。

(4) 加热至恒重　将盛有无水硫酸铜的瓷坩埚再加热，放在干燥器里冷却后再称量，记下质量。直到两次称量的质量相差不超过 0.1g 为止。

(5) 计算　根据实验结果求出硫酸铜晶体中结晶水的含量。

$$结晶水的含量 = \frac{结晶水质量}{硫酸铜晶体质量} \times 100\%$$

思考与提示

1. 在蒸发滤液时，为什么不能将滤液蒸干？

2. 重结晶时，为什么要热滤？

实验五　卤族元素及其重要化合物的性质

实验目的

1. 熟悉卤素单质的氧化性规律并掌握卤离子的还原性规律；

2. 掌握卤离子的特性反应及鉴定方法；

3. 了解漂白粉的性质及用途；

4. 熟悉萃取和分液操作。

实验用品

1. 实验仪器

试管、玻璃棒、分液漏斗。

2. 实验药品

饱和氯水、饱和溴水、浓 H_2SO_4、KBr(0.1mol·L^{-1})、KI(0.1mol·L^{-1})、NaCl(0.1mol·L^{-1})、CCl_4、$AgNO_3$(0.1mol·L^{-1})、HNO_3(3mol·L^{-1})、HCl(2mol·L^{-1})、淀粉溶液(10%)、KI(固)、KBr(固)、NaCl(固)、$PbAc_2$ 试纸、浓氨水、淀粉-碘化钾试纸、漂白粉溶液（10%）、品红溶液、乙醚、醋酸水溶液（1∶19）。

实验内容与步骤

1. 氯、溴、碘的性质

（1）卤素间的置换反应

a. 试管中加 2 滴 0.1mol·L^{-1} KBr 溶液和 5 滴 CCl_4，然后滴加氯水，边加边振荡，观察 CCl_4 层中的颜色。

b. 在试管中加 2 滴 0.1mol·L^{-1} KI 溶液和 5 滴 CCl_4，然后滴加氯水，边加边振荡，观察 CCl_4 层中的颜色。

c. 在试管中加 5 滴 0.1mol·L^{-1} KI 溶液，再加入 1～2 滴淀粉试液，然后滴加溴水，观察溶液颜色的变化。

根据以上实验结果，说明卤素的置换顺序，并写出有关化学方程式。

（2）卤离子的还原性

a. 向盛有少量 KI 固体的试管中加入 0.5mL 浓硫酸，观察 I_2 的析出；把湿润的 $PbAc_2$ 试纸移近试管口，观察现象（检验硫化氢气体的生成）。写出有关反应式。

b. 向盛有少量 KBr 固体的试管中加入 0.5mL 浓硫酸，观察 Br_2 的析出；把湿润的淀粉-碘化钾试纸移近试管口，观察现象。写出有关反应式。

c. 向盛有少量 NaCl 固体的试管中加入 0.5mL 浓硫酸，观察氯化氢气体的产生；用玻璃棒蘸取一些浓氨水，移近试管口，观察现象。写出有关反应式。

通过上述实验，比较 I^-、Br^-、Cl^- 的还原能力。

2. 卤离子的特性反应

（1）往试管中加入 1mL 0.1mol·L^{-1} NaCl 溶液，然后加入 2 滴 0.1mol·L^{-1} $AgNO_3$ 溶液，观察沉淀的颜色。弃去上层清液，在沉淀中滴加 3mol·L^{-1} HNO_3 溶液，振荡，观察沉淀是否溶解。写出有关化学方程式。

（2）往试管中加入 1mL 0.1mol·L^{-1} KBr 溶液，然后加入 2 滴 0.1mol·L^{-1} $AgNO_3$ 溶液，观察沉淀的颜色。弃去上层清液，在沉淀中滴加 3mol·L^{-1} HNO_3 溶液，振荡，观察沉淀是否溶解。写出有关化学方程式。

（3）试管中加入 1mL 0.1mol·L^{-1} KI 溶液，然后加入 2 滴 0.1mol·L^{-1} $AgNO_3$ 溶液，观察沉淀的颜色。弃去上层清液，在沉淀中滴加 3mol·L^{-1} HNO_3 溶液，振荡，观察沉淀是否溶解。写出有关化学方程式。

3. 漂白粉的性质

取两支试管，分别加入 2mL 10%的漂白粉溶液，其中一支滴加 2mol·L^{-1}的 HCl 溶液，用淀粉-碘化钾试纸检验生成的气体；另一支加入数滴品红溶液，观察品红溶液的颜色变化。写出有关化学方程式。

4. 萃取和分液的操作

（1）基础知识

萃取是利用物质在两种互不相溶（或微溶）的溶剂中溶解度的不同，使用一定的仪器使物质从一种溶剂转移到另一种溶剂中的操作。经过反复多次的萃取，可将绝大部分物质提取出来。萃取是分离混合物和纯化化合物常用的方法。萃取和分液有时可结合进行。

萃取可分为液 - 液萃取和液 - 固萃取两种。在实验室进行液 - 液萃取时，一般在分液漏斗中进行，其装置如实图 5.1 所示。

实图 5.1 分液漏斗

实图 5.2 倒转分液漏斗

（2）萃取和分液操作方法

a. 在溶液中加入萃取剂，用右手压住分液漏斗口部的玻璃塞，左手握住活塞部分，将分液漏斗倒转过来用力振荡，如实图 5.2 所示。

b. 将分液漏斗放在铁架台上静置片刻，如实图 5.3 所示。

c. 将分液漏斗上的玻璃塞打开或使塞子上的凹槽或小孔对准漏斗上的小孔，使漏斗内外的空气相通，以保证漏斗中的流体能够流出。

d. 打开活塞，使下层液体慢慢流出。

（3）萃取实验

a. 用 30mL CCl_4 萃取 20mL 饱和溴水中的溴。

b. 用 30mL 乙醚萃取 10mL 醋酸水溶液中的醋酸。

思考与提示

一、思考

1. 有一失落标签的可溶性卤化物，用实验方法怎样确定它是何种卤化物？

2. 用 $AgNO_3$ 试剂检定卤素离子时，为什么要加少量的稀硝酸？向未知试液中加 $AgNO_3$ 试剂，如无沉淀，能否证明不存在卤素离子？

3. 漂白粉的主要成分有哪些？其中哪一种是有效成分？

4. 使用分液漏斗应注意哪些问题？

实图 5.3　萃取操作

二、提示

1. 若实验室没有漂白粉，可用以下方法制备 $Ca(ClO)_2$：往试管中加入 20 滴氯水，然后逐滴加入 $2mol \cdot L^{-1} Ca(OH)_2$ 溶液直至碱性。

2. 在进行分液操作时，当形成乳浊液难于分层时，可采用以下几种方法破坏乳浊液。

① 以接近垂直的位置将分液漏斗轻轻回荡或用玻璃棒轻轻搅拌。

② 加入食盐（或某些去泡剂）利用盐析作用来破坏乳化。

③ 若因碱性物质而乳化，加入少量稀硫酸来破坏乳化。

④ 加热或滴加数滴乙醇（改变表面张力）来破坏乳化。

实验六　氧化还原反应

实验目的

1. 了解几种常用的氧化剂和还原剂及它们的反应生成物；

2. 掌握强氧化剂高锰酸钾在酸性，中性和强碱性溶液中的氧化性以及它们的反应生成物。

实验用品

1. 实验仪器

试管、试管架、药匙、酒精灯、试管夹、250mL 烧杯、铁台架、铁圈、石棉网。

2. 实验药品

固体：铜片、$FeSO_4$。

液体：HNO_3(浓、$6mol \cdot L^{-1}$)、H_2SO_4(浓、$2mol \cdot L^{-1}$，$6mol \cdot L^{-1}$)、$K_2Cr_2O_7$($1mol \cdot L^{-1}$)、Na_2SO_3($0.1mol \cdot L^{-1}$)、KI($0.1mol \cdot L^{-1}$)、$KMnO_4$(0.02%)。、H_2O_2(3%)、NH_4SCN($0.1mol \cdot L^{-1}$)、$HgCl_2$($1mol \cdot L^{-1}$)、NaOH($6mol \cdot L^{-1}$)。

实验内容与步骤

1. 氧化性酸

(1) 硝酸　取 2 支试管，分别加入浓硝酸、$6mol \cdot L^{-1} HNO_3$ 各 1mL，再各加入铜片 1 块，观察现象，写出化学反应方程式，指出反应中的氧化剂和还原剂。

(2) 浓硫酸　取 2 支试管，分别加入浓硫酸、$6mol \cdot L^{-1} H_2SO_4$ 1mL，再各加入铜片 1 块，微热，观察现象，写出化学反应方程式，指出反应中的氧化剂和还原剂。

2. 几种常见氧化剂及它们的反应

(1) 重铬酸钾

a. 在试管中加入 1mol・L^{-1} $K_2Cr_2O_7$ 溶液 5 滴，6mol・L^{-1} H_2SO_4 5 滴，再加入 0.1mol・L^{-1} Na_2SO_3 4 滴，摇匀，观察现象，写出化学反应方程式，指出反应中的氧化剂和还原剂。

b. 在试管中加入 1mol・L^{-1} $K_2Cr_2O_7$ 溶液 5 滴，6mol・L^{-1} H_2SO_4 5 滴，再加入 1mol・L^{-1} KI 1～2 滴，观察现象，写出化学反应方程式，指出反应中的氧化剂和还原剂。

(2) 高锰酸钾　取试管一支，加入 0.02% $KMnO_4$ 5 滴，6mol・L^{-1} H_2SO_4 5 滴，再加入 3% H_2O_2 3 滴，观察溶液颜色的改变，写出化学反应方程式，指出反应中的氧化剂和还原剂。

3. 介质对氧化还原反应的影响

高锰酸钾在不同酸、碱性溶液中的氧化性及它的反应生成物。

(1) $KMnO_4$ 在酸性溶液中的氧化性　取试管一支，加入 0.1mol・L^{-1} Na_2SO_3 溶液 1mL，加入 2mol・L^{-1} H_2SO_4 溶液数滴，再加入 0.02% $KMnO_4$ 溶液 2 滴，观察溶液颜色变化，写出化学反应方程式，指出反应中的氧化剂、还原剂和还原产物。

(2) $KMnO_4$ 在中性溶液中的氧化性　用蒸馏水数滴代替 2mol・L^{-1} H_2SO_4 进行同样的实验，观察溶液颜色变化，写出化学反应方程式，指出反应中的氧化剂、还原剂和还原产物。

(3) $KMnO_4$ 在碱性溶液中的氧化性　用 6mol・L^{-1} NaOH 溶液数滴代替 2mol・L^{-1} H_2SO_4 进行同样的实验，观察溶液颜色变化，写出化学反应方程式，指出反应中的氧化剂、还原剂和还原产物。

根据以上 3 个实验，归纳 $KMnO_4$ 在不同酸，碱性溶液中的氧化性和还原产物。

4. 几种常见还原剂及它们的反应

(1) 亚铁盐　在试管中加入 $FeSO_4$ 固体少许，溶于少量蒸馏水中，加 6mol・L^{-1} H_2SO_4 1～2 滴，再加 0.1mol・L^{-1} NH_4SCN 2 滴，摇匀，然后滴加 3% H_2O_2 4 滴，观察颜色变化，并加以说明。

(2) 亚锡盐　在试管中加入 1mol・L^{-1} $HgCl_2$ 5 滴，再逐滴加入 1mol・L^{-1} $SnCl_2$ 溶液，每加 1 滴均要振荡，先生成白色 Hg_2Cl_2 沉淀，继续滴入 $SnCl_2$ 至变为灰黑色 Hg 沉淀，其化学反应方程式如下：

$$2HgCl_2 + SnCl_2 \longrightarrow Hg_2Cl_2\downarrow + SnCl_4$$

$$Hg_2Cl_2 + SnCl_2 \longrightarrow SnCl_4 + 2Hg\downarrow$$

思考与提示

1. 稀硝酸对金属的作用和稀硫酸有何不同？为什么一般不用硝酸作为酸性反应的条件？
2. 为什么重铬酸洗液能够洗净仪器？洗液在用过一段时间后，为什么会逐步变成绿色？
3. 铜和浓、稀硝酸反应其还原产物各是什么？实验结果说明了什么？

实验七　碱金属、碱土金属及重要化合物的性质

实验目的

1. 掌握金属钠、镁单质的还原性及其性质变化规律；
2. 了解过氧化钠的性质；
3. 了解镁、钙的氢氧化物，硫酸盐的生成并比较其溶解性；

4. 了解碳酸钙、碳酸氢钙的溶解性；

5. 练习焰色反应的操作。

实验用品

1. 实验仪器

镊子、坩埚、小刀、漏斗、砂纸、滤纸、钴玻璃片、电铂丝。

2. 实验药品

HCl($2mol \cdot L^{-1}$)、NaOH($2mol \cdot L^{-1}$)、$MgCl_2$($0.5mol \cdot L^{-1}$)、浓 HNO_3、$CaCl_2$($0.5mol \cdot L^{-1}$)、Na_2SO_4($0.5mol \cdot L^{-1}$)、NaCl($0.5mol \cdot L^{-1}$)、KCl($0.5mol \cdot L^{-1}$)、$SrCl_2$($0.5mol \cdot L^{-1}$)、$BaCl_2$($0.5mol. L^{-1}$)、金属钠、镁条、酚酞、Na_2CO_3(固)、NaH-CO_3(固)。

实验内容与步骤

1. 金属钠、镁及过氧化钠的性质

(1) 金属钠、镁的性质

a. Na 与 O_2 作用　用镊子夹取一小块金属钠，用滤纸吸干其表面的煤油，在表面皿上用小刀切开，观察新断面的颜色变化。除去金属钠表面的氧化层，立即放入坩埚中加热。当 Na 开始燃烧时，停止加热。观察火焰的焰色和产物的颜色、状态。写出化学方程式，产物保留供实验内容 (2) 用 * 。

b. Mg 在空气中燃烧　取一小段镁条，用砂纸擦去表面的氧化膜，用镊子夹住一端，点燃，观察燃烧情况和产物的颜色、状态。将燃烧产物收集于试管中，试验其在水中和在 $2mol \cdot L^{-1}$ HCl 溶液中的溶解情况。写出有关的化学方程式。

c. Na 与水的作用　取绿豆粒大小的金属钠，用滤纸吸干表面的煤油，再放入盛有水的小烧杯中 (事先滴入 1 滴酚酞)，再用一个合适的漏斗倒扣在烧杯口上。观察反应现象。写出化学反应方程式。

d. Mg 与水的作用　取一小段镁条，用砂纸擦去表面的氧化膜，放入试管中，加入少量冷水，观察现象。然后，给试管加热，观察镁条在沸水中的反应情况。写出化学方程式，并设法检验产物 $Mg(OH)_2$。

综合实验结果，比较 Na、Mg 的活泼性。

(2) 过氧化钠的性质

将实验内容 (1) a 中的反应产物转入干燥的试管中，加入少量水 (反应放热，需将试管放入冷水中)。如何检验试管口有 O_2 放出？加入 2 滴酚酞试液检验水溶液是否呈碱性。写出化学方程式。

2. 镁、钙的氢氧化物，硫酸盐的溶解性

(1) 镁、钙氢氧化物的溶解性　在两支试管中分别加入 1mL $0.5mol \cdot L^{-1}$ $MgCl_2$、$0.5mol \cdot L^{-1}$ $CaCl_2$ 溶液，然后各加入 1mL 新配制的 $2mol \cdot L^{-1}$ 的 NaOH 溶液，观察产物的颜色和状态。根据两支试管中生成的沉淀的量，比较两种氢氧化物溶解度的相对大小。

弃去上述试管中的上层清液，并分别试验沉淀与 $2mol \cdot L^{-1}$ NaOH 溶液、$2mol \cdot L^{-1}$ HCl 溶液的作用。写出有关的化学方程式。

(2) 镁、钙硫酸盐的溶解性　取两支试管，分别加入 0.5mL $0.5mol \cdot L^{-1}$ $MgCl_2$、$0.5mol \cdot L^{-1}$ $CaCl_2$ 溶液，再各加入 0.5mL $0.5mol \cdot L^{-1}$ Na_2SO_4 溶液，观察产物的颜色和状态。并试验沉淀与浓硝酸的作用，比较两者溶解度的大小。

3. 碳酸钙、碳酸氢钙的溶解性

在两支试管中分别加入适量的碳酸钙和碳酸氢钙固体，分别试验它们在水及 $2mol \cdot L^{-1}$ HCl 中的溶解性。

4. 焰色反应

取一根顶端弯成小圈的铂丝（或镍丝），蘸以浓盐酸，在酒精灯上灼烧至无色；然后分别蘸以 $0.5mol \cdot L^{-1}$ NaCl、$0.5mol \cdot L^{-1}$ KCl、$0.5mol \cdot L^{-1}$ $CaCl_2$、$0.5mol \cdot L^{-1}$ $SrCl_2$ 和 $0.5mol \cdot L^{-1}$ $BaCl_2$ 溶液，放在氧化焰中灼烧。观察、比较它们的焰色有何不同。观察钾盐火焰时，应透过钴玻璃观察。注意，每做完一个试样，都要用浓盐酸清洗铂丝，并在火焰上灼烧至无色。

思考与提示

一、思考题

1. 试设计一个鉴别 Mg^{2+}、Ca^{2+} 的实验方案。

2. 通过金属钠、镁与水反应的现象，你能得出关于碱金属、碱土金属性质比较的什么结论？

3. 过氧化物有什么重要的性质和用途？

4. 金属钠为什么要保存在煤油中？

二、* 提示：为防止产物 Na_2O_2 与空气中的 CO_2、H_2O 等反应，实验中可接着做实验(2)，然后再做其他的实验。

实验八　氧族元素重要化合物的性质

实验目的

1. 熟悉 H_2O_2 的性质；

2. 熟练掌握浓硫酸的性质；

3. 掌握 S^{2-}、SO_3^{2-}、SO_4^{2-}、$S_2O_3^{2-}$ 的检验方法。

实验用品

1. 实验仪器

试管、酒精灯、药匙、火柴、烧杯、滴管。

2. 实验药品

H_2O_2(3%)、H_2SO_4(浓、$2mol \cdot L^{-1}$)、Na_2S($0.1mol \cdot L^{-1}$)、碘水、淀粉指示液(5%)、Na_2SO_3($0.1mol \cdot L^{-1}$)、Na_2SO_4($0.1mol \cdot L^{-1}$)、$BaCl_2$($0.1mol \cdot L^{-1}$)、$KMnO_4$(1%)、KI($0.1mol \cdot L^{-1}$)、$Cr_2(SO_4)_3$($0.1mol \cdot L^{-1}$)、NaOH($0.1mol \cdot L^{-1}$)、HNO_3($3mol \cdot L^{-1}$)、亚硝酰铁氰化钠（1%）、品红（1%）、$Na_2S_2O_3$($0.1mol \cdot L^{-1}$)、MnO_2(固体)、蔗糖(固体)、$CuSO_4 \cdot 5H_2O$(晶体)、Cu 片、pH 试纸。

实验内容与步骤

1. 过氧化氢的性质

① 试管中加入 3mL 3%的 H_2O_2，观察现象，在此试管中加入少量 MnO_2 粉末，观察现象，并立即用带火星的火柴梗检验所放出的气体。写出化学反应方程式。

② 试管中加入 1mL $0.1mol \cdot L^{-1}$ KI 溶液及 1mL $2mol \cdot L^{-1}$ H_2SO_4 溶液，加入 2 滴淀粉指示液，逐滴加入 3%H_2O_2 溶液，观察现象，写出化学反应方程式。

③ 试管中加入 1mL 0.1mol·L^{-1} $Cr_2(SO_4)_3$ 溶液及 1mL 1mol·L^{-1} NaOH 溶液，加 2mL 3% H_2O_2 溶液，加热，观察现象，写出化学反应方程式。

④ 试管中加入 1mL 1% $KMnO_4$ 溶液及 1mL 2mol·L^{-1} H_2SO_4 溶液，逐滴加入 3% H_2O_2 溶液，振荡，观察现象，写出化学反应方程式。

2. 浓硫酸的主要性质

① 试管中加入 2mL 浓 H_2SO_4 (小心!)，加一小片 Cu 片，加热，观察现象。用湿润的 pH 试纸检验管口的气体。冷却后将试管中的溶液倒入盛有少量水的烧杯中，观察溶液的颜色，写出化学反应方程式。

② 试管中加入 1 药匙 $CuSO_4 \cdot 5H_2O$ 晶体，加入 1mL 浓 H_2SO_4，观察现象，说明原因。

③ 试管中加入 1 药匙蔗糖，加入 1mL 浓 H_2SO_4，观察现象，说明原因。

3. 几种含硫离子的特性反应

① S^{2-}

试管中加入 1mL 0.1mol·L^{-1} Na_2S 试液，逐滴加入 1% $Na_2[Fe(CN)_5NO]$，观察现象。

② SO_3^{2-}

试管中加入 1mL 0.1mol·L^{-1} Na_2SO_3 溶液，逐滴加入 1%品红溶液，观察现象。

③ SO_4^{2-}

试管中加入 1mL 0.1mol·L^{-1} Na_2SO_4 溶液，滴加 0.1mol·L^{-1} $BaCl_2$ 溶液，观察现象，再加入 1mL 3mol·L^{-1} HNO_3 溶液，观察现象，写出化学反应方程式。

④ $S_2O_3^{2-}$

a. 试管中加入 1mL 0.1mol·L^{-1} $Na_2S_2O_3$ 溶液，加入 1mL 2mol·L^{-1} H_2SO_4 溶液，振荡，观察现象，写出化学反应方程式。

b. 试管中加入 1mL 碘水，加 2 滴淀粉指示液，逐滴加入 0.1mol·L^{-1} $Na_2S_2O_3$ 溶液，振荡，观察现象，写出化学反应方程式。

思考与提示

1. 举例说明 H_2O_2 既有氧化性又有还原性，写出各反应的化学反应方程式。
2. 浓硫酸有哪些主要特性？举例说明。
3. 如何稀释浓硫酸？使用浓硫酸的注意事项是什么？
4. 如何检验 S^{2-}、SO_3^{2-}、SO_4^{2-}、$S_2O_3^{2-}$ 等离子？

实验九　化学反应速率和化学平衡

实验目的

1. 了解反应物浓度、温度和催化剂对反应速率的影响；
2. 了解反应物浓度和温度对化学平衡的影响；
3. 练习在水浴中保持恒温的操作。

实验原理

化学反应速率用单位时间内反应物或生成物浓度的改变量来表示。化学反应速率首先决定于反应物的本性，其次受外界条件——反应物浓度、温度和催化剂等影响。

在室温下，一定浓度的稀 H_2SO_4 与不同浓度的 $Na_2S_2O_3$ 溶液反应，$Na_2S_2O_3$ 溶液的浓度越大，反应速率越大，也就是反应出现白色浑浊的时间越短。

$$Na_2S_2O_3+H_2SO_4 = Na_2SO_4+H_2O+SO_2\uparrow+S\downarrow$$

当反应体系中反应物浓度一定时，升高温度，反应速率大大加快。

加入适当的催化剂，可大大加快反应速率。

在一定条件下，可逆反应的正、逆反应速率相等时，就达到了化学平衡状态。当外界条件改变时，化学平衡就发生移动。如增大反应物浓度，平衡就会向正反应方向移动；升高反应体系温度，平衡向吸热方向移动。

反应物浓度对化学平衡的影响，可用下列反应说明：

$$\underset{\text{黄色}}{K_2CrO_4}+H_2SO_4 \rightleftharpoons \underset{\text{橙色}}{K_2Cr_2O_7}+K_2SO_4+H_2O$$

当向平衡体系加入 H_2SO_4 或 NaOH 时，也就是改变了反应物的浓度，即增大或减小了反应物的浓度，根据溶液颜色的转变可以确定浓度对化学平衡的影响。

温度对化学平衡的影响，可用下列反应证明：

$$\underset{\text{红棕色}}{2NO_2} \rightleftharpoons \underset{\text{无色}}{N_2O_4}+57kJ\cdot mol^{-1}$$

该反应正向为放热反应。若升高温度，平衡向吸热方向即逆方向移动，可通过平衡体系中气体颜色的变化来验证。

实验用品

1. 实验仪器

秒表、温度计（373K）、量筒（10mL、25mL、25mL）、NO_2 气体平衡仪、烧杯（100mL）、水浴锅、酒精灯。

2. 实验药品

$Na_2S_2O_3$（$0.1mol\cdot L^{-1}$）、H_2SO_4（$0.05mol\cdot L^{-1}$，$2.0mol\cdot L^{-1}$）、H_2O_2（10%）、K_2CrO_4（$0.1mol\cdot L^{-1}$）、NaOH（$2.0mol\cdot L^{-1}$）、MnO_2（粉末）。

实验内容与步骤

1. 浓度对反应速率的影响

用 25mL 量筒量取 5mL $0.1mol\cdot L^{-1}$ $Na_2S_2O_3$ 溶液，用另一只 25mL 量筒量取 25mL 蒸馏水，一并注入 100mL 小烧杯中。用 10mL 量筒量取 10mL $0.05mol\cdot L^{-1}$ H_2SO_4 溶液，准备好秒表，将量筒中的 H_2SO_4 迅速倒入盛有 $Na_2S_2O_3$ 和水的小烧杯中，立刻看表计时，至溶液刚好出现浑浊时，停止计时。将出现浑浊的时间记录在下面表格中。

用同样方法按下表进行实验。

实验号数	$V(Na_2S_2O_3)$/mL	$V(H_2O)$/mL	$V(H_2SO_4)$/mL	出现浑浊的时间/s
1	5	25	10	
2	10	20	10	
3	15	15	10	
4	20	10	10	
5	25	5	10	

根据实验结果说明：增大反应物浓度，反应速率________。

2. 温度对反应速率的影响

在 100mL 小烧杯中，加入 10mL 0.1mol·L^{-1} $Na_2S_2O_3$ 溶液和 20mL 蒸馏水，用量筒量取 10mL 0.05mol·L^{-1} H_2SO_4 溶液于另一支试管中，将小烧杯和试管同时放在热水浴中（可用水浴锅加水，小火加热），加热到比室温高 10K 时，将盛有 H_2SO_4 溶液试管取出，倒入小烧杯中（小烧杯仍然置于水浴中），立即看表计时，记下溶液出现浑浊所需的时间，并记录在下面的表格中。

用同样的方法，在比室温高 293K 时进行反应，结果填入下表。

实验序号	$V(Na_2S_2O_3)$/mL	$V(H_2O)$/mL	$V(H_2SO_4)$/mL	实验温度/K	出现浑浊的时间/s
1	10	20	10	室温	
2	10	20	10	室温＋10K	
3	10	20	10	室温＋20K	

根据实验结果说明：升高温度，反应速率______________。

3. 催化剂对反应速率的影响

在试管中加入 5mL 10%H_2O_2 溶液，观察__________气泡放出。然后加入少量 MnO_2 粉末，观察__________气泡放出，将余烬的火柴伸入试管口，余烬的火柴__________。反应方程式________________。

根据实验结果说明：加入 MnO_2，反应速率__________，MnO_2 在反应中起__________作用。

4. 浓度对化学平衡的影响

取 5mL 0.1mol·$L^{-1}$$K_2CrO_4$ 溶液于试管中，然后滴加 2.0mol·$L^{-1}$$H_2SO_4$ 溶液，观察溶液的颜色由__________色变为__________色；再向试管中滴加 2.0mol·L^{-1}NaOH 溶液，观察溶液的颜色由__________色变为__________色。

根据实验结果说明：增大反应物浓度，化学平衡向__________方向移动；减小反应物浓度，平衡向__________方向移动。

5. 温度对化学平衡的影响

将充有 NO_2 和 N_2O_4 混合气体的 NO_2 气体平衡仪的两端分别置于盛有冷水和热水的烧杯中，如实图 9.1 所示，观察热水球内气体颜色__________；冷水球内气体颜色__________。

根据实验结果说明：升高温度，化学平衡向__________方向移动。

实图 9.1　NO_2 气体平衡仪

思考与提示

1. 设计浓度、温度对化学反应速率的影响时，为何要使溶液的总体积相等？

2. 恒温水浴操作时，可以用大烧杯代替水浴锅作浴液容器，水浴温度测量时要注意哪些问题？

3. 做浓度、温度对化学反应速率影响实验时，为什么取每种溶液的量筒要专用？否则，会出现什么结果？

4. 化学平衡在何种情况下移动？如何判断化学平衡移动的方向？根据实验结果说明。

实验十　电解质溶液

实验目的

1. 掌握强、弱电解质的区别，巩固 pH 的概念；

2. 熟悉盐类的水解及其影响因素；

3. 了解溶度积规则及沉淀溶解平衡的移动。

实验用品

HCl(0.1，2，6mol·L^{-1})、HAc(0.1，2mol·L^{-1})、$NH_3 \cdot H_2O$(0.1mol·L^{-1})、NaOH(0.1mol·L^{-1})、NH_4Cl(0.1mol·L^{-1})、NaCl(0.1mol·L^{-1})、Na_2CO_3(0.1mol·L^{-1})、NaAc(0.1mol·L^{-1})、NH_4Ac(0.1mol·L^{-1})、Na_2S(0.2mol·L^{-1})、$Pb(NO_3)_2$(0.1mol·L^{-1})、$Al_2(SO_4)_3$(0.5mol·L^{-1})、KI(0.1mol·L^{-1})、$CaCl_2$(0.1mol·L^{-1})、K_2CrO_4(0.1mol·L^{-1})、$AgNO_3$(0.1mol·L^{-1})、$FeCl_3$(固体)、锌粒、H_2S 饱和溶液、酚酞试液、pH 试纸。

实验内容与步骤

1. 比较盐酸和醋酸的酸性

(1) 用 pH 试纸分别测定 0.1mol·L^{-1} HCl 和 0.1mol·L^{-1} HAc 溶液的 pH，测定结果为________________。

(2) 在两支试管中，分别加入 2mL 2mol·L^{-1} HCl 和 2mL 2mol·L^{-1} HAc 溶液，再各加入一粒锌，观察反应现象________________。反应方程式为________________。

由实验结果可知：盐酸的酸性比醋酸的酸性________________。

2. 溶液 pH 的测定

在点滴盘上，分别滴入下列溶液几滴，再用 pH 试纸测定下列溶液的 pH。

0.1mol·L^{-1} HAc、0.1mol·L^{-1} NaOH、0.1mol·L^{-1} $NH_3 \cdot H_2O$、0.1mol·L^{-1} HCl、饱和 H_2S 水溶液。根据测得的数据，将上述溶液按酸性由强到弱的顺序排列________________________。

3. 盐类的水解

(1) 测定 0.1mol·L^{-1}下列溶液的 pH：

NaCl、NH_4Cl、Na_2CO_3、NH_4Ac。将溶液按酸性由强到弱的排序________________。解释各种盐溶液的 pH 不同的原因________________。

(2) 在试管中加入 2mL 0.1mol·L^{-1} NaAc 溶液和 1 滴酚酞试液，观察溶液的颜色________________。再用小火加热溶液，观察溶液的颜色________________。解释原因____。

(3) 取一药匙 $FeCl_3$ 固体放入小烧杯中，用水溶解，观察溶液的颜色________________，透明度________________。将溶液分成 3 份，第 1 份加 2 滴 6 mol·L^{-1} HCl 溶液，第 2 份用小火加热，第 3 份留做观察比较。注意观察第 1 份溶液________________，第 2 份溶液________________。解释原因________________。

(4) 在一支大试管中，加入 5mL 0.1mol·L^{-1} $Al_2(SO_4)_3$ 溶液和 5mL 0.2mol·L^{-1} Na_2S 溶液，观察现象________________，反应式为________________。

4. 沉淀溶解平衡

（1）在试管中加入 2mL 0.1mol·L^{-1} $Pb(NO_3)_2$ 溶液，再加入 2mL 0.1mol·L^{-1} KI 溶液，观察现象________，写出化学反应方程式________。待沉淀沉降后，将上层清液（什么物质）倾入另一洁净试管中，滴加 0.1mol·L^{-1} KI 溶液，现象________，解释原因________。

（2）在试管中加入 $CaCl_2$ 溶液，再加入 2mL 0.1mol·L^{-1} Na_2CO_3 溶液，观察现象________。反应方程式为________。然后向其中加入 6mol·L^{-1} HCl 溶液，现象________，解释原因________。

（3）在试管中加入 2mL 0.1mol·L^{-1} K_2CrO_4 溶液，再加入几滴 0.1mol·L^{-1} $AgNO_3$ 溶液，观察现象________，反应方程式为________。然后加入 2mL 0.1mol·L^{-1} NaCl 溶液，用玻璃棒搅动沉淀，观察沉淀的颜色变化________，解释原因________。

思考与提示

1. 根据实验 3、(3) 回答，实验室应如何配制 $FeCl_3$、$SnCl_2$ 等溶液？为什么？
2. 在实验 3、(4) 中，若用 Na_2CO_3 代替 Na_2S 溶液，则实验产物应该是什么？如何来证明？
3. 用溶度积规则来解释沉淀的生成、溶解和转化的条件。

实验十一　缓冲溶液

实验目的

1. 掌握同离子效应对弱电解质电离平衡的影响；
2. 了解缓冲溶液的配制及缓冲溶液的缓冲作用；
3. 练习用移液管准确移取一定体积溶液的操作。

实验药品

HAc(0.1,6.0mol·L^{-1})、$NH_3·H_2O$(0.1,0.5,6.0mol·L^{-1})、饱和 H_2S 水溶液、HCl(1.0,2.0mol·L^{-1})、NaOH(1.0,2.0mol·L^{-1})、$MgCl_2$(0.1mol·L^{-1})、NaAc(1.0mol·L^{-1})、NH_4Cl(1.0mol·L^{-1})、甲基橙试液、酚酞试液、醋酸铅试纸、固体 NaAc、固体 NH_4Cl、pH 试纸、100mL 容量瓶（2 个）、250mL 锥形瓶（4 个）、25mL 移液管（3 支）、50mL 移液管（2 支）、10mL 吸量管（2 支）。

移液管的使用

要求准确量取一定体积液体时，可用各种不同容量的移液管。移液管是一根细长而中间有膨大部分（称为球体）的玻璃管，上端还刻有一条标线。在一定温度下（一般都是 293K），移液管的标线至下端出口间的容量是一定的，常用的移液管有 10mL、25mL、50mL 等。另外还有一种带有均匀分刻度的移液管，亦称吸量管。它中间没有球部，可以准确量取标示范围内任意体积的溶液，吸量管分为完全流出式、不完全流出式和吹出式 3 种。移液管的使用方法如下。

（1）洗移液管　依次用洗液、自来水、蒸馏水洗涤移液管，洗净的移液管内壁不应挂水珠。然后用被移取的液体洗三次，每次将移液管插入被移取液体前，应先用吸水纸或滤纸将管尖内外的水吸干。

（2）移取液体　将移液管的尖端伸入溶液液面下 2～3cm 处，右手拇指及中指拿住管颈标线的上方，左手拿洗耳球，并用洗耳球把液体吸入移液管内至标线以上 5mm 左右，如实图(a)所示。以右手的食指按住管口，将管向上提使其离开液面，并将管下部黏附的少量溶液用滤纸擦干。然后在另一洁净的小烧杯内，稍微放松食指，使液面缓慢、平稳地下降，直到液体凹面最低点与标线相切，如实图(b)所示。立即用食指按紧管口，使液体不再流出(此时管尖不能有气泡)。

(3) 放出液体　左手持接受容器，将其倾斜 30°，以使移液管的尖端靠在接受容器的内壁上，松开右手食指，使溶液自然流出，如实图(c)所示。待液面下降到管尖后，稍待片刻(约 15s)，再将移液管拿开，此时移液管的尖端还会剩余少量液体，如实图(d)所示。

(4) 吸量管的用法基本同移液管的操作相同　使用吸量管时，通常是使液面从吸量管的最高刻度降到另一刻度，使两刻度之间的体积恰为所需的体积。在同一实验中尽可能使用同一吸量管的同一部位，而且尽可能地使用上面的部分。如果使用注有“吹”字的吸量管，则要把管末端留下的最后一滴溶液吹出。移液管和吸量管使用完毕后，应洗涤干净，然后放在指定位置上。

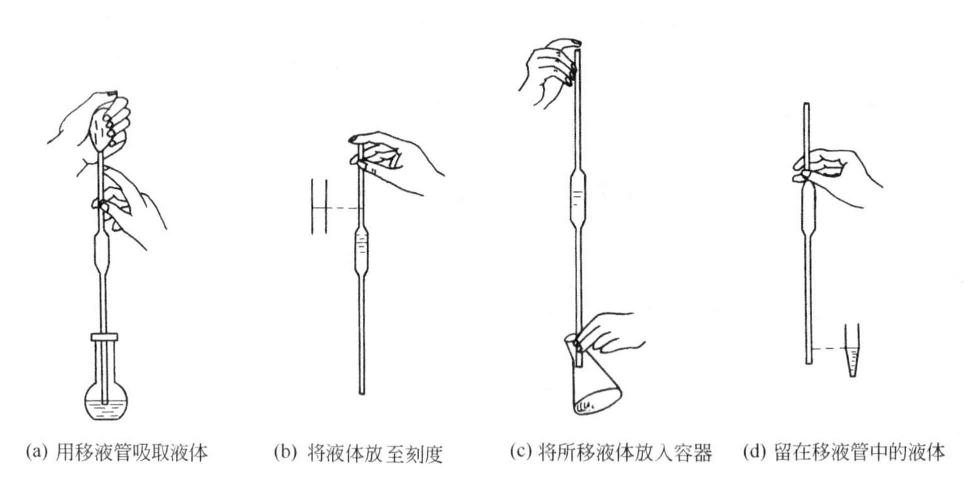

(a) 用移液管吸取液体　(b) 将液体放至刻度　(c) 将所移液体放入容器　(d) 留在移液管中的液体

实图　移液管的使用

实验内容与步骤

1. 同离子效应

(1) 在试管中加入 2mL 0.1mol·L^{-1} HAc 溶液，加 1 滴甲基橙试液，观察溶液的颜色____________；再加入少量固体 NaAc，溶液的颜色____________。解释原因________________________。

(2) 在试管中加入 2mL 0.1mol·L^{-1} $NH_3 \cdot H_2O$ 溶液，加 1 滴酚酞试液，观察溶液的颜色____________；再加入少量固体 NH_4Cl，则溶液的颜色____________，解释原因________________________。

(3) 在试管中加入 2mL 饱和 H_2S 水溶液及 1 滴石蕊试液，观察溶液的颜色________，用湿润的醋酸铅试纸检验________ H_2S 气体放出；然后向溶液中滴加 2mol·L^{-1} NaOH 溶液，至溶液呈碱性，此时溶液的颜色____________，用醋酸铅试纸检验____________ H_2S 气体放出；再向溶液中滴加 2mol·L^{-1} HCl 溶液，至溶液呈酸性，溶液的颜色____________，用醋酸铅试纸检验____________ H_2S 气体放出。以同离子效应观点解释________________________。

(4) 在试管中加入 2mL 0.1mol·L^{-1} $MgCl_2$ 溶液，滴加 0.5mol·L^{-1} $NH_3 \cdot H_2O$ 溶液，观察现象________，反应方程式为________。向试管中加入少许固体 NH_4Cl，观察现象________，解释原因________。

根据以上实验结果，总结同离子效应对弱电解质电离平衡的影响________。

2. 缓冲溶液的配制

(1) 配制 100mL pH=5 的缓冲溶液　用移液管移取 50.00mL 1.0mol·L^{-1} NaAc 溶液，注入一洁净的 100mL 容量瓶中，再用吸量管量取 4.60mL 6.0mol·L^{-1} HAc 溶液，也注入盛有 NaAc 溶液的容量瓶中，加水至刻度，摇匀待用（此缓冲溶液的 pH=5）。

(2) 配制 100mL pH=9 的缓冲溶液　用移液管移取 50.00mL 1.0mol·L^{-1} NH_4Cl 溶液，注入一洁净的 100mL 容量瓶中，再用吸量管量取 4.60mL 6.0mol·L^{-1} $NH_3 \cdot H_2O$ 溶液，也注入盛有 NH_4Cl 溶液的容量瓶中，加水至刻度，摇匀待用（此缓冲溶液的 pH=9）。

3. 缓冲溶液的缓冲作用

(1) pH=5 的缓冲溶液的缓冲作用

在编号为 1、2 的锥形瓶中，各加入用移液管移取的 25.00mL pH=5 的缓冲溶液；在编号为 3、4 的锥形瓶中，各加入用移液管移取的 25.00mL 蒸馏水。向 1、3 号锥形瓶中各加入 1mL 1.0mol·L^{-1} HCl 溶液，向 2、4 号锥形瓶中加入 1mL 1.0mol·L^{-1} NaOH 溶液，用 pH 试纸测定它们 pH 的变化，测定结果为 1、2 号瓶中缓冲溶液的 pH ________；3、4 号瓶中水的 pH ________。

(2) pH=9 的缓冲溶液的缓冲作用

在编号为 1、2 的锥形瓶中，各加入用移液管移取的 25.00mL pH=9 的缓冲溶液；在编号为 3、4 的锥形瓶中，各加入用移液管移取的 25.00mL 蒸馏水。向 1、3 号锥形瓶中各加入 1mL 1.0mol·L^{-1} HCl 溶液，向 2、4 号锥形瓶中加入 1mL 1.0mol·L^{-1} NaOH 溶液，用 pH 试纸测定它们 pH 的变化，测定结果为 1、2 号瓶中缓冲溶液的 pH ________；3、4 号瓶中水的 pH ________。

根据实验结果得出结论：缓冲溶液具有________。

思考与提示

1. 用移液管移取液体时，能不能将移液管中剩余的液体都吹入接受器中，为什么？

2. 用被移取的溶液洗涤移液管时，为什么在每次将移液管插入被移取的溶液前，都要用吸水纸或滤纸将移液管尖内外的水吸干？

3. 缓冲溶液的 pH 是根据公式

$$\mathrm{pH}=\mathrm{p}K_a-\lg\frac{c(\text{弱酸})}{c(\text{弱酸盐})}\qquad \mathrm{pOH}=\mathrm{p}K_b-\lg\frac{c(\text{弱碱})}{c(\text{弱碱盐})}$$

计算得出的。试用此公式验证实验 3 中的缓冲溶液的 pH。

4. 缓冲溶液为什么具有缓冲作用？试以 HAc - NaAc 缓冲体系为例加以说明。

实验十二　电化学基础

实验目的

1. 掌握电极电势及其应用，氧化还原反应与电极电势的关系；

2. 熟悉原电池的工作原理，了解电解原理和电解产物的判断。

实验用品

1. 实验仪器

伏特计、电解槽(U形玻璃管)、铜片、锌片、碳棒、盐桥。

2. 实验药品

KI($0.1mol\cdot L^{-1}$)、$FeCl_3$($0.1mol\cdot L^{-1}$)、KBr($0.1mol\cdot L^{-1}$)、$Pb(NO_3)_2$($0.5mol\cdot L^{-1}$)、$CuSO_4$($0.5mol\cdot L^{-1}$)、$ZnSO_4$($0.5mol\cdot L^{-1}$)、Na_2SO_4($0.5mol\cdot L^{-1}$)、$(NH_4)_2Fe(SO_4)_2\cdot 6H_2O$(固)、$K_2SO_4$(固)、饱和 NaCl 溶液、溴水、碘水、铅粒、$CCl_4$、酚酞试液、淀粉试液。

实验内容与步骤

1. 结合电极电势进行氧化剂，还原剂的相对强弱比较

(1) 在试管中加入 $1mol\cdot L^{-1}$ KI 的碘化钾溶液，再加几滴 $0.1mol\cdot L^{-1}$ $FeCl_3$ 溶液，振荡，观察现象；再加入 1mL CCl_4，充分振荡，观察 CCl_4 层的颜色和水层颜色变化情况。写出化学方程式。

用 $0.1mol\cdot L^{-1}$ KBr 溶液代替 KI 溶液进行上述实验，观察反应是否进行？试说明原因。

(2) 在两支试管中各加少许 $(NH_4)_2Fe(SO_4)_2\cdot 6H_2O$ 晶体，用适量水溶解，在其中一支试管中加 2 滴溴水(不宜多加)，另一支试管中加 2 滴碘水，再各加 1mL CCl_4，充分振荡，观察 CCl_4 层的颜色，判断反应是否进行。写出化学方程式。

根据实验①和②的结果，比较 Br_2/Br、I_2/I、Fe^{3+}/Fe^{2+} 三个电对电极电势的相对大小。

(3) 在两支试管中各加一粒擦净表面的锌粒，在其中一支试管中加入 1mL $0.5mol\cdot L^{-1}$ $Pb(NO_3)_2$ 溶液，另一支试管中加入 1mL $0.5mol\cdot L^{-1}$ $CuSO_4$ 溶液，观察现象。写出化学方程式。

(4) 在两支试管中各加入一擦净表面的铅粒，在其中一支试管中加入 1mL $0.5mol\cdot L^{-1}$ $ZnSO_4$ 溶液，另一支试管中加入 1mL $0.5mol\cdot L^{-1}$ $CuSO_4$ 溶液，观察现象。写出化学方程式。

根据实验(3)和(4)的结果，排出 Pb^{2+}/Pb、Zn^{2+}/Zn、Cu^{2+}/Cu 三个电对电极电势的相对高低。

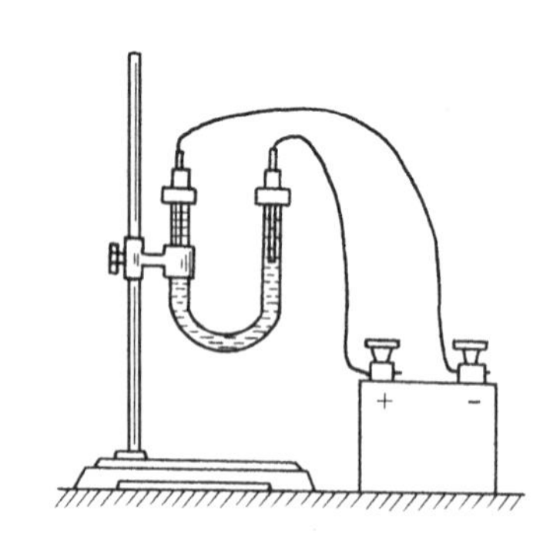

实图　电解槽

2. 铜、锌原电池

在两个 100mL 烧杯中，分别加入 30～50mL $1.0mol\cdot L^{-1}$ $CuSO_4$ 溶液和 30～50mL $1.0mol\cdot L^{-1}$ $ZnSO_4$ 溶液，两烧杯用盐桥连接。将一铜片置于 $CuSO_4$ 溶液中，将一锌片置于 $ZnSO_4$ 溶液中，各组成电极。用导线将铜片通过开关与伏特计正极相连，锌片与负极相连。闭合或开启开关，观察伏特计指针或读数，并做记录。

3. 电解饱和食盐水溶液

按图组装电解槽。然后在阳极附近的液面滴 1 滴淀粉试液和 1 滴 $0.1mol\cdot L^{-1}$ KI 溶液；阴极附近液面滴 1 滴酚酞试液。接通电源，观察现象。写出有关反应方程式。

思考与提示

1. 如何判断氧化还原反应进行的方向？

2. 原电池的正极和电解池的阳极以及原电池负极与电解池的阴极发生的反应本质上是否相同？

3. 电解硫酸钠溶液时，阴极会析出钠吗？

4. 如果一直流电源失去了正负极的标志，你能否用简便的化学方法判断出正负极？

实验十三　氮族元素重要化合物性质

实验目的

1. 熟练掌握氨的实验室制法；
2. 掌握氨及铵盐的性质；
3. 熟悉硝酸及硝酸盐的性质；
4. 掌握铵离子、硝酸根离子、磷酸根离子的鉴定方法。

实验用品

1. 实验仪器

试管、酒精灯、铁架台、导管、水槽、药匙、火柴、玻璃棒、表面皿、烧杯、试管夹。

2. 实验药品

HCl(浓、2mol・L^{-1})、NH_4Cl(1mol・L^{-1})、HNO_3(浓、3mol・L^{-1})、$FeSO_4$(饱和)、$NH_3 \cdot H_2O$(浓)、$NaNO_3$(1mol・L^{-1})、NaOH(6mol・L^{-1})、H_2SO_4(浓)、Na_3PO_4(0.1mol・L^{-1})、钼酸铵(3%)、奈氏试剂、NH_4Cl(晶体)、NH_4NO_3(晶体)、$Ca(OH)_2$(固)、$(NH_4)_2SO_4$(晶体)、$(NH_4)_2CO_3$(晶体)、红色石蕊试纸、pH 试纸、滤纸、Cu 片。

实验内容与步骤

1. 实验室制取氨

取 NH_4Cl 和 $Ca(OH)_2$ 各 1 药匙，放在表面皿里，用玻璃棒充分搅拌混匀，把混合物装入一干燥的大试管中加热，如实图 13.1 所示。用向下排气法收集一试管氨气，将倒立的试管轻轻拿下，并用拇指堵住管口，写出化学反应方程式。

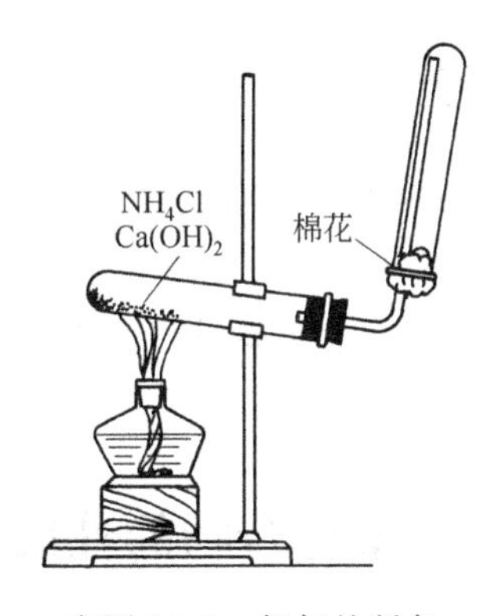

实图 13.1　氨气的制备

实图 13.2　氨在水中的溶解

2. 氨、铵盐的性质

(1) 氨的性质

a. 将充满氨气的试管的管口向下倒拿着放到水槽的水里，如实图 13.2 所示，将拇指放开，观察现象。在水面下用拇指堵住试管口，将试管从水里取出，管口向上，振荡，用 pH 试纸测试溶液的 pH。

b. 用两支玻璃棒分别蘸取浓盐酸和浓氨水，使两支玻璃棒靠近(但不能接触)，观察现象，写出化学反应方程式。

（2） 铵盐的性质

a. 3 支试管中，分别加入黄豆大小的 NH_4NO_3、$(NH_4)_2SO_4$、$(NH_4)_2CO_3$ 晶体，各加入 2mL H_2O，振荡，观察三者的溶解情况，用 pH 试纸分别测试其 pH，说明原因。

b. 试管中加入 1 药匙的 NH_4Cl 晶体，管口向上，加热，用湿润的石蕊试纸(请问是什么颜色的?)检验管口逸出的气体，观察试纸颜色的变化及试管上部的情况，说明原因，写出化学反应方程式。

c. 试管中加入黄豆大小的 NH_4Cl 晶体，加入 2mL 6mol・L^{-1} NaOH 溶液，加热，将湿润的红色石蕊试纸放在管口处，观察试纸颜色的变化，写出化学反应方程式。

3. 硝酸的性质

（1） 在放有铜片的两支试管中分别加入 1mL 浓 HNO_3 和 1mL 3mol・L^{-1} HNO_3，比较两支试管中的反应情况及现象，写出化学反应方程式。

（2） 在试管中放入一小块 KNO_3 晶体，加热至熔化，放入一小块木炭，继续加热，当木炭在试管中燃烧时，立即离开火焰，观察现象，写出化学反应方程式。

4. NH_4^+、NO_3^-、PO_4^{3-} 的鉴定反应

（1） NH_4^+ 的鉴定　在气室(如实图 13.3)中，放入 2～3 滴 1mol・L^{-1} NH_4Cl 溶液于下部表面皿，上部表面皿中贴上滴加了奈氏试剂的滤纸。在 NH_4Cl 溶液中滴加 2～3 滴 6mol・L^{-1} NaOH 溶液，于水浴上加热，观察现象。

（2） NO_3^- 的鉴定　试管中加入 2mL 1mol・L^{-1} $NaNO_3$ 溶液和 1mL 饱和 $FeSO_4$ 溶液，沿管壁小心加入 1mL 浓 H_2SO_4(注意不能振荡或摇动试管)，观察现象。

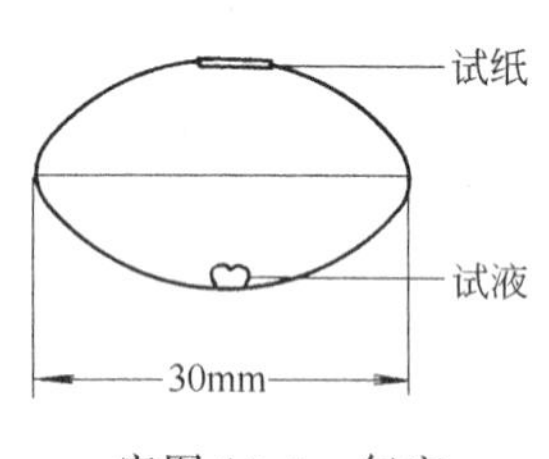

实图 13.3　气室

（3） PO_4^{3-} 的鉴定　试管中加入 1mL 0.1mol・L^{-1} Na_3PO_4 溶液和 1mL 3mol・L^{-1} HNO_3 溶液，再滴加 3%钼酸铵，观察现象。

思考与提示

1. 怎样检验试管中已充满了氨气?

2. 铵盐的通性是什么?

3. 铜片与浓、稀硝酸反应的产物有何不同?

4. 硝酸盐的分解有何规律?

5. 试设计一个实验，证明硫酸铵既是铵盐又是硫酸盐。写出实验过程、观察到的现象及有关化学反应方程式。

实验十四　碳族元素及化合物　硼族元素化合物的性质

实验目的

1. 熟悉活性炭的吸附性，碳酸盐和碳酸氢盐的水解；

2. 掌握 Al 和 $Al(OH)_3$ 两性，熟悉铝盐水解；

3. 了解铅离子和二价锡离子的性质；

4. 了解硼砂珠试验。

实验用品

1. 实验仪器

离心试管、离心机、玻璃棒、坩埚、坩埚夹、高温炉、干燥器。

2. 实验药品

HCl(浓,2.0mol·L^{-1})、H_2SO_4(0.1mol·L^{-1},0.2mol·L^{-1})、HNO_3(浓,2.0mol·L^{-1})、HAc(6.0mol·L^{-1})、NaOH(6.0mol·L^{-1})、浓 $NH_3 \cdot H_2O$、Na_2CO_3(0.1mol·L^{-1})、$NaHCO_3$(0.1mol·L^{-1})、$Al_2(SO_4)_3$(0.5mol·L^{-1})、$HgCl_2$(0.1mol·L^{-1})、$SnCl_2$(0.1mol·L^{-1})、$Pb(NO_3)_2$(0.1mol·L^{-1})、K_2CrO_4(0.1mol·L^{-1})、$KMnO_4$(0.01mol·L^{-1})、Na_2S(0.1mol·L^{-1},0.5mol·L^{-1})、饱和 NaAc、硼砂($Na_2B_4O_7 \cdot 10H_2O$)、活性炭、pH 试纸、醋酸铅试纸、Cl_2、MnO(固)、CoO(固)。

实验内容与步骤

1. 活性炭的吸附作用

(1) 活性炭对氯气的吸附　如实图所示装置，在烧杯内装满带颜色的水，在广口瓶中充满氯气，然后往广口瓶加入 0.5g 活性炭，塞紧橡皮塞。振荡广口瓶，使氯气与活性炭充分接触。观察瓶中颜色的变化和量气管内液体位置的变化。

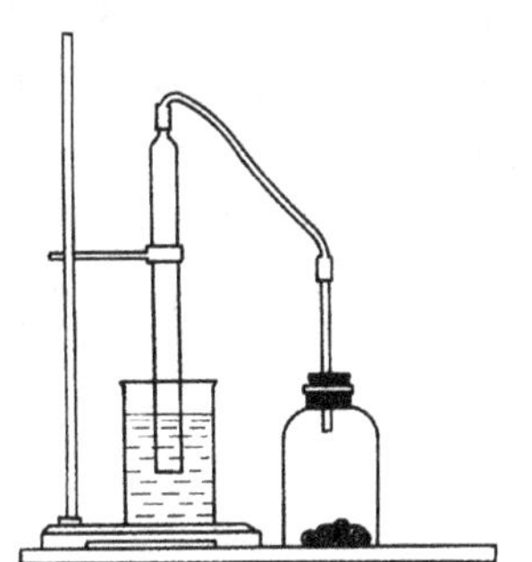

实图　活性炭对氯气的吸附

(2) 活性炭对靛蓝的吸附　往 2mL 靛蓝溶液中加入一小匙活性炭，振荡试管，然后滤去活性炭。观察溶液颜色有何变化。并加以解释。

(3) 活性炭对铅盐的吸附　往 1mL 0.1mol·L^{-1} $Pb(NO_3)_2$ 溶液的试管中加入一小勺活性炭，振荡后滤去活性炭。往清液中加入几滴 0.1mol·L^{-1} K_2CrO_4 溶液，观察有何现象。和未加活性炭的实验相比有何不同？试予以解释。

2. 碳酸盐的水解

用 pH 试纸检验 0.1mol·L^{-1} Na_2CO_3 溶液和同浓度 Na_2HCO_3 溶液的酸碱性。

3. 二价铅及二价锡离子的性质

① 取 4 支试管，第 1 支试管中加入 0.1mol·L^{-1} $Pb(NO_3)_2$ 溶液 1mL，滴加 2mol·L^{-1} HCl 溶液，观察沉淀的生成。然后倾去上层清液，在沉淀上滴加饱和 NaAc 溶液，观察沉淀溶解。第 2 支试管中加入 10 滴 0.1mol·L^{-1} $Pb(NO_3)_2$，滴加 0.1mol·L^{-1} H_2SO_4，观察现象。滴加 0.1mol·L^{-1} Na_2S 溶液，振荡，观察沉淀颜色的变化。第 3、第 4 支试管中各加入 10 滴 0.1mol·L^{-1} $Pb(NO_3)_2$，滴加 0.1mol·L^{-1} K_2CrO_4 溶液，观察现象。再向其中一支试管滴加浓 HNO_3，另一支试管中加 6mol·L^{-1} HAc 溶液，观察沉淀是否溶解。有关离子方程式为：

$$2PbCrO_4 + 2H^+ \longrightarrow 2Pb^{2+} + Cr_2O_7^{2-} + H_2O$$

② 取两支试管，在一支试管中加入 1mL 0.01mol·L^{-1} $KMnO_4$ 溶液和 1mL2mol·L^{-1} HCl 溶液，再滴加 0.1mol·L^{-1} $SnCl_2$ 溶液，观察溶液颜色变化。在另一支试管中加入 10 滴 0.1mol·L^{-1} $HgCl_2$(有毒!)溶液，逐滴加入 0.1mol·L^{-1} $SnCl_2$ 溶液，观察沉淀的产生及沉淀的颜色变化。(该法是检验 Sn^{2+} 的方法，也是检验 Hg^{2+} 的方法. 参见 13.3.2 内容)。

4. 铝及其化合物性质

① 在两支试管中各放一块铝片，分别加入 1mL 2mol·L^{-1} HCl 和 1mL 6mol·L^{-1} NaOH 溶液，观察现象。

② 两支试管中各加入 1mL 0.5mol·L^{-1} $Al_2(SO_4)_3$ 溶液，在试管中逐滴加入浓氨水，观察沉淀的颜色和状态；向其中一支试管中滴加入 2mol·L^{-1} HCl 溶液，向另一支中滴加 6mol·L^{-1} NaOH 溶液，观察沉淀的溶解。

③ 在一支试管中加入 1mL 0.5mol·L^{-1} $Al_2(SO_4)_3$ 溶液和 2mL 0.5mol·L^{-1} Na_2S 溶液，振荡观察现象，并用湿润的醋酸铅试纸检验生成的气体。(注意:此实验应在通风橱内进行!)有关方程式为：

$$2Al^{3+} + 3S^{2-} + 6H_2O \longrightarrow 2Al(OH)_3 \downarrow + 3H_2S \uparrow$$

5. 硼砂珠试验

取少量硼砂分放入两个坩埚内，再取少许 CoO 和 MnO 分别放入盛有硼砂的坩埚内。用玻璃棒搅匀，放入预先预热(约 327K)的高温炉内，升温至 388～389K 约 5min，关掉高温炉，自然冷却至 327K 左右，打开炉门，用坩埚夹取出两坩埚，放入预先准备好的干燥器内，再冷却至室温。观察坩埚内，形成的“玻璃球”即硼砂珠的颜色。(注意:此实验在高温下操作,一定要按有关操作规程操作。整个实验必须在老师指导下完成。)

思考与提示

1. 活性炭为什么具有吸附性?

2. 在 $Al_2(SO_4)_3$ 溶液中加入 Na_2S 为什么不会生成 Al_2S_3? 而却是 $Al(OH)_3$ 沉淀和气体?

实验十五　配　合　物

实验目的

1. 掌握配合物生成和配离子的稳定性；

2. 了解配合物和复盐的区别；

3. 掌握简单离子和配离子的区别。

实验用品

1. 实验仪器

试管、试管架、表面皿(大、小各 1 块)、烧杯(100mL)、石棉网，铁台架、铁圈、酒精灯。

2. 实验药品

$CuSO_4$(0.2mol·L^{-1})、$BaCl_2$(0.1mol·L^{-1})、NaOH(0.1mol·L^{-1})、$NH_3·H_2O$(6mol·L^{-1})、$AgNO_3$(0.1mol·L^{-1})、NaCl(0.1mol·L^{-1})、$NH_4Fe(SO_4)_2$(0.1mol·L^{-1})、KCNS(0.1mol·L^{-1})、NaOH(6mol·L^{-1})、$FeCl_3$(0.1mol·L^{-1})、$K_3[Fe(CN)_6]$(0.1mol·L^{-1})、$[Cu(NH_3)_4]SO_4$(0.1mol·L^{-1})指示剂,红色石蕊试纸。

实验内容与步骤

1. 配合物的生成、配离子的稳定性

(1) $[Cu(NH_3)_4]^{2+}$ 配离子生成及其稳定性

在两支试管中，分别加入 0.2mol·L^{-1} $CuSO_4$ 溶液 1mL，然后在这两支试管中分别加入 0.1mol·L^{-1} $BaCl_2$ 溶液 2 滴和 0.1mol·L^{-1} NaOH 溶液 4 滴，观察现象，写出化学反应方程式。

再另取一支试管，加入 0.2mol·L^{-1} $CuSO_4$ 溶液 1mL，逐滴加入 6mol·L^{-1} NH_3·

H_2O，边加边振荡，待生成的沉淀完全溶解后再多加 $NH_3 \cdot H_2O$ 1～2 滴，观察现象。写出化学反应方程式。然后将此溶液分装在两支试管中，分别加入 0.1mol·L^{-1} $BaCl_2$ 溶液 2 滴和0.1mol·L^{-1} NaOH 溶液 4 滴，观察现象，并加以解释。

（2）$[Ag(NH_3)_2]^+$ 配离子生成及其稳定性

在一支试管中，加入 0.1mol·L^{-1} $AgNO_3$ 溶液 1mL，滴入 0.1mol·L^{-1} NaCl 溶液 2 滴，观察现象，写出化学反应方程式。

在另一支试管中，加入 0.1mol·L^{-1} $AgNO_3$ 溶液 1mL，逐滴加入 6mol·L^{-1} $NH_3 \cdot H_2O$，边滴边振荡，待生成的沉淀完全溶解后多加 $NH_3 \cdot H_2O$ 1～2 滴，观察现象，写出化学反应方程式。然后在此溶液中滴入 0.1mol·L^{-1} NaCl 溶液 2 滴，观察现象，并加以解释。

2. 配合物和复盐区别

（1）复盐 $NH_4Fe(SO_4)_2$ 中简单离子的鉴定

a. SO_4^{2-} 离子鉴定　在一支试管中，加入 0.1mol·L^{-1} $NH_4Fe(SO_4)_2$ 溶液 1mL，滴入 0.1mol·L^{-1} $BaCl_2$ 溶液 2 滴，观察现象。

b. Fe^{3+} 离子鉴定　在一支试管中，加入 0.1mol·L^{-1} $NH_4Fe(SO_4)_2$ 溶液 1mL，滴入 0.1mol·L^{-1} KCNS 溶液 2 滴，观察现象。

c. NH_4^+ 离子鉴定　在一块大的表面皿中心，加入 0.1mol·L^{-1} $NH_4Fe(SO_4)_2$ 溶液 5 滴，再加入 6mol·L^{-1} NaOH 溶液 3 滴，混匀。在另一块较小的表面皿中心粘上一条润湿的红色石蕊试纸，把它盖在大的表面皿上做成气室，将此气室放在水浴上微热两分钟，观察现象。

（2）配合物$[Cu(NH_3)_4]SO_4$ 中离子鉴定

a. SO_4^{2-} 离子鉴定　在一支试管中，加入 0.1mol·$L^{-1}$$[Cu(NH_3)_4]SO_4$ 溶液 1mL，滴入 0.1mol·L^{-1} $BaCl_2$ 溶液 2 滴，观察现象。

b. Cu^{2+} 离子鉴定　在一支试管中，加入 0.1mol·L^{-1} $[Cu(NH_3)_4]SO_4$ 溶液 1mL，滴入 0.1mol·L^{-1} NaOH 溶液 4 滴，观察是否产生沉淀。

根据上述实验，说明配合物和复盐的区别。

3. 简单离子和配离子的区别

（1）取 0.1mol·L^{-1} $FeCl_3$ 溶液 1mL，加入 0.1mol·L^{-1} KCNS 溶液 2 滴，观察现象。

（2）以 $K_3[Fe(CN)_6]$溶液代替 $FeCl_3$ 溶液做相同的实验，观察现象，并加以解释。

* 选做：趣味制酒（不能饮用）

① 准备 4 只小烧杯、1 只瓷杯、$FeCl_3$ 固体、浓 $NH_3 \cdot H_2O$、1mol·L^{-1} KSCN、硝基苯酚固体、浓 HCl 在瓷杯内放入 500mL 蒸馏水、2 滴浓 $NH_3 \cdot H_2O$、20 滴 1mol·L^{-1} 的 KSCN。

② 再在 4 只烧杯中分别加入 4 滴酚酞、几粒对硝基苯酚固体、几粒 $FeCl_3$ 固体、10 滴浓 HCl。

③ 将瓷杯中的溶液均分在四只烧杯中分别得到“草莓苏打水”、“柠檬水”、“葡萄酒”、“清酒”。

④ 想一想为什么？

思考与提示

1. 根据实验结果，阐述配合物的生成、组成和性质。

2. 根据实验结果，阐述配合物与复盐的区别。

实验十六　几种重要的过渡金属元素化合物的性质

实验目的

1. 了解一些难溶的过渡金属盐；

2. 熟悉 Cu^{2+}，Ag^{+}，Zn^{2+}，Hg^{2+} 与氢氧化钠、氨水、硫化氢的反应；Cu^{2+}，Ag^{+}，Hg^{2+} 与碘化钾的反应，以及它们的氧化性；

3. 熟悉铬的有关性质；锰铁不同价态化合物的性质。

实验用品

1. 实验仪器

试管、离心试管、离心机。

2. 实验药品

$CuSO_4$（0.1mol·L^{-1}）、NaOH（2mol·L^{-1}，6mol·L^{-1}）、$AgNO_3$（0.1mol·L^{-1}）、$Hg(NO_3)_2$、（0.1mol·L^{-1}）、$NH_3·H_2O$（2mol·L^{-1}，6mol·L^{-1}）、KI（0.1mol·L^{-1}）、$Na_2S_2O_3$（0.1mol·L^{-1}）、NH_4Cl（0.1mol·L^{-1}）、$Cr_2(SO_4)_3$（0.1mol·L^{-1}）、$K_2Cr_2O_7$（0.1mol·L^{-1}）、H_2O_2（3%）、Na_2SO_3（固体）、HNO_3（0.1mol·L^{-1}）、$BaCl_2$（0.1mol·L^{-1}）、$Pb(NO_3)_2$（0.1mol·L^{-1}）、K_2CrO_4（0.1mol·L^{-1}）、HNO_3（0.3mol·L^{-1}）、$KMnO_4$（0.01mol·L^{-1}）、$MnSO_4$（0.1mol·L^{-1}）、$(NH_4)_2Fe(SO_4)·6H_2O$（固体）、$FeCl_3$（0.1mol·L^{-1}）、KSCN（0.1mol·L^{-1}）、$K_4[Fe(CN)_6]$（0.1mol·L^{-1}）、$K_3[Fe(CN)_6]$（0.1mol·L^{-1}）、淀粉溶液。

实验内容与步骤

1. Cu^{2+}，Ag^{+}，Zn^{2+}，Hg^{2+} 与氢氧化钠、氨水、饱和硫化氢水溶液的反应

（1）取 3 支试管，均加入 1mL 0.1mol·L^{-1} $CuSO_4$ 溶液，并滴加 2mol·L^{-1} NaOH 溶液，观察 $Cu(OH)_2$ 沉淀的颜色。然后进行下列实验：

第 1 支试管中滴加 2.0mol·L^{-1} H_2SO_4 溶液，观察现象，写出化学方程式；

第 2 支试管中加入过量的 6mol·L^{-1} NaOH 溶液，振荡试管，观察现象，写出化学方程式；

将第 3 支试管加热，观察现象，写出化学方程式。

（2）取两支试管，均加入 1mol·L^{-1} $ZnSO_4$ 溶液，并滴加 2mol·L^{-1} NaOH 溶液（不要过量），观察 $Zn(OH)_2$ 沉淀的颜色。然后在一支试管中滴加 2mol·L^{-1} HCl 溶液，在另一支试管中滴加 2mol·L^{-1} NaOH 溶液，观察现象。写出化学方程式。

比较 $Cu(OH)_2$ 和 $Zn(OH)_2$ 的两性。

（3）在试管中加入 5 滴 0.1mol·L^{-1} $AgNO_3$ 溶液，然后逐滴加入新配制的 2mol·L^{-1} NaOH 溶液，观察产物的状态和颜色，写出化学方程式。

（4）试管中加入 10 滴 0.1mol·L^{-1} $Hg(NO_3)_2$ 溶液，然后滴加 2mol·L^{-1} NaOH 溶液，观察产物的状态和颜色。写出化学方程式。

（5）在试管中加入 1mL 0.1mol·L^{-1} $ZnSO_4$ 溶液并滴加 2mol·L^{-1} $NH_3·H_2O$，观察沉淀的产生。继续滴加 2mol·L^{-1} $NH_3·H_2O$ 至沉淀溶解。写出化学方程式。

将上述溶液分成两份，一份加热至沸腾，另一份逐滴加入 2mol·L^{-1} HCl 溶液，观察现象。写出化学方程式。

(6) 在试管中加入5滴0.1mol·L^{-1} $AgNO_3$ 溶液再滴加5滴0.1mol·L^{-1} NaCl溶液，观察白色沉淀的产生。然后滴加6mol·L^{-1} $NH_3 \cdot H_2O$ 至沉淀溶解。写出化学方程式。

(7) 在试管中加入5滴0.1mol·L^{-1} $Hg(NO_3)_2$ 溶液，并滴加2mol·L^{-1} $NH_3 \cdot H_2O$，观察沉淀的产生。加入过量的 $NH_3 \cdot H_2O$，沉淀是否溶解？

(8) 取4支试管，分别加入0.5mol·L^{-1} $CuSO_4$、0.1mol·L^{-1} $ZnSO_4$、0.1mol·L^{-1} $AgNO_3$、0.1mol·L^{-1} $Hg(NO_3)_2$ 溶液，再各滴加饱和 H_2S 水溶液，观察它们反应后生成沉淀的颜色。然后依次试验这些沉淀与6mol·L^{-1} HCl溶液和6mol·L^{-1} HNO_3 溶液作用的情况。

2. Cu^{2+}，Ag^{+}，Hg^{2+} 与碘化钾的溶液的反应

(1) 在离心试管中，加入5滴0.1mol·L^{-1} $CuSO_4$ 溶液和1mL 0.1mol·L^{-1} KI溶液，观察沉淀的产生及其颜色，离心分离，在清液中滴加1滴淀粉溶液，检查是否有 I_2 存在；在沉淀中滴加0.1mol·L^{-1} $Na_2S_2O_3$ 溶液，再观察沉淀的颜色(白色)。写出有关化学方程式。

(2) 在试管中加入3～5滴0.1mol·L^{-1} $AgNO_3$ 溶液，然后滴加0.1mol·L^{-1} KI溶液，观察现象。写出化学方程式。

(3) 在试管中加入5滴0.1mol·L^{-1} $Hg(NO_3)_2$ 溶液，逐滴加入0.1mol·L^{-1} KI溶液，观察沉淀的产生。继续滴加KI溶液至沉淀溶解。写出化学方程式。

$K_2[HgI_4]$的碱性溶液称为奈斯勒试剂，用于检验 NH_4^+。

取一支试管，加入1mL 0.1mol·L^{-1} NH_4Cl 溶液和1mL 2mol·L^{-1} NaOH溶液，加热至沸。在试管口用一条经奈斯勒试剂润湿过的滤纸检验放出的气体，观察奈斯勒试纸上颜色的变化。

3. 氢氧化铬的生成和性质

在两支试管中均加入10滴0.1mol·L^{-1} $Cr_2(SO_4)_3$ 溶液，逐滴加入2mol·L^{-1} NaOH溶液，观察灰蓝色 $Cr(OH)_3$ 沉淀的生成。然后在一支试管中继续滴加NaOH溶液，而在另一支试管中滴加2mol·L^{-1} HCl溶液，观察现象。写出化学方程式。

4. Cr(Ⅲ)与Cr(Ⅵ)的相互转化

(1) 在试管中加入1mL 0.1mol·L^{-1} $Cr_2(SO_4)_3$ 溶液和过量的2mol·L^{-1} NaOH溶液，使之成为 CrO_2^-(至生成的沉淀刚好溶解)，再加入5～8滴质量分数为3% H_2O_2 溶液，在水浴中加热，观察黄色 CrO_4^{2-} 的生成。写出化学方程式。

(2) 在试管中加入10滴0.1mol·L^{-1} $K_2Cr_2O_7$ 溶液和1mL 2mol·L^{-1} H_2SO_4 溶液，然后滴加质量分数为3% H_2O_2 溶液，振荡，观察现象。写出化学方程式。

(3) 在试管中加入10滴0.1mol·L^{-1} $K_2Cr_2O_7$ 溶液和1mL 2mol·L^{-1} H_2SO_4 溶液，然后加入黄豆大小的 Na_2SO_3 固体，振荡，观察溶液颜色的变化。写出化学方程式。

5. $Cr_2O_7^{2-}$ 与 CrO_4^{2-} 的相互转化

在试管中加入1mL 0.1mol·L^{-1} $K_2Cr_2O_7$ 溶液，逐滴加入2mol·L^{-1} NaOH溶液，观察溶液由橙黄色变为黄色，然后再用2mol·L^{-1} H_2SO_4 酸化，观察溶液由黄色转变为橙黄色。写出转化的平衡方程式。

6. 难溶铬酸盐的生成

取3支试管，分别加入10滴0.1mol·L^{-1} $AgNO_3$、0.1mol·L^{-1} $BaCl_2$、0.1mol·L^{-1} $Pb(NO_3)_2$溶液，然后均滴加0.1mol·L^{-1} K_2CrO_4 溶液，观察生成沉淀的颜色。写出化学

方程式。

7. 锰（Ⅱ）盐与高锰酸盐的性质

（1）取3支试管，均加入10滴0.1mol·L^{-1} $MnSO_4$ 溶液，再滴加2mol·L^{-1} NaOH 溶液，观察沉淀的颜色。写出化学方程式。然后，在第1支试管中再滴加2mol·L^{-1} NaOH 溶液，观察沉淀是否溶解；在第2支试管中加入2mol·L^{-1} H_2SO_4 溶液，观察沉淀是否溶解；将第3支试管充分振荡后放置，观察沉淀颜色变化，写出化学方程式。

（2）取3支试管，均加入1mL 0.1mol·L^{-1} $KMnO_4$ 溶液，再分别加入用2mol·L^{-1} H_2SO_4 溶液、2mol·L^{-1} NaOH 溶液及水各1mL，然后均加入少量 Na_2SO_3 固体，振荡试管，观察反应现象，比较它们的产物。写出离子方程式。

8. 铁（Ⅱ）（Ⅲ）化合物的性质

（1）取1支试管，加入1～2mL H_2O 和3～5滴2mol·L^{-1} H_2SO_4 溶液，煮沸，驱除溶解氧，加入黄豆大小的$(NH_4)_2Fe(SO_4)_2 \cdot 6H_2O$固体，振荡，使之溶解；另取1支试管，加入1～2mL 2mol·L^{-1} NaOH 溶液，煮沸，驱除溶解氧，迅速倒入第1支试管中，观察现象。然后振荡试管，放置片刻，观察沉淀颜色的变化。说明原因，写出化学方程式。

（2）在试管中加入1mL 0.01mol·L^{-1} $KMnO_4$ 溶液，用1mL 2mol·L^{-1} H_2SO_4 溶液酸化，然后加入黄豆大小的 $(NH_4)_2Fe(SO_4)_2 \cdot 6H_2O$ 固体，振荡，观察 $KMnO_4$ 溶液颜色的变化。写出化学方程式。

（3）在试管中加入1mL 0.1mol·L^{-1} $FeCl_3$ 溶液，滴加0.1mol·L^{-1} KI 溶液至红棕色。加入5滴左右的 CCl_4，振荡，观察 CCl_4 层的颜色。写出化学方程式。

思考与提示

1. $Cu(OH)_2$ 与 $Zn(OH)_2$ 的两性有何差别？

2. 如何实现+3价铬与+6价铬的转化？

3. 高锰酸钾的还原产物与介质有何关系？

4. 如何检验 Cr^{3+}，Mn^{2+}，Fe^{3+} 和 Fe^{3+}？

附　　录

附录 1　化学上常用的量及法定计量单位

量的名称	量的符号	单位名称	单位符号	与 SI 基本单位的换算关系	常用倍数 单位选择
长　度	l,L	米	m	SI 基本单位	dm、cm、mm、μm、nm
质　量	m	千克	kg	SI 基本单位	g、mg
时　间	t	秒	s	SI 基本单位	ms
		分	min	非 SI 单位　1min=60s	
		[小]时	h	非 SI 单位　1h=3 600s	
热力学温度	T	开[尔文]	K	SI 基本单位	
摄氏温度	t	摄氏度	℃	具有专门名称的 SI 导出单位 t/℃=T/K−273.15	
体　积	V	立方米	m^3	SI 导出单位	dm^3、cm^3、mm^3
		升	L	非 SI 单位　$1L=10^{-3}m^3$	mL、μL
物质的量	n	摩[尔]	mol	SI 基本单位	mmol
摩尔质量	M	克每摩[尔]	$g \cdot mol^{-1}$	SI 导出单位	
摩尔体积	V_m	升每摩[尔]	$L \cdot mol^{-1}$	组合单位	
物质的量浓度	c_B	摩[尔]每升	$mol \cdot L^{-1}$	组合单位	mmol/L
质量浓度	ρ_B	克每升	$g \cdot L^{-1}$	组合单位	mg/L
		克每立方分米	$g \cdot dm^{-3}$	SI 导出单位	mg/dm^3
质量分数	w_B				
体积分数	φ_B				
密度	ρ	克每立方厘米	$g \cdot cm^{-3}$	SI 导出单位	
相对密度	d				
压强、压力	p	帕[斯卡]	Pa	具有专门名称的 SI 导出单位	
渗透压力	Π	帕[斯卡]	Pa	具有专门名称的 SI 导出单位	
能量,热量,功	E,Q,W	焦[耳]	J	具有专门名称的 SI 导出单位	
相对原子质量	A_r				
相对分子质量	M_r				
基本单元数	N				
阿伏加德罗常数	N_A	每摩[尔]	mol^{-1}	SI 导出单位	
化学计量数	ν_B				
质子数,原子序数	Z				
中子数	N				
核子数、质量数	A				

附录 2　国家选定的非国际单位制单位（摘录）

量的名称	单位名称	单位符号	换算关系和说明
时　间	分 [小]时 天(日)	min h d	1 分=60 秒 1min=60s 1h=60min=3600s 1d=24h=86400s
平面角	度 分 秒	(°) (′) (″)	$1^\circ=(\pi/180)\text{rad}$ $1'=(1/60)^\circ=(\pi/10800)\text{rad}$ $1''=(1/60)'=(\pi/648000)\text{rad}$
体　积	升	L,(l)	$1\text{L}=1\text{dm}^3=10^{-3}\text{m}^3$
质　量	吨 原子质量单位	t u	$1\text{t}=10^3\text{kg}$ $\text{u}\approx1.6605655\times10^{-27}\text{kg}$
能	电子伏	eV	$1\text{eV}\approx1.6021892\times10^{-19}\text{J}$

附录 3　常见酸、碱、盐的溶解性表（293K）

阳离子/阴离子	OH^-	NO_3^-	Cl^-	SO_4^{2-}	S^{2-}	SO_3^{2-}	CO_3^{2-}	SiO_3^{2-}	PO_4^{3-}
H^+		溶、挥	溶、挥	溶	溶、挥	溶、挥	溶、挥	微	溶
NH_4^+	溶、挥	溶	溶	溶	溶	溶	溶	溶	溶
K^+	溶	溶	溶	溶	溶	溶	溶	溶	溶
Na^+	溶	溶	溶	溶	溶	溶	溶	溶	溶
Ba^{2+}	溶	溶	溶	不	—	不	不	不	不
Ca^{2+}	微	溶	溶	微	—	不	不	不	不
Mg^{2+}	不	溶	溶	溶	—	微	微	不	不
Al^{3+}	不	溶	溶	溶	—	—	—	不	不
Mn^{2+}	不	溶	溶	溶	不	不	不	不	不
Zn^{2+}	不	溶	溶	溶	不	不	不	不	不
Cr^{3+}	不	溶	溶	溶	—	—	—	不	不
Fe^{2+}	不	溶	溶	溶	不	不	不	不	不
Fe^{3+}	不	溶	溶	溶	—	—	不	不	不
Sn^{2+}	不	溶	溶	溶	不	—	—	—	不
Pb^{2+}	不	溶	微	不	不	不	不	不	不
Bi^{3+}	不	溶	—	溶	不	不	不	—	不
Cu^{2+}	不	溶	溶	溶	不	不	不	不	不
Hg^+	—	溶	不	微	不	不	不	—	不
Hg^{2+}	—	溶	溶	溶	不	不	不	—	不
Ag	—	溶	不	微	不	不	不	不	不

注："溶"表示所示物质可溶于水，"不"表示其不溶于水，"微"表示微溶于水，"挥"表示挥发性，"—"表示所示物质不存在或遇水分解。

主要参考资料

1 朱裕贞,顾达,黑恩成编.现代基础化学.北京:化学工业出版社,2001

2 北京师范大学等编.无机化学.北京:高等教育出版社,1985

3 王宝仁主编.无机化学.北京:化学工业出版社,1999

4 董敬芳主编.无机化学.北京:化学工业出版社,1990

5 岳永霖主编.无机化学.北京:中国轻工业出版社,2001

6 蒋玉芝主编.化学基础.北京:化学工业出版社,2000

7 李军主编.化学.北京:化学工业出版社,1999

8 蒋监平主编.无机化学.北京:化学工业出版社,1990

9 邹京等编.无机化学.北京:北京师范大学出版社,1990

10 姜洪文主编.分析化学.北京:化学工业出版社,

11 林俊杰等编.无机化学实验.北京:化学工业出版社,

12 古回榜等编.无机化学.北京:化学工业出版社,1997

13 戴大模主编.实用化学基础.上海:华东师范大学出版社,2000

14 黄佩丽,田荷珍编.基础元素化学.北京:北京师范大学出版社,1994

15 华东师大等编.无机化学.上海:华东师范大学出版社,1997

16 李军主编.化学.北京:化学工业出版社,1992

17 武汉大学等编.分析化学实验.北京:高等教育出版社,1994

18 陈润杰主编.生活的化学.上海:远东出版社,2001

19 刘同卷主编.化学.北京:化学工业出版社,2001

20 张锦楠主编.化学.北京:人民卫生出版社,2001

21 张坐省主编.化学.北京:中国农业出版社,2001

22 刘斌主编.化学.北京:高等教育出版社,2001

23 张克荣主编.化学.北京:高等教育出版社,2001

24 上官少平主编.化学.北京:高等教育出版社,2001

25 徐丁苗主编.无机化学.北京:人民卫生出版社,1992

26 郑军主编.太极太玄体系.北京:中国社会科学出版社,1992

27 http://www.casnano.ac.cn

28 高崇华主编.奥秘.云南:奥秘画报社

29 马舒原,张虎林编.109种化学元素浅释.北京:化学工业出版社,1998

30 http://www.cbe21.com

元素周期表

IUPAC 2013

95 Am 镅▲	
+2, +3, +4, +5, +6	氧化态(单质的氧化态为0,未列入；常见的为红色)
95	原子序数
Am	元素符号(红色的为放射性元素)
镅▲	元素名称(注▲的为人造元素)
$5f^77s^2$	价层电子构型
243.06138(2)✦	以 $^{12}C=12$ 为基准的原子量(注✦的是半衰期最长同位素的原子量)

s区元素　p区元素　d区元素　ds区元素　f区元素　稀有气体

族 / 周期	1 IA	2 IIA	3 IIIB	4 IVB	5 VB	6 VIB	7 VIIB	8 VIIIB(VIII)	9 VIIIB(VIII)	10 VIIIB(VIII)	11 IB	12 IIB	13 IIIA	14 IVA	15 VA	16 VIA	17 VIIA	18 VIIIA(0)	电子层
1	−1, +1 1 H 氢 $1s^1$ 1.008																	2 He 氦 $1s^2$ 4.002602(2)	K
2	+1 3 Li 锂 $2s^1$ 6.94	+2 4 Be 铍 $2s^2$ 9.0121831(5)											+3 5 B 硼 $2s^22p^1$ 10.81	−4, +2, +4 6 C 碳 $2s^22p^2$ 12.011	−3, −2, −1, +1, +2, +3, +4, +5 7 N 氮 $2s^22p^3$ 14.007	−2, −1 8 O 氧 $2s^22p^4$ 15.999	−1 9 F 氟 $2s^22p^5$ 18.998403163(6)	10 Ne 氖 $2s^22p^6$ 20.1797(6)	L K
3	−1, +1 11 Na 钠 $3s^1$ 22.98976928(2)	+2 12 Mg 镁 $3s^2$ 24.305											+3 13 Al 铝 $3s^23p^1$ 26.9815385(7)	−4, +2, +4 14 Si 硅 $3s^23p^2$ 28.085	−3, −2, +1, +3, +5 15 P 磷 $3s^23p^3$ 30.973761998(5)	−2, +2, +4, +6 16 S 硫 $3s^23p^4$ 32.06	−1, +1, +3, +5, +7 17 Cl 氯 $3s^23p^5$ 35.45	18 Ar 氩 $3s^23p^6$ 39.948(1)	M L K
4	−1, +1 19 K 钾 $4s^1$ 39.0983(1)	+2 20 Ca 钙 $4s^2$ 40.078(4)	+3 21 Sc 钪 $3d^14s^2$ 44.955908(5)	−1, 0, +2, +3, +4 22 Ti 钛 $3d^24s^2$ 47.867(1)	0, ±1, +2, +3, +4, +5 23 V 钒 $3d^34s^2$ 50.9415(1)	−3, 0, ±1, ±2, +3, +4, +5, +6 24 Cr 铬 $3d^54s^1$ 51.9961(6)	−2, 0, ±1, +2, ±3, +4, +5, +6, +7 25 Mn 锰 $3d^54s^2$ 54.938044(3)	−2, 0, ±1, +2, +3, +4, +5, +6 26 Fe 铁 $3d^64s^2$ 55.845(2)	0, ±1, +2, +3, +4, +5 27 Co 钴 $3d^74s^2$ 58.933194(4)	0, ±1, +2, +3, +4 28 Ni 镍 $3d^84s^2$ 58.6934(4)	+1, +2, +3, +4 29 Cu 铜 $3d^{10}4s^1$ 63.546(3)	+1, +2 30 Zn 锌 $3d^{10}4s^2$ 65.38(2)	+1, +3 31 Ga 镓 $4s^24p^1$ 69.723(1)	+2, +4 32 Ge 锗 $4s^24p^2$ 72.630(8)	−3, +3, +5 33 As 砷 $4s^24p^3$ 74.921595(6)	−2, +2, +4, +6 34 Se 硒 $4s^24p^4$ 78.971(8)	−1, +1, +3, +5, +7 35 Br 溴 $4s^24p^5$ 79.904	+2, +4 36 Kr 氪 $4s^24p^6$ 83.798(2)	N M L K
5	−1, +1 37 Rb 铷 $5s^1$ 85.4678(3)	+2 38 Sr 锶 $5s^2$ 87.62(1)	+3 39 Y 钇 $4d^15s^2$ 88.90584(2)	+1, +2, +3, +4 40 Zr 锆 $4d^25s^2$ 91.224(2)	0, ±1, +2, +3, +4, +5 41 Nb 铌 $4d^45s^1$ 92.90637(2)	0, ±1, ±2, +3, +4, +5, +6 42 Mo 钼 $4d^55s^1$ 95.95(1)	0, ±1, +2, +3, +4, +5, +6, +7 43 Tc 锝▲ $4d^55s^2$ 97.90721(3)✦	0, +1, ±2, +3, +4, +5, +6, +7, +8 44 Ru 钌 $4d^75s^1$ 101.07(2)	0, ±1, +2, +3, +4, +5, +6 45 Rh 铑 $4d^85s^1$ 102.90550(2)	0, +1, +2, +3, +4 46 Pd 钯 $4d^{10}$ 106.42(1)	+1, +2, +3 47 Ag 银 $4d^{10}5s^1$ 107.8682(2)	+1, +2 48 Cd 镉 $4d^{10}5s^2$ 112.414(4)	+1, +3 49 In 铟 $5s^25p^1$ 114.818(1)	+2, +4 50 Sn 锡 $5s^25p^2$ 118.710(7)	−3, +3, +5 51 Sb 锑 $5s^25p^3$ 121.760(1)	−2, +2, +4, +6 52 Te 碲 $5s^25p^4$ 127.60(3)	−1, +1, +3, +5, +7 53 I 碘 $5s^25p^5$ 126.90447(3)	+2, +4, +6, +8 54 Xe 氙 $5s^25p^6$ 131.293(6)	O N M L K
6	−1, +1 55 Cs 铯 $6s^1$ 132.90545196(6)	+2 56 Ba 钡 $6s^2$ 137.327(7)	57~71 La~Lu 镧系	+1, +2, +3, +4 72 Hf 铪 $5d^26s^2$ 178.49(2)	0, ±1, +2, +3, +4, +5 73 Ta 钽 $5d^36s^2$ 180.94788(2)	0, ±1, ±2, +3, +4, +5, +6 74 W 钨 $5d^46s^2$ 183.84(1)	0, ±1, +2, +3, +4, +5, +6, +7 75 Re 铼 $5d^56s^2$ 186.207(1)	0, +1, +2, +3, +4, +5, +6, +7, +8 76 Os 锇 $5d^66s^2$ 190.23(3)	0, ±1, +2, +3, +4, +5, +6 77 Ir 铱 $5d^76s^2$ 192.217(3)	0, +2, +3, +4, +5, +6 78 Pt 铂 $5d^96s^1$ 195.084(9)	+1, +2, +3, +5 79 Au 金 $5d^{10}6s^1$ 196.966569(5)	+1, +2, +3 80 Hg 汞 $5d^{10}6s^2$ 200.592(3)	+1, +3 81 Tl 铊 $6s^26p^1$ 204.38	+2, +4 82 Pb 铅 $6s^26p^2$ 207.2(1)	−3, +3, +5 83 Bi 铋 $6s^26p^3$ 208.98040(1)	−2, +2, +3, +4, +6 84 Po 钋 $6s^26p^4$ 208.98243(2)✦	±1, +5, +7 85 At 砹 $6s^26p^5$ 209.98715(5)✦	+2 86 Rn 氡 $6s^26p^6$ 222.01758(2)✦	P O N M L K
7	+1 87 Fr 钫▲ $7s^1$ 223.01974(2)✦	+2 88 Ra 镭 $7s^2$ 226.02541(2)✦	89~103 Ac~Lr 锕系	104 Rf 𬬻▲ $6d^27s^2$ 267.122(4)✦	105 Db 𬭊▲ $6d^37s^2$ 270.131(4)✦	106 Sg 𬭳▲ $6d^47s^2$ 269.129(3)✦	107 Bh 𬭛▲ $6d^57s^2$ 270.133(2)✦	108 Hs 𬭶▲ $6d^67s^2$ 270.134(2)✦	109 Mt 鿏▲ $6d^77s^2$ 278.156(5)✦	110 Ds 𫟼▲ 281.165(4)✦	111 Rg 𬬭▲ 281.166(6)✦	112 Cn 鿔▲ 285.177(4)✦	113 Nh 鿭▲ 286.182(5)✦	114 Fl 𫓧▲ 289.190(4)✦	115 Mc 镆▲ 289.194(6)✦	116 Lv 𫟷▲ 293.204(4)✦	117 Ts 鿬▲ 293.208(6)✦	118 Og 鿫▲ 294.214(5)✦	Q P O N M L K

★ 镧系	+3 57 La★ 镧 $5d^16s^2$ 138.90547(7)	+2, +3, +4 58 Ce 铈 $4f^15d^16s^2$ 140.116(1)	+3, +4 59 Pr 镨 $4f^36s^2$ 140.90766(2)	+2, +3, +4 60 Nd 钕 $4f^46s^2$ 144.242(3)	+3 61 Pm 钷▲ $4f^56s^2$ 144.91276(2)✦	+2, +3 62 Sm 钐 $4f^66s^2$ 150.36(2)	+2, +3 63 Eu 铕 $4f^76s^2$ 151.964(1)	+3 64 Gd 钆 $4f^75d^16s^2$ 157.25(3)	+3, +4 65 Tb 铽 $4f^96s^2$ 158.92535(2)	+3, +4 66 Dy 镝 $4f^{10}6s^2$ 162.500(1)	+3 67 Ho 钬 $4f^{11}6s^2$ 164.93033(2)	+3 68 Er 铒 $4f^{12}6s^2$ 167.259(3)	+2, +3 69 Tm 铥 $4f^{13}6s^2$ 168.93422(2)	+2, +3 70 Yb 镱 $4f^{14}6s^2$ 173.045(10)	+3 71 Lu 镥 $4f^{14}5d^16s^2$ 174.9668(1)
★ 锕系	+3 89 Ac★ 锕 $6d^17s^2$ 227.02775(2)✦	+3, +4 90 Th 钍 $6d^27s^2$ 232.0377(4)	+3, +4, +5 91 Pa 镤 $5f^26d^17s^2$ 231.03588(2)	+2, +3, +4, +5, +6 92 U 铀 $5f^36d^17s^2$ 238.02891(3)	+3, +4, +5, +6, +7 93 Np 镎 $5f^46d^17s^2$ 237.04817(2)✦	+3, +4, +5, +6, +7 94 Pu 钚 $5f^67s^2$ 244.06421(4)✦	+2, +3, +4, +5, +6 95 Am 镅▲ $5f^77s^2$ 243.06138(2)✦	+3, +4 96 Cm 锔▲ $5f^76d^17s^2$ 247.07035(3)✦	+3, +4 97 Bk 锫▲ $5f^97s^2$ 247.07031(4)✦	+2, +3, +4 98 Cf 锎▲ $5f^{10}7s^2$ 251.07959(3)✦	+2, +3 99 Es 锿▲ $5f^{11}7s^2$ 252.0830(3)✦	+2, +3 100 Fm 镄▲ $5f^{12}7s^2$ 257.09511(5)✦	+2, +3 101 Md 钔▲ $5f^{13}7s^2$ 258.09843(3)✦	+2, +3 102 No 锘▲ $5f^{14}7s^2$ 259.1010(7)✦	+3 103 Lr 铹▲ $5f^{14}6d^17s^2$ 262.110(2)✦